普通高等院校土建类应用型人才培养系列教材

土力学与地基基础

主　编　徐云博
副主编　孙彦飞　宋立峰
参　编　陈庆丰　韩瑞芳

北京理工大学出版社
BEIJING INSTITUTE OF TECHNOLOGY PRESS

内 容 提 要

本书根据高等院校课程改革和人才培养目标的要求，结合最新颁布的国家标准规范编写。全书共11章，主要内容包括绪论、土的物理性质与工程分类、地基中的应力计算、土的压缩性和地基沉降、土的抗剪强度与地基承载力、土压力与土坡稳定、工程地质勘察与验槽、天然地基上浅基础设计、桩基础、软弱地基处理、区域性地基等。除绪论外，每章章前均有"本章要点"，每章章后附有"知识归纳""思考与练习"等模块，具有较强的指导意义。

本书可作为高等院校土木工程类相关专业的教材，也可供工程施工技术人员参考用书。

版权专有　侵权必究

图书在版编目（CIP）数据

土力学与地基基础/徐云博主编. —北京：北京理工大学出版社，2016.8（2024.3重印）
ISBN 978-7-5682-2827-5

Ⅰ.①土…　Ⅱ.①徐…　Ⅲ.①土力学－高等学校－教材②地基－基础（工程）－高等学校－教材　Ⅳ.①TU4

中国版本图书馆CIP数据核字（2016）第191485号

出版发行 / 北京理工大学出版社有限责任公司	
社　　址 / 北京市海淀区中关村南大街5号	
邮　　编 / 100081	
电　　话 /（010）68914775（总编室）	
（010）82562903（教材售后服务热线）	
（010）68948351（其他图书服务热线）	
网　　址 / http://www.bitpress.com.cn	
经　　销 / 全国各地新华书店	
印　　刷 / 北京紫瑞利印刷有限公司	
开　　本 / 787毫米×1092毫米　1/16	
印　　张 / 18	责任编辑 / 陆世立
字　　数 / 437千字	文案编辑 / 陆世立
版　　次 / 2016年8月第1版　2024年3月第4次印刷	责任校对 / 周瑞红
定　　价 / 45.00元	责任印制 / 边心超

图书出现印装质量问题，请拨打售后服务热线，本社负责调换

前　言

"土力学与地基基础"是土木工程专业一门理论性和实践性都较强的主要专业课,本教材主要作为土木工程专业应用型本科的教学用书,也可作为本专业其他层次应用型人才培养的教学用书以及工程技术专业人员的参考书。

本教材在编写过程中,以《建筑地基基础设计规范》(GB 50007—2011)、《岩土工程勘察规范(2009年版)》(GB 50021—2001)、《建筑地基处理技术规范》(JGJ 79—2012)、《建筑桩基技术规范》(JGJ 94—2008)、《建筑边坡工程技术规范》(GB 50330—2013)、《土工试验方法标准(2007版)》(GB/T 50123—1999)等有关设计新规范、新标准为依据,结合应用型本科的特点,以突出实用性和实践性为原则,在保证土力学与地基基础相关理论框架完整性的基础上,适当删减实践中很少应用的艰深理论和对复杂数学公式的推导,并引入一些工程案例,以实用为重点,理论联系实际,从而使本教材具有体系完整、内容精练、重点突出、通俗易懂、紧密结合工程实践的特点。

本教材主要讲述土力学的经典理论、基本原理以及地基基础设计与分析的基本方法,并简要介绍了工程地质勘察的主要内容和方法。除绪论外,每章前均有"本章要点",每章后还附有"知识归纳""思考与练习",以方便教师教学和学生对每章内容的理解掌握,在某些章节后面还增加了与本章有关的土工试验,对于学生独立完成相关试验具有很强的指导意义。

参加编写本教材的人员均为教学一线教师,具有扎实的理论基础、丰富的工程实践经验和教学经验。本教材由河南工程学院徐云博担任主编,孙彦飞、宋立峰担任副主编。具体编写分工如下:第1、10、11章由徐云博编写;第3、5章由孙彦飞编写;第4、8章由宋立峰编写;第2、6章由韩瑞芳编写;第7、9章由陈庆丰编写。

本书在编写过程中,参考了大量公开出版发行的土力学与地基基础方面的书籍,在此谨向其作者表示衷心的感谢!

由于时间仓促,编者水平有限,书中不足和遗漏之处在所难免,欢迎广大读者批评指正。

编　者

目 录

第1章 绪论 …………………………… 1
  1.1 本学科的研究对象和内容 ……… 1
  1.2 本学科的发展历史 ……………… 2
  1.3 岩土工程和岩土工程体制 ……… 3
  1.4 本课程的学习方法 ……………… 4
  思考与练习 ………………………… 4

第2章 土的物理性质与工程分类 …… 5
  2.1 土的组成及结构与构造 ………… 5
    2.1.1 土的固体颗粒(固相) ……… 5
    2.1.2 土中水(液相) ……………… 8
    2.1.3 土中气体(气相) …………… 9
    2.1.4 土的结构 …………………… 9
    2.1.5 土的构造 ………………… 11
  2.2 土的物理性质指标 …………… 11
    2.2.1 指标的定义 ……………… 12
    2.2.2 指标的换算 ……………… 14
  2.3 土的物理状态指标 …………… 16
    2.3.1 无黏性土的密实度 ……… 17
    2.3.2 黏性土的物理特征 ……… 19
  2.4 土的工程分类 ………………… 22
    2.4.1 岩石 ……………………… 22
    2.4.2 碎石土 …………………… 22
    2.4.3 砂土 ……………………… 23
    2.4.4 粉土 ……………………… 23
    2.4.5 黏性土 …………………… 23
    2.4.6 人工填土 ………………… 24
  2.5 相关土工试验 ………………… 24
    2.5.1 密度试验 ………………… 24
    2.5.2 土的含水率试验 ………… 25
    2.5.3 土粒比重试验 …………… 26
    2.5.4 液限、塑限试验 ………… 28
  知识归纳 ………………………… 30
  思考与练习 ……………………… 31

第3章 地基中的应力计算 ………… 33
  3.1 概述 …………………………… 33
  3.2 地基中的自重应力 …………… 33
    3.2.1 竖向自重应力 …………… 33
    3.2.2 水平向自重应力 ………… 35
  3.3 基底压力 ……………………… 36
    3.3.1 基底压力的分布规律 …… 36
    3.3.2 基底压力的简化计算 …… 37
    3.3.3 基底附加压力 …………… 39
  3.4 地基中的附加应力 …………… 40
    3.4.1 竖向集中力作用下的附加
         应力 ……………………… 40
    3.4.2 空间问题的附加应力计算 … 42
    3.4.3 平面问题的附加应力计算 … 48
    3.4.4 地基中附加应力的分布规律 … 49
    3.4.5 非均质地基中的附加应力 … 50
  知识归纳 ………………………… 50
  思考与练习 ……………………… 51

第4章 土的压缩性和地基沉降 …… 53
  4.1 土的压缩性和压缩性指标 …… 53
    4.1.1 压缩试验 ………………… 54
    4.1.2 压缩系数 ………………… 55
    4.1.3 压缩模量 ………………… 56
    4.1.4 土的载荷试验及变形模量 … 56

4.2 地基的最终沉降量 ………………… 58
    4.2.1 分层总和法 ……………………… 58
    4.2.2 规范法 …………………………… 61
4.3 地基沉降量的组成 ………………… 67
    4.3.1 土的应力历史 …………………… 67
    4.3.2 地基沉降量的组成 ……………… 68
4.4 地基变形与时间的关系 …………… 68
    4.4.1 达西定律 ………………………… 69
    4.4.2 饱和土的渗透固结 ……………… 69
    4.4.3 单向渗透固结理论 ……………… 70
4.5 建筑物的沉降观测与地基容许
    变形值 ……………………………… 72
    4.5.1 建筑物沉降观测 ………………… 72
    4.5.2 地基的容许变形值 ……………… 73
4.6 土的固结试验 ……………………… 74
知识归纳 ………………………………… 78
思考与练习 ……………………………… 79

第5章 土的抗剪强度与地基承载力 … 81

5.1 概述 ………………………………… 81
    5.1.1 土的强度应用 …………………… 81
    5.1.2 土的强度破坏实例 ……………… 82
5.2 土的抗剪强度 ……………………… 83
    5.2.1 库仑定律 ………………………… 83
    5.2.2 土的极限平衡条件 ……………… 84
5.3 土的临塑荷载与临界荷载 ………… 87
    5.3.1 地基变形的三个阶段 …………… 87
    5.3.2 临塑荷载 ………………………… 88
    5.3.3 临界荷载 ………………………… 90
5.4 地基的极限荷载 …………………… 91
5.5 地基承载力 ………………………… 94
    5.5.1 规范法 …………………………… 95
    5.5.2 地基承载力理论公式 …………… 97
    5.5.3 现场原位测试 …………………… 98
    5.5.4 经验方法 ………………………… 98
5.6 抗剪强度指标的测定 ……………… 99
    5.6.1 直接剪切试验 …………………… 99
    5.6.2 三轴压缩试验 …………………… 101
    5.6.3 无侧限抗压强度试验 …………… 103
    5.6.4 十字板剪切试验 ………………… 104
    5.6.5 抗剪强度指标的总应力法
          和有效应力法表示 ……………… 105
    5.6.6 影响抗剪强度指标的因素 …… 106
知识归纳 ………………………………… 107
思考与练习 ……………………………… 108

第6章 土压力与土坡稳定 …………… 110

6.1 概述 ………………………………… 110
6.2 静止土压力 ………………………… 111
6.3 朗肯土压力计算 …………………… 112
    6.3.1 基本假设 ………………………… 113
    6.3.2 主动土压力 ……………………… 113
    6.3.3 被动土压力 ……………………… 115
    6.3.4 土压力计算举例 ………………… 117
6.4 库仑土压力理论 …………………… 120
    6.4.1 基本假设 ………………………… 120
    6.4.2 主动土压力 ……………………… 120
    6.4.3 被动土压力 ……………………… 122
6.5 规范法计算土压力 ………………… 123
6.6 挡土墙设计 ………………………… 126
    6.6.1 重力式挡土墙设计 ……………… 126
    6.6.2 其他形式挡土墙 ………………… 132
    6.6.3 挡土墙事故实例 ………………… 134
6.7 土坡稳定分析 ……………………… 135
    6.7.1 无黏性土土坡稳定分析 ………… 135
    6.7.2 黏性土土坡稳定分析 …………… 136
    6.7.3 人工边坡的确定 ………………… 138
知识归纳 ………………………………… 140
思考与练习 ……………………………… 141

第7章 工程地质勘察与验槽 ………… 144

7.1 工程地质勘察概述 ………………… 144
    7.1.1 工程地质勘察的目的 …………… 144
    7.1.2 工程地质勘察的分级 …………… 144
    7.1.3 工程地质勘察的任务 …………… 146
    7.1.4 工程地质勘察阶段的划分 …… 146
7.2 工程地质勘察方法 ………………… 148
    7.2.1 勘探点的布置 …………………… 148
    7.2.2 工程地质勘探方法 ……………… 149
    7.2.3 室内试验 ………………………… 152
    7.2.4 原位测试 ………………………… 152
7.3 工程地质勘察报告 ………………… 155

7.3.1 工程地质勘察报告书的
　　　　　 内容 ……………………… 156
　　　7.3.2 工程地质勘察报告书的
　　　　　 阅读与使用 ……………… 156
　7.4 验槽 ………………………………… 157
　　　7.4.1 验槽的内容 ……………… 157
　　　7.4.2 验槽的方法 ……………… 157
　　　7.4.3 基槽的局部处理 ………… 158
　知识归纳 ………………………………… 159
　思考与练习 ……………………………… 160

第8章 天然地基上浅基础设计 …… 161

　8.1 浅基础的类型 …………………… 161
　　　8.1.1 按基础刚度分类 ………… 161
　　　8.1.2 按基础材料分类 ………… 162
　　　8.1.3 按基础形式分类 ………… 163
　8.2 地基与基础设计的基本规定 …… 165
　　　8.2.1 确定地基基础的设计等级 … 165
　　　8.2.2 规范中对地基变形验算的
　　　　　 基本规定 ………………… 166
　　　8.2.3 规范对地基基础设计的规
　　　　　 定及设计步骤 …………… 167
　8.3 基础埋置深度的确定 …………… 168
　　　8.3.1 与建筑物有关的条件 …… 168
　　　8.3.2 工程地质和水文地质条件 … 168
　　　8.3.3 场地建设条件 …………… 168
　　　8.3.4 季节性冻土 ……………… 169
　　　8.3.5 稳定性要求 ……………… 170
　8.4 地基承载力的确定 ……………… 171
　　　8.4.1 土的地基承载力特征值的
　　　　　 确定 ……………………… 171
　　　8.4.2 岩石地基承载力特征值的
　　　　　 确定 ……………………… 171
　8.5 基础底面尺寸确定 ……………… 172
　　　8.5.1 计算基础底面尺寸 ……… 172
　　　8.5.2 地基软弱下卧层承载力
　　　　　 验算 ……………………… 174
　　　8.5.3 地基变形验算 …………… 175
　8.6 无筋基础设计 …………………… 176
　　　8.6.1 基础高度 ………………… 176
　　　8.6.2 构造要求 ………………… 177

　　　8.6.3 无筋扩展基础的设计计算 … 178
　8.7 钢筋混凝土扩展基础设计 ……… 178
　　　8.7.1 墙下钢筋混凝土条形基础 … 179
　　　8.7.2 柱下钢筋混凝土独立基础 … 181
　8.8 柱下钢筋混凝土条形基础
　　　设计 ………………………………… 185
　　　8.8.1 适用范围 ………………… 185
　　　8.8.2 构造要求 ………………… 185
　　　8.8.3 设计计算要点 …………… 186
　8.9 筏形基础设计 …………………… 187
　　　8.9.1 适用范围 ………………… 187
　　　8.9.2 构造与计算要求 ………… 187
　8.10 箱形基础设计 …………………… 188
　　　8.10.1 适用范围 ………………… 188
　　　8.10.2 构造要求 ………………… 189
　8.11 控制地基不均匀沉降的措施 … 189
　　　8.11.1 建筑措施 ………………… 190
　　　8.11.2 结构措施 ………………… 191
　　　8.11.3 施工措施 ………………… 192
　知识归纳 ………………………………… 193
　思考与练习 ……………………………… 193

第9章 桩基础 …………………………… 196

　9.1 桩基础基本概念及分类 ………… 196
　　　9.1.1 桩基础的定义与作用 …… 196
　　　9.1.2 桩基础的适用范围 ……… 197
　　　9.1.3 桩基础的分类 …………… 197
　　　9.1.4 桩的荷载传递机理 ……… 198
　　　9.1.5 桩侧负摩阻力 …………… 199
　9.2 单桩竖向承载力 ………………… 201
　　　9.2.1 根据桩身材料强度确定 … 201
　　　9.2.2 静载荷试验法 …………… 202
　　　9.2.3 经验公式法 ……………… 204
　9.3 群桩竖向承载力 ………………… 209
　　　9.3.1 群桩效应 ………………… 209
　　　9.3.2 群桩的承载力 …………… 210
　　　9.3.3 群桩地基沉降验算 ……… 211
　9.4 桩基础设计 ……………………… 213
　　　9.4.1 选择桩材、桩型及其几何
　　　　　 尺寸 ……………………… 213
　　　9.4.2 确定单桩竖向承载力 …… 213

9.4.3 确定桩数及布置桩位 ……… 213
9.4.4 桩基中的单桩受力验算 …… 215
9.4.5 软弱下卧层验算及沉降
验算 …………………………… 215
9.4.6 桩身结构设计 ……………… 216
9.4.7 承台的设计 ………………… 216
9.4.8 绘制桩基施工图 …………… 216
9.5 桩的构造要求及施工、验收 … 221
9.5.1 桩的构造要求 ……………… 221
9.5.2 承台的构造要求 …………… 223
9.5.3 桩基施工 …………………… 225
9.5.4 基桩及承台的验收 ………… 231
9.6 基桩检测 ……………………… 232
9.6.1 检测目的与方法 …………… 232
9.6.2 基桩检测工作程序 ………… 233
9.6.3 常用方法简介 ……………… 233
知识归纳 ……………………………… 235
思考与练习 …………………………… 236

第10章 软弱地基处理 ……………… 238

10.1 概述 …………………………… 238
  10.1.1 建筑物地基处理的目的 …… 238
  10.1.2 地基处理的方法及其适用
    范围 ………………………… 239
  10.1.3 地基处理方法的选用原则
    及步骤 ……………………… 240
10.2 换填垫层法 …………………… 242
  10.2.1 适用范围 …………………… 242
  10.2.2 垫层的设计 ………………… 243
  10.2.3 垫层施工要点 ……………… 244
  10.2.4 垫层质量检验 ……………… 244
10.3 预压法 ………………………… 245
  10.3.1 适用范围 …………………… 245
  10.3.2 砂井堆载预压法 …………… 245
  10.3.3 真空预压法 ………………… 246
  10.3.4 真空预压联合堆载预压法 … 247
  10.3.5 质量检验 …………………… 247
10.4 压实、夯实、挤密地基 ……… 247
  10.4.1 压实地基 …………………… 248
  10.4.2 夯实地基 …………………… 249
  10.4.3 挤密地基 …………………… 251

10.5 复合地基 ……………………… 252
  10.5.1 复合地基的承载力计算 …… 252
  10.5.2 复合地基处理方法 ………… 253
10.6 注浆法 ………………………… 255
10.7 地基加固与基础托换 ………… 256
  10.7.1 树根桩法 …………………… 256
  10.7.2 静压桩法 …………………… 257
10.8 组合型地基处理 ……………… 257
知识归纳 ……………………………… 258
思考与练习 …………………………… 259

第11章 区域性地基 ………………… 260

11.1 湿陷性黄土地基 ……………… 260
  11.1.1 湿陷性黄土的基本性质及
    影响因素 …………………… 260
  11.1.2 黄土湿陷性评价 …………… 261
  11.1.3 湿陷性黄土地基的工程
    措施 ………………………… 263
11.2 膨胀土地基 …………………… 264
  11.2.1 膨胀土的基本性质及影响
    因素 ………………………… 264
  11.2.2 膨胀土的胀缩性指标和地
    基评价 ……………………… 265
  11.2.3 膨胀土地基的工程措施 …… 267
11.3 红黏土地基 …………………… 268
  11.3.1 红黏土的基本性质 ………… 268
  11.3.2 红黏土地基的工程措施 …… 269
11.4 山区地基 ……………………… 269
  11.4.1 土岩组合地基 ……………… 270
  11.4.2 岩溶 ………………………… 272
  11.4.3 土洞 ………………………… 274
11.5 冻土地基 ……………………… 275
  11.5.1 冻土的特征及分布 ………… 275
  11.5.2 地基土冻胀性分类及冻土
    地基对建筑物的危害 ……… 275
  11.5.3 冻土地基的工程措施 ……… 276
知识归纳 ……………………………… 276
思考与练习 …………………………… 277

参考文献 ……………………………… 278

第1章 绪 论

1.1 本学科的研究对象和内容

土力学是应用力学的方法来研究土的性质的一门应用学科,是工程力学的一个分支。土力学被广泛应用于地基、挡土墙、土工建筑物、堤坝等设计中。受到建筑物荷载影响的土层称为地基。负责传递建筑物荷载的结构部分称为基础。

土在工程中有两类用途:一类是作为建筑物的地基,由地基来承受建筑物的荷载;另一类是把土作为建筑材料,如堤坝、路基。在实际工程中,天然土层具有很强的区域性特征,而且土的性质是非常复杂的。在工程建设前必须充分了解场地的工程地质情况,对土体做出正确的评价。建筑物对土体的影响程度与基础形式、上部荷载等有关。很多情况下,天然土层不能满足工程要求,需要进行地基处理或者对基础进行设计,如确定基础类型、基底面积、埋置深度等。

土力学是以工程力学和地质学的知识为基础,研究土体在力的作用下的应力-应变或应力-应变-时间的关系和强度,解决土木工程中地基和基础设计、施工时遇到的问题。土力学问题研究的实际范围是空间半无限体,工程计算分析时其边界是近似的,而土体属于高度非线性材料,岩土试样的性质与原状岩土的性质往往存在较大差别,因此,与土木工程中的其他学科相比,土力学的计算模型往往具有较大的不确定性,需要结合经验、试验进行综合分析。

土力学的研究内容分为基础理论和工程应用两个方面。

基础理论研究主要是研究土在静、动载荷作用下的力学性质,并结合实际工程进行理论分析和数值模拟。考虑静载荷作用时,主要研究:①土的变形特性。通常利用固结仪、三轴压缩仪研究土的固结和次时间效应,以确定相应的参数;②土的强度。通常利用直剪仪、三轴压缩仪、单剪仪等测定土的应力-应变关系,确定抗剪强度指标,研究、建立强度准则和强度理论;③土的渗透性。通常利用渗透仪,研究土孔隙中流体(水或空气)的流动规律,并确定其渗透系数等。对于动载荷,主要研究土的动力性质。通常利用动力三轴仪研究土在动力条件下的应力-应变关系(包括阻尼、动力强度等与频率的关系),应力波在土中的传播规律以及砂土液化规律等。另外,通过试验主要研究土流变性能,建立应力-应变时间关系,长期强度和相应的极限平衡理论。具体包括以下方面:研究土的渗透性和渗流;研究土体的应力-应变和应力-应变-时间的关系以及强度准则和理论;研究在均布荷载或偏心荷载以及在各种形式基础的作用下,基础与地基土体接触面上的应力分布和地基土体中的应力分布,地基的压缩变形及其与时间的关系以及地基的承载能力和稳定性等。本课程的内容只涉及静载荷。工程中最常遇到的是不随时间变化的载荷,如建筑物和设备自重,水压力、土压力。对于载荷随时间变化很慢的动载荷,也可以近似看作静载荷。

工程应用研究主要是通过现场试验和长期观测，研究解决土工建筑物、地基、地下隧道和防护抗震工程等的稳定性及其处理措施以及土体作用于挡土结构物上的侧压力，即土压力的大小和分布规律等工程实际问题；根据极限平衡原理，用稳定性系数评价天然土坡的稳定性并进行人工土坡的设计；计算在自重和建筑物附加荷载作用下土体的侧向压力，为设计挡土结构物提供依据；改进和研制为进行上述研究所必需的技术、方法和仪器设备。

实际工程中土力学涉及的范围主要包括土质学、地质学、工程勘察、地基基础（地基处理、基础工程）、开挖工程（基坑开挖、隧道开挖）、支护工程（基坑支护、边坡支护及泥石流防治）、工程检测与监测等。以上问题其实都可以归结为边坡稳定、土压力和地基承载力三个问题。

1.2 本学科的发展历史

土力学的理论基础，源于18世纪工业革命的欧洲。随着资本主义工业化的发展，陆上交通进入了所谓的"铁路时代"。因此，最初有关土力学的个别理论多与解决铁路路基问题有关。

法国科学家Coulomb在1773年根据试验建立了砂土抗剪强度公式，后来由Mohr进一步发展成为Mohr-Coulomb强度理论。1776年Coulomb又提出了计算挡土墙土压力的滑楔理论。90多年后，英国的Rankine提出了建立在土体的极限平衡条件分析基础上的土压力理论，它与Coulomb理论被后人并称为古典土压力理论。1856年，法国工程师Darcy通过室内渗透试验研究，建立了有孔介质中水的渗透理论，即著名的Darcy定律。1885年，法国学者Boussinesq求得了弹性半空间在竖向集中力作用下的应力和变形的理论解答。这些古典的理论和方法，直到今天，仍不失其理论和实用的价值。

在长达一个多世纪的发展过程中，许多研究者承继前人的研究，总结了实践经验，为孕育本学科的雏形而做出贡献。1922年瑞典的Fellenius为解决铁路塌方问题，提出了著名的瑞典分弧法分析土坡的稳定性。1925年Terzaghi归纳发展了以往的成就，形成了土力学的有效应力原理和土的固结理论并发表了他的经典著作《土力学》，随后又发表了一系列文章，最终奠定了他作为现代土力学创始人的地位。这些比较系统完整的科学著作的出现，带动了各国学者对本学科各个方面的探索。从此，土力学及地基基础就作为独立的学科而取得不断的进展。

现代土力学的概念最早出现在20世纪50年代初，当时主要考虑了土体的两个基本特性，即压硬性和剪胀性，不再把土体简单化为理想弹性介质或理想弹塑性介质。1963年，英国学者Roscoe发表了著名的剑桥模型，提出了第一个可以全面考虑土的压硬性和剪胀性的数学模型，创建了临界状态土力学，他的成就标志着现代土力学的诞生。

时至今日，土建、水利、桥隧、道路、海口、海洋等有关工程中，以岩土体的利用、改造与整治问题为研究对象的科技领域，因其区别于结构工程的特殊性和各专业岩土问题的共同性，已融合为一个自成体系的新专业——"岩土工程(Geotechnical Engineering)"。

1.3 岩土工程和岩土工程体制

关于岩土工程的定义，在《岩土工程基本术语标准》(GB/T 50279—2014)中为"土木工程中涉及岩石和土的利用、整治或改造的科学技术"。这一定义可以概括为三个层次：

(1)岩土工程是以土力学与基础工程、岩石力学与工程等为基础，并与工程地质学密切结合的综合性学科。

(2)岩土工程以岩石和土的利用、整治或改造作为研究内容。

(3)岩土工程服务于各类主体工程的勘察、设计与施工的全过程，是这些主体工程的组成部分。

岩土工程是土木工程学科的一门重要分支学科，也是寓于土木工程各主体工程之中的学科。但岩土工程又有其特有的、不同于上部结构的规律和研究方法，将它们的共同规律从各种主体工程中归纳出来进行研究，有助于更好地解决各类工程中的岩土工程问题，这是岩土工程学之所以能发展成为一门学科的客观基础。

岩土工程按工作内容分为岩土工程勘察、岩土工程设计、岩土工程施工、岩土工程检测和岩土工程管理等；按工程类型分为岩土地基工程、岩土边坡工程、岩土洞室工程、岩土支护工程和岩土环境工程等。

岩土工程体制是指在土木工程领域中，处理岩土工程问题的一种符合市场经济的运行机制，在业主、上部结构设计、岩土工程咨询之间建立相互配合协调的技术和经济关系的一种运行模式。在20世纪中期，Terzaghi等在解决岩土工程问题的过程中，发展了岩土工程技术，创造了这种符合市场经济原则，与工程实践紧密结合的岩土工程咨询业。后来许多市场经济国家按照这种模式建立起岩土工程体制，其服务对象不分行业，其工作内容将与地质调查和设计融为一体，其技术人员具有地质和工程两方面的素养，是一种一揽子服务、全过程服务的技术咨询工作，这也成为岩土工程师从业的成功模式。

从20世纪50年代开始，我国实行的是工程建设的勘察、设计与施工三个阶段的体制，分别由勘察、设计和施工三种不同类型的单位实施。这种体制的特点是勘察、设计与施工单位的分工明确，各负其责。但在实际工程中，总是相互联系、相互制约，例如，地基承载力的确定，不仅与地质条件有关，也与工程条件有关。岩土工程勘察和设计应由一个单位、一个工种来完成。

1986年，国家计划委员会正式发文要求在全国逐步推广岩土工程体制。目前，我国的岩土工程界已出现了多方面的显著变化：①勘察单位从单纯的勘察变为参与岩土工程勘察、设计、施工、检测与监理等全过程；②工程成果报告加深了针对工程的分析评价力度，量化地提出了工程设计方案或工程处理的方案与具体建议，改变了勘察工作局限于"打钻、取样、试验、提报告"的局面；③编制了岩土工程技术标准，开展了注册岩土工程师的考试与注册。

但是这些改革还没有从根本上解决原来的勘察、设计分工的主要弊端，没有触动部门条块分割的状况，没有完全建立岩土工程体制的基本框架。因此，我国岩土工程体制的建立，任重而道远。

1.4 本课程的学习方法

土力学与地基基础是一门实践性较强的专业基础课。本课程的学习方法是：

(1)学习本门课程，首先应重视工程地质的基本知识，培养阅读和使用工程地质勘察报告的能力；其次必须牢固掌握土的应力、应变、强度和地基计算等土力学基本原理；进而能够应用这些基本概念和原理，结合其他课程的理论知识，分析和解决实际工程中地基、基础方面的问题。既要注意与其他学科的联系，又要注意紧紧抓住强度和变形这一核心问题。

土工试验是土力学发展的重要条件，摩尔－库仑定律和达西定律都是在试验的基础上建立的土力学基本理论。了解地基勘察和原位测试技术以及室内土工实验方法也是本课程的一个重要方面。实际上，这还是科学地认识土的工程特性的入门台阶和掌握地基基础科学实验基本手段的必由之路。

(2)土力学研究的是土体中最普遍、最基本的规律。土木工程专业的很多课程，如钢筋混凝土、砌体结构、抗震、隧道工程、建筑施工等，都要以土力学为基础。因此，这门课程是学习一系列后续课程的重要基础。

(3)土力学的研究方法与其他学科的研究方法有很多相同之处。充分理解土力学的研究方法，不仅可以深入掌握这门学科，而且也有助于学习其他学科的技术理论和培养正确的分析问题和解决问题的能力，为今后接近实际问题、从事科学研究工作打下基础。

▶ 思考与练习

问答题

1. 简述土力学、地基以及基础的概念和相互关系。
2. 本课程有什么特点？
3. 如何学好土力学与地基基础这门课程？

第 2 章 土的物理性质与工程分类

本章要点

1. 掌握土的三相组成及土的结构构造；
2. 掌握土的物理性质指标的定义及指标之间的相互换算；
3. 掌握无黏性土的密实度及黏性土的界限含水率、液性指数、塑性指数；
4. 了解黏性土的灵敏度与触变性；
5. 熟悉《建筑地基基础设计规范》(GB 50007—2011)中关于土的分类方法；
6. 掌握密度试验、含水率试验、土粒比重试验以及液塑限试验的试验过程、成果整理及分析。

2.1 土的组成及结构与构造

土是地球表面的坚硬岩石在一系列风化作用下形成的大小悬殊的颗粒，经过不同的搬运方式，在各种自然环境中沉积生成的松散沉积物。一般情况下，土是由固体颗粒（固相）、水（液相）和气体（气相）所组成的三相体系。固体颗粒包括矿物颗粒和有机质，并由其构成土的骨架，骨架间有许多孔隙，则被水、气所填充。若土中孔隙全部为水所充满时，称为饱和土；若孔隙全部为气体所充满时，称为干土；土中孔隙同时有水和气体存在时，称为非饱和土。饱和土和干土是两种特殊情况的土，均为两相体系。土体三个组成部分本身的性质以及他们之间的比例关系和相互作用决定着土的物理力学性质。

2.1.1 土的固体颗粒（固相）

土的固体颗粒是土的主要组成部分，是决定土的性质的主要因素。土颗粒的大小、形状、矿物成分及颗粒级配对土的物理力学性质有很大的影响。

1. 粒组划分

自然界中的土都是由大小不同的土粒组成。随着土粒由粗到细逐渐变化，土的性质也相应地发生变化。颗粒的大小称为粒度，通常以粒径表示。工程上将各种不同的土粒按其粒径范围，划分为若干粒组，每个粒组之内土的工程性质相似。划分粒组的分界尺寸称为界限粒径。土的粒组划分方法各行业部门并不完全一致，目前常用的一种土粒粒组的划分方法是根据国家标准《土的工程分类标准》(GB/T 50145—2007)规定的界限粒径 200 mm、60 mm、2 mm、0.075 mm、0.005 mm 把土粒分为六大粒组：漂石（块石）、卵石（碎石）、砾粒、砂粒、粉粒和黏粒。粒组划分见表 2-1。

表 2-1　粒组划分

粒组	颗粒名称		粒径 d 的范围/mm	一般特征
巨粒	漂石(块石)		$d>200$	透水性很大，无黏性，无毛细水
	卵石(碎石)		$60<d\leqslant 200$	
粗粒	砾粒	粗砾	$20<d\leqslant 60$	透水性大，无黏性，毛细水上升高度不超过粒径大小
		中砾	$5<d\leqslant 20$	
		细砾	$2<d\leqslant 5$	
	砂粒	粗砂	$0.5<d\leqslant 2$	易透水，当混入云母等杂质时透水性减小，而压缩性增加；无黏性，遇水不膨胀，干燥时松散；毛细水上升高度不大，随粒径变小而增大
		中砂	$0.25<d\leqslant 0.5$	
		细砂	$0.075<d\leqslant 0.25$	
细粒	粉粒		$0.005<d\leqslant 0.075$	透水性小，湿时稍有黏性，遇水膨胀小，干时稍收缩；毛细水上升高度较大较快，极易出现冻胀现象
	黏粒		$d\leqslant 0.005$	透水性很小，湿时有黏性，可塑性，遇水膨胀大，干时收缩显著；毛细水上升高度大，但速度较慢

注：1. 漂石、卵石和圆粒颗粒均呈一定的磨圆状(圆形或亚圆形)；块石、碎石和角砾颗粒均呈棱角状。
　　2. 粉粒或称粉土粒，粉粒的粒径上限 0.075 mm 相当于 200 号筛的孔径。
　　3. 黏粒或称黏土粒，黏粒的粒径上限也有采用 0.002 mm 为标准的。

2. 土的颗粒级配

天然土体中包含大小不同的颗粒，为了表示土粒的大小及组成情况，通常以土中各个粒组的相对含量(即各粒组占土粒总量的百分数)来表示，称为土的颗粒级配。

土的颗粒级配是通过土的颗粒分析试验测定的。《土工试验方法标准(2007 版)》(GB/T 50123—1999)中规定：对于粒径小于或等于 60 mm、大于 0.075 mm 的粗粒组，可用筛分法测定；对于粒径小于 0.075 mm 的细粒组，可用沉降分析法测定。沉降分析法又分为密度计法(比重计法)、移液管法等。

筛分法试验是用一套孔径不同的标准筛(如 20 mm、10 mm、5 mm、2 mm、1 mm、0.5 mm、0.25 mm、0.1 mm、0.075 mm)，按从上到下筛孔逐渐减小放置。将事先称过质量的烘干土样过筛，称出留在各筛上的土的质量，然后计算占总质量的百分数，即可求得各个粒组的相对含量。

沉降分析法是根据球状的细颗粒在水中下沉的速度与颗粒直径的平方成正比的原理，把颗粒按其在水中的下沉速度进行粗细分组。在试验室具体操作时，可采用密度计法(比重计法)或移液管法测得某一时间土粒沉降距离 L 处土粒和水混合悬液的密度，据此可计算小于某一粒径的累计百分含量。采用不同的测试时间，可计算出细颗粒各粒组的相对含量。

根据颗粒分析试验结果，可以绘制出如图 2-1 所示的土的级配曲线。图中纵坐标表示小于某粒径的土粒累计百分含量，横坐标表示土粒粒径，以 mm 表示。由于土体中所含粒组的粒径往往相差几千倍、几万倍甚至更大，且细粒土的含量对土的性质影响很大，必须清楚表示，因此，将粒径的坐标取为对数坐标利用颗粒级配曲线可以对粗粒土进行分类定名，还可以评价土的不均匀程度及连续程度进而判断土的级配好坏。

从曲线的坡度陡缓可以大致判断土粒的均匀程度和级配好坏。如曲线的坡度缓，表示

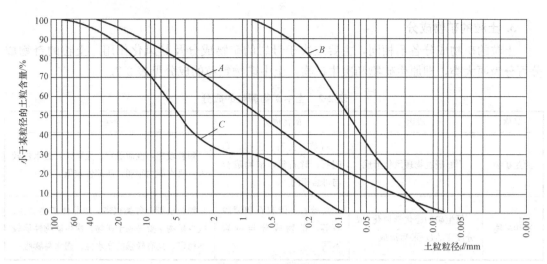

图 2-1 土的级配曲线

土的粒径分布范围宽,粒径大小相差悬殊,土粒不均匀,级配良好;反之,如曲线的坡度陡,则表示土的粒径分布范围窄,粒径大小相差不多,土粒较均匀,级配不良。

为了定量反映土的不均匀性,工程上常用不均匀系数 C_u 来描述颗粒级配的不均匀程度:

$$C_u = \frac{d_{60}}{d_{10}} \tag{2-1}$$

式中 d_{60}——小于某粒径的土粒质量占土总质量为 60% 时相应的粒径,即限定粒径;

d_{10}——小于某粒径的土粒质量占土总质量为 10% 时相应的粒径,即有效粒径。

不均匀系数 C_u 值越大,d_{60} 与 d_{10} 相距越远,曲线越平缓,土粒粒径分布范围越广,土粒大小越不均匀,土易被压实;C_u 值越小,d_{60} 与 d_{10} 相距越近,曲线越陡,土粒粒径分布范围越狭窄,土粒大小越均匀,土不易被压实。一般情况下,工程上把 $C_u<5$ 的土视为均匀的,属级配不良;把 $C_u>10$ 的土视为不均匀的,属级配良好,这种土作为填方或垫层材料时,易于获得较大的密实度。

实际上,对于级配连续的土,采用单一指标 C_u,即可达到比较满意的判别结果。但对于级配不连续的土,即缺乏中间粒径(d_{60} 与 d_{10} 之间的某粒组)的土,级配曲线呈现台阶状(图 2-1 中 C 线),尽管其不均匀系数较大,但由于缺乏中间粒径的土,一般孔隙体积较大,所以,土的不均匀系数大,未必表明土中粗细土粒的搭配一定就好。此时,再采用单一指标 C_u 确定土的级配好坏是不够的,还要同时考虑级配曲线的整体形状。所以,需参考曲率系数 C_c 值:

$$C_c = \frac{d_{30}^2}{d_{60} \times d_{10}} \tag{2-2}$$

式中 d_{30}——土的粒径分布曲线上的某粒径,小于该粒径的土粒质量为总土粒质量的 30%。

一般认为,砂类土或砾类土同时满足 $C_u \geq 5$ 和 $C_c = 1 \sim 3$ 两个条件时,则定名为级配良好砂或级配良好砾;若不能同时满足上述两个条件,则为级配不良砂或级配不良砾。

对于级配良好的土,较粗颗粒间的孔隙被较细的颗粒所填充,这一连锁填充效应,使得土的密实度较好。此时,地基土的强度和稳定性较好,透水性和压缩性也较小。

3. 土粒的矿物成分

土粒的矿物成分各不相同，主要取决于母岩的矿物成分及其风化作用。土粒的矿物成分可分为两大类，即原生矿物和次生矿物，土中矿物颗粒的成分见表2-2。

表2-2 土中矿物颗粒的成分

名称	成因	矿物成分	特征
原生矿物	岩石经过物理风化形成	石英、长石、云母、角闪石、辉石等，矿物成分与母岩相同	颗粒较粗，性质稳定，无黏性，透水性较大，吸水能力很弱，压缩性较低
次生矿物	原生矿物经化学风化（成分改变的过程）后形成	高岭石、伊利石和蒙脱石等，矿物成分与母岩不同	颗粒极细，种类很多，以晶体矿物为主。次生矿物主要是黏土矿物。次生矿物性质较不稳定，具有较强的亲水性，遇水易膨胀

2.1.2 土中水（液相）

土中水即为土的液相，其含量对土（尤其是黏性土）的性质影响较大。土中水除了一部分以结晶水的形式紧紧吸附于固体颗粒的晶格内部外，还存在结合水和自由水两大类。

1. 结合水

黏土颗粒表面通常带负电荷，在土粒电场范围内，极性分子的水和水溶液中的阳离子，在静电引力的作用下，被牢牢吸附在土颗粒周围，形成一层不能自由移动的水膜，这种水称为结合水。在土粒形成的电场范围内，随着距离土颗粒表面的远近不同，水分子和水化离子的活动状态及表现性质也不相同。根据水分子受到静电引力作用的大小，结合水分为强结合水和弱结合水，如图2-2所示。

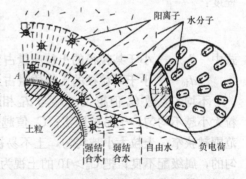

图2-2 黏粒表面的水

（1）强结合水。强结合水是受到土颗粒表面强大的吸引力而牢固地结合在土颗粒表面的结合水。其性质接近于固体，不能传递静水压力，没有溶解盐类的能力，冰点为$-78\ ℃$，密度为$1.2\sim2.4\ g/cm^3$，在温度达到$105\ ℃$以上时，才能被蒸发，具有极大的黏滞度、弹性和抗剪强度。黏性土中只含有强结合水时，呈固体状态，磨碎后则呈粉末状态，砂土中的强结合水很少，仅含强结合水时呈散粒状。

（2）弱结合水。弱结合水是强结合水以外，电场作用范围以内的水。它也受颗粒表面电荷所吸引而定向排列于颗粒四周，但电场作用力随远离颗粒而减弱。它是一种黏滞水膜，仍不能传递静水压力，但较厚的弱结合水膜能向邻近较薄的水膜缓慢转移。弱结合水的存在是黏性土在某一含水量范围内表现出可塑性的原因。弱结合水离土粒表面越远，其受到的电分子吸引力越弱，并逐渐过渡到自由水。

2. 自由水

自由水是指存在于土粒形成的电场范围以外能自由移动的水。自由水和普通水相同，有溶解能力，冰点为$0\ ℃$，能传递静水压力。按自由水移动时所受作用力的不同，自由水可分为重力水和毛细水。

(1)重力水。重力水是指在重力或压力差的作用下，能在土中自由流动的水。一般指地下水位以下的透水土层中的地下水，对于土粒和结构物的水下部分起浮力作用。重力水在土孔隙中流动时，对所流经的土体施加动水压力。施工时，重力水对基坑开挖、排水等方面均有很大影响。

(2)毛细水。土体内部存在着相互贯通的弯曲孔道，可以看成许多形状不一、大小不同、彼此连通的毛细管。由于受到水与空气界面的表面张力的作用，地下水将沿着这些毛细管逐渐上升，从而在地下水位以上形成一定高度的毛细水。毛细水的上升高度和速度与土中孔隙的大小和形状、颗粒尺寸以及水的表面张力等有关。在工程中，毛细水的上升高度和速度对于建筑物地下部分的防潮措施和地基土的浸湿、冻胀等有重要影响。当土孔隙中局部存在毛细水时，使土粒之间由于毛细压力互相靠近而压紧，如图 2-3 所示，土因此会表现出微弱的凝聚力，称为毛细凝聚力。这种凝聚力的存在，使潮湿砂土能开挖一定的高度，但干燥以后，毛细凝聚力消失，就会松散坍塌。

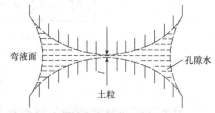

图 2-3 毛细水压力示意图

2.1.3 土中气体(气相)

土中气体即为土的气相，存在于土孔隙中未被水占据的空间。土中气体分为自由气体和封闭气体。

1. 自由气体

自由气体与大气连通，在粗粒土中，常见自由气体，在外力作用下，自由气体极易排出，它对土的性质影响不大。

2. 封闭气体

封闭气体与大气隔绝，在细粒土中，常存在封闭气体，封闭气体不能排出，在压力作用下可被压缩或溶解于水中，压力减小时又能有所复原，使土的渗透性减小、弹性增大、延长土体受力后变形达到稳定的时间，对土的性质影响较大。

土中气体的成分与大气成分比较，主要的区别在于 CO_2、O_2、N_2 的含量不同。一般土中气体含有更多的 CO_2、较少的 O_2 和较多的 N_2。土中气体与大气交换越困难，两者的差别就越大。与大气连通不畅的地下工程施工中，要注意 O_2 的补给，以保证施工人员的安全。

2.1.4 土的结构

土颗粒之间的相互排列和联结形式称为土的结构。土粒的形状、大小、位置和矿物成分以及土中水的性质与组成，对土的结构有直接的影响。土的结构可分为单粒结构、蜂窝结构和絮状结构三种类型。

1. 单粒结构

单粒结构是由较粗大土粒在水或空气中下落沉积而形成的，是碎石类土和砂类土的主要结构形式。因颗粒较大，土粒间的分子吸引力相对很小，颗粒间几乎没有联结，在沉积过程中颗粒间力的影响与重力相比可以忽略不计，即土粒在沉积过程中主要受重力控制。这种结构的特征是土粒之间以点与点的接触为主。根据其排列情况，可分为疏松状态和紧

· 9 ·

密状态,如图 2-4(a)、(b)所示。

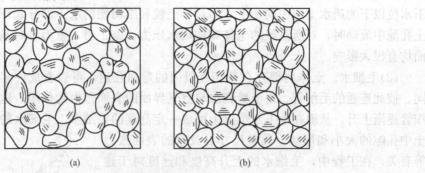

图 2-4 土的单粒结构
(a)疏松状态;(b)紧密状态

具有疏松单粒结构的土稳定性差,当受到震动及其他外力作用时,土粒易发生移动,土中孔隙减小,引起土的较大变形。这种土层如未经处理一般不宜作为建筑物的地基或路基。具有紧密单粒结构的土稳定性好,在动、静荷载作用下都不会产生较大的沉降,这种土强度较大,压缩性较小,一般是良好的天然地基。

2. 蜂窝结构

蜂窝结构主要是由粉粒或细砂粒组成的土的结构形式。粒径为 0.005~0.075 mm 的土粒在水中因自重作用而下沉时,当碰到其他正在下沉或已下沉稳定的土粒,由于粒间的引力大于下沉土粒的重力,土粒就停留在最初的接触点上不再继续下沉,逐渐形成链环状单元。很多这样的链环联结起来,便形成孔隙较大的蜂窝结构,如图 2-5 所示。具有蜂窝结构的土有很大孔隙,可以承担一般的水平静荷载,但当其承受较高水平荷载或动力荷载时,其结构将破坏,导致严重的地基沉降,不可用作天然地基。

3. 絮状结构

絮状结构又称为絮凝结构,是黏性土常见的结构形式。由于细微的黏粒(粒径小于0.005 mm)在水中常处于悬浮状态,当悬浮液的介质发生变化(如黏粒被带到电解质浓度较大的海水中),土粒在水中作杂乱无章的运动时,一旦接触,颗粒间力表现为净引力,彼此容易结合在一起逐渐形成小链环状的土粒集合体,质量增大而下沉,当一个小链环碰到另一个小链环时相互吸引,不断扩大形成大链环状,称为絮状结构,如图 2-6 所示。

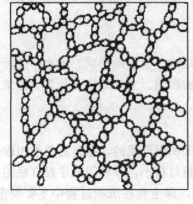

图 2-5 土的蜂窝结构

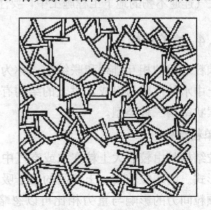

图 2-6 土的絮状结构

具有絮状结构的土有较大的孔隙,强度低,压缩性高,对扰动比较敏感,但土粒间的联结强度(结构强度)也会因长期的压密作用和胶结作用而得到加强。具有絮状结构的土不可用作天然地基。

天然条件下,任何一种土的结构,都是以某种结构为主,混杂其他结构。当土的结构受到破坏或扰动时,在改变了土粒排列情况的同时,也破坏了土粒间的联结,从而影响土的工程性能,对于蜂窝结构和絮状结构的土,往往会大大降低其结构强度。上述三种结构中,密实的单粒结构土的工程性质最好,蜂窝结构其次,絮状结构最差。

2.1.5 土的构造

在同一土层中的物质成分和颗粒大小等都相近的各部分之间的相互关系的特征称为土的构造,土的构造主要是层理构造和裂隙构造。

层理构造是在土的形成过程中,由于不同阶段沉积的物质成分、颗粒大小或颜色不同,而沿竖向呈现的成层特征,常见的有水平层理构造和交错层理构造(指具有夹层、尖灭或透镜体等产状)。

裂隙构造是土体被许多不连续的小裂隙所分割,裂隙中往往填充各种盐类沉淀物。不少坚硬状态与硬塑状态的黏性土都具有此种构造,如黄土的柱状裂隙。裂隙的存在大大降低了土体的强度和稳定性,增大透水性,对工程不利。

此外,也应注意到土中有无包裹物(如腐殖物、贝壳、结核体等)以及天然或人为的孔洞存在。这些构造特征都造成了土的不均匀性。

2.2 土的物理性质指标

土的物理性质指标是反映土的工程性质的特征指标。土是由固体颗粒、水和气体三相所组成,土的三相比例不同,其物理状态也不同,如稍湿与饱和、松散与密实、坚硬与软塑等。土的物理状态对于评定土的力学性质,特别是土的承载力和变形性质关系极大,因此,为了研究土的物理状态和工程性质,就要掌握土的三相组成之间的比例关系。表示土的三相组成比例关系的指标,称为土的物理性质指标。土的物理性质指标中,一种是可以通过试验直接测定的,称为直接测定指标(基本指标),一种是通过直接测定指标推算的,称为换算指标,也称为导出指标。

定量研究三相之间的比例关系时,为了便于说明和计算,将三相体系中分散的土颗粒、水和气体分别集中在一起,并按适当的比例画一个土的三相图,如图 2-7 所示,用土的三相图来表示各部分之间的数量关系。其中,气体的质量比其他两部分质量小很多,可忽略不计。

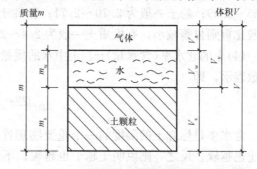

图 2-7 土的三相图

V—土的总体积;V_v—土的孔隙体积;V_s—土粒的体积;
V_w—水的体积;V_a—气体的体积;m—土的总质量;
m_s—土粒的质量;m_w—水的质量

2.2.1 指标的定义

1. 基本指标

基本指标是指土的密度（质量密度）ρ 和土的重力密度（简称重度）γ、土粒比重（土粒相对密度）d_s 以及土的含水率 w，一般由试验室直接测定其数值。

(1) 土的密度 ρ。土在天然状态下单位体积的质量称为土的天然密度，简称密度，单位为 g/cm³ 或 t/m³。其计算公式为：

$$\rho = \frac{m}{V} = \frac{m_s + m_w}{V_s + V_w + V_a} \tag{2-3}$$

天然状态下土的密度变化范围较大。一般黏性土 $\rho = (1.8 \sim 2.0)$ g/cm³；砂土 $\rho = (1.6 \sim 2.0)$ g/cm³；腐殖土 $\rho = (1.5 \sim 1.7)$ g/cm³。土的密度一般用"环刀法"测定。

(2) 土的重度 γ。工程中常用重度 γ 来表示单位体积土的重力，单位为 kN/m³，它与密度 ρ 的关系如下：

$$\gamma = \rho g \tag{2-4}$$

式中 g——重力加速度，在试验室试验中应取 $g = 9.807$ m/s²，在工程设计计算时可取 $g = 10$ m/s²。

(3) 土粒比重（土粒相对密度）d_s。土粒质量与同体积的 4 ℃纯蒸馏水的质量之比，称为土粒比重（或土粒相对密度）。其计算公式为：

$$d_s = \frac{m_s}{V_s \rho_{w1}} = \frac{\rho_s}{\rho_{w1}} \tag{2-5}$$

式中 ρ_s——土粒的密度，即单位体积土粒的质量（g/cm³）；

ρ_{w1}——4 ℃时纯蒸馏水的密度，$\rho_{w1} = 1.0$ g/cm³ 或 $\rho_{w1} = 1.0$ t/m³。

因为 $\rho_{w1} = 1.0$ g/cm³，所以在实用上，土粒比重在数值上等于土粒密度，但两者含义不同，前者是两种物质的质量或密度之比，无量纲；而后者是土粒的质量密度，有量纲。

由于天然土体是由不同的矿物颗粒所组成，而这些矿物颗粒的比重各不相同，所以，试验测定的是试验土样所含土粒的平均比重，土粒的比重可在试验室内用比重瓶法测定。

土粒比重的数值大小，取决于土的矿物成分。土粒比重的变化范围不大：砂土一般为 2.65～2.69；粉土一般为 2.70～2.71；黏性土一般为 2.72～2.75。土中含大量有机质时，土粒比重则显著减小，有机质土一般为 2.4～2.5；泥炭土一般为 1.5～1.8。

(4) 土的含水率（含水量）w。土中水的质量与土粒质量的比值，称为土的含水率，以百分数表示，即

$$w = \frac{m_w}{m_s} \times 100\% \tag{2-6}$$

含水率是标志土的湿度的一个重要物理性质指标，含水率越高，说明土越湿，一般来说土也越软；反之，则说明土越干也越硬。不同土的天然含水率变化范围很大，砂土可从 0～40%，黏性土可达 60% 或更大。含水率大小与土类、埋藏条件及所处的自然环境有关。土的含水率一般采用"烘干法"测定。

2. 换算指标

除了上述基本指标之外，还有六个可以计算求得的指标，称为换算指标或导出指标。

(1) 特殊条件下土的密度和重度。

1)干密度 ρ_d 和干重度 γ_d。单位体积土中固体颗粒部分的质量，称为土的干密度，单位为 g/cm^3 或 t/m^3，即

$$\rho_d = \frac{m_s}{V} \tag{2-7}$$

单位体积土中固体颗粒部分的重力，称为土的干重度，单位为 kN/m^3，即

$$\gamma_d = \rho_d g \tag{2-8}$$

工程上常把干密度或干重度作为评定土体紧密程度的标准，尤以控制填土工程的施工质量最为常见，土的干密度或干重度越大，表明土体越密实，工程质量越好。

2)饱和密度 ρ_{sat} 和饱和重度 γ_{sat}。土中孔隙全部充满水时单位体积的质量，称为土的饱和密度，单位为 g/cm^3 或 t/m^3，即

$$\rho_{sat} = \frac{m_s + V_v \rho_w}{V} \tag{2-9}$$

式中　ρ_w——水的密度，近似等于 $\rho_{w1} = 1.0\ g/cm^3$，一般取 $\rho_w = 1.0\ g/cm^3$。

土中孔隙全部充满水时单位体积的重力，称为土的饱和重度，单位为 kN/m^3，即

$$\gamma_{sat} = \rho_{sat} g \tag{2-10}$$

3)有效密度（浮密度）ρ' 和有效重度（浮重度）γ'。在地下水位以下，单位体积土中土粒的质量扣除同体积水的质量后即为单位体积土中土粒的有效质量，称为土的有效密度或浮密度，单位为 g/cm^3 或 t/m^3，即

$$\rho' = \frac{m_s - V_s \rho_w}{V} \tag{2-11}$$

在地下水位以下，单位体积土的重力，称为土的有效重度，单位为 kN/m^3，即

$$\gamma' = \rho' g \tag{2-12}$$

从上述土的四种密度或重度的定义可知，同一土样各种密度或重度在数值上存在如下关系：

$$\rho_{sat} \geqslant \rho \geqslant \rho_d \geqslant \rho'$$
$$\gamma_{sat} \geqslant \gamma \geqslant \gamma_d \geqslant \gamma'$$

(2)反映土的松密程度的指标。

1)孔隙比。孔隙比为土体中孔隙体积与土颗粒体积的比值，用小数表示，即

$$e = \frac{V_v}{V_s} \tag{2-13}$$

土的孔隙比是评价土的密实程度的一个重要指标。在一般情况下，孔隙比越大，即表示土中孔隙体积越大，土越疏松；反之土越密实。一般情况下，$e < 0.60$ 的土是密实的，压缩性小；$e > 1.0$ 的土是松散的，压缩性大。

2)孔隙率。孔隙率为土中孔隙的体积与土体总体积的比值，即单位体积的土体中孔隙所占的体积，常以百分数表示，即

$$n = \frac{V_v}{V} \times 100\% \tag{2-14}$$

孔隙率也可用来表示同一种土的松密程度。一般粗粒土的孔隙率小，细粒土的孔隙率大。例如，砂类土的孔隙率一般为 $28\% \sim 35\%$；黏性土的孔隙率有时可高达 $60\% \sim 70\%$。

(3)反映土中含水程度的指标。反映土中含水程度的指标除了含水率之外，还有土的饱和度 S_r。

土中所含水分的体积与孔隙体积之比，称为土的饱和度，以百分数计，即

$$S_r = \frac{V_w}{V_v} \times 100\% \tag{2-15}$$

饱和度是描述土体中孔隙被水充满的程度，即反映土潮湿程度的物理性质指标。当土是干土时，$S_r=0$；当土处于完全饱和状态时，$S_r=100\%$。粉、细砂的饱和程度，对其工程性质具有一定的影响，因此，在评价粉、细砂的工程性质时，除了确定其密度外，还需要考虑其饱和度。砂土与粉土根据饱和度可划分为下列三种湿润状态：

$S_r \leq 50\%$	稍湿
$50\% < S_r \leq 80\%$	很湿
$S_r > 80\%$	饱和

2.2.2 指标的换算

在土的三相比例指标中，只要通过试验直接测定出土的密度、含水率和土粒比重（土粒相对密度）这三个基本指标后，就可以换算出其余各个指标。

各指标间的相互换算常根据土的三相比例指标换算图（图 2-8）进行推导。

设 $\rho_{w1} = \rho_w$，并令 $V_s=1$。则根据孔隙比定义，得

$$V_v = V_s e = e$$

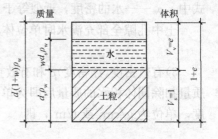

图 2-8 土的三相比例指标换算图

所以

$$V = 1+e$$

根据土粒比重定义，得

$$m_s = d_s V_s \rho_w = d_s \rho_w$$

根据含水率定义，得

$$m_w = w m_s = w d_s \rho_w$$

所以

$$m = m_s + m_w = d_s(1+w)\rho_w$$

根据体积和质量的关系，得

$$V_w = \frac{m_w}{\rho_w} = w d_s$$

推导

$$e = \frac{V_v}{V_s} = \frac{V-V_s}{V_s} = \frac{m}{\rho} - 1 = \frac{d_s(1+w)\rho_w}{\rho} - 1$$

$$n = \frac{V_v}{V} = \frac{e}{1+e}$$

$$S_r = \frac{V_w}{V_v} = \frac{w d_s}{e}$$

$$\rho = \frac{m}{V} = \frac{d_s(1+w)\rho_w}{1+e}$$

$$\rho_d = \frac{m_s}{V} = \frac{d_s \rho_w}{1+e} = \frac{\rho}{1+w}$$

$$\rho_{sat}=\frac{m_s+V_v\rho_w}{V}=\frac{(d_s+e)\rho_w}{1+e}$$

$$\rho'=\frac{m_s-V_s\rho_w}{V}=\frac{m_s-(V-V_v)\rho_w}{V}=\frac{m_s+V_v\rho_w-V\rho_w}{V}=\rho_{sat}-\rho_w$$

或
$$\rho'=\frac{m_s-V_s\rho_w}{V}=\frac{(d_s-1)\rho_w}{1+e}$$

表 2-3 列出了常用的土的三相比例指标换算公式。

表 2-3　土的三相比例指标换算公式

名称	符号	三相比例表达式	常用换算公式	单位	常见的数值范围
土粒比重	d_s	$d_s=\dfrac{m_s}{V_s\rho_{w1}}$	$d_s=\dfrac{S_r e}{w}$		黏性土：2.72～2.75 粉土：2.70～2.71 砂土：2.65～2.69
含水率	w	$w=\dfrac{m_w}{m_s}\times 100\%$	$w=\dfrac{S_r e}{d_s}$ $w=\dfrac{\rho}{\rho_d}-1$		20%～60%
密度	ρ	$\rho=\dfrac{m}{V}$	$\rho=\rho_d(1+w)$ $\rho=\dfrac{d_s(1+w)\rho_w}{1+e}$	g/cm³	1.6～2.0
干密度	ρ_d	$\rho_d=\dfrac{m_s}{V}$	$\rho_d=\dfrac{\rho}{1+w}$ $\rho_d=\dfrac{d_s\rho_w}{1+e}$	g/cm³	1.3～1.8
饱和密度	ρ_{sat}	$\rho_{sat}=\dfrac{m_s+V_v\rho_w}{V}$	$\rho_{sat}=\dfrac{(d_s+e)\rho_w}{1+e}$	g/cm³	1.8～2.3
浮密度	ρ'	$\rho'=\dfrac{m_s-V_s\rho_w}{V}$	$\rho'=\rho_{sat}-\rho_w$ $\rho'=\dfrac{(d_s-1)\rho_w}{1+e}$	g/cm³	0.8～1.3
重度	γ	$\gamma=\rho g$	$\gamma=\dfrac{d_s(1+w)}{1+e}\gamma_w$	kN/m³	16～20
干重度	γ_d	$\gamma_d=\rho_d g$	$\gamma_d=\dfrac{d_s}{1+e}\gamma_w$	kN/m³	13～18
饱和重度	γ_{sat}	$\gamma_{sat}=\rho_{sat}g$	$\gamma_{sat}=\dfrac{d_s+e}{1+e}\gamma_w$	kN/m³	18～23
浮重度	γ'	$\gamma'=\rho' g$	$\gamma'=\dfrac{d_s-1}{1+e}\gamma_w$	kN/m³	8～13
孔隙比	e	$e=\dfrac{V_v}{V_s}$	$e=\dfrac{d_s\rho_w}{\rho_d}-1$ $e=\dfrac{d_s(1+w)\rho_w}{\rho}-1$		黏性土和粉土：0.40～1.20 砂土：0.30～0.90
孔隙率	n	$n=\dfrac{V_v}{V}\times 100\%$	$n=\dfrac{e}{1+e}$ $n=1-\dfrac{\rho_d}{d_s\rho_w}$		黏性土和粉土：30%～60% 砂土：25%～45%

续表

名称	符号	三相比例表达式	常用换算公式	单位	常见的数值范围	
饱和度	S_r	$S_r = \dfrac{V_w}{V_v} \times 100\%$	$S_r = \dfrac{wd_s}{e}$ $S_r = \dfrac{w\rho_d}{n\rho_w}$		$0 \leqslant S_r \leqslant 50\%$ $50 < S_r \leqslant 80\%$ $80 < S_r \leqslant 100\%$	稍湿 很湿 饱和

注：水的重度 $\gamma_w = \rho_w g (t/m^3) = 9.807 \times 10^3 \text{kg} \cdot \text{m/s}^2 = 9.807 \times 10^3 \text{ N/m}^3 \approx 10 \text{ N/m}^3$。

【例 2-1】 某一原状土样，试验测得的基本指标值如下：密度 $\rho = 1.67 \text{ g/cm}^3$，含水率 $w = 12.9\%$，土粒比重 $d_s = 2.67$。求孔隙比 e，孔隙率 n，饱和度 S_r，干密度 ρ_d，饱和密度 ρ_{sat} 以及有效密度 ρ'。

【解】 $e = \dfrac{d_s(1+w)\rho_w}{\rho} - 1 = \dfrac{2.67 \times (1+12.9\%) \times 1}{1.67} - 1 = 0.805$

$$n = \dfrac{e}{1+e} = \dfrac{0.805}{1+0.805} = 44.6\%$$

$$S_r = \dfrac{wd_s}{e} = \dfrac{12.9\% \times 2.67}{0.805} = 43\%$$

$$\rho_d = \dfrac{\rho}{1+w} = \dfrac{1.67}{1+12.9\%} = 1.48 \, (\text{g/cm}^3)$$

$$\rho_{sat} = \dfrac{(d_s+e)\rho_w}{1+e} = \dfrac{(2.67+0.805) \times 1}{1+0.805} = 1.93 \, (\text{g/cm}^3)$$

$$\rho' = \rho_{sat} - \rho_w = 1.93 - 1 = 0.93 \, (\text{g/cm}^3)$$

【例 2-2】 有一完全饱和的原状土样切满于容积为 21.7 cm^3 的环刀内，称得总质量为 72.49 g，经 105 ℃ 烘干至恒重为 61.28 g。已知环刀质量为 32.54 g，土粒相对密度（比重）为 2.74，试求土样的密度、含水率、干密度及孔隙比。

【解】 $m = 72.49 - 32.54 = 39.95 \, (\text{g})$

$$m_w = 72.49 - 61.28 = 11.21 \, (\text{g})$$

$$m_s = 61.28 - 32.54 = 28.74 \, (\text{g})$$

$$\rho = \dfrac{m}{V} = \dfrac{39.95}{21.7} = 1.84 \, (\text{g/cm}^3)$$

$$w = \dfrac{m_w}{m_s} \times 100\% = \dfrac{11.21}{28.74} \times 100\% = 39\%$$

$$\rho_d = \dfrac{m_s}{V} = \dfrac{28.74}{21.7} = 1.32 \, (\text{g/cm}^3)$$

$$e = \dfrac{d_s(1+w)\rho_w}{\rho} - 1 = \dfrac{2.74 \times (1+39\%) \times 1}{1.84} - 1 = 1.069$$

或 $S_r = \dfrac{wd_s}{e} = 100\% \Rightarrow e = \dfrac{wd_s}{S_r} = \dfrac{39\% \times 2.74}{100\%} = 1.069$

2.3 土的物理状态指标

反映土的物理状态的指标称为土的物理状态指标。土的物理状态对于无黏性土，是指土的密实程度；对于黏性土，则是指土的软硬程度，也称为黏性土的稠度。

2.3.1 无黏性土的密实度

无黏性土一般是指砂土和碎石土,这两类土中一般黏粒含量很少,不具有可塑性,呈单粒结构,他们最主要的物理状态指标是密实度。土的密实度是指单位体积土中固体颗粒的含量。根据土颗粒含量的多少,天然状态下的砂、碎石等处于从密实到松散的不同物理状态。天然状态下无黏性土的密实度与其工程性质有着密切的关系。无黏性土呈密实状态时,强度较大,是良好的天然地基;呈松散状态时,则是一种软弱地基。

1. 砂土的密实度

反映砂土密实状态的指标主要有孔隙比 e、相对密实度 D_r、标准贯入试验锤击数 N。

(1)孔隙比 e。用孔隙比 e 来判断砂土的密实度是最简便的方法。孔隙比越小,表示土越密实;孔隙比越大,表示土越疏松。根据天然孔隙比,可将砂土划分为密实、中密、稍密和松散四种状态。具体划分标准见表 2-4。

表 2-4 按孔隙比 e 划分砂土的密实度

密实度 土的名称	密实	中密	稍密	松散
砾砂、粗砂、中砂	$e<0.60$	$0.60 \leqslant e \leqslant 0.75$	$0.75 < e \leqslant 0.85$	$e > 0.85$
细砂、粉砂	$e<0.70$	$0.70 \leqslant e \leqslant 0.85$	$0.85 < e \leqslant 0.95$	$e > 0.95$

该方法由于没有考虑到颗粒级配这一重要因素对砂土密实状态的影响,再加上从现场取原状砂样存在实际困难,因而砂土的天然孔隙比的数值很不可靠,故该方法在使用上也存在问题。

(2)相对密实度 D_r。为了更合理地判断砂土所处的密实状态,可用天然孔隙比 e 与同一种砂土的最疏松状态孔隙比 e_{max} 和最密实状态孔隙比 e_{min} 进行对比,看 e 是靠近 e_{max} 还是靠近 e_{min},以此来判别它的密实度,即相对密实度法。其表达式为:

$$D_r = \frac{e_{max} - e}{e_{max} - e_{min}} \tag{2-16}$$

式中 e——砂土在天然状态下或某种控制状态下的孔隙比;
e_{max}——砂土在最疏松状态下的孔隙比,即最大孔隙比;
e_{min}——砂土在最密实状态下的孔隙比,即最小孔隙比。

将式(2-16)中的孔隙比用干密度替换,可得到用干密度表示的相对密实度表达式:

$$D_r = \frac{(\rho_d - \rho_{dmin})\rho_{dmax}}{(\rho_{dmax} - \rho_{dmin})\rho_d} \tag{2-17}$$

式中 ρ_d——砂土的天然干密度;
ρ_{dmax}——砂土的最大干密度;
ρ_{dmin}——砂土的最小干密度。

从式(2-16)可以看出,当 e 接近于 e_{min} 时, D_r 接近于 1,表明砂土接近于最密实状态;当 e 接近于 e_{max} 时, D_r 接近于 0,表明砂土接近于最疏松状态。根据砂土的相对密实度 D_r 可以将砂土的密实状态划分为三种:

$1 \geqslant D_r > 0.67$ 密实
$0.67 \geqslant D_r > 0.33$ 中密

$$0.33 \geqslant D_r > 0 \quad\quad 松散$$

从理论上讲，相对密实度的理论比较完善，但是测定 e_{max} 和 e_{min} 的试验方法不够完善，试验结果常常有很大出入，难以获得科学的数据，而砂土的天然孔隙比测定也比较困难，所以相对密实度的指标难于测准，对于天然土尚且难以应用，通常多用于填方工程的质量控制中。

(3) 标准贯入试验锤击数 N。为了避免采取原状砂样的困难，在工程实践中通常用标准贯入试验锤击数来评价砂土的密实度。标准贯入试验是用规定的锤质量(63.5 kg)和落距(76 cm)把一标准贯入器(带有刃口的对开管，外径 50 cm，内径 35 cm)打入土中，记录贯入一定深度(30 cm)所需的锤击数 N 的一种原位测试方法。砂土根据标准贯入试验锤击数 N 可分为松散、稍密、中密和密实四种密实度，具体的划分标准见表 2-5。

表 2-5 按标准贯入试验锤击数 N 划分砂土的密实度

密实度	松散	稍密	中密	密实
标准贯入试验锤击数 N	$N \leqslant 10$	$10 < N \leqslant 15$	$15 < N \leqslant 30$	$N > 30$

注：当用静力触探探头阻力判定砂土的密实度时，可根据当地经验确定。

2. 碎石土的密实度

对于碎石土，因难以取样试验，为了更加准确地反映碎石土的密实程度，《建筑地基基础设计规范》(GB 50007—2011)规定，对于平均粒径小于或等于 50 mm 且最大粒径不超过 100 mm 的卵石、碎石、圆砾、角砾，可采用重型圆锥动力触探锤击数来评价其密实度；对于平均粒径大于 50 mm 或最大粒径大于 100 mm 的碎石土，应按野外鉴别方法来综合判定其密实度。

(1) 以重型圆锥动力触探锤击数 $N_{63.5}$ 为标准。重型圆锥动力触探是用质量为 63.5 kg 的落锤以 76 cm 的落距把探头(探头为圆锥头，锥角 60°，锥底直径 7.4 cm)打入碎石土中，记录探头贯入碎石土 10 cm 的锤击数 $N_{63.5}$。根据重型圆锥动力触探锤击数 $N_{63.5}$ 可将碎石土划分为松散、稍密、中密和密实四种密实度，具体的划分标准见表 2-6。

表 2-6 碎石土的密实度

密实度	松散	稍密	中密	密实
重型圆锥动力触探锤击数 $N_{63.5}$	$N_{63.5} \leqslant 5$	$5 < N_{63.5} \leqslant 10$	$10 < N_{63.5} \leqslant 20$	$N_{63.5} > 20$

注：1. 表内 $N_{63.5}$ 为经综合修正后的平均值。
　　2. 本表适用于平均粒径小于或等于 50 mm 且最大粒径不超过 100 mm 的卵石、碎石、圆砾、角砾。对于平均粒径大于 50 mm 或最大粒径大于 100 mm 的碎石土，可按野外鉴别方法划分其密实度。

(2) 碎石土密实度的野外鉴别。碎石土的密实度可以根据野外鉴别方法划分为密实、中密、稍密、松散四种状态，其划分标准见表 2-7。

表 2-7 碎石土密实度野外鉴别方法

密实度	骨架颗粒含量和排列	可挖性	可钻性
密实	骨架颗粒含量大于总重的 70%，呈交错排列，连续接触	锹镐挖掘困难；用撬棍方能松动；井壁一般较稳定	钻进极困难；冲击钻探时，钻杆、吊锤跳动剧烈；孔壁较稳定

续表

密实度	骨架颗粒含量和排列	可挖性	可钻性
中密	骨架颗粒含量等于总重的60%~70%，呈交错排列，大部分接触	锹镐可挖掘；井壁有掉块现象，从井壁取出大颗粒处，能保持颗粒凹面形状	钻进较困难；冲击钻探时，钻杆、吊锤跳动不剧烈；孔壁有坍塌现象
稍密	骨架颗粒含量等于总重的55%~60%，排列混乱，大部分不接触	锹可以挖掘；井壁易坍塌，从井壁取出大块颗粒后，砂土立即坍落	钻进较容易；冲击钻探时，钻杆稍有跳动；孔壁易坍塌
松散	骨架颗粒含量小于总重的55%，排列十分混乱，绝大部分不接触	锹易挖掘；井壁极易坍塌	钻进很容易；冲击钻探时，钻杆无跳动；孔壁易坍塌

注：碎石土的密实度应按表列各项要求综合确定。

2.3.2 黏性土的物理特征

1. 黏性土的界限含水率

黏性土是一种细颗粒土，颗粒粒径极细，所含黏土矿物成分较多，土粒表面与水相互作用的能力较强，故黏性土的含水率对土所处的状态影响很大。黏性土由于其含水率的不同，而分别处于固态、半固态、可塑状态及流动状态。含水率很大时，土粒与水混合成泥浆，是一种黏滞流动的液体，称为流动状态。含水率逐渐减小，黏滞流动的特征逐渐消失而显示出一种可塑状态，所谓可塑状态，就是当黏性土在某含水率范围内时，可用外力塑成任何形状而不发生裂纹，并当外力移去后仍能保持既得的形状，土的这种性能称为可塑性。含水率继续减小，土体的体积随着含水率的减小而减小，土的可塑性逐渐消失，从可塑状态转变为不可塑的半固态状态。当含水率继续减小到某一界限时，土体体积不再随含水率减小而变化，这种状态称为固态状态。

黏性土由一种状态转到另一种状态的分界含水率(图2-9)称为界限含水率。它对黏性土的分类及工程性质的评价有重要意义。土从流动状态转到可塑状态的界限含水率称为液限，用符号 w_L 表示；土从可塑状态转到半固态的界限含水率称为塑限，用符号 w_P 表示；土从半固态转到固态的界限含水率称为缩限，用符号 w_S 表示。界限含水率都以百分数表示。

图2-9 黏性土的界限含水率

对土的工程性质影响较大的是液限和塑限，所以下面主要介绍液限和塑限的测定方法。以前我国主要采用锥式液限仪法测定液限，采用搓条法来测定塑限，美国、日本等国家采用碟式液限仪法来测定黏性土的液限。现在液限和塑限的测定方法可采用"联合测定法"，主要仪器为液、塑限联合测定仪(图2-10)。试验时取代表性试样，加不同数量的纯水，调成三种不同稠度的试样，用电磁落锥法分别测定圆锥在自重下沉入试样5 s时的下沉深度，在双对数坐标纸上作出圆锥体的下沉深度与含水率的关系曲线，如图 2-11 所示。在圆锥下沉深度与含水率的关系曲线上查得下沉深度为 17 mm 时所对应的含水率为液限，查得下沉深度为 10 mm 时所对应的含水率为 10 mm 液限，查得下沉深度为 2 mm 时所对应的含水率为塑限，取值以百分数表示。

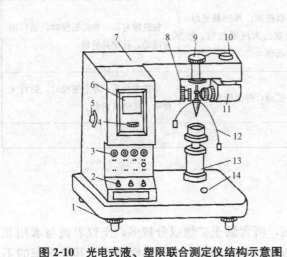

图 2-10　光电式液、塑限联合测定仪结构示意图　　图 2-11　圆锥下沉深度与含水率关系图
1—水平调节螺钉；2—控制开关；3—指示灯；
4—零线调节螺钉；5—反光镜调节螺钉；6—屏幕；
7—机壳；8—物镜调节螺钉；9—电磁装置；
10—光源调节螺钉；11—光源装置；
12—圆锥仪；13—升降台；14—水平泡

2. 黏性土的塑性指数和液性指数

(1)塑性指数。塑性指数是指液限和塑限的差值，用符号 I_P 表示，计算时不带％符号，即

$$I_P = w_L - w_P \tag{2-18}$$

塑性指数表示土处在可塑状态的含水率变化范围，其值的大小取决于土颗粒吸附结合水的能力，在一定程度上反映了土中黏粒含量的多少。黏粒含量越多，则土的比表面积越大，结合水含量越高，因而土处在可塑状态的含水率变化范围越大，塑性指数越大。塑性指数是土的固有属性，塑性指数值可视为常数，与土的天然含水率无关。工程上常用塑性指数对黏性土进行分类，即 $I_P > 17$ 为黏土；$10 < I_P \leqslant 17$ 为粉质黏土。

(2)液性指数。液性指数指黏性土的天然含水率和塑限的差值与塑性指数比值，用符号 I_L 表示，即

$$I_L = \frac{w - w_P}{w_L - w_P} \tag{2-19}$$

液性指数是表征黏性土软硬状态的指标，液性指数一般用小数表示。由上式可见，当土的天然含水率 $w < w_P$ 时，I_L 小于 0，天然土处于坚硬状态；当 $w > w_L$ 时，I_L 大于 1，天然土处于流动状态；当 $w_P < w < w_L$ 时，I_L 为 0~1，则天然土处于可塑状态。因此，可以根据液性指数 I_L 来判断黏性土所处的软硬状态。I_L 值越大，土质越软；I_L 值越小，土质越

坚硬。《建筑地基基础设计规范》(GB 50007—2011)根据液性指数的大小，将黏性土划分为五种软硬状态，具体的划分标准见表 2-8。

表 2-8 黏性土的状态

状态	坚硬	硬塑	可塑	软塑	流塑
液性指数 I_L	$I_L \leqslant 0$	$0 < I_L \leqslant 0.25$	$0.25 < I_L \leqslant 0.75$	$0.75 < I_L \leqslant 1$	$I_L > 1$

注：当用静力触探探头阻力或标贯试验锤击数评定黏性土的状态时，可根据当地经验确定。

3. 黏性土的灵敏度和触变性

(1)黏性土的灵敏度。天然状态下的黏性土通常都具有一定的结构性。当土体受到外力扰动作用，土粒间的胶结物质以及土粒、离子、水分子所组成的平衡体系受到破坏，即结构遭受破坏时，土的强度就会降低、压缩性增大，土的这种结构性对强度的影响一般用灵敏度来衡量。黏性土的灵敏度是以天然结构的原状土的无侧限抗压强度与该土经重塑(土的结构性彻底破坏)后的无侧限抗压强度之比来表示，即

$$S_t = \frac{q_u}{q_u'} \tag{2-20}$$

式中 q_u——原状土的无侧限抗压强度(kPa)；

q_u'——具有与原状土相同尺寸、密度和含水率的重塑土的无侧限抗压强度(kPa)。

灵敏度的概念主要是针对饱和以及近饱和的黏性土而言。按灵敏度的大小，黏性土可分为：$S_t \leqslant 2$ 为不灵敏；$2 < S_t \leqslant 4$ 为中等灵敏；$4 < S_t \leqslant 8$ 为灵敏；$S_t > 8$ 极灵敏。土的灵敏度越高，其结构性越强，受扰动后土的强度降低就越多。因此，在基础工程施工中必须注意保护基槽，尽量减少对土结构的扰动。

(2)黏性土的触变性。饱和黏性土的结构受到扰动后，导致强度降低，但当扰动停止后，土的强度又随时间而逐渐(部分)恢复，这是由于土粒、离子和水分子体系随时间而逐渐趋于新的平衡状态，土的这种性质称为触变性。例如，在饱和黏性土中打桩时，桩周土的结构受到破坏，强度降低，但当打桩停止后，土的强度可随时间部分恢复。因此，在打桩时要"一气呵成"才能进展顺利，提高工效；相反，从成桩完毕到开始试桩则应给土一定的强度恢复的间歇时间，使桩的承载力逐渐增加。这就是利用了土的触变性机理。

【例 2-3】 某砂土的密度 $\rho = 1.77 \text{ g/cm}^3$，含水率 $w = 9.8\%$，土粒相对密度 $d_s = 2.68$，由该砂样的相对密实度试验，得到其最大干密度 $\rho_{dmax} = 1.74 \text{ g/cm}^3$，最小干密度 $\rho_{dmin} = 1.37 \text{ g/cm}^3$。请确定该砂土的相对密实度并判断其密实程度。

【解】 (1)该砂土的最大孔隙比和最小孔隙比分别为：

$$e_{max} = \frac{d_s \rho_w}{\rho_{dmin}} - 1 = \frac{2.68 \times 1}{1.37} - 1 = 0.956$$

$$e_{min} = \frac{d_s \rho_w}{\rho_{dmax}} - 1 = \frac{2.68 \times 1}{1.74} - 1 = 0.540$$

(2)该砂土的天然孔隙比为：

$$e = \frac{d_s(1+w)\rho_w}{\rho} - 1 = \frac{2.68 \times 1.098 \times 1}{1.77} - 1 = 0.663$$

(3)该砂土的相对密实度为：

$$D_r = \frac{e_{\max} - e}{e_{\max} - e_{\min}} = \frac{0.956 - 0.663}{0.956 - 0.540} = 0.7$$

(4)该砂土的密实程度判断：

$$D_r = 0.7 > 0.67$$

所以，该砂土处于密实状态。

【例2-4】 某一完全饱和黏性土试样的含水率为30%，土粒比重为2.73，液限为33%，塑限为17%。试求孔隙比，干密度和饱和密度，并按塑性指数和液性指数分别定出该黏性土的分类名称和软硬状态。

【解】 由于试样是完全饱和黏性土，所以 $S_r = 100\%$

$$S_r = \frac{wd_s}{e} = 100\% \Rightarrow e = \frac{wd_s}{S_r} = \frac{30\% \times 2.73}{100\%} = 0.819$$

$$\rho_d = \frac{d_s \rho_w}{1+e} = \frac{2.73 \times 1}{1+0.819} = 1.5 (\text{g/cm}^3)$$

$$\rho_{sat} = \frac{(d_s + e)\rho_w}{1+e} = \frac{(2.73 + 0.819) \times 1}{1+0.819} = 1.95 (\text{g/cm}^3)$$

$$I_P = w_L - w_P = 33 - 17 = 16 \ (I_P < 17，为粉质黏土)$$

$$I_L = \frac{w - w_P}{w_L - w_P} = \frac{30 - 17}{33 - 17} = 0.813 \ (I_L < 1，处于软塑状态)$$

2.4 土的工程分类

自然界中土的种类很多，其工程性质也各不相同，为便于研究需要按其主要特征进行分类。由于各个部门对土的某些工程性质的重视程度和要求不完全相同，制定分类标准时的着眼点也就不同，目前，国内外土的工程分类法并不统一，即使同一国家的各个行业、各个部门，土的分类体系也都是结合本专业的特点而制定的。本节主要介绍《建筑地基基础设计规范》(GB 50007—2011)中土的分类法。

《建筑地基基础设计规范》(GB 50007—2011)将建筑地基的土（岩）分为岩石、碎石土、砂土、粉土、黏性土和人工填土六大类。

2.4.1 岩石

岩石是指颗粒间牢固联结，呈整体或具有节理裂隙的岩体。作为建筑物地基，除应确定岩石的地质名称外，还应划分其坚硬程度和完整程度。

岩石的坚硬程度可根据岩块的饱和单轴抗压强度将 f_{rk} 分为坚硬岩、较硬岩、较软岩、软岩和极软岩，当缺乏饱和单轴抗压强度资料或不能进行该项试验时，可在现场通过观察定性划分。

岩石的完整程度按完整性指数可划分为完整、较完整、较破碎、破碎和极破碎。

2.4.2 碎石土

碎石土是指粒径大于2 mm的颗粒含量超过全重50%的土。碎石土根据粒组含量及颗粒形状分为漂石、块石、卵石、碎石、圆砾和角砾，具体的分类标准见表2-9。

表 2-9 碎石土的分类

土的名称	颗粒形状	粒组含量
漂石 块石	圆形及亚圆形为主 棱角形为主	粒径大于 200 mm 的颗粒超过全重 50%
卵石 碎石	圆形及亚圆形为主 棱角形为主	粒径大于 20 mm 的颗粒超过全重 50%
圆砾 角砾	圆形及亚圆形为主 棱角形为主	粒径大于 2 mm 的颗粒超过全重 50%

注：分类时应根据粒组含量栏从上到下以最先符合者确定。

2.4.3 砂土

砂土是指粒径大于 2 mm 的颗粒含量不超过全重 50%、粒径大于 0.075 mm 的颗粒含量超过全重 50% 的土。砂土根据粒组含量分为砾砂、粗砂、中砂、细砂和粉砂，具体的分类标准见表 2-10。

表 2-10 砂土的分类

土的名称	粒组含量
砾砂	粒径大于 2 mm 的颗粒超过全重 25%~50%
粗砂	粒径大于 0.5 mm 的颗粒超过全重 50%
中砂	粒径大于 0.25 mm 的颗粒超过全重 50%
细砂	粒径大于 0.075 mm 的颗粒超过全重 85%
粉砂	粒径大于 0.075 mm 的颗粒超过全重 50%

注：分类时应根据粒组含量栏从上到下以最先符合者确定。

2.4.4 粉土

粉土是指粒径大于 0.075 mm 的颗粒含量不超过全重的 50%，且塑性指数小于或等于 10 的土。其性质介于黏性土与砂土之间。

一般根据地区规范（如上海、天津等），由粒组含量的多少可将粉土划分为砂质粉土和黏质粉土，具体的分类标准见表 2-11。

表 2-11 粉土的分类

名称	粒组含量
砂质粉土	粒径小于 0.005 mm 的颗粒含量小于或等于全重 10%
黏质粉土	粒径小于 0.005 mm 的颗粒含量超过全重 10%

2.4.5 黏性土

黏性土是指塑性指数 I_P 大于 10 的土，根据塑性指数可将黏性土分为黏土和粉质黏土。

由于土的沉积年代对土的工程性质影响很大，不同沉积年代的黏性土尽管其物理性质指标可能很接近，但其工程性质可能相差很大，因而根据土的沉积年代又可将黏性土分为老黏性土、一般黏性土和新近沉积的黏性土。老黏性土是指第四纪晚更新世（Q_3）及其以前沉积的黏性土，工程性质较好，一般具有较高的强度和较低的压缩性，但也有一些地区的老黏性土强度低于一般的黏性土，因而在使用时应该根据当地实践经验确定；一般黏性土是指第四纪全新世（Q_4）沉积的黏性土，工程中最常见，其力学性质在各类土中属于中等；新近沉积的黏性土是指文化期以来新近沉积的黏性土，沉积年代较短，结构性差，一般都为欠固结土，强度低，压缩性大。

2.4.6 人工填土

人工填土是指由于人类活动而形成的堆积物，其物质成分较杂乱，均匀性较差。人工填土根据其组成和成因，可分为素填土、压实填土、杂填土和冲填土。

素填土是指由碎石土、砂土、粉土、黏性土等组成的填土，其中不含杂质或含杂质很少。

压实填土是指经过压实或夯实的素填土。

杂填土为含有建筑垃圾、工业废料、生活垃圾等杂物的填土。

冲填土为由水力冲填泥砂形成的填土。

除了上述六种土之外，还有一些特殊的土，如淤泥、淤泥质土、红黏土、膨胀土、湿陷性黄土、冻土等。

2.5 相关土工试验

2.5.1 密度试验

1. 试验目的

测定黏性土在天然状态下单位体积的质量，以便计算土的重度及其他换算指标。

2. 试验方法

(1)一般黏性土，宜采用环刀法；

(2)易破碎、难以切削的土，可采用蜡封法；

(3)对于砂土与砂砾土，可用现场的灌砂法或灌水法。

3. 仪器设备(环刀法)

(1)环刀：内径为 61.8 mm 和 79.8 mm，高为 20 mm。

(2)天平：称量为 500 g，感量为 0.1 g；也可用称量为 200 g，感量为 0.01 g 的天平。

(3)附加设备：切土刀、钢丝锯、凡士林等。

4. 操作步骤(环刀法)

(1)在环刀内壁涂一薄层凡士林，刃口向下放在土样上。

(2)环刀取土：将环刀垂直下压，边压边削，直至土样上端伸出环刀为止。将环刀两端余土削去修平(严禁在土面上反复涂抹)，然后擦净环刀外壁。

(3)将取好土样的环刀放在天平上称量,记下环刀与湿土的总质量 m,精确至 0.1 g。

5. 成果整理

按下式计算土的密度:

$$\rho=\frac{m}{V}=\frac{m_2-m_1}{V}$$

式中 m_2——环刀与湿土的总质量(g);
　　　m_1——环刀质量(g);
　　　V——环刀体积(cm^3)。

要求:密度试验应进行两次平行测定,两次测定的差值不得大于 0.02 g/cm^3,取两次试验结果的平均值为测定结果。

6. 试验记录(表 2-12)

表 2-12　密度试验记录(环刀法)

班级_____　　组别_____　　姓名_____　　日期_____

试验日期	土样编号	环刀号码	环刀+土质量	环刀质量	土质量	环刀容积	密度
			g			cm^3	g·cm^{-3}
			(1)	(2)	(3)	(4)	(5)
					(1)-(2)		$\frac{(3)}{(4)}$
平行差=_____g/cm^3				平均密度=_____g/cm^3			

2.5.2 土的含水率试验

土的含水率是土在 105 ℃~110 ℃下烘干至恒量时所失去的水的质量和干土质量的百分比值。土在天然状态下的含水率为土的天然含水率。

1. 试验目的

测定土的含水率,以便了解土的干湿程度及计算其他换算指标。

2. 试验方法

烘干法:室内试验的标准方法,一般黏性土都可以采用。
酒精燃烧法:适用于快速简易测定细粒土的含水率。
比重法:适用于砂类土。

3. 仪器设备(烘干法)

烘箱:采用电热烘箱;应能控制温度为 105 ℃~110 ℃。
天平:称量为 200 g,分度值为 0.01 g;
其他:干燥器、称量盒。

4. 操作步骤(烘干法)

(1)取代表性试样,黏性土为 15~30 g,砂土、有机质土为 50 g,放入质量为 m_0 的称量盒内,立即盖上盒盖,称湿土加盒总质量 m_1,精确至 0.01 g。

(2)打开盒盖,将试样和盒放入烘箱,在温度为105 ℃～110 ℃的恒温下烘干。烘干时间与土的类别及取土数量有关。黏性土不得少于8 h;砂土不得少于6 h;对含有机质超过10%的土,应将温度控制在65 ℃～70 ℃的恒温下烘至恒量。

(3)将烘干后的试样和盒取出,盖好盒盖放入干燥器内冷却至室温,称干土加盒质量为 m_2,精确至0.01 g。

5. 成果整理

按下式计算含水量

$$w=\frac{m_w}{m_s}=\frac{m_1-m_2}{m_2-m_0}\times 100\%$$

要求:(1)干土质量计算至0.1%;

(2)本试验需进行两次平行测定,取其算术平均值作为测定结果,允许平行差值应符合表2-13的规定。

表2-13 试验结果允许平行差

含水量/%	小于10	10～40	大于40
允许平行差值/%	0.5	1.0	2.0

6. 试验记录(表2-14)

表2-14 含水率试验记录(烘干法)

班级_____ 组别_____ 姓名_____ 日期_____

试样编号	土样说明	盒号	盒质量/g	盒加湿土质量/g	盒加干土质量/g	水的质量/g	干土质量/g	含水率/%	平均含水率/%
			(1)	(2)	(3)	(4)=(2)-(3)	(5)=(3)-(1)	(6)=(4)/(5)	(7)

2.5.3 土粒比重试验

土的比重是指土粒在温度为105 ℃～110 ℃下烘干至恒重时的质量与土粒同体积4 ℃纯水质量的比值,是土的基本物理性质指标之一。土粒比重在数值上等于土粒密度,但两者含义不同,前者是两种物质的质量或密度之比,无量纲;而后者是土粒的质量密度,有量纲。

1. 试验目的

测定土的比重,以便计算其他换算指标。

2. 试验方法

(1)对于粒径小于5 mm的土,可用比重瓶法进行测定。

(2)对于粒径等于或大于5 mm的土,且其中粒径大于20 mm的土质量小于总土质量的10%时,可用浮称法进行测定。

对于粒径等于或大于 5 mm 的土，且其中粒径大于 20 mm 的土质量等于或大于总土质量的 10% 时，可用虹吸筒法进行测定；当土中同时含有粒径小于 5 mm 和粒径等于或大于 5 mm 的土粒时，粒径小于 5 mm 的部分，用比重瓶法进行测定，粒径等于或大于 5 mm 的部分，用浮称法或虹吸筒法测定，并取其加权平均值作为土的比重。

3. 仪器设备（比重瓶法）

(1) 比重瓶：容积为 100 mL 或 50 mL，分长颈和短颈两种形式。

(2) 天平：称量为 200 g，最小分度值为 0.001 g。

(3) 恒量水槽：准确度应为 ±1℃。

(4) 砂浴：应能调节温度。

(5) 真空抽气设备。

(6) 温度计：刻度为 0 ℃～50 ℃，最小分度值为 0.5 ℃。

(7) 其他：孔径为 2 mm 及 5 mm 的筛、烘箱、漏斗、滴管、盛土器、纯水、中性液体（如煤油）等。

4. 操作步骤（比重瓶法）

(1) 比重瓶校准（此项工作由试验室工作人员负责完成）。

1) 将比重瓶洗净、烘干，置于干燥器内，冷却后称量，精确至 0.001 g。

2) 将煮沸经冷却的纯水注入比重瓶内。对长颈比重瓶注水至刻度处；对短颈比重瓶应注满纯水，塞紧瓶塞，多余水自瓶塞毛细管中溢出，将比重瓶放入恒温水槽直至瓶内水温稳定。取出比重瓶，擦干外壁，称瓶、水总质量，精确至 0.001 g。测定恒温水槽内水温，精确至 0.5 ℃。

3) 调节数个恒温水槽内的温度，温度差宜为 5 ℃，测定不同温度下的瓶、水总质量。每个温度时均应进行两次平行测定，两次测定的差值不得大于 0.002 g，取两次测值的平均值为测定结果。绘制温度与瓶、水总质量的关系曲线，如图 2-12 所示。

(2) 比重测定。

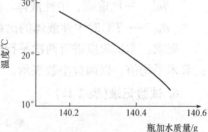

图 2-12　温度和瓶、水总质量曲线

1) 将烘干的试样约 100 g 放在研钵中研碎，使全部通过孔径为 5 mm 的筛，如试样中不含大于 5 mm 的土粒，则不需过筛。然后取 15 g，用漏斗装入预先洗净和烘干的 100 mL 比重瓶内，若用 50 mL 的比重瓶则取试样 10 g，称试样和瓶的总质量 m_1，精确至 0.001 g。

2) 为排出土中的空气，将已装有干土的比重瓶，注纯水至瓶的一半处，摇动比重瓶，使土粒初步分散，然后将比重瓶放在砂浴上煮沸（记着将瓶盖取下）。煮沸时，要注意调节砂浴温度，避免瓶内悬液溅出。煮沸时间从开始沸腾时算起，砂土不应少于 30 min，黏土、粉土不得少于 1 h。本次试验因时间关系煮沸时间由教师根据具体情况而定。对于含可溶盐、有机质或亲水性胶体的土，必须用中性液体（煤油）代替纯水，用真空抽气法代替煮沸法，排出土中空气。抽气时，真空表读数宜接近当地一个大气负压值，抽气时间不得少于 1 h，直至悬液内无气泡逸出时为止。

3) 将煮沸经冷却的纯水（或抽气后的中性液体）注入装有试样悬液的比重瓶内。当用长颈比重瓶时，应将纯水注至刻度处；当用短颈比重瓶时，应将纯水注满，塞紧瓶塞，多余的水分自瓶塞毛细管中溢出。将比重瓶置于恒温水槽内，待瓶内悬液温度稳定，且瓶内上部悬液澄清，取出比重瓶，擦干瓶外壁，称比重瓶、水、试样总质量（m_4），精确至 0.001 g。称量后应立刻测出瓶内水的温度，精确至 0.5 ℃。

4）根据测得的温度，从已绘制的温度与瓶、水总质量的关系曲线中查得瓶、水总质量（m_3）。

5. 成果整理

（1）用纯水测定时，按下式计算比重：

$$d_s = \frac{m_d}{m_d + m_3 - m_4} \cdot d_{wT}$$

式中 d_s——土粒比重；
  m_d——干土质量，$m_d = m_1 - m_2$（g）；
  m_1——比重瓶、试样总质量（g）；
  m_2——比重瓶的质量（g）；
  m_3——比重瓶、水总质量（g）；
  m_4——比重瓶、水、试样总质量（g）；
  d_{wT}——T℃时纯水的比重（可查物理手册），精确至 0.001。

（2）用中性液体测定时，按下式计算比重：

$$d_s = \frac{m_d}{m_3' + m_d - m_4'} d_{kT}$$

式中 m_3'——比重瓶、中性液体总质量（g）；
  m_4'——比重瓶、中性液体、试样总质量（g）；
  d_{kT}——T℃时中性液体的比重（应实测），精确至 0.001。

要求：本试验应进行两次平行测定，两次测定的平行差值不得大于 0.02，取两次测值的算术平均值，以两位小数表示。

6. 试验记录（表 2-15）

表 2-15 比重试验记录（比重瓶法）

班级_____ 组别_____ 姓名_____ 日期_____

试样编号	比重瓶号	温度/℃	液体比重	比重瓶质量/g	瓶加干土质量/g	干土质量/g	瓶加液体质量/g	瓶加液体、干土总质量/g	与干土同体积的液体质量/g	比重	平均值
		(1)	(2)	(3)	(4)	(5)	(6)	(7)	(8)	(9)	(10)
			查表			(4)−(3)			(5)+(6)−(7)	$\frac{(5)}{(8)} \times$(2)	

2.5.4 液限、塑限试验

黏性土的状态随着含水率的变化而变化，当含水率不同时，黏性土分别处于流动状态、可塑状态、半固体状态和固体状态。黏性土从一种状态转到另一种状态的分界含水率称为界限含水率，土从流动状态转到可塑状态的界限含水率称为液限，土从可塑状态转到半固体状态的界限含水率称为塑限。

1. 试验目的

测定黏性土的液限和塑限，并确定土的类别和软硬状态。

2. 试验方法

采用液塑限联合测定仪法。

3. 仪器设备

(1)液塑限联合测定仪：包括带标尺的圆锥仪、电磁铁、显示屏、控制开关和试样杯。圆锥质量为 76 g，锥角为 30°；读数显示宜采用光电式、游标式和百分表式；试样杯内径为 40 mm，高度为 30 mm。

(2)天平：称量为 200 g，最小分度值为 0.01 g。

(3)烘箱、干燥器：同含水率试验。

(4)其他：铝制称量盒、调土刀、孔径为 0.5 mm 的筛、凡士林等。

4. 试验步骤

(1)本试验宜采用天然含水率试样，当土样不均匀时，采用风干试样，当试样中含有粒径大于 0.5 mm 的土粒和杂物时，应过 0.5 mm 的筛。

(2)当采用天然含水率土样时，取代表性土样 250 g；采用风干试样时，0.5 mm 筛下的代表性土样 200 g，将试样放在橡皮板上用纯水把土样调成均匀膏状，放入调土皿，浸润过夜。

(3)将制备的试样充分调拌均匀，填入试样杯中，填样时不应留有空隙，较干的试样应充分搓揉，密实地填入试样杯中，填满后刮平表面。

(4)将试样杯放在联合测定仪的升降座上，在圆锥上抹一薄层凡士林，接通电源，使电磁铁吸住圆锥。

(5)调节零点，将屏幕上的标尺调在零位，调整升降座、使圆锥尖接触试样表面，指示灯亮时圆锥在自重下沉入试样，经 5 s 后测读圆锥下沉深度(显示在屏幕上)，取出试样杯，挖去锥尖入土处可能被凡士林污染的土，取锥体附近的试样不少于 10 g，放入称量盒内，测定含水率。

(6)将全部试样再加水或吹干并调匀，重复本条(3)~(5)的步骤分别测定第二点、第三点试样的圆锥下沉深度及相应的含水率。液塑限联合测定应不少于三点(注：圆锥入土深度宜为 3~4 mm，7~9 mm，15~17 mm)。

(7)以含水率为横坐标，圆锥入土深度为纵坐标在双对数坐标纸上绘制关系曲线，如图 2-11 所示。三点应在一条直线上，如图中 A 线。当三点不在一条直线上时，通过高含水率的点和其余两点连成两条直线，在下沉为 2 mm 处查得相应的两个含水率，当两个含水率的差值小于 2% 时，应以两点含水率的平均值与高含水率的点连一条直线，如图 2-11 中 B 线，当两个含水率的差值大于或等于 2% 时，应重做试验。

(8)在含水率与圆锥下沉深度的关系图上查得圆锥下沉深度为 17 mm 时所对应的含水率为液限，查得下沉深度为 10 mm 时所对应的含水率为 10 mm 液限，查得下沉深度为 2 mm 时所对应的含水率为塑限，取值以百分数表示，精确至 0.1%。

5. 成果整理

(1)按下式计算塑性指数：

$$I_P = w_L - w_P$$

式中 I_P——塑性指数；
    w_L——液限(%)；
    w_P——塑限(%)。

(2)应按下式计算液性指数：

$$I_L = \frac{w - w_P}{I_P}$$

式中 I_L——液性指数，计算至 0.01；
    w——天然含水率(%)。

6. 试验记录(表 2-16)

表 2-16 液塑限联合试验记录

班级_____ 组别_____ 姓名_____ 日期_____

试样编号				
圆锥下沉深度/mm				
盒号				
盒质量/g				
盒+湿土质量/g				
盒+干土质量/g				
湿土质量/g				
干土质量/g				
水的质量/g				
含水率/%				
平均含水率/%				
液限 W_L/%				
塑限 W_P/%				
塑性指数 I_P				
土的分类				
液性指数 I_L				
土的稠度				

知识归纳

    一般情况下，土是由固体颗粒(固相)、水(液相)和气体(气相)所组成的三相体系。
    为了表示土粒的大小及其组成情况，通常以土中各个粒组的相对含量(即各粒组占土粒总量的百分数)来表示，称为土的颗粒级配。可以通过级配曲线，判别土体级配的好坏。
    土中水包括结合水和自由水。

土中气体分为自由气体和封闭气体。

土的结构可分为单粒结构、蜂窝结构和絮状结构三种类型。

表示土的三相组成比例关系的指标，统称为土的三相比例指标。其中，土的密度、土粒比重和含水率为基本指标(也称试验指标)；孔隙比、孔隙率、饱和度、饱和密度、干密度、有效密度为换算指标或导出指标，利用土的三相比例指标换算图，可进行指标之间的换算。

砂土的密实度可通过孔隙比、相对密实度和标准贯入试验锤击数来判定。

黏性土的稠度是指土的软硬程度。

塑性指数在一定程度上反映了土中黏粒含量的多少，工程上常用塑性指数对黏性土进行分类，即 $I_P>17$ 为黏土；$10<I_P\leq17$ 为粉质黏土。

液性指数是判定黏性土软硬程度的重要指标，根据液性指数的大小，可将黏性土划分为坚硬、硬塑、可塑、软塑和流塑五种软硬状态。

《建筑地基基础设计规范》(GB 50007—2011)将建筑地基的土(岩)分为岩石、碎石土、砂土、粉土、黏性土和人工填土六大类。

本章常见的土工试验有密度试验、含水率试验、土粒比重试验以及液、塑性试验。

思考与练习

一、简答题

1. 土由哪几部分组成？土中水包括哪几种？其特征如何？
2. 土的不均匀系数及曲率系数的定义是什么？如何从土的颗粒级配曲线形态上、不均匀系数及曲率系数的数值上评价土的工程性质？
3. 土的物理性质指标有哪些？其中哪几个可以直接测定？常用的测定方法是什么？
4. 反映砂土密实状态的指标有哪些？采用相对密实度判断砂土的密实度有何优点？而工程上为何应用不广泛？
5. 试述黏性土的塑性指数及液性指数的定义。塑性指数是否与土的天然含水率有关系？液性指数是否与土的天然含水率有关系？
6. 地基土分几大类？各类土的划分依据是什么？

二、计算题

1. 某住宅工程地基勘察中取原样土做试验。用天平称 50 cm³ 湿土质量为 95.15 g，烘干后质量为 75.05 g，土粒比重为 2.67。计算此土样的天然密度、干密度、饱和密度、有效密度、天然含水率、孔隙比、孔隙率、饱和度，并比较各种密度的数值大小。
2. 某完全饱和的中砂土样的含水率为 32%，比重为 2.68，求该土样的孔隙比、重度、干重度。
3. 某干砂试样的密度为 1.66 g/cm³，土粒比重为 2.70，将此干砂试样置于雨中，若砂样体积不变，饱和度增至 60% 时，计算此湿砂的密度和含水率？
4. 某砂土试样的天然密度为 1.77 g/cm³，天然含水率为 9.8%，土粒比重为 2.67，烘干后测定最小孔隙比为 0.461，最大孔隙比为 0.943，试求天然孔隙比和相对密实度，并评定该砂土的密实度。

5. 某宾馆地基土的试验中，已测得土样的干密度 $\rho_d=1.54$ g/cm³，含水率 $w=19.3\%$，土粒比重 $d_s=2.71$，计算土的孔隙比 e、孔隙率 n、饱和度 S_r，此土样又测得 $w_L=28.3\%$，$w_P=16.7\%$，计算 I_P 和 I_L，描述土的物理状态，定出土的名称。

6. 某无黏性土样，标准贯入试验锤击数 $N=20$，饱和度 $S_r=85\%$，土样颗粒分析结果见表2-17，试确定该土的名称和状态。

表2-17 土样颗粒分析结果

粒径/mm	2~0.5	0.5~0.25	0.25~0.075	0.075~0.05	0.05~0.01	<0.01
粒组含量/%	5.6	17.5	27.4	24.0	15.5	10.0

第3章 地基中的应力计算

本章要点

1. 了解自重应力和附加应力的概念及其产生的原因;
2. 掌握竖向自重应力的计算方法及分布规律;
3. 掌握基底压力的简化计算方法;
4. 掌握竖向附加应力的计算方法及分布规律;
5. 了解非均质地基中的附加应力分布规律。

3.1 概　　述

土体作为建筑物的地基,承受着上部结构传来的全部荷载,而土体在荷载的作用下本身的应力状态将会发生改变,使地基产生变形,使建筑物发生下沉、倾斜以及水平位移,地基变形过大而超过一定限度,将导致建筑物沉陷、倾斜、开裂,甚至产生倒塌破坏。此外,土中应力过大时,也会引起土体的剪切破坏,使土体发生剪切滑动而失去稳定。为了使所设计的建筑物、构筑物既安全可靠又经济合理,就必须研究土体的变形、强度、稳定性等问题,在研究上述问题时,首先要了解土中应力的分布规律。因此,研究土中应力的分布及计算方法是土力学的重要内容之一。

地基中的应力按其产生的原因可以分为土体本身自重产生的自重应力和由建筑物荷载、车辆荷载、地震力等作用所引起的附加应力。一般而言,土体在自重应力的作用下,在漫长的地质历史上已固结稳定,不再引起土的变形(新沉积土或近期人工填土除外),而附加应力是地基失去稳定和产生变形的主要原因。

3.2 地基中的自重应力

自重应力是由土体本身的有效重力产生的应力,在建筑物建造之前就存在于土中,研究地基的自重应力是为了确定地基土体的初始应力状态。

3.2.1 竖向自重应力

计算地基中的自重应力时,一般假定地基为半无限弹性体,土体中任一水平面和竖直面上,均只有正应力而无剪应力存在。所以,地基中任意深度 z 处的竖向自重应力就等于单位面积上的土柱体重力。

1. 均质土体

如图 3-1 所示，若 z 深度内的土层为均质土，天然重度 γ 不发生变化，则 z 深度处单位面积上的土柱体重力为 $G=\gamma z A (A=1\ m^2)$，所以：

$$\sigma_{cz}=\gamma z \tag{3-1}$$

式中 γ——土的天然重度(kN/m^3)。

由上式可见，自重应力随深度 z 线形增加，呈三角形分布。

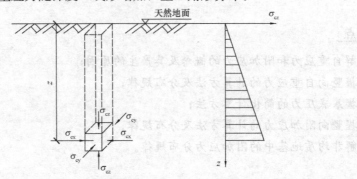

图 3-1 均质土中的自重应力分布

2. 成层土体

若地基是由不同性质的成层土组成的，则各土层具有不同的重度，所以，在地面以下任意深度 Z 处的自重应力为：

$$\sigma_{cz}=\gamma_1 h_1+\gamma_2 h_2+\cdots=\sum_{i=1}^{n}\gamma_i h_i \tag{3-2}$$

式中 n——深度 z 范围内的土层总数；

h_i——第 i 层土层厚；

γ_i——第 i 层土的重度(kN/m^3)，地下水位以上的土层一般取天然重度，地下水位以下的土层取有效重度 γ'。

由式(3-2)可知，成层土中自重应力沿着深度为折线分布，转折点位于 γ 值发生变化的界面，如图 3-2 所示。

在地下水位以下，如埋藏有不透水层（例如，岩层或连续分布的坚硬黏性土层），由于不透水层中不存在水的浮力，所以，层面及层面以下的自重应力应按上覆土层的水土总重计算，如图 3-2 所示。

3. 地下水位升降对自重应力的影响

地下水位的升降会引起土中自重应力的变化。如在某些软土地区，由于大量抽取地下水

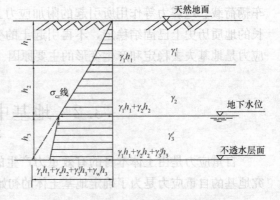

图 3-2 成层土中的自重应力分布

等原因，造成地下水位大幅度下降，这将使地基中原水位以下土体中的有效自重应力增加，如图 3-3(a)所示，从而造成地表大面积下沉的严重后果，如 1921—1965 年，上海地区的最大沉降量已达 2.63 m，20 世纪 70 年代初到 20 世纪 80 年代初的 10 年时间里，太原市最大

地面沉降已达 1.232 m。至于地下水位上升的情况，如图 3-3(b)所示，一般发生在人工抬高蓄水水位的地区(如筑坝蓄水)或工业用水大量渗入地下的地区。如果该地区土层为湿陷性黄土、崩解性岩土、盐渍岩土等特殊土，具有遇水后土性发生变化的特性，则必须引起注意。

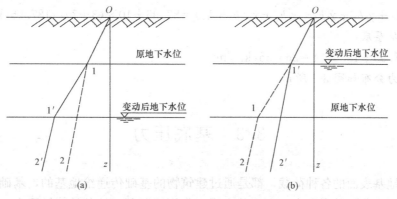

图 3-3 地下水位升降对自重应力的影响
(a)水位下降；(b)水位上升

3.2.2 水平向自重应力

地基中除了存在作用于水平面上的竖向自重应力外，还存在作用于竖直面上的水平向自重应力 σ_{cx} 和 σ_{cy}，根据弹性力学和土体的侧限条件，可得

$$\sigma_{cx} = \sigma_{cy} = K_0 \sigma_{cz} \tag{3-3}$$

式中 K_0——土的侧压力系数，可通过试验求得，无试验资料时，可按经验公式推算。

【例 3-1】 试绘制如图 3-4 所示地基剖面土的自重应力沿深度的分布图。地下水位位于地下 1 m 处。

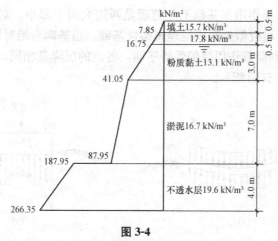

图 3-4

【解】 填土层底：
$$\sigma_{cz} = \gamma_1 h_1 = 15.7 \times 0.5 = 7.85 (kN/m^2)$$

地下水位处：
$$\sigma_{cz} = \gamma_1 h_1 + \gamma_2 h_2 = 7.85 + 17.8 \times 0.5 = 16.75 (kN/m^2)$$

粉质黏土层底：

$$\sigma_{cz}=\gamma_1 h_1+\gamma_2 h_2+\gamma'_3 h_3=16.75+(18.1-10)\times 3=41.05(kN/m^2)$$

淤泥层底：
$$\sigma_{cz}=\gamma_1 h_1+\gamma_2 h_2+\gamma'_3 h_3+\gamma'_4 h_4=41.05+(16.7-10)\times 7=87.95(kN/m^2)$$

不透水层层面：
$$\sigma_{cz}=\gamma_1 h_1+\gamma_2 h_2+\gamma'_3 h_3+\gamma'_4 h_4+\gamma_w(h_3+h_4)=87.95+10\times(3+7)=187.95(kN/m^2)$$

不透水层层底：
$$\sigma_{cz}=187.95+19.6\times 4=266.35(kN/m^2)$$

自重应力分布如图 3-4 所示。

3.3 基底压力

作用在地基表面的各种荷载，都是通过建筑物的基础传递给地基的，基础底面传递给地基表面的压力称为基底压力。由于基底压力作用于基础与地基的接触面上，故也称之为接触应力。其反作用力即地基对基础的作用力，称为地基反力。基底压力与基底反力是一对大小相等、方向相反的作用力与反作用力。研究基底压力的分布规律和计算方法是计算地基中的附加应力及确定基础结构的基础，所以，对基底压力的研究具有重要的工程意义。

试验和理论都证明，基底压力的分布是一个比较复杂的问题，它与多种因素有关，如荷载的大小和分布、基础的埋深、基础的刚度以及土的性质等。

3.3.1 基底压力的分布规律

当基础为理想柔性基础时（即基础的抗弯刚度 $EI \to 0$），基础随着地基一起变形，中部沉降大，两边沉降小，其压力分布与荷载分布相同，如图 3-5(a)所示，如果要使柔性基础的各点沉降相同，则需要作用在基础上的荷载是两边大而中部小。对于路基、坝基及薄板基础等，其刚度很小，可近似地看成是理想柔性基础。当基础为绝对刚性基础时（即抗弯刚度无限大），基底在受到荷载作用后仍保持平面，各点的沉降量相同，基底的压力分布是两边大而中部小，如图 3-5(b)所示。

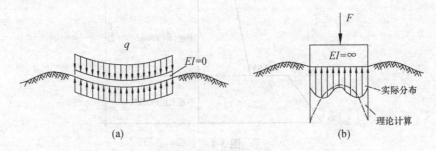

图 3-5 基底压力分布
(a)柔性基础的压力分布；(b)刚性基础的压力分布

介于柔性基础与绝对刚性基础之间而具有较大抗弯刚度的刚性基础（如块式整体基础、素混凝土基础）本身刚度较大，受荷后基础不出现挠曲变形。由于地基与基础的变形必须协调一致，因此，在调整基底沉降使之趋于均匀的同时，基底压力发生了重新分布。理论与实测表明，当荷载较小，又中心受压时，基底压力为马鞍形分布，中间小而边缘大，如图 3-6(a)所示。当上部荷载加大，由于基础边缘压力很大，使基础边缘土中产生塑性变形区，边缘应力不再增大，而中心部分的压力继续增大，基底压力重新分布而呈抛物线形分布，如图 3-6(b)所示。当荷载继续增加接近地基的极限荷载时，基底压力又变成中部凸出的钟形分布，如图 3-6(c)所示。

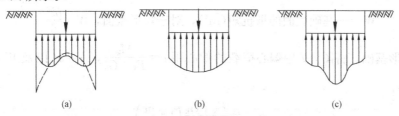

图 3-6　刚性基础基底压力分布图
(a)马鞍形分布；(b)抛物线形分布；(c)钟形分布

从上面的分析可以看出，对于柔性基础在中心荷载作用下，基底压力一般是直线分布。而对于刚性基础，基底压力一般是曲线分布，但是根据圣维南原理，在总荷载保持定值的前提下，基底压力分布的形状对土中附加应力的影响仅仅局限在较浅的土中，在超过一定深度后(1.5～2.0 倍基础宽度)，影响则不显著。所以，当基础尺寸不太大时，在实用上可以采用简化的计算方法，即假设基底压力分布的形状是直线变化的，则可以利用材料力学的公式进行简化计算。

3.3.2　基底压力的简化计算

1. 中心荷载作用下的基底压力

中心荷载作用下的基础，其所受荷载的合力通过基础形心，假定基底压力均匀分布，按材料力学公式，有

$$p_k = \frac{F_k + G_k}{A} \tag{3-4}$$

式中　p_k——相应于荷载效应标准组合时，基础底面处的平均压力(kPa)；

　　　F_k——相应于荷载效应标准组合时，上部结构传至基础顶面的竖向力(kN)；

　　　G_k——基础自重与其上回填土自重标准值(kN)，$G_k = \gamma_G A d$；

　　　A——基础底面面积(m^2)，对矩形基础 $A = bl$，b 及 l 分别为基底的宽度和长度；

　　　γ_G——基础及其上回填土的平均重度，一般可近似取 20 kN/m^3，在地下水位以下部分应扣除水的浮力作用；

　　　d——基础埋深(m)，一般从室外设计地面或室内外平均设计地面起算。

对于荷载沿长度方向均匀分布的条形基础($l > 10b$)，则沿长度方向取 1 m 来进行计算。此时，用基础宽度取代式(3-4)中的 A，而 $F_k + G_k$ 则为沿基础长度方向每延米的荷载值(kN/m)。

2. 偏心荷载作用下的基底压力

在工程设计时，通常考虑的偏心荷载是单向偏心荷载，并且把基础底面的长边 l 放在偏心方向。此时，基底压力按材料力学偏心受压公式计算，即

$$p_{kmax \atop kmin} = \frac{F_k+G_k}{A} \pm \frac{M_k}{W} \tag{3-5}$$

式中 p_{kmax}，p_{kmin}——相应于荷载效应标准组合时，基础底面边缘的最大、最小压力值（kPa）；

M_k——相应于荷载效应标准组合时，作用于基础底面的力矩值（kN·m）；

W——基础底面的抵抗矩（m³），对于矩形截面，$W=\frac{bl^2}{6}$。

对于矩形基础，将图 3-7 中偏心荷载的偏心距 $e=\frac{M_k}{F_k+G_k}$，$A=bl$ 以及 $W=\frac{bl^2}{6}$ 代入式（3-5）中，得

$$p_{kmax \atop kmin} = \frac{F_k+G_k}{bl}\left(1\pm\frac{6e}{l}\right) \tag{3-6}$$

由式（3-6）可见：

当 $e=0$ 时，基底压力为矩形分布（均匀分布）。

当 $e<\frac{l}{6}$ 时，基底压力呈梯形分布，如图 3-7(a) 所示。

当 $e=\frac{l}{6}$ 时，基底压力呈三角形分布，如图 3-7(b) 所示。

当 $e>\frac{l}{6}$ 时，由式（3-6）计算可得 $p_{kmin}<0$，则说明基底一侧将出现拉应力，如图 3-7(c) 所示。由于基底与地基之间不能承受拉力，此时，基底与地基之间将出现局部脱开，而使基底压力重新分布。根据地基反力与作用在基础面上的荷载相互平衡可知，偏心竖向荷载（F_k+G_k）必定作用在基底压力图形的形心处，如图 3-7(c) 所示。所以，基底压力图形底边必为 $3a$，则由

$$F_k+G_k = \frac{1}{2}3a\cdot p_{kmax}\cdot b$$

可得

$$p_{kmax} = \frac{2(F_k+G_k)}{3ab} \tag{3-7}$$

式中 a——单向偏心竖向荷载作用点至基底最大压力边缘的距离（m），$a=\frac{l}{2}-e$；

b——垂直于力矩作用方向的基础底面边长（m）。

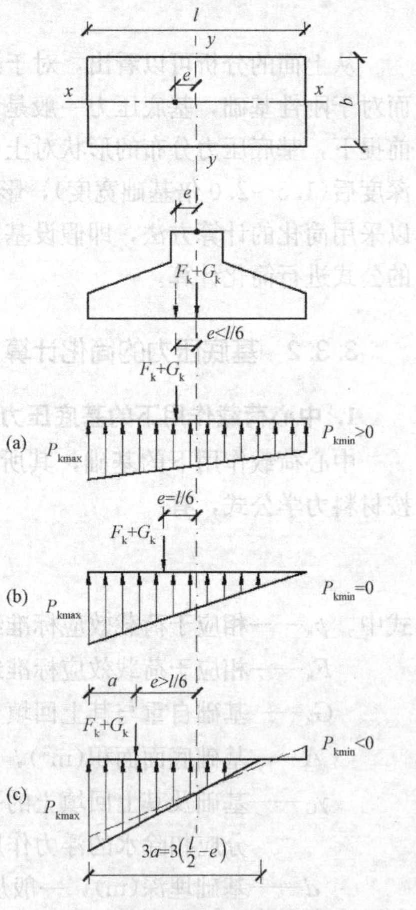

图 3-7 单向偏心荷载作用下的矩形基础基底压力分布

对于偏心荷载沿长度方向均匀分布的条形基础，则偏心方向与基底短边 b 方向一致，此时，取长度方向 $l=1$ m 为计算单位，则基底边缘压力为：

$$p_{kmax \atop kmin} = \frac{F_k+G_k}{b}\left(1\pm\frac{6e}{b}\right) \tag{3-8}$$

3.3.3 基底附加压力

建筑物建造前,土中早已存在着自重应力,一般天然土层在自重应力的作用下的变形早已结束,只有基底附加压力才能引起地基的附加应力和变形。如果基础砌置在天然地面上,则全部基底压力即是新增加于地基表面的基底附加压力。实际上,一般浅基础总是埋置在天然地面下一定深度处,该处原有的自重应力由于开挖基坑而卸除。因此,由建筑物建造后的基底压力中扣除基底标高处原有的土中自重应力后,才是基底平面处新增加于地基的基底附加压力。则基底附加压力按下式计算:

轴心荷载时:
$$p_0 = p_k - \sigma_{cz} = p_k - \gamma_0 d \tag{3-9}$$

偏心荷载时:
$$\begin{matrix} p_{0max} \\ p_{0min} \end{matrix} = \begin{matrix} p_{kmax} \\ p_{kmin} \end{matrix} - \sigma_{cz} = \begin{matrix} p_{kmax} \\ p_{kmin} \end{matrix} - \gamma_0 d \tag{3-10}$$

式中 p_0——基底附加压力(kPa);

σ_{cz}——基底处土的自重应力(kPa);

γ_0——基础底面标高以上天然土层的加权平均重度,其中,地下水位下的重度取有效重度(kN/m³);

d——基础埋深,必须从天然地面算起,对于新填土场地则应从原天然地面起算。

基底附加压力求得后,可将其视为作用在地基表面的荷载,再进行地基中附加应力计算。

【**例 3-2**】 某基础底面尺寸 $l=3$ m,$b=2$ m,基础顶面作用轴心力 $F_k=450$ kN,弯矩 $M_k=150$ kN·m,基础埋深 $d=1.2$ m,试计算基底压力。

【**解**】 基础自重及基础上回填土重:
$$G_k = \gamma_G Ad = 20 \times 3 \times 2 \times 1.2 = 144(kN)$$

偏心距:
$$e = \frac{M_k}{F_k + G_k} = \frac{150}{450+144} = 0.253 \text{ m} < l/6 = 3/6 = 0.5(\text{m})$$

基底压力:
$$\begin{matrix} p_{kmax} \\ p_{kmin} \end{matrix} = \frac{F_k + G_k}{bl}(1 \pm 6e/l) = \frac{450+144}{2\times 3}(1 \pm 6 \times 0.253/3) = \begin{matrix} 149.1 \\ 48.9 \end{matrix}(\text{kPa})$$

【**例 3-3**】 某轴心受压基础底面尺寸 $l=b=2$ m,基础顶面作用 $F_k=450$ kN,基础埋深 $d=1.5$ m,已知地质剖面第一层为杂质土,厚 0.5 m,$\gamma_1=16.8$ kN/m³;以下为黏土,$\gamma_2=18.5$ kN/m³,试计算基底压力和基底附加压力。

【**解**】 基础自重及基础上回填土重:
$$G_k = \gamma_G Ad = 20 \times 2 \times 2 \times 1.5 = 120(\text{kN})$$

基底压力:
$$p_k = \frac{F_k + G_k}{A} = \frac{450+120}{2\times 2} = 142.5(\text{kPa})$$

基底处土自重应力:
$$\sigma_{cz} = \gamma_1 h_1 + \gamma_2 h_2 = 16.8 \times 0.5 + 18.5 \times 1.0 = 26.9(\text{kPa})$$

基底附加压力:
$$p_0 = p_k - \sigma_{cz} = 142.5 - 26.9 = 115.6(\text{kPa})$$

3.4 地基中的附加应力

地基中的附加应力是指由建筑物荷载在地基中产生的应力增量。对一般土层来说，土的自重应力引起的压缩变形已经趋于稳定，不会再引起地基沉降，引起地基变形与破坏的主要原因是附加应力。

目前，地基中附加应力的计算方法是根据弹性理论建立起来的，在计算地基附加应力时需假定：

(1)基底压力是柔性荷载，即基础刚度为零；

(2)地基是连续、均匀、各向同性的线性变形半无限体。

3.4.1 竖向集中力作用下的附加应力

1885年法国学者布辛奈斯克(J·Boussinesq)用弹性理论推出在半空间弹性体表面上作用有竖向集中力 P 时，在弹性体内任意点 M 所引起的应力的解析解。若以 P 作用点为原点，以 P 的作用线为 Z 轴，建立三轴坐标系，则 M 点的坐标为 (x, y, z)，M' 点为 M 点在半空间表面的投影，如图3-8所示。

布辛奈斯克得出 M 点的 σ 与 τ 的六个应力分量表达式，其中，对沉降计算意义最大的是竖向应力分量 σ_z，下面将主要介绍 σ_z 的公式及其含义。

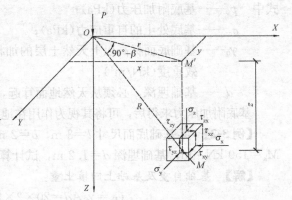

图3-8 集中力作用下的应力

σ_z 的表达式为：

$$\sigma_z = \frac{3F}{2\pi}\frac{z^3}{R^5} = \frac{3F}{2\pi R^2}\cos^3\beta \tag{3-11}$$

式中 F——作用于坐标原点 O 的竖向集中力(kN)；

R——M 点至坐标原点 O 的距离；

$$R = \sqrt{x^2+y^2+z^2} = \sqrt{r^2+z^2}$$

r——M' 点与集中力作用点的水平距离。

利用几何关系 $R^2 = r^2 + z^2$，式(3-11)可改写为：

$$\sigma_z = \frac{3p}{2\pi}\frac{z^3}{R^5} = \frac{3p}{2\pi \cdot z^2}\frac{1}{\left[1+\left(\frac{r}{z}\right)^2\right]^{5/2}} = K\frac{p}{z^2} \tag{3-12}$$

$$K = \frac{3}{2\pi}\frac{1}{\left[1+\left(\frac{r}{z}\right)^2\right]^{5/2}} \tag{3-13}$$

式中 K——集中力作用下的竖向附加应力系数，它是 $\frac{r}{z}$ 的函数；可由表3-1查得。

表 3-1　集中力作用下的竖向附加应力系数 K

$\frac{r}{z}$	K	$\frac{r}{z}$	K	$\frac{r}{z}$	K	$\frac{r}{z}$	K	$\frac{r}{z}$	K
0.00	0.477 5	0.40	0.329 4	0.80	0.138 6	1.20	0.051 3	1.60	0.020 0
0.01	0.477 3	0.41	0.323 8	0.81	0.135 3	1.21	0.050 1	1.61	0.019 5
0.02	0.477 0	0.42	0.318 3	0.82	0.132 0	1.22	0.048 9	1.62	0.019 1
0.03	0.476 4	0.43	0.312 4	0.83	0.128 8	1.23	0.047 7	1.63	0.018 7
0.04	0.475 6	0.44	0.306 8	0.84	0.125 7	1.24	0.046 6	1.64	0.018 3
0.05	0.474 5	0.45	0.301 1	0.85	0.122 6	1.25	0.045 4	1.65	0.017 9
0.06	0.473 2	0.46	0.295 5	0.86	0.119 6	1.26	0.044 3	1.66	0.017 5
0.07	0.471 7	0.47	0.289 9	0.87	0.116 6	1.27	0.043 3	1.67	0.017 1
0.08	0.469 9	0.48	0.284 3	0.88	0.113 8	1.28	0.042 2	1.68	0.016 7
0.09	0.467 9	0.49	0.278 8	0.89	0.111 0	1.29	0.041 2	1.69	0.016 3
0.10	0.465 7	0.50	0.273 3	0.90	0.108 3	1.30	0.040 2	1.70	0.016 0
0.11	0.463 3	0.51	0.267 9	0.91	0.105 7	1.31	0.039 3	1.72	0.015 3
0.12	0.460 7	0.52	0.262 5	0.92	0.103 1	1.32	0.038 4	1.74	0.014 7
0.13	0.457 9	0.53	0.257 1	0.93	0.100 5	1.33	0.037 4	1.76	0.014 1
0.14	0.454 8	0.54	0.251 8	0.94	0.098 1	1.34	0.036 5	1.78	0.013 5
0.15	0.451 6	0.55	0.246 6	0.95	0.095 6	1.35	0.035 7	1.80	0.012 9
0.16	0.448 2	0.56	0.241 4	0.96	0.093 3	1.36	0.034 8	1.82	0.012 4
0.17	0.444 6	0.57	0.236 3	0.97	0.091 0	1.37	0.034 0	1.84	0.011 9
0.18	0.440 9	0.58	0.231 3	0.98	0.088 7	1.38	0.033 2	1.86	0.011 4
0.19	0.437 0	0.59	0.226 3	0.99	0.086 5	1.39	0.032 4	1.88	0.010 9
0.20	0.432 9	0.60	0.221 4	1.00	0.084 4	1.40	0.031 7	1.90	0.010 5
0.21	0.428 6	0.61	0.216 5	1.01	0.082 3	1.41	0.030 9	1.92	0.010 1
0.22	0.424 2	0.62	0.211 7	1.02	0.080 3	1.42	0.030 2	1.94	0.009 7
0.23	0.419 7	0.63	0.207 0	1.03	0.078 3	1.43	0.029 5	1.96	0.009 3
0.24	0.415 1	0.64	0.202 4	1.04	0.076 4	1.44	0.028 8	1.98	0.008 9
0.25	0.410 3	0.65	0.199 8	1.05	0.074 4	1.45	0.028 2	2.00	0.008 5
0.26	0.405 4	0.66	0.193 4	1.06	0.072 7	1.46	0.027 5	2.10	0.007 0
0.27	0.400 4	0.67	0.188 9	1.07	0.070 9	1.47	0.026 9	2.20	0.005 8
0.28	0.395 4	0.68	0.184 6	1.08	0.069 1	1.48	0.026 3	2.30	0.004 8
0.29	0.390 2	0.69	0.180 4	1.09	0.067 4	1.49	0.025 7	2.40	0.004 0
0.30	0.384 9	0.70	0.176 2	1.10	0.065 8	1.50	0.025 1	2.50	0.003 4
0.31	0.379 6	0.71	0.172 1	1.11	0.064 1	1.51	0.024 5	2.60	0.002 9
0.32	0.374 2	0.72	0.168 1	1.12	0.062 6	1.52	0.024 0	2.70	0.002 4
0.33	0.368 7	0.73	0.164 1	1.13	0.061 0	1.53	0.023 4	2.80	0.002 1
0.34	0.363 2	0.74	0.160 3	1.14	0.059 5	1.54	0.022 9	2.90	0.001 7
0.35	0.357 7	0.75	0.156 5	1.15	0.058 1	1.55	0.022 4	3.00	0.001 5
0.36	0.352 1	0.76	0.152 7	1.16	0.056 7	1.56	0.021 9	3.50	0.000 7
0.37	0.346 5	0.77	0.149 1	1.17	0.055 3	1.57	0.021 4	4.00	0.000 4
0.38	0.340 8	0.78	0.145 5	1.18	0.035 9	1.58	0.020 9	4.50	0.000 2
0.39	0.335 1	0.79	0.142 0	1.19	0.052 6	1.59	0.020 4	5.00	0.000 1

由公式(3-12)可以求出，集中力作用下地基中任意点的附加应力，由此可以绘制出集中力作用下地基中附加应力沿竖直线的分布曲线以及在不同深度处水平面上的分布曲线，如图3-9所示，由图3-9可以总结出集中力作用下地基中附加应力的分布规律如下：

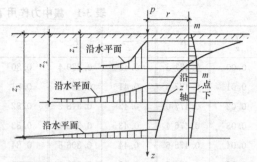

图3-9 集中力作用下土中附加应力 σ_z 的分布

(1) 在集中力 P 作用线上。在 P 作用线上，$r=0$。当 $z=0$ 时，$\sigma_z \to \infty$；当 $z \to \infty$ 时，$\sigma_z \to 0$；σ_z 随着深度 z 的增加而逐渐减少，如图3-9所示。

(2) 在 $r>0$ 的竖直线上。在 $r>0$ 的竖直线上，当 $z=0$ 时，$\sigma_z=0$；σ_z 随着深度 z 的增加从零逐渐增大，至一定深度后又随着深度 z 的增加逐渐变小，如图3-9所示。

(3) 在 z 为常数的水平面上。在 z 为常数的水平面上，σ_z 在集中力作用线上最大，并随着 r 的增大而逐渐减小。随着深度 z 的增加，集中力作用线上的 σ_z 逐渐减小，但随着 r 增加而降低的速率变缓，如图3-9所示。

如果在剖面图上将 σ_z 相同的点连接起来就可以得到如图3-10所示的应力等直线，其空间曲面的形状如泡状，所以也称为应力泡。

由上述分析可知，集中力 P 在地基中引起的附加应力向深部、向四周无限扩散，并在扩散过程中，应力不断降低，这种现象称为应力扩散。

当有多个集中力作用在地基表面时，可以利用式(3-12)分别算出每个集中力在地基中引起的附加应力，然后根据应力叠加原理求出地基中任意点的附加应力的总和，如图3-11所示。

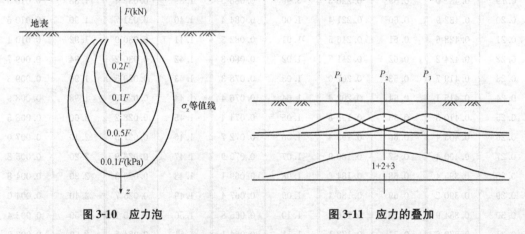

图3-10 应力泡　　　　图3-11 应力的叠加

在工程实际中，建筑物荷载都是通过一定尺寸的基础传递给地基的，当基础底面形状不规则或荷载分布较复杂时，可将基础底面划分为若干个小面积单元，每个小面积单元上的荷载视为集中力，然后利用上述集中力引起的附加应力的计算方法和应力叠加原理，计算地基中任意点的附加应力。

3.4.2 空间问题的附加应力计算

1. 矩形面积受竖向均布荷载作用时的附加应力计算

当竖向均布荷载作用在矩形基础底面时，求基础角点下任意深度处的竖向附加应力，可将坐标原点取在角点 O 上,在荷载面内取任意微分面积 $dA=dx \cdot dy$,其上面荷载的合力以集中力 dp 代替,$dp=pdA=pdx \cdot dy$,然后利用式(3-12)沿着整个矩形面积进行二重积分求得,如图3-12所示。

$$\sigma_z = \int_0^b \int_0^l \frac{3p}{2\pi} \cdot \frac{z^3 dxdy}{(\sqrt{x^2+y^2+z^2})^5}$$

$$= \frac{p}{2\pi}\left[\frac{mn}{\sqrt{1+m^2+n^2}} \cdot \left(\frac{1}{m^2+n^2}+\frac{1}{1+n^2}\right)+\arctan\frac{m}{n\sqrt{1+m^2+n^2}}\right]=\alpha_c p \tag{3-14}$$

式中　α_c——竖向均布荷载作用下矩形基底角点下的竖向附加应力系数,无量纲,是 m 和 n 的函数,$m=\frac{l}{b}$,$n=\frac{z}{b}$,可由表3-2查得。l 为基础长边,b 为基础短边;z 是从基础底面起算的深度;

　　　p——均布荷载强度,求地基附加应力时,用前述基底附加压力 p_0。

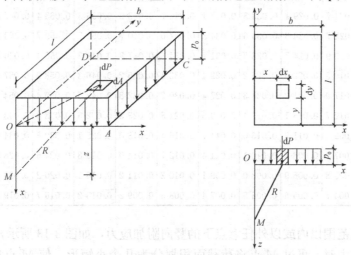

图3-12　矩形面积均布荷载作用时角点下的附加应力

表3-2　矩形面积受竖向均布荷载作用时角点下的附加应力系数 α_c

$n=z/b$ \ $m=l/b$	1.0	1.2	1.4	1.6	1.8	2.0	3.0	4.0	5.0	6.0	10.0
0.0	0.2500	0.2500	0.2500	0.2500	0.2500	0.2500	0.2500	0.2500	0.2500	0.2500	0.2500
0.2	0.2486	0.2489	0.2490	0.2491	0.2491	0.2491	0.2492	0.2492	0.2492	0.2492	0.2492
0.4	0.2401	0.2420	0.2429	0.2434	0.2437	0.2439	0.2442	0.2443	0.2443	0.2443	0.2443
0.6	0.2229	0.2275	0.2300	0.2351	0.2324	0.2329	0.2339	0.2341	0.2342	0.2342	0.2342
0.8	0.1999	0.2075	0.2120	0.2147	0.2165	0.2176	0.2196	0.2200	0.2202	0.2202	0.2202
1.0	0.1752	0.1851	0.1911	0.1955	0.1981	0.1999	0.2034	0.2042	0.2044	0.2045	0.2046
1.2	0.1516	0.1626	0.1705	0.1758	0.1793	0.1818	0.1870	0.1882	0.1885	0.1887	0.1888
1.4	0.1308	0.1423	0.1508	0.1569	0.1613	0.1644	0.1712	0.1730	0.1735	0.1738	0.1740
1.6	0.1123	0.1241	0.1329	0.1436	0.1445	0.1482	0.1567	0.1590	0.1598	0.1601	0.1604
1.8	0.0969	0.1083	0.1172	0.1241	0.1294	0.1334	0.1434	0.1463	0.1474	0.1478	0.1482
2.0	0.0840	0.0947	0.1034	0.1103	0.1158	0.1202	0.1314	0.1350	0.1363	0.1368	0.1374
2.2	0.0732	0.0832	0.0917	0.0984	0.1039	0.1084	0.1205	0.1248	0.1264	0.1271	0.1277

续表

$m=l/b$ $n=z/b$	1.0	1.2	1.4	1.6	1.8	2.0	3.0	4.0	5.0	6.0	10.0
2.4	0.0642	0.0734	0.0812	0.0879	0.0934	0.0979	0.1108	0.1156	0.1175	0.1184	0.1192
2.6	0.0566	0.0651	0.0725	0.0788	0.0842	0.0887	0.1020	0.1073	0.1095	0.1106	0.1116
2.8	0.0502	0.0580	0.0649	0.0709	0.0761	0.0805	0.0942	0.0999	0.1024	0.1036	0.1048
3.0	0.0447	0.0519	0.0583	0.0640	0.0690	0.0732	0.0870	0.0931	0.0959	0.0973	0.0987
3.2	0.0401	0.0467	0.0526	0.0580	0.0627	0.0668	0.0806	0.0870	0.0900	0.0916	0.0933
3.4	0.0361	0.0421	0.0477	0.0527	0.0571	0.0611	0.0747	0.0814	0.0847	0.0864	0.0882
3.6	0.0326	0.0382	0.0433	0.0480	0.0523	0.0561	0.0694	0.0763	0.0799	0.0816	0.0837
3.8	0.0296	0.0348	0.0395	0.0439	0.0479	0.0516	0.0645	0.0717	0.0753	0.0773	0.0796
4.0	0.0270	0.0318	0.0362	0.0403	0.0441	0.0474	0.0603	0.0674	0.0712	0.0733	0.0758
4.2	0.0247	0.0291	0.0333	0.0371	0.0407	0.0439	0.0563	0.0634	0.0674	0.0696	0.0724
4.4	0.0227	0.0268	0.0306	0.0343	0.0376	0.0407	0.0527	0.0597	0.0639	0.0662	0.0696
4.6	0.0209	0.0247	0.0283	0.0317	0.0348	0.0378	0.0493	0.0564	0.0606	0.0630	0.0663
4.8	0.0193	0.0229	0.0262	0.0294	0.0324	0.0352	0.0463	0.0533	0.0576	0.0601	0.0635
5.0	0.0179	0.0212	0.0243	0.0274	0.0302	0.0328	0.0435	0.0504	0.0547	0.0573	0.0610
6.0	0.0127	0.0151	0.0174	0.0196	0.0218	0.0233	0.0325	0.0388	0.0431	0.0460	0.0506
7.0	0.0094	0.0112	0.0130	0.0147	0.0164	0.0180	0.0251	0.0306	0.0346	0.0376	0.0428
8.0	0.0073	0.0087	0.0101	0.0114	0.0127	0.0140	0.0198	0.0246	0.0283	0.0311	0.0367
9.0	0.0058	0.0069	0.0080	0.0091	0.0102	0.0112	0.0161	0.0202	0.0235	0.0262	0.0319
10.0	0.0047	0.0056	0.0065	0.0074	0.0083	0.0092	0.0132	0.0167	0.0198	0.0222	0.0280

对于在基底范围以内或以外任意点下的竖向附加应力,如图 3-13 所示,求 M' 点下任意深度处的附加应力时,可过 M' 点将荷载面积划分为几个小矩形,使 M' 点成为每个小矩形的共同角点,利用角点下的应力计算式(3-14)分别求出每个小矩形在 M' 点下同一深度处的附加应力,然后利用叠加原理求得总的附加应力,这种方法称之为"角点法"。

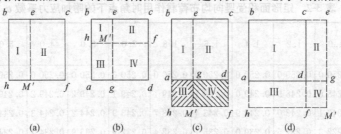

图 3-13 角点法的应用

(a)计算矩形荷载面边缘任一点 M' 之下的附加应力时:

$$\sigma_z = (\alpha_{cI} + \alpha_{cII})p$$

(b)计算矩形荷载面内任一点 M' 之下的附加应力时:

$$\sigma_z = (\alpha_{cI} + \alpha_{cII} + \alpha_{cIII} + \alpha_{cIV})p$$

(c)计算矩形荷载面边缘外任一点 M' 之下的附加应力时:

$$\sigma_z = (\alpha_{cI} + \alpha_{cII} - \alpha_{cIII} - \alpha_{cIV})p$$

(d)计算矩形荷载面角点外侧任一点 M' 之下的附加应力时:

$$\sigma_z = (\alpha_{cI} - \alpha_{cII} - \alpha_{cIII} + \alpha_{cIV})p$$

以上各式中 α_{cI}、α_{cII}、α_{cIII}、α_{cIV} 分别为矩形 $M'hbe$、$M'fce$、$M'hag$、$M'fdg$ 的角点应力分布系数。

应用"角点法"时，要注意：①划分矩形时，M' 点应为公共角点；②所有划分的矩形总面积应等于原有受荷面积；③每一个矩形面积中，长边为 l，短边为 b。

【**例 3-4**】 均布荷载 $P=100 \text{ kN/m}^2$，荷载面积为 $(2 \times 1)\text{m}^2$，如图 3-14 所示，求荷载面积上角点 A、边点 E、中心点 O 以及荷载面积外 F 点和 G 点等各点下 $z=1\text{ m}$ 深度处的附加应力。

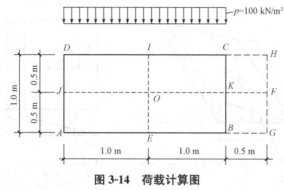

图 3-14 荷载计算图

【**解**】 (1) A 点下的附加应力。A 点是矩形 $ABCD$ 的角点，且 $m=l/b=2/1=2$；$n=z/b=1$，查表 3-5 得

$\alpha_c=0.1999$，故 $\sigma_{zA}=\alpha_c \cdot P=0.1999 \times 100 \approx 20(\text{kN/m}^2)$

(2) E 点下的附加应力。通过 E 点将矩形荷载面积划分为两个相等的矩形 $EADI$ 和 $EBCI$。求 $EADI$ 的角点应力系数 α_c：$m=1$，$n=1$；查表得 $\alpha_c=0.1752$，故

$$\sigma_{zE}=2\alpha_c \cdot P=2 \times 0.1752 \times 100 \approx 35(\text{kN/m}^2)$$

(3) O 点下附加应力。通过 O 点将原矩形面积分为 4 个相等的矩形 $OEAJ$、$OJDI$、$OICK$ 和 $OKBE$。求矩形 $OEAJ$ 角点的附加应力系数 α_c：

$$m=\frac{l}{b}=\frac{1}{0.5}=2；\quad n=\frac{z}{b}=\frac{1}{0.5}=2$$

查表得 $\alpha_c=0.1202$，故 $\sigma_{zO}=4\alpha_c \cdot p=4 \times 0.1202 \times 100=48.1(\text{kN/m}^2)$

(4) F 点下附加应力。过 F 点作矩形 $FGAJ$、$FJDH$、$FGBK$ 和 $FKCH$。假设 α_{cI} 为矩形 $FGAJ$ 和 $FJDH$ 的角点应力系数；α_{cII} 为矩形 $FGBK$ 和 $FKCH$ 的角点应力系数。

求 α_{cI}：$m=\frac{l}{b}=\frac{1}{0.5}=2$；$n=\frac{z}{b}=\frac{1}{0.5}=2$，查表得 $\alpha_{cI}=0.1363$

求 α_{cII}：$m=\frac{l}{b}=\frac{0.5}{0.5}=1$；$n=\frac{z}{b}=\frac{1}{0.5}=2$，查表得 $\alpha_{cII}=0.0840$

故 $\sigma_{zF}=2(\alpha_{cI}-\alpha_{cII})P=2 \times (0.1363-0.0840) \times 100=10.5(\text{kN/m}^2)$

(5) G 点下附加应力。通过 G 点作矩形 $GADH$ 和 $GBCH$ 分别求出它们的角点应力系数 α_{cI} 和 α_{cII}。

求 α_{cI}：$m=\frac{l}{b}=\frac{2.5}{1}=2.5$；$n=\frac{z}{b}=\frac{1}{1}=1$，查表得 $\alpha_{cI}=0.2016$。

求 α_{cII}：$m=\frac{l}{b}=\frac{1}{0.5}=2$；$n=\frac{z}{b}=\frac{1}{0.5}=2$，查表得 $\alpha_{cII}=0.1202$。

故 $\sigma_{zG}=(\alpha_{cI}-\alpha_{cII})P=(0.2016-0.1202) \times 100=8.1(\text{kN/m}^2)$

2. 矩形面积受竖向三角形分布荷载作用时的附加应力计算

竖向三角形分布荷载作用在矩形基底时，若矩形基底上三角形的最大荷载强度为 p_t，把荷载强度为零的角点 O（角点 1）作为坐标原点，则微分面积 $dxdy$ 上的作用力 $dp = \frac{p_t x}{b}dxdy$ 可作为集中力看待，如图 3-15 所示，同样可利用公式 $\sigma_z = \frac{3p}{2\pi} \cdot \frac{z^3}{R^5}$ 沿着整个面积进行二重积分求解角点 O（角点 1）下任意深度 z 处的竖向附加应力为：

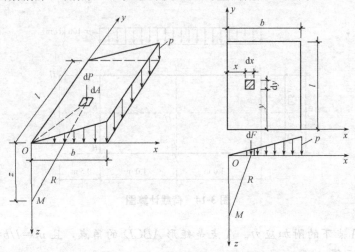

图 3-15 矩形面积三角形分布荷载作用时角点下的附加应力

$$\sigma_z = \alpha_{t1} p_t \tag{3-15}$$

式中，$\alpha_{t1} = \frac{mn}{2\pi}\left[\frac{1}{\sqrt{m^2+n^2}} - \frac{n^2}{(1+n^2)\sqrt{1+m^2+n^2}}\right]$ 为矩形基底受竖向三角形分布荷载作用时角点 1（荷载强度为零的角点）下的竖向附加应力系数，可由 ($m = \frac{l}{b}$, $n = \frac{z}{b}$) 查表 3-3 求得，其中，b 是三角形荷载分布方向的边长。

同理，荷载强度最大边的角点 2 下任意深度 z 处的附加应力为：

$$\sigma_z = \alpha_{t2} p_t \tag{3-16}$$

式中，α_{t2} 为矩形基底受竖向三角形分布荷载作用时角点 2（荷载强度最大边的角点）下的竖向附加应力系数，可由 ($m = \frac{l}{b}$, $n = \frac{z}{b}$) 查表 3-3 求得。

表 3-3 矩形面积受竖直三角形分布荷载作用时角点下的竖向附加压力系数 α_{t1}、α_{t2}

z/b	l/b									
	0.2		0.4		0.6		0.8		1.0	
	1 点	2 点	1 点	2 点	1 点	2 点	1 点	2 点	1 点	2 点
0.0	0.000 0	0.250 0	0.000 0	0.250 0	0.000 0	0.250 0	0.000 0	0.250 0	0.000 0	0.250 0
0.2	0.022 3	0.182 1	0.028 0	0.211 5	0.029 6	0.216 5	0.030 1	0.217 8	0.030 4	0.218 2
0.4	0.026 9	0.109 4	0.042 0	0.160 4	0.048 7	0.178 1	0.051 7	0.184 4	0.053 1	0.187 0
0.6	0.025 9	0.070 0	0.044 8	0.116 5	0.056 0	0.140 5	0.062 1	0.152 0	0.065 4	0.157 5

续表

z/b	l/b									
	0.2		0.4		0.6		0.8		1.0	
	1点	2点	1点	2点	1点	2点	1点	2点	1点	2点
0.8	0.023 2	0.048 0	0.042 1	0.085 3	0.055 3	0.109 3	0.063 7	0.123 2	0.068 8	0.131 1
1.0	0.020 1	0.034 6	0.037 5	0.063 8	0.050 8	0.080 5	0.060 2	0.099 6	0.066 6	0.108 6
1.2	0.017 1	0.026 0	0.032 4	0.049 1	0.045 0	0.067 3	0.054 6	0.080 7	0.061 5	0.090 1
1.4	0.014 5	0.020 2	0.027 8	0.038 6	0.039 2	0.054 0	0.048 3	0.066 1	0.055 4	0.075 1
1.6	0.012 3	0.016 0	0.023 8	0.031 0	0.033 9	0.044 5	0.042 4	0.054 7	0.049 2	0.062 8
1.8	0.010 5	0.013 0	0.020 4	0.025 4	0.029 4	0.036 3	0.037 1	0.045 7	0.043 5	0.053 4
2.0	0.009 0	0.010 8	0.017 6	0.021 1	0.025 5	0.030 4	0.032 4	0.038 7	0.038 4	0.045 6
2.5	0.006 3	0.007 2	0.012 5	0.014 0	0.018 3	0.020 5	0.023 6	0.026 5	0.028 4	0.031 8
3.0	0.004 6	0.005 1	0.009 2	0.010 0	0.013 5	0.014 8	0.017 6	0.019 2	0.021 4	0.023 3
5.0	0.001 8	0.001 9	0.003 6	0.003 8	0.005 4	0.005 6	0.007 1	0.007 4	0.008 8	0.009 1
7.0	0.000 9	0.001 0	0.001 9	0.001 9	0.002 8	0.002 9	0.003 8	0.003 8	0.004 7	0.004 7
10.0	0.000 5	0.000 4	0.000 9	0.001 0	0.001 4	0.001 4	0.001 9	0.001 9	0.002 3	0.002 4

z/b	l/b									
	1.2		1.4		1.6		1.8		2.0	
	1点	2点	1点	2点	1点	2点	1点	2点	1点	2点
0.0	0.000 0	0.250 0	0.000 0	0.250 0	0.000 0	0.250 0	0.000 0	0.250 0	0.000 0	0.250 0
0.2	0.030 5	0.218 4	0.030 5	0.218 5	0.030 6	0.218 5	0.030 6	0.218 5	0.030 6	0.218 5
0.4	0.053 9	0.188 1	0.054 3	0.188 6	0.054 5	0.188 9	0.054 6	0.189 1	0.054 7	0.189 2
0.6	0.067 3	0.160 2	0.068 4	0.161 6	0.069 0	0.162 5	0.069 4	0.163 0	0.069 6	0.163 3
0.8	0.072 0	0.135 5	0.073 9	0.138 1	0.075 1	0.139 6	0.075 9	0.140 5	0.076 4	0.141 2
1.0	0.070 8	0.114 3	0.073 5	0.117 6	0.075 3	0.120 2	0.076 6	0.121 5	0.077 4	0.122 5
1.2	0.066 4	0.096 2	0.069 8	0.100 7	0.072 1	0.103 7	0.073 8	0.105 5	0.074 9	0.106 9
1.4	0.060 6	0.081 7	0.064 4	0.086 4	0.067 2	0.089 7	0.069 2	0.092 1	0.070 7	0.093 7
1.6	0.054 5	0.069 6	0.058 6	0.074 3	0.061 6	0.078 0	0.063 9	0.080 6	0.065 6	0.082 6
1.8	0.048 7	0.059 6	0.052 8	0.064 4	0.056 0	0.068 1	0.058 5	0.070 9	0.060 4	0.073 0
2.0	0.043 4	0.051 3	0.047 4	0.056 0	0.050 7	0.059 6	0.053 3	0.062 5	0.055 3	0.064 9
2.5	0.032 6	0.036 5	0.036 2	0.040 5	0.039 3	0.044 0	0.041 9	0.046 9	0.044 0	0.049 1
3.0	0.024 9	0.027 0	0.028 0	0.030 3	0.030 7	0.033 3	0.033 1	0.035 9	0.035 2	0.038 0
5.0	0.010 4	0.010 8	0.012 0	0.012 3	0.013 5	0.013 9	0.014 8	0.015 4	0.016 1	0.016 7
7.0	0.005 6	0.005 6	0.006 4	0.006 6	0.007 3	0.007 4	0.008 1	0.008 3	0.008 9	0.009 1
10.0	0.002 8	0.002 8	0.003 3	0.003 2	0.003 7	0.003 7	0.004 1	0.004 2	0.004 6	0.004 6

z/b	l/b									
	3.0		4.0		6.0		8.0		10.0	
	1点	2点	1点	2点	1点	2点	1点	2点	1点	2点
0.0	0.000 0	0.250 0	0.000 0	0.250 0	0.000 0	0.250 0	0.000 0	0.250 0	0.000 0	0.250 0
0.2	0.030 6	0.218 6	0.030 6	0.218 6	0.030 6	0.218 6	0.030 6	0.218 6	0.030 6	0.218 6
0.4	0.054 8	0.189 4	0.054 9	0.189 4	0.054 9	0.189 4	0.054 9	0.189 4	0.054 9	0.189 4

续表

z/b	l/b									
	3.0		4.0		6.0		8.0		10.0	
	1点	2点	1点	2点	1点	2点	1点	2点	1点	2点
0.6	0.070 1	0.163 8	0.070 2	0.163 9	0.070 2	0.164 0	0.070 2	0.164 0	0.070 2	0.164 0
0.8	0.077 3	0.142 3	0.077 6	0.142 4	0.077 6	0.142 6	0.077 6	0.142 6	0.077 6	0.142 6
1.0	0.079 0	0.124 4	0.079 4	0.124 8	0.079 5	0.125 0	0.079 6	0.125 0	0.079 6	0.125 0
1.2	0.077 4	0.109 6	0.077 7	0.110 3	0.078 2	0.110 5	0.078 3	0.110 5	0.078 3	0.110 5
1.4	0.073 9	0.097 3	0.074 8	0.098 6	0.075 2	0.098 6	0.075 2	0.098 7	0.075 3	0.098 7
1.6	0.069 7	0.087 0	0.070 8	0.088 2	0.071 4	0.088 7	0.071 5	0.088 8	0.071 5	0.088 9
1.8	0.065 2	0.078 2	0.066 6	0.079 7	0.067 3	0.080 5	0.067 5	0.080 6	0.067 5	0.080 8
2.0	0.060 7	0.070 7	0.062 4	0.072 6	0.063 3	0.073 4	0.063 6	0.073 6	0.063 6	0.073 8
2.5	0.050 4	0.055 9	0.052 9	0.058 5	0.054 3	0.060 1	0.054 7	0.060 4	0.054 8	0.060 5
3.0	0.041 9	0.045 1	0.044 9	0.048 5	0.046 9	0.050 4	0.047 4	0.050 9	0.047 6	0.051 1
5.0	0.021 4	0.022 1	0.024 8	0.025 6	0.025 3	0.029 0	0.029 6	0.030 5	0.030 1	0.030 9
7.0	0.012 4	0.012 6	0.015 2	0.015 4	0.018 6	0.019 0	0.020 4	0.020 7	0.021 2	0.021 6
10.0	0.006 6	0.006 6	0.008 4	0.008 3	0.011 1	0.011 1	0.012 3	0.013 0	0.013 9	0.014 1

应用均布和三角形分布荷载的角点公式及叠加原理,可以求得矩形面积上的三角形和梯形荷载作用下地基内任意一点的附加应力。

3.4.3 平面问题的附加应力计算

当一定宽度的无限长条面积承受均布荷载时,在土中垂直于长度方向的任一截面附加应力分布规律均相同,且在长条延伸方向的地基的应变和位移均为0,这类问题称为平面问题。实际建筑中并没有无限长的荷载面积,研究表明,当基础的长度比 $l/b \geq 10$ 时,计算的地基附加应力值与按 $l/b=\infty$ 时的解相差甚微,因此,墙基、路基、挡土墙基础等均可按平面问题计算地基中的附加应力。对此类问题,只要算出任一截面上的附加应力,即可代表其他平行截面。

1. 均布竖向线荷载

当竖向均布线荷载 p 作用于地表面时,在线荷载上取微分长度 dy,作用在上面的荷载 pdy 可看做集中力,如图 3-16 所示,则在地基内 M 点引起的附加应力为 $d\sigma_z = \frac{3p}{2\pi} \frac{z^3}{R^5} dy$。

通过积分可求得均布竖向线荷载 p 作用下地基中任意点 M 的附加应力为:

$$\sigma_z = \int_{-\infty}^{+\infty} \frac{3z^3 p}{2\pi (x^2+y^2+z^2)^{5/2}} dy = \frac{2pz^3}{\pi(x^2+z^2)^2} \tag{3-17}$$

该解答由弗拉曼首先得到,故称弗拉曼解,实际意义上的线荷载是不存在的,可以将其看作是条形面积在宽度趋于零时的特殊情况,以该解答为基础,通过积分可求解各类平面问题地基中的附加应力。

2. 均布竖向条形荷载

当宽度为 b 的条形基础上作用有均布荷载 p 时,取宽度 b 的中点为坐标原点,如图 3-17

所示，则地基中某点的竖向附加应力可由式(3-17)在荷载分布宽度 b 范围内进行积分求得：

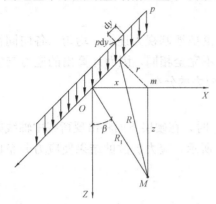
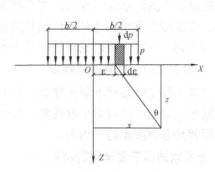

图 3-16 均布竖向线荷载　　　　　　　图 3-17 均布竖向条形荷载
作用下地基附加应力　　　　　　　　作用下地基附加应力

$$\sigma_z = \frac{p}{\pi}\left[\arctan\frac{1-2m}{2n} + \arctan\frac{2m+1}{2n} - \frac{4n(4m^2-4n^2-1)}{16n^2+(4m^2+4n^2-1)^2}\right] = \alpha_s p \quad (3\text{-}18)$$

式中　α_s——条形基础上作用竖向均布荷载时的竖向附加应力系数，由($m=x/b$, $n=z/b$) 查表 3-4 可得。

表 3-4　均布竖向条形荷载作用下的附加应力系数 α_s

z/b	x/b					
	0.00	0.25	0.50	1.00	1.50	2.00
0.00	1.00	1.00	0.50	0.00	0.00	0.00
0.25	0.96	0.90	0.50	0.02	0.00	0.00
0.50	0.82	0.74	0.48	0.08	0.02	0.00
0.75	0.67	0.61	0.45	0.15	0.04	0.02
1.00	0.55	0.51	0.41	0.19	0.07	0.03
1.25	0.46	0.44	0.37	0.20	0.10	0.04
1.50	0.40	0.38	0.33	0.21	0.11	0.06
1.75	0.35	0.34	0.30	0.21	0.13	0.07
2.00	0.31	0.31	0.28	0.20	0.14	0.08
3.00	0.21	0.21	0.20	0.17	0.13	0.10
4.00	0.16	0.16	0.15	0.14	0.12	0.10
5.00	0.13	0.13	0.12	0.12	0.11	0.09
6.00	0.11	0.10	0.10	0.10	0.10	—

3.4.4　地基中附加应力的分布规律

通过研究发现地基中附加应力的分布存在如下规律：
(1) σ_z 不仅发生在荷载面积之下，而且分布在荷载面积外相当大的范围之下；
(2) 在荷载分布范围内任意点沿垂线的 σ_z 值，随深度增加而减小；
(3) 在基础底面下任意水平面上，以基底中心点下轴线处的 σ_z 为最大，距离中轴线越远越小。

3.4.5 非均质地基中的附加应力

前述地基中的附加应力计算，都是按弹性理论把地基视为连续、均匀、各向同性的线弹性体。而实际工程中的地基条件与计算假定并不完全相同，因而计算出的应力与实际应力有一定差别。下面主要讨论双层地基中的附加应力的分布。

1. 上层坚硬而下层软弱的情况

当地基上层土坚硬而下层土软弱，即 $E_1 > E_2$ 时，在硬层下面将出现荷载中轴线附近附加应力减小的现象，即应力扩散现象，如图 3-18 所示。应力扩散的结果使应力分布比较均匀，从而使地基沉降也趋于均匀。

2. 上层软弱而下层坚硬的情况

当地基上层土为松软的可压缩土层而下层为坚硬的不可压缩土层，即 $E_2 > E_1$ 时，在上层土中将出现荷载中轴线附近的附加应力 σ_z 比均质土体时大，离开中轴线，应力逐渐减小，至某一距离后，应力又将小于均匀半无限体时的现象，即应力集中现象，如图 3-19 所示。应力集中的程度主要与荷载宽度 b 和压缩层厚度 H 有关，随着 H/b 增大，应力集中现象减弱。

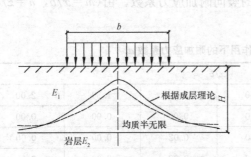

图 3-18 $E_1 > E_2$ 时的应力扩散现象

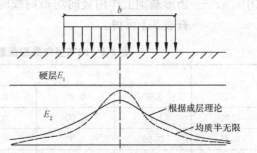

图 3-19 $E_2 > E_1$ 时的应力集中现象

> 知识归纳

土中应力分为自重应力和附加应力。自重应力是由土体自身重量产生的应力。附加应力是由建筑物及其外荷载引起的应力增量，它是使地基失去稳定和产生变形的主要原因。

自重应力计算式：$\sigma_{cz} = \gamma_1 h_1 + \gamma_2 h_2 + \cdots = \sum_{i=1}^{n} \gamma_i h_i$。

基底压力的简化计算公式及分布：

中心荷载作用下的基底压力，$p_k = \dfrac{F_k + G_k}{A}$，基底压力呈矩形分布。

偏心荷载作用下的基底压力，$p_{k\min}^{k\max} = \dfrac{F_k + G_k}{bl}\left(1 \pm \dfrac{6e}{l}\right)$，

当 $e < \dfrac{l}{6}$ 时，基底压力呈梯形分布；

当 $e = \dfrac{l}{6}$ 时，基底压力呈三角形分布；

当 $e > \dfrac{l}{6}$ 时，由上式计算可得 $p_{kmin} < 0$，则说明按材料力学假定基底将出现拉应力，则基底边缘的最大压力为：

$$p_{kmax} = \dfrac{2(F_k + G_k)}{3ab}$$

基底附加压力为建筑物建造后的基底压力扣除基底标高处原有的土中自重应力。

地基中附加应力的计算主要介绍了竖向集中力作用下的地基附加应力计算、矩形面积上均布荷载作用下的附加应力计算、矩形面积上三角形分布荷载作用下的附加应力计算、均布竖向线荷载作用下的附加应力计算、均布竖向条形荷载作用下的附加应力计算。

当地基土上层坚硬而下层软弱时，在下层土中将出现应力扩散现象；当地基土上层软弱而下层坚硬时，在上层土中将出现应力集中现象。

思考与练习

一、简答题

1. 计算土中自重应力时为什么要从天然地面算起？
2. 地下水对自重应力是否有影响？水位以下自重应力计算采用什么重度？
3. 自重应力在什么情况下会引起地基沉降？
4. 何谓基底压力？影响基底压力分布的因素有哪些？工程中如何计算中心荷载和偏心荷载下的基底压力？
5. 单向偏心荷载作用下基底压力的分布形式有哪几种？
6. 地基中附加应力的分布有何规律？
7. 何谓角点法？如何应用角点法计算基底下任意点的附加应力？
8. 角点下某一深度处附加应力是否等于中心点下同一深度处附加应力的 1/4，为什么？

二、计算题

1. 土层的分布如图 3-20 所示，计算土层的自重应力，并绘制自重应力的分布图。
2. 已知矩形基础底面尺寸为 4 m×3 m，基础顶面受偏心荷载 $F = 550$ kN。偏心距为 1.42 m，埋深为 2 m。其他条件如图 3-21 所示，求基底最大附加压力。

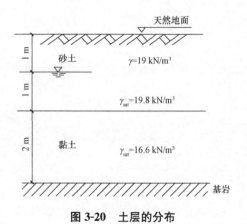

图 3-20　土层的分布

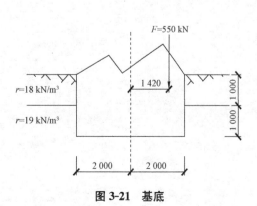

图 3-21　基底

3. 在图3-22所示矩形面积 $ABCD$ 上，作用均布荷载 $p=150$ kPa，求 E、F、H 点下深度为 3 m 处的附加应力 σ_z。

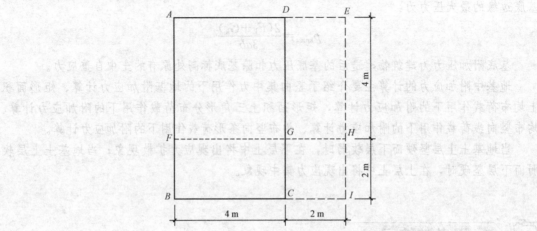

图 3-22 附加应力计算

第 4 章 土的压缩性和地基沉降

本章要点：

1. 理解土的压缩性的概念，掌握压缩性指标的计算方法；
2. 理解沉降计算原理，掌握分层总和法和规范法；
3. 理解有效应力原理；
4. 理解基础沉降与时间的关系，掌握固结度的概念，了解其计算过程。

地基土层在上部建（构）筑物的荷载作用下受压变形，在地基表面发生下沉。这种竖向变形称为沉降。欠固结土层的自重（如湿陷性黄土）、地下水位下降、地下矿层的采空区、水的渗流及施工影响等也会引起地面的下沉。本章主要分析建（构）筑物荷载引起的地基压缩变形。

地基的均匀沉降较小时，一般不影响上部建（构）筑物的正常使用。过大的沉降，特别是不均匀沉降，会使建（构）筑物发生倾斜、开裂或局部构件破坏，影响结构的使用性和安全性。因此，地基的沉降问题是岩土工程的基本课题之一。地基变形计算的目的，在于确定建筑物可能出现的最大沉降量和沉降差，为基础设计或地基处理提供依据。

研究土的压缩性是进行地基沉降计算的前提，本章将从土的压缩试验开始，主要学习土的压缩特性和压缩指标、计算最终沉降量的使用方法和太沙基一维固结理论。

4.1 土的压缩性和压缩性指标

地基发生变形时因为土体具有可压缩的性能，因此计算地基变形，首先要研究土的压缩性以及通过压缩试验确定沉降计算所需的压缩性指标。

土的压缩性是指土体在压力作用下体积缩小的特性。试验研究表明，在通常情况下（<600 kPa）下，土粒和孔隙水的压缩量相对于土体的总压缩量是很微小的（<1/400），可以忽略不计。因此，在研究土的压缩性时，认为土体压缩变形主要是由于孔隙中的水和气体被排出，土粒相互靠拢挤紧，孔隙体积压缩，孔隙比减小而引起的。对于完全饱和的土体，土的压缩主要是孔隙水被挤出引起孔隙体积变小，压缩过程与排水过程一致。孔隙水的排出需要一个时间过程，其速率与土体的渗透性有关。透水性强的土，孔隙水排出也快；反之，则慢。这种土的压缩随时间增长的过程称为土的固结。

在实际工程中，土的压缩变形可能在不同条件下进行，如土体主要是垂直方向变形，侧面变形很小或没有，此情况称为无侧胀压缩或有侧限压缩，基础砌置较深的建筑物地基土的压缩近似此条件。另一种情况是，土体除了垂直方向的变形，还有侧向的膨胀变形，这种情况称为有侧胀压缩或无侧限压缩，如基础砌置较浅的建筑物或表面建筑（飞机场、道路等)的地基土的压缩。不同条件下各种土的压缩特性有较大差异，必须借助不同试验方法进行研究，目前常用室内压缩试验来研究土的压缩性，对于重要工程或复杂地质条件，常采用现场载荷试验。

4.1.1 压缩试验

土力学的侧限压缩试验是在压缩仪(或固结仪)中完成，如图 4-1 所示。用金属环刀(内径为 60 或 80 mm，高为 20 mm)从保持天然结构的原状土切取试样，并置于圆筒形压缩容器的刚性护环内，试样上下各垫有一块透水石，试样受压后土中孔隙水可以自由排出，透水石上施加垂直荷载。由于试样受到金属环刀和刚性护环的限制，在外界压力作用下只可能发生竖向压缩而无侧向变形，因此，又称为侧限压缩试验。

试验时是通过加荷装置和加压板将压力均匀施加在试样上。竖向压力 p_i 分级施加，在每级荷载作用下使试样变形至稳定，用百分表测出试样稳定后的变形量 s_i，即可计算出各级荷载下的孔隙比 e_i。

设试样的初始高度为 H_0，受压后试样高度为 H_i，则 $H_i = H_0 - s_i$，s_i 为外荷载 p_i 作用下试样压缩至稳定的变形量。设试样横截面面积为单位面积，根据土的孔隙比的定义，可得加荷前土粒体积 $V_s = \dfrac{H_0}{1+e_0}$（图 4-2），加荷后

$$V_s = \dfrac{H_i}{1+e_i}$$

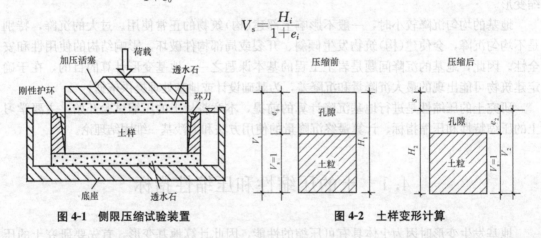

图 4-1 侧限压缩试验装置　　　　图 4-2 土样变形计算

为求试样压缩稳定后的孔隙比 e，利用受压前后土粒体积不变和试样横截面面积不变的两个条件(图 4-2)，得出下式：

$$\dfrac{H_0}{1+e_0} = \dfrac{H_i}{1+e_i} = \dfrac{H_0 - s_i}{1+e_i} \tag{4-1}$$

将 $H_i = H_0 - s_i$ 代入式(4-1)，并整理得

$$e_i = e_0 - \dfrac{s_i}{H_0}(1+e_0) \tag{4-2}$$

$$s_i = \dfrac{e_0 - e_i}{1+e_0} H_0 \tag{4-3}$$

式中　e_0——初始孔隙比，$e_0 = \dfrac{(1+w_0)d_s \rho_w}{\rho_0} - 1$；

　　　d_s——土粒相对密度；

　　　ρ_w——水的密度(g/cm³)；

w_0——试样的初始含水量,以小数计;

ρ_0——试样的初始密度(g/cm^3)。

常规试验中,一般按 $p=50$、100、200、300、400(kPa)五级进行加载,测定各级压力下的稳定变形量 s,然后按式(4-2)算出相应的孔隙比 e_i,以横坐标表示压力 p,纵坐标表示孔隙比 e,即可绘制 e—p 曲线,称为压缩曲线(图 4-3)。变形量 s 稳定的快慢与土的性质有关。对于饱和土,主要取决于试样的透水性。透水性强,稳定速度快;透水性弱,速度就慢。

从压缩曲线的形状可以看出,压力较小时曲线较陡,随压力的增加,曲线逐渐变缓,说明土在压力增量不变进行压缩时,压缩变形的增量是递减的。

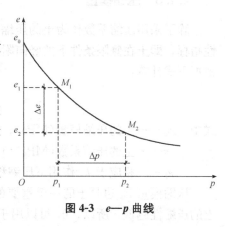

图 4-3 e—p 曲线

4.1.2 压缩系数

压缩曲线反映了土受压后的压缩特性,它的形状与土试样的成分、结构、状态以及受力历史有关。压缩性不同的土,其中,e-p 曲线的形状是不一样的。假定试样在某一压力 p_1 作用下已经压缩稳定,现增加一压力增量至压力 p_2。对于该压力增量,曲线越陡,土的孔隙比减少越显著,表示体积压缩越大,该土的压缩性越高。压缩曲线的坡度可以形象地说明土的压缩性的高低。

在压缩曲线中,当压力的变化范围不大时,压缩曲线 M_1M_2 可近似看作直线。土的压缩性可用线段 M_1M_2 的斜率表示。则:

$$a=\tan\alpha=\frac{e_1-e_2}{p_2-p_1}=-\frac{\Delta e}{\Delta p} \tag{4-4}$$

式中 a——土的压缩系数(kPa^{-1} 或 MPa^{-1});

p_1——增压前使试样压缩稳定的压力强度,一般是指地基某深度处土中原有竖向自重应力(kPa);

p_2——增压后使试样压缩稳定的压力强度,地基某深度处土中自重应力与附加应力之和(kPa);

e_1——相应于在 p_1 作用下压缩稳定后的孔隙比;

e_2——相应于在 p_2 作用下压缩稳定后的孔隙比。

这个公式是土的力学性质的基本定律之一,称为压缩定律。它表明,在压力变化范围不大时,孔隙比的变化值(减小值)与压力的变化值(增量)成正比,其比值即压缩系数 a。

压缩系数是评价地基土压缩性高低的重要指标之一。从压缩曲线上看,它不是一个常量,与初始压力有关,也与压力变化范围有关。为了统一标准,在实际工程中,通常采用压力间隔由 $p_1=100$ kPa 增加到 $p_2=200$ kPa 时所得的压缩系数 a_{1-2} 来评定不同类型和状态土的压缩性高低。《建筑地基基础设计规范》(GB 50007—2011)规定,按照 a_{1-2} 的大小将地基土的压缩性分为以下三类:

(1)当 $a_{1-2}<0.1$ MPa^{-1} 时,为低压缩性土;

(2)当 0.1 $MPa^{-1} \leqslant a_{1-2} < 0.5$ MPa^{-1} 时,为中压缩性土;

(3)当 $a_{1-2} \geqslant 0.5$ MPa^{-1} 时,为高压缩性土。

4.1.3 压缩模量

除了采用压缩系数作为土的压缩性指标外，工程上还经常用到压缩模量作为土的压缩性指标，即土在侧限条件下的竖向附加应力与相应的应变增量之比值。土的压缩模量 E_s 可根据下式计算：

$$E_s = \frac{1+e_1}{a} \tag{4-5}$$

式中 E_s——土的压缩模量(MPa)；

a——土的压缩系数(MPa^{-1})；

e_1——相应于 p_1 作用下压缩稳定后的孔隙比。

压缩模量 E_s 也是土的一个重要的压缩性指标，与压缩系数成反比。E_s 越大，a 越小，土的压缩性越低，所以，E_s 可以用于划分土压缩性的高低。

一般认为：

(1) 当 $E_s < 4$ MPa 时，为高压缩性土；

(2) 当 $E_s = 4 \sim 15$ MPa 时，为中压缩性土；

(3) 当 $E_s \geq 15$ MPa 时，为低压缩性土。

4.1.4 土的载荷试验及变形模量

土的压缩性指标除了由室内压缩试验测定外，还可以通过现场载荷试验确定。变形模量 E_0 是土在无侧限条件下由现场静载荷试验确定的，表示土在侧向自由变形条件下竖向应力与竖向总应变之比。其物理意义与材料力学中的杨氏弹性模量相同，只是土的总应变中既有弹性应变又有部分不可恢复的塑性应变，因此，称之为变形模量。

土的载荷试验是一种地基土的原位测试方法，可用于测定承压板下应力主要影响范围内岩土的承载力和变形特性。载荷试验可分为浅层平板载荷试验、深层平板载荷试验和螺旋板载荷试验三种。浅层平板载荷试验适用于浅层地基土；深层平板载荷试验适用于埋深大于 3 m 和地下水位以上的地基土；螺旋板载荷试验适用于深层地基土或地下水位以下的地基土。

1. 静载荷试验

静载荷试验是通过承压板对地基土分级施加压力 p，测试压板的沉降 s，便可得到压力和沉降(p-s)关系曲线。然后根据弹性力学公式即可求得土的变形模量和地基承载力。

平板载荷试验装置如图 4-4 所示，一般由加荷稳压装置、反力装置及观测装置三部分组成。加荷稳压装置包括承压板、千斤顶及稳压器等；反力装置常用平台堆载或地锚；观测装置包括百分表及固定支架等。

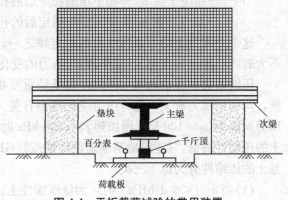

图 4-4 平板载荷试验的常用装置

试验时必须注意保持试验土层的原状结构和天然湿度,在坑底宜铺设不大于 20 mm 厚的粗、中砂层找平。若试验土层为软塑或流塑状态的黏性土或饱和的松软土时,载荷板周围应留有 200～300 mm 高的原土作为保护层。

《岩土工程勘察规范[2009 年版]》(GB 50021—2001)中规定:

(1)浅层平板载荷试验的试坑宽度或直径不应小于承压板宽度或直径的三倍;深层平板载荷试验的试井直径应等于承压板直径;当试井直径大于承压板直径时,紧靠承压板周围土的高度不应小于承压板直径。

(2)试坑或试井底的岩土应避免扰动,保持其原状结构和天然湿度,并在承压板下铺设不超过 20 mm 的砂垫层找平,尽快安装试验设备;螺旋板头入土时,应按每转一圈下入一个螺距进行操作,减少对土的扰动。

(3)载荷试验宜采用圆形刚性承压板,根据土的软硬或岩体裂隙密度选用合适的尺寸;土的浅层平板载荷试验承压板面积不应小于 0.25 m²,对软土和粒径较大的填土不应小于 0.5 m²;土的深层平板载荷试验承压板面积宜选用 0.5 m²;岩石载荷试验承压板的面积不宜小于 0.07 m²。

(4)载荷试验加荷方式应采用分级维持荷载沉降相对稳定法(常规慢速法);有地区经验时,可采用分级加荷沉降非稳定法(快速法)或等沉速率法;加荷等级宜取 10～12 级,并不应少于 8 级,荷载量测精度不应低于最大荷载的±1%。

(5)承压板的沉降可采用百分表或电测位移计量测,其精度不应低于±0.01 mm;5 min、10 min、15 min 测读一次沉降,以后间隔 30 min 测读一次沉降,当连续两小时每小时沉降量小于或等于 0.1 mm 时,可认为沉降已达相对稳定标准,施加下一级荷载;当试验对象是岩体时,间隔 1 min、2 min、5 min 测读一次沉降,以后每隔 10 min 测读一次,当连续三次读数差小于或等于 0.01 mm 时,可认为沉降已达相对稳定标准,施加下一级荷载。

(6)当出现下列情况之一时,可终止试验:

1)承压板周边的土出现明显侧向挤出,周边岩土出现明显隆起或径向裂缝持续发展;

2)本级荷载的沉降量大于前级荷载沉降量的 5 倍,荷载与沉降曲线出现明显陡降;

3)在某级荷载下 24 h 沉降速率不能达到相对稳定标准;

4)总沉降量与承压板直径(或宽度)之比超过 0.06。

根据载荷试验成果分析要求,应绘制荷载(p)与沉降(s)曲线,必要时绘制各级荷载下沉降(s)与时间(t)或时间对数($\lg t$)曲线。应根据 p-s 曲线拐点,必要时结合 s-$\lg t$ 曲线特征,确定比例界限压力和极限压力。当 p-s 呈缓变曲线时,可取对应于某一相对沉降值(即 s/d,d 为承压板直径)的压力评定地基土承载力。

2. 变形模量

土的变形模量是指土体在无侧限条件下的应力与应变的比值,并以符号 E_0 表示,E_0 值的大小可由载荷试验结果求得,在 p-s 曲线的直线段或接近于直线段任选一压力 P_1 和它对应的沉降 s_1,利用弹性力学公式,即按式(4-6)反求出地基的变形模量。

$$E_0 = w(1-\mu)^2 \frac{p_1 b}{s_1} \tag{4-6}$$

式中 w——沉降影响系数,方形承压板取 0.88,圆形承压板取 0.79;

         μ——地基土的泊松比(参见相关经验值);

         b——承压板的边长或直径(mm);

s_1——与所取定的比例界限 p_1 相对应的沉降。

有时 p-s 曲线并不出现直线段，建议对中、高压缩性土取 $s_1=0.02b$ 及其对应的荷载；对低压缩性粉土、黏性土、碎石土及砂土，可取 $s_1=(0.01\sim0.015)b$ 及其对应的荷载。

现场静载荷试验测定的变形模量 E_0 与室内侧限压缩试验测定的压缩模量 E_s 有如下关系：

$$E_0=\beta E_s \tag{4-7}$$

式中 β——与土的泊松比 μ 有关的系数$(\beta=1-\dfrac{2\mu^2}{1-\mu})$。

由于土的泊松比变化范围一般为 $0\sim0.5$，所以 $\beta\leqslant1.0$，即 $E_0\leqslant E_s$。然而，由于土的变形性质不能完全由线弹性常数来概括，因而由不同的试验方法测得的 E_0 和 E_s 之间的关系，往往不一定符合式(4-7)。对硬土，其 E_0 可能较 βE_s 大数倍；而对软土，E_0 和 βE_s 则比较接近。

表 4-1　不同土的变形模量经验值

土的类型	变形模量/MPa	土的类型	变形模量/MPa
泥炭	0.1～0.5	松砂	10～20
塑性黏土	0.5～4	密实砂	50～80
硬塑黏土	4～8	密实砂砾、砾石	100～200
较硬黏土	8～15		

载荷试验在现场进行，对地基土扰动较小，土中应力状态在承载板较大时与实际基础情况比较接近，测出的指标能较好地反映土的压缩性质。但载荷试验工作量大，时间长，所规定沉降稳定标准带有较大的近似性，据有些地区的经验，它所反映的土的固结程度通常仅相当于实际建筑施工完毕时的早期沉降量。此外，载荷试验的影响深度一般只能达 $(1.5\sim2)b$，对于深层土，曾在钻孔内用小型承压板借助钻杆进行深层载荷试验。但由于在地下水位以下清理孔底困难，加上受力条件复杂等因素，数据不易准确。故国内外常用旁压或触探试验测定深层的变形模量。

4.2　地基的最终沉降量

地基表面的竖向变形，称为地基沉降或基础沉降。地基最终沉降量是指地基土在建筑荷载作用下达到压缩稳定时地基表面的沉降量。计算地基最终沉降量的目的在于确定建筑物最大沉降量、沉降差和倾斜，并将其控制在允许范围内，以保证建筑物的安全和正常使用。

计算地基最终沉降量的常用方法为分层总和法和《建筑地基基础设计规范》(GB 50007—2011)推荐方法，简称"规范法"。

计算地基变形时，传至基础底面上的荷载效应应按正常使用极限状态下荷载效应的准永久组合，不计入风荷载和地震作用，相应的限值为地基变形永久值。

4.2.1　分层总和法

分层总和法假定地基土为直线变形体，在外荷载作用下的变形只发生在有限厚度的范围内(即压缩层),将压缩层厚度内的地基土层分层,分别计算各分层的应力,然后用土的应力-应变关系式求出各分层的压缩量,然后求其总和,即得地基的最终沉降量。分层总和法计算地基沉降如图 4-5 所示。

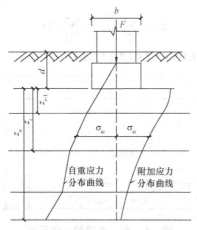

图 4-5 分层总和法计算地基沉降

1. 基本假定

(1)计算附加应力时,地基土为均质、各向同性的半无限体。

(2)土层只产生竖向变形、无侧向变形(膨胀),计算时采用完全侧限条件下的压缩性指标。

(3)土的压缩是孔隙体积减小导致骨架变形的结果,土粒自身的压缩忽略不计。

2. 基本公式

在厚度为 H_1 的土层上面施加连续均匀荷载,如图 4-4 所示,由上述假定,土层在竖直方向产生压缩变形,而没有侧向变形,从土的侧限压缩试验曲线可知,竖向应力由 p_1 增加到 p_2,将引起土的孔隙比从 e_1 减小到 e_2,参考式(4-2)可得:

$$H_2 = \frac{1+e_2}{1+e_1} H_1 \tag{4-8}$$

式中 H_1,H_2——压缩前、后土层厚度;

e_1,e_2——土体受压前、后的稳定孔隙比。

因为 $s = H_1 - H_2$,得:

$$s = \frac{e_1 - e_2}{1+e_1} H \tag{4-9}$$

也可写成

$$s = \frac{a}{1+e_1}(p_2 - p_1)H = \frac{\Delta p}{E_s} H \tag{4-10}$$

式中 s——地基最终沉降量(mm);

a——压缩系数;

E_s——压缩模量;

H——土层的厚度;

Δp——土层厚度内的平均附加应力($\Delta p = p_2 - p_1$)。

如图 4-6 所示的地基及应力分布，可采用分层总和法计算沉降。即分别计算基础中心点下地基中各个分土层的压缩变形量 Δs_i，最后将各分层的沉降量加起来即为地基的最终沉降量：

$$s = \sum_{i=1}^{n} \Delta s_i = \sum_{i=1}^{n} \varepsilon_i H_i \tag{4-11}$$

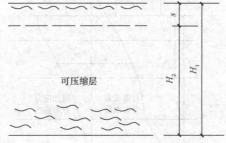

图 4-6　单一土层的一维压缩

$$\varepsilon_i = \frac{e_{1i}-e_{2i}}{1+e_{2i}} = \frac{a_i(p_{2i}-p_{1i})}{1+e_{1i}} = \frac{\Delta p_i}{E_{si}} \tag{4-12}$$

式中　e_{1i}——第 i 层土的自重应力均值 $\dfrac{\sigma_{c(i-1)}+\sigma_{ci}}{2}$ 从土的压缩曲线上得到的相应孔隙比；

e_{2i}——第 i 层土的自重应力均值 $\dfrac{\sigma_{c(i-1)}+\sigma_{ci}}{2}$ 与附加应力均值 $\dfrac{\sigma_{z(i-1)}+\sigma_{zi}}{2}$ 之和从土的压缩曲线上得到的相应孔隙比；

H_i——第 i 层土的厚度；

n——压缩层范围内土层分层数目。

3. 计算步骤

单向压缩分层总和法计算步骤如下：

(1)分层。分层的原则是以 $0.4b$（b 为基底短边长度）为分层厚度，同时必须将土的自然分层处和地下水位处作为分层界线。

(2)计算自重应力。按公式 $\sigma_{cz}=\sum\limits_{i=1}^{n}\gamma_i h_i$ 计算出基础中心以下各层界面处的竖向自重应力。自重应力从地面算起，地下水位以下采用土的浮重度计算。

(3)计算附加应力。计算出基础中心以下各层界面处的附加应力。附加应力应从基础底面算起。

(4)确定地基沉降计算深度 z_n。沉降计算深度 z_n 是指由基础底面向下计算压缩变形所要求的深度。从理论上讲，在无限深度处仍有微小的附加应力，仍能引起地基的变形。考虑到在一定的深度处，附加应力已很小，它对土体的压缩作用已不大，可以忽略不计。因此，在实际工程计算中，一般取附加应力与自重应力的比值为 20% 处，即 $\sigma_z=0.2\sigma_{cz}$ 处的深度作为沉降计算深度的下限，对于软土，应加深至 $\sigma_z=0.1\sigma_{cz}$。在沉降计算深度范围内存在基岩时，z_n 可取至基岩表面为止。

(5)计算各分层沉降量。计算各层土的平均自重应力 $\overline{\sigma_{czi}}=\dfrac{\sigma_{cz(i-1)}+\sigma_{czi}}{2}$ 和平均附加应力

$\overline{\sigma}_{zi}=\dfrac{\overline{\sigma}_{z(i-1)}+\overline{\sigma}_{zi}}{2}$，再根据 $p_{1i}=\overline{\sigma}_{czi}$ 和 $p_{2i}=\overline{\sigma}_{czi}+\overline{\sigma}_{zi}$，分别由 $e\text{-}p$ 压缩曲线确定相应的初始孔隙比 e_{1i} 和压缩稳定以后的孔隙比 e_{2i}，则任一分层的沉降量可按下式计算：

$$\Delta s_i=\dfrac{e_{1i}-e_{2i}}{1+e_{2i}}H \tag{4-13}$$

(6) 计算最终沉降。按式(4-11)即可计算出基础中点的理论最终沉降，视为基础的平均沉降。

4.2.2 规范法

在总结大量实践经验的基础上，对分层总和法的计算结果作必要的修正。根据各向同性均质线性变形体理论，《建筑地基基础设计规范》(GB 50007—2011)提出另一种计算方法——"规范法"。该方法仍然采用前述分层总和法的假设前提，但在计算中引入平均附加应力系数的概念，并引入一个沉降计算经验系数 ψ_s，使得计算成果更接近实测值。规范法计算地基沉降如图 4-7 所示。

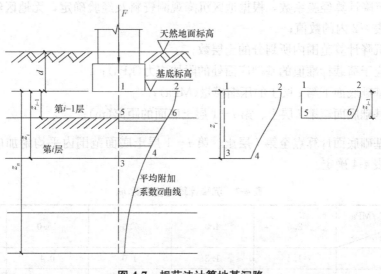

图 4-7 规范法计算地基沉降

设地基土层均质、压缩模量不随深度变化，则从基础底面至地基任意深度 z 范围内的压缩量为：

$$s'=\int_0^z\dfrac{\sigma_z}{E_s}\mathrm{d}z=\dfrac{1}{E_s}\int_0^z\sigma_z\mathrm{d}z=\dfrac{A}{E_s} \tag{4-14}$$

式中 A——深度 z 范围内的附加应力面积。

由附加应力计算公式：$\sigma_z=\alpha_c p_0$，附加应力图面积 A 可表示为

$$A=\int_0^z\sigma_z\mathrm{d}z=\int_0^z\alpha_c p_0\mathrm{d}z=p_0\int_0^z\alpha_c\mathrm{d}z$$

定义 $\int_0^z\alpha_c\mathrm{d}z$ 为附加应力系数面积，则由上式得 $\int_0^z\alpha_c\mathrm{d}z=\dfrac{A}{p_0}$。为了计算方便，引入平均附加应力系数 $\overline{\alpha}$，由其定义得：

$$\bar{\alpha} = \frac{\int_0^z \alpha_c dz}{z} = \frac{A}{p_0 z} \tag{4-15}$$

则附加应力面积 $A = \bar{\alpha} p_0 z$，此亦被称为附加应力面积等代值。

将式(4-15)代入式(4-14)，得

$$s' = \bar{\alpha} p_0 \frac{z}{E_s} \tag{4-16}$$

式(4-16)即是以附加应力面积等代值引出的、以平均附加应力系数表达的、从基底至任意深度 z 范围内的地基沉降量的计算公式。

根据分层总和法基本原理可得地基最终沉降量的基本计算公式为：

$$s = \psi_s s' = \psi_s \sum_{i=1}^n \frac{p_0}{E_{si}} (z_i \bar{\alpha}_i - z_{i-1} \bar{\alpha}_{i-1}) \tag{4-17}$$

式中 s——地基最终沉降量(mm)；

s'——按分层总和法计算出的地基沉降量(mm)；

ψ_s——沉降计算经验系数，根据地区沉降观测资料及经验确定，无地区经验时可采用表 4-2 内的数值；

n——沉降计算范围内所划分的土层数；

p_0——应于荷载标准值的基础底面处的附加应力(kPa)；

E_{si}——基础底面下第 i 层土的压缩模量(MPa)；

z_i, z_{i-1}——基础底面至第 i 层土、第 $i-1$ 层土底面的距离(m)；

$\bar{\alpha}_i, \bar{\alpha}_{i-1}$——基础底面计算点至第 i 层土、第 $i-1$ 层土底面范围内平均附加应力系数，查表 4-4 确定。

表 4-2 沉降计算经验系数 ψ_s

$\bar{E}_s$/MPa 基底附加压力	2.5	4.0	7.0	15.0	20.0
$p_0 \geq f_k$	1.4	1.3	1.0	0.4	0.2
$p_0 \leq 0.75 f_k$	1.1	1.0	0.7	0.4	0.2

注：f_k——地基承载力标准值。

$\bar{E}_s$——沉降计算范围内 E_s 的当量值，按下式计算：

$$\bar{E}_s = \frac{\sum A_i}{\sum \frac{A_i}{E_{si}}}$$

式中 A_i——第 i 层土附加应力系数沿土层厚度的积分值。

按规范方法计算地基沉降时，沉降计算深度 z_n 应满足下式

$$\Delta s'_n \leq 0.025 \sum_{i=1}^n \Delta s'_i \tag{4-18}$$

式中 $\Delta s'_i$——在计算深度范围内，第 i 层土的计算沉降值；

$\Delta s'_n$——为计算深度处向上取厚度 Δz 的分层的沉降计算值，Δz 的厚度选取与基础宽度 b 有关，见表 4-3。

表 4-3 z 的取值

b/m	$b\leqslant 2$	$2<b\leqslant 4$	$4<b\leqslant 8$	$8<b\leqslant 15$	$15<b\leqslant 30$	$b>30$
Δz/m	0.3	0.6	0.8	1.0	1.2	1.5

若确定的计算深度下部有软弱土层，则应继续向下计算。

当无相邻荷载影响，基础宽度 b 在 $1\sim 50$ m 范围内时，基础中点的地基沉降计算深度可简化为按下式确定：

$$z_n=b(2.5-0.4\ln b) \tag{4-19}$$

在计算深度范围内存在基岩时，z_n 可取至基岩表面。

表 4-4 矩形面积上均布荷载作用下角点的平均竖向附加应力系数 $\bar{\alpha}$

z/b	l/b												
	1.0	1.2	1.4	1.6	1.8	2.0	2.4	2.8	3.2	3.6	4.0	5.0	10.0
0.0	0.2500	0.2500	0.2500	0.2500	0.2500	0.2500	0.2500	0.2500	0.2500	0.2500	0.2500	0.2500	0.2500
0.2	0.2496	0.2497	0.2497	0.2498	0.2498	0.2498	0.2498	0.2498	0.2498	0.2498	0.2498	0.2498	0.2498
0.4	0.2474	0.2479	0.2481	0.2483	0.2483	0.2484	0.2485	0.2485	0.2485	0.2485	0.2485	0.2485	0.2485
0.6	0.2423	0.2437	0.2444	0.2448	0.2451	0.2452	0.2454	0.2455	0.2455	0.2455	0.2455	0.2455	0.2456
0.8	0.2346	0.2472	0.2387	0.2395	0.2400	0.2403	0.2407	0.2408	0.2409	0.2409	0.2410	0.2411	0.2410
1.0	0.2252	0.2291	0.2313	0.2326	0.2335	0.2340	0.2346	0.2349	0.2351	0.2352	0.2352	0.2353	0.2353
1.2	0.2149	0.2199	0.2229	0.2248	0.2260	0.2268	0.2278	0.2282	0.2285	0.2286	0.2287	0.2288	0.2289
1.4	0.2043	0.2102	0.2140	0.2164	0.2190	0.2191	0.2204	0.2211	0.2215	0.2217	0.2218	0.2220	0.2221
1.6	0.1939	0.2006	0.2049	0.2079	0.2099	0.3113	0.2130	0.2138	0.2144	0.2146	0.2150	0.2150	0.2152
1.8	0.1840	0.1912	0.1960	0.1994	0.2018	0.2034	0.2055	0.2066	0.2073	0.2077	0.2079	0.2082	0.2084
2.0	0.1746	0.1822	0.1875	0.1912	0.1938	0.1958	0.1982	0.2996	0.2004	0.2009	0.2011	0.2015	0.2018
2.2	0.1659	0.1737	0.1793	0.1833	0.1862	0.1883	0.1911	0.1927	0.1937	0.1943	0.1947	0.1952	0.1955
2.4	0.1578	0.1657	0.1715	0.1757	0.1789	0.1812	0.1843	0.1862	0.1873	0.1880	0.1885	0.1890	0.1895
2.6	0.1503	0.1583	0.1642	0.1686	0.1719	0.1745	0.1779	0.1799	0.1812	0.1820	0.1825	0.1832	0.1838
2.8	0.1433	0.1514	0.1574	0.1619	0.1654	0.1680	0.1717	0.1739	0.1753	0.1763	0.1769	0.1777	0.1784
3.0	0.1369	0.1449	0.1510	0.1556	0.1592	0.1619	0.1658	0.1682	0.1698	0.1708	0.1715	0.1725	0.1733
3.2	0.1310	0.1390	0.1450	0.1497	0.1533	0.1562	0.1602	0.1628	0.1645	0.1657	0.1664	0.1675	0.1685
3.4	0.1256	0.1334	0.1394	0.1441	0.1478	0.1508	0.1550	0.1577	0.1595	0.1607	0.1616	0.1628	0.1639
3.6	0.1205	0.1282	0.1342	0.1389	0.1427	0.1456	0.1500	0.1528	0.1548	0.1561	0.1570	0.1583	0.1595
3.8	0.1158	0.1234	0.1293	0.1340	0.1378	0.1408	0.1452	0.1482	0.1502	0.1516	0.1526	0.1541	0.1554
4.0	0.1114	0.1189	0.1248	0.1294	0.1332	0.1362	0.1408	0.1438	0.1459	0.1474	0.1485	0.1500	0.1516
4.2	0.1073	0.1147	0.1205	0.1251	0.1289	0.1319	0.1365	0.1396	0.1418	0.1434	0.1445	0.1462	0.1479
4.4	0.1035	0.1107	0.1164	0.1210	0.1248	0.1279	0.1325	0.1357	0.1379	0.1396	0.1407	0.1425	0.1444
4.6	0.1000	0.1070	0.1127	0.1172	0.1209	0.1240	0.1287	0.1319	0.1342	0.1359	0.1371	0.1390	0.1410
4.8	0.0967	0.1036	0.1091	0.1136	0.1173	0.1204	0.1250	0.1283	0.1307	0.1324	0.1337	0.1357	0.1379
5.0	0.0935	0.1003	0.1057	0.1102	0.1139	0.1169	0.1215	0.1249	0.1273	0.1291	0.1304	0.1325	0.1348
5.2	0.0906	0.0972	0.0260	0.1070	0.1106	0.1136	0.1183	0.1217	0.1241	0.1259	0.1273	0.1295	0.1320

续表

z/b	l/b												
	1.0	1.2	1.4	1.6	1.8	2.0	2.4	2.8	3.2	3.6	4.0	5.0	10.0
5.6	0.085 2	0.091 6	0.096 8	0.101 0	0.104 6	0.107 6	0.112 2	0.115 6	0.118 1	0.120 0	0.121 5	0.123 8	0.126 6
5.8	0.082 8	0.089 0	0.094 1	0.098 3	0.101 8	0.104 7	0.109 4	0.112 8	0.115 3	0.117 2	0.118 7	0.121 1	0.124 0
6.0	0.080 5	0.086 6	0.091 7	0.095 7	0.099 1	0.102 1	0.106 7	0.110 1	0.112 6	0.114 6	0.116 1	0.118 5	0.121 6
6.2	0.078 3	0.084 2	0.089 1	0.093 2	0.096 6	0.099 5	0.104 1	0.107 5	0.110 1	0.112 0	0.113 6	0.116 1	0.119 3
6.4	0.076 2	0.082 0	0.086 9	0.090 9	0.094 2	0.097 1	0.101 6	0.105 0	0.107 6	0.109 6	0.111 1	0.113 7	0.117 1
6.6	0.074 2	0.079 9	0.084 7	0.088 6	0.091 9	0.094 8	0.099 3	0.102 7	0.105 3	0.107 3	0.108 8	0.111 4	0.114 9
6.8	0.072 3	0.077 9	0.082 6	0.086 5	0.089 8	0.092 6	0.097 1	0.100 4	0.103 0	0.105 0	0.106 6	0.109 2	0.112 7
7.0	0.070 5	0.076 1	0.080 6	0.084 4	0.087 7	0.090 4	0.094 9	0.098 2	0.100 8	0.102 8	0.104 4	0.107 1	0.110 9
7.2	0.068 8	0.074 2	0.078 7	0.082 5	0.085 7	0.088 4	0.092 8	0.096 2	0.098 7	0.100 8	0.102 3	0.105 1	0.109 1
7.4	0.067 2	0.072 5	0.076 9	0.080 6	0.083 8	0.086 5	0.090 8	0.094 2	0.096 7	0.098 8	0.100 4	0.103 1	0.107 1
7.6	0.065 6	0.070 9	0.075 2	0.078 9	0.082 0	0.084 7	0.088 9	0.092 3	0.094 9	0.096 8	0.098 4	0.101 2	0.105 4
7.8	0.064 2	0.069 3	0.073 6	0.077 1	0.080 2	0.082 8	0.087 1	0.090 4	0.092 9	0.095 0	0.096 6	0.099 4	0.103 6
8.0	0.062 7	0.067 8	0.072 0	0.075 4	0.078 5	0.081 1	0.085 3	0.088 6	0.091 2	0.093 2	0.094 8	0.097 6	0.102 0
8.2	0.061 4	0.066 3	0.070 5	0.073 9	0.076 9	0.079 5	0.083 7	0.086 9	0.089 4	0.091 4	0.093 1	0.095 9	0.100 4
8.4	0.060 1	0.064 9	0.069 0	0.072 4	0.075 4	0.077 9	0.082 0	0.085 2	0.087 8	0.089 8	0.091 4	0.094 3	0.093 8
8.6	0.058 8	0.063 6	0.067 6	0.071 0	0.073 9	0.076 4	0.080 5	0.083 6	0.086 2	0.088 2	0.089 8	0.092 7	0.097 3
8.8	0.057 6	0.062 3	0.066 3	0.069 6	0.072 4	0.074 9	0.079 0	0.082 1	0.084 6	0.086 6	0.088 2	0.091 2	0.095 9
9.2	0.055 4	0.059 9	0.063 7	0.067 0	0.069 7	0.072 1	0.076 1	0.079 2	0.081 7	0.083 7	0.085 3	0.088 2	0.093 1
9.6	0.053 3	0.057 7	0.061 5	0.064 5	0.067 2	0.069 6	0.073 4	0.076 5	0.078 9	0.080 9	0.082 5	0.085 5	0.090 5
10.4	0.049 6	0.053 7	0.057 2	0.060 1	0.062 7	0.064 9	0.068 6	0.071 6	0.073 9	0.075 9	0.077 5	0.080 4	0.085 7
11.2	0.046 3	0.050 2	0.053 5	0.056 3	0.058 7	0.060 9	0.064 4	0.067 2	0.069 5	0.071 4	0.073 0	0.075 9	0.081 3
12.0	0.043 5	0.047 1	0.050 2	0.052 8	0.055 2	0.057 2	0.060 6	0.063 4	0.065 6	0.067 4	0.069 0	0.071 9	0.077 4
12.8	0.040 9	0.044 4	0.047 4	0.049 9	0.052 1	0.054 1	0.057 3	0.059 9	0.062 1	0.063 9	0.065 4	0.068 2	0.073 9
13.6	0.038 7	0.042 0	0.044 8	0.047 2	0.049 3	0.051 2	0.054 3	0.056 8	0.058 9	0.060 7	0.062 1	0.064 9	0.070 7
14.4	0.036 7	0.039 8	0.042 5	0.044 8	0.046 8	0.048 6	0.051 6	0.054 0	0.056 1	0.057 7	0.059 2	0.061 9	0.067 7
16.0	0.033 2	0.036 1	0.038 5	0.040 7	0.042 5	0.044 2	0.046 9	0.049 2	0.051 1	0.052 7	0.054 1	0.056 7	0.062 5
18.0	0.029 7	0.032 3	0.034 5	0.036 4	0.038 1	0.039 6	0.042 2	0.044 2	0.046 0	0.047 5	0.048 7	0.051 2	0.057 0
20.0	0.026 9	0.029 2	0.031 2	0.033 0	0.034 5	0.035 9	0.038 3	0.040 2	0.041 8	0.043 2	0.044 4	0.046 8	0.052 4

【例 4-1】 已知柱下独立方形基础，基础底面尺寸为 2.5×2.5 m，埋深 2 m，作用于基础上(设计地面标高处)的轴向荷载 $F=1\,250$ kN，有关地基勘察资料与基础剖面见图 4-8。试分别用单向分层总和法及规范法计算基础中点最终沉降量。

【解】 1. 按单向分层总和法计算

(1) 计算分层厚度。每层厚度 $h_i < 0.4b = 1.0$ m。

(2) 计算地基土的自重应力。自重应力从天然地面起算，z 自基底标高起算。

$z=0$ m，$\sigma_{c0}=19.5 \times 2=39$ (kPa) $z=1$ m，$\sigma_{c1}=39+19.5 \times 1=58.5$ (kPa)

$z=2$ m，$\sigma_{c2}=58.5+20 \times 1=78.5$ (kPa) $z=3$ m，$\sigma_{c3}=78.5+20 \times 1=98.5$ (kPa)

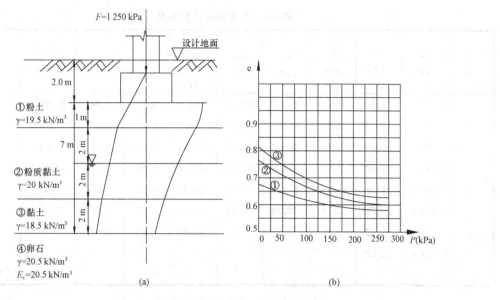

图 4-8 地基应力分布图与地基压缩曲线
(a)地基应力分布图;(b)地基土压缩曲线

$z=4\ \text{m},\ \sigma_{cz4}=98.5+(20-10)\times 1=108.5(\text{kPa})$

$z=5\ \text{m},\ \sigma_{cz5}=108.5+(20-10)\times 1=118.5(\text{kPa})$

$z=6\ \text{m},\ \sigma_{cz6}=118.5+(18.5-10)\times 1=127(\text{kPa})$

$z=7\ \text{m},\ \sigma_{cz7}=127+(18.5-10)\times 1=135.5(\text{kPa})$

(3)基底压力计算。基础底面以上,基础与填土的混合堆积密度取 $\gamma_G=20\ \text{kN/m}^3$。

$$p=\frac{F+G}{A}=\frac{1\ 250+2.5\times 2.5\times 2\times 20}{2.5\times 2.5}=240(\text{kPa})$$

(4)基底附加压力计算。$p_0=p-\gamma d=240-19.5\times 2=201(\text{kPa})$

(5)基础中点下地基中竖向附加应力计算。用角点法计算,过基底中心将荷载面四等分,$l=2.5,\ b=2.5,\ l/b=1,\ \sigma_{zi}=4\alpha_{ci}\cdot p_0,\ \alpha_{ci}$ 由表4-5确定,计算结果见表4-5。

表 4-5 计算结果

z/m	$\dfrac{z}{b/2}$	α_{ci}	σ_z /kPa	σ_{cz} /kPa	σ_z/σ_{cz}	z_n /m
0	0	0.250 0	201	39		
1	0.8	0.199 9	160.7	58.5		
2	1.6	0.112 3	90.29	78.5		
3	2.4	0.064 2	51.62	98.8		
4	3.2	0.040 1	32.24	108.5	0.297	
5	4	0.027 0	21.71	118.5	0.183	
6	4.8	0.019 3	15.52	127	0.122	
7	5.6	0.014 8	11.9	135.5	0.088	按7 m计

(6)确定沉降计算深度 z_n。考虑第③层土压缩性比第②层土大,经计算后确定 $z_n=7\ \text{m}$,见表4-6。

表 4-6 确定沉降计算深度

z /m	σ_{cz} /kPa	σ_z /kPa	H /mm	$\overline{\sigma_{czi}}$ /kPa	$\overline{\sigma_{zi}}$ /kPa	$\overline{\sigma_{czi}}+\overline{\sigma_{zi}}$ /kPa	e_1	e_2	$\dfrac{e_{1i}-e_{2i}}{1+e_{2i}}$	s_i /mm
0	39	201	1000	48.75	180.85	229.6	0.71	0.64	0.0427	
1	58.5	160.7	1000	68.50	125.50	194	0.64	0.61	0.0186	42.7
2	78.5	90.29	1000	88.50	70.96	159.46	0.635	0.62	0.0093	18.6
3	98.5	51.62	1000	103.5	41.93	145.43	0.63	0.62	0.0062	9.3
4	108.5	32.24	1000	113.5	26.98	140.48	0.63	0.62	0.0062	6.2
5	118.5	21.71	1000	122.75	18.62	141.37	0.69	0.68	0.006	6.2
6	137	15.52	100	131.25	13.71	144.96	0.68	0.67	0.003	6.0
7	155.5	11.90								3.0
										$\sum S_i = 91.8$

所以，按分层总和法求得的基础最终沉降量为 $S=91.8$ mm。

2. 按《建筑地基基础设计规范》计算

(1) σ_{cz}、σ_z 分布及 p_0 值见分层总和法步骤 (1)~(5)。

(2) 计算 E_s。由式 $E_s=\dfrac{1+e_{1i}}{e_{1i}-e_{2i}}(p_{2i}-p_{1i})$ 确定各分层 E_s，式中 $p_{1i}=\overline{\sigma_{czi}}$，$p_{2i}=\overline{\sigma_{czi}}+\overline{\sigma_{zi}}$，计算结果见表 4-7。

表 4-7 计算结果

z /m	l/b	z/b	$\overline{\alpha}$	$\overline{\alpha}z$	$\overline{\alpha_i}z_i-\overline{\alpha_{i-1}}z_{i-1}$	E_{si} /kPa	$\Delta s'$ /mm	s' /mm
0		0	0.2500	0				
1.0		0.8	0.2346	0.2346	0.2346	4418	42.7	42.7
2.0		1.6	0.1939	0.3878	0.1532	6861	18.0	60.7
3.0		2.4	0.1578	0.4734	0.0856	7735	8.9	69.6
4.0	$\dfrac{2.5}{2.5}=1$	3.2	0.1310	0.5240	0.0506	6835	6.0	75.6
5.0		4.0	0.1114	0.5570	0.033	4398	6.0	81.6
6.0		4.8	0.0967	0.5802	0.0232	3147	5.9	87.5
7.0		5.6	0.0852	0.5964	0.0162	2303	5.7	93.2
7.6		6.08	0.0804	0.6110	0.0146	20500	0.6	93.8

(3) 计算 $\overline{\alpha}$。根据角点法，过基底中点将荷载面四等分，计算边长 $l=2.5$，$b=2.5$，由表 4-3 确定 $\overline{\alpha}$。计算结果见表 4-7。

(4) 确定沉降计算深度 z_n。

$$z_n=b(2.5-0.4\ln b)=2.5(2.5-0.4\ln 2.5)=5.3(\text{m})$$

由于下面土层仍软弱，在③层黏土底面以下取 Δz 厚度计算，根据表 4-3 的要求，取 $\Delta z=0.6$ m，则 $z_n=7.6$ m，计算得厚度 Δz 的沉降量为 0.6 mm，

$$\Delta s'_n = 0.6 \leqslant 0.025 \sum_{i=1}^{n} \Delta S'_i = 0.025 \times 93.8 = 2.345, 满足要求。$$

(5)计算各分层沉降量 $\Delta s'$。由式 $\Delta s'_i = \dfrac{4 p_0}{E_{si}}(z_i \overline{\alpha}_i - z_{i-1} \overline{\alpha}_{i-1})$ 求得各分层沉降量。计算结果见表 4-7。

(6)确定修正系数 ψ_s。

$$\overline{E_s} = \frac{\sum A_i}{\sum \dfrac{A_i}{E_{si}}} = 5\ 243 \text{(kPa)}$$

由 $f_k = p_0$ 查表 4-1 得，$\psi_s = 1.176$

(7)计算基础最终沉降。

$$s = \psi_s s' = 1.176 \times 93.8 = 110.3 \text{(mm)}$$

由规范法计算得该基础最终沉降量 $s = 110.3$ mm。

4.3 地基沉降量的组成

4.3.1 土的应力历史

应力历史指土在形成的地质年代中经受应力变化的情况。天然沉积的土层，有的是经历了很长时间沉积的，有的是新沉积的或人工填土。天然土层在历史上受过的最大固结压力(指土体在固结过程中所受的最大有效应力)，称为先期固结压力。根据它与现有有效应力相比，将天然土层(主要为黏性土和粉土)可分为正常固结土、超固结土(超压密土)和欠固结土三类。天然沉积土层的固结压力如图 4-9 所示。

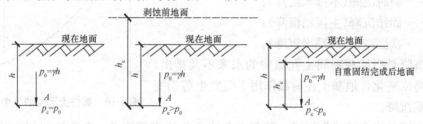

图 4-9 天然沉积土层的固结压力

正常固结土表示土层在地质历史上受到的最大压力与现有上覆土的自重相等，土层处于正常固结状态。一般这种土层沉积时间较长，在其自重应力作用下已达到了最终的固结，沉积后土层厚度几乎不变，也没有受到侵蚀或其他卸荷作用等。

超固结土表示土层曾经受过的最大应力大于现有上覆土的荷重，即 $p_c > p_0$。如土层在历史上埋藏较深，后地面上升或河流冲刷将上部土层剥蚀；或者是原地面上有过建筑物或碾压、打桩等；或者地下水位的长期变化以及土层的干缩等，这些都可以使土层形成超固结状态。

欠固结土表示土层的固结程度尚未达到现有上覆土重作用下的最终固结状态，处于欠固结状态。这种土层的沉积时间较短，土层在土的自重作用下还未完成固结，还处于压缩过程之中。如新近沉积的淤泥、冲填土等都属于欠固结土。

由此可见，前期固结压力是反映土层的原始应力状态的一个指标。一般当施加于土层的荷重小于或等于土的前期固结压力时，土层的压缩变形将极小，甚至可以忽略不计。当荷重超过土的前期固结压力时，土层的压缩变形量将会发生很大的变化。当其他条件相同时，超固结土的压缩变形量常小于正常固结土的压缩量，而欠固结土的压缩量则大于正常固结土的压缩量。因此，在计算地基变形量时，必须首先弄清土层的受荷历史，以便分别考虑这三种不同固结状态的影响，使地基变形量的计算尽量符合实际情况。

在工程设计中，最常见的是正常固结土，其土层的压缩由建筑物荷载产生的附加应力引起。超固结土相对于在其形成历史中已受过预压力，只有当地基中附加应力与自重应力之和超出其先期固结压力后，土层才会有明显压缩。因此，超固结土的压缩性较低，对工程有利。而欠固结土不仅要考虑附加应力产生的压缩，还要考虑由于自重应力作用产生的压缩，因此压缩性较高。

在实际工程中，通常用超固结比的概念来定量地表征土的天然固结状态，即

$$OCR = \frac{\sigma'_p}{\sigma_{sz}} \tag{4-19}$$

式中 OCR——土的超固结比。

若 $OCR=1$，属正常固结土；$OCR>1$，属超固结土；$OCR<1$，属欠固结土。

4.3.2 地基沉降量的组成

在荷载作用下，黏性土地基沉降随时间变化如图4-10所示。黏性土地基的最终沉降 s 由三部分沉降组成，即

$$s = s_d + s_c + s_s \tag{4-20}$$

式中 s_d——瞬时沉降（不排水沉降）；
s_c——固结沉降（主固结沉降）；
s_s——次固结沉降（蠕变沉降）。

瞬时沉降是指加载瞬间土孔隙中的水来不及排出，孔隙体积尚未变化，地基土在荷载作用下仅发生剪切变形时的地基沉降。

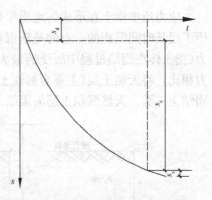

图 4-10 黏性土沉降的三个组成部分

固结沉降是指在荷载作用下，随着土孔隙水分的逐渐挤出，孔隙体积相应减少，土体逐渐压密而产生的沉降，通常采用分层总和法计算。

次固结沉降是指土中孔隙水已经消散，有效应力增长基本不变之后仍随时间而缓慢增长所引起的沉降。对于含有较多有机质的黏土，次固结沉降历时较长，实际上只能进行近似计算。

4.4 地基变形与时间的关系

在实际工程中，往往需要了解建筑物的基础在施工期间或某一时间的沉降量，以便控制施工速度或考虑建筑物正常使用的安全措施。采用堆载预压等方法处理地基时，也需要

考虑地基变形与时间的关系。

碎石土和砂土的透水性好，其变形所经历的时间很短，可以认为外荷载施加完毕时，其变形已稳定；对于黏性土，完成固结所需时间较长，其固结变形需要经过几年甚至几十年的时间才能完成。本章只讨论饱和黏性土的变形与时间关系。

4.4.1 达西定律

1856 年，法国学者达西（Darcy）根据砂土渗透试验，如图 4-11 所示，发现水的渗透速度与水力坡降成正比，即达西定律，其数学表达式为

$$v = ki \tag{4-21}$$

式中 v——渗透速度(cm/s)；

k——土的渗透系数(cm/s)；

i——水力梯度，$i = \dfrac{h_1 - h_2}{L}$。

渗透系数是表示岩土透水性的指标，一般情况下，同岩石和渗透液体的物理性质有关。根据达西定律，当水力坡度 $i=1$ 时，渗透系数在数值上等于渗透流速。松散岩石的渗透系数经验值见表 4-8。渗透系数的测定也可用现场抽水试验及室内渗透试验测得。

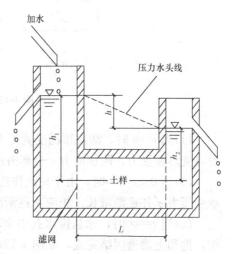

图 4-11　渗透定律及达西定律

表 4-8　不同岩性渗透系数 K 的经验值

岩性	渗透系数 $K/(\text{m}\cdot\text{d}^{-1})$	岩性	渗透系数 $K/(\text{m}\cdot\text{d}^{-1})$
黏土	0.001～0.054	细砂	5～15
粉质黏土	0.02～0.5	中砂	10～25
亚砂土	0.2～1.0	粗砂	25～50
粉砂	1～5	砂砾石	50～150
粉细砂	3～8	卵砾石	80～300

由于达西定律只适用于层流的情况，故一般只适用于中砂、细砂、粉砂等。对粗砂、砾石、卵石等粗颗粒土就不适用，因为此时水的渗透流速较大，已不是层流而是紊流。

土的渗透系数可用室内渗透试验和现场抽水试验来确定。

4.4.2 饱和土的渗透固结

饱和黏土在压力作用下，孔隙水随时间而逐渐被排出，同时孔隙体积也随之减小，这一过程称为饱和土的渗透固结。渗透固结所需时间的长短与土的渗透性和土层厚度有关，土的渗透性越小，土层越厚，孔隙水被挤出所需的时间越长。

饱和土的渗透固结可以用图 4-12 所示的模型说明。圆筒中充满水，弹簧表示土的颗粒骨架，圆筒中的水表示土中的自由水，带孔的活塞表示土的透水性。由于弹簧中只有固、液两相介质，则对于外力 σ 的作用则由水与弹簧共同承担。设弹簧承担的压力为有效应力 σ'，圆筒中的水为孔隙水压力 u，按照静力平衡条件，有

$$\sigma' + u = \sigma \tag{4-22}$$

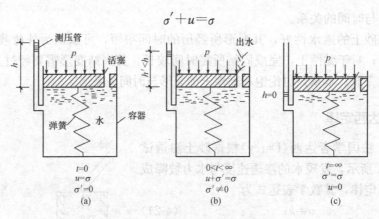

图 4-12 饱和土的固结渗透模型

(1)当 $t=0$ 时,活塞顶面受到外力 σ 的瞬间,水来不及排出,如图 4-12(a)所示,弹簧没有变形和受力,附加应力 σ 全部由水来承担,即 $u=\sigma$,$\sigma'=0$。

(2)当 $0<t<\infty$ 时,由于荷载作用,水开始从活塞排水孔中排出,活塞下降,弹簧开始承受压力 σ' 并逐渐增长;相应 u 逐渐减小,如图 4-12(b)所示,$u+\sigma'=\sigma$,$\sigma'>0$。

(3)当 $t=\infty$ 时,水从排水孔中全部排出,孔隙水压力完全消散,外力 σ 全部由弹簧承担,饱和土渗透固结完成,如图 4-12(c)所示,$u=0$,$\sigma'=\sigma$。

饱和土的渗透固结就是孔隙水压力逐渐消散和有效应力相应增长的过程。

4.4.3 单向渗透固结理论

为了求得饱和土层在渗透固结过程中某一时间的变形,通常采用太沙基提出的一维固结理论进行计算。其适用条件为荷载面积远大于压缩土层的厚度,地基中孔隙水主要沿竖向渗流。对于堤坝及其地基,孔隙水主要沿两个方向渗流,属于二维固结问题;对于高层建筑,则应考虑三维固结问题。

设厚度为 H 的饱和黏土层,顶面是透水层,底面是不透水和不可压缩层。假设该饱和土层在自重应力作用下的固结已经完成,顶面施加一均布荷

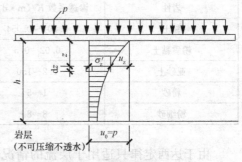

图 4-13 单向渗透固结过程

载 p。由于土层厚度远小于荷载面积,故土中附加应力图形近似取作矩形分布,即附加应力不随深度而变化,但是孔隙压力 u 是坐标 z 和时间 t 的函数。

为了分析固结过程,做以下假设:

(1)土中水的渗流只沿竖向发生,而且渗流符合达西定律,土的渗透系数为常数。

(2)相对于土的孔隙,土颗粒和土中水都是不可压缩的,因此,土的变形仅是孔隙体积压缩的结果。

(3)土是完全饱和的,土的体积压缩量同孔隙中排出的水量相等,而且压缩变形速率取决于土中水的渗流速率。

从饱和土层顶面下深度 z 处取一微单元体 $1×1×dz$,根据单元体的渗流连续条件和达西定律,可建立饱和土的一维固结微分方程:

$$\frac{\partial u}{\partial t} = c_v \frac{\partial^2 u}{\partial z^2} \tag{4-23}$$

式中 c_v——土的固结系数(m^2/年)。

$$c_v = \frac{k(1+e_1)}{a\gamma_w} \tag{4-24}$$

式中 k——土的渗透系数(m/年);

e_1——土层固结前的初始孔隙比;

γ_w——水的重度,10 kN/m^3;

a——土的压缩系数(kPa)。

式(4-25)即为饱和土单向渗透固结微分方程式,一般可用分离变量法求解,解的形式可以用傅里叶级数表示。根据式(4-23)的初始条件(开始固结时的附加应力分布情况)和边界条件(可压缩土层顶、底面的排水条件)有:

$t=0$ 和 $0 \leqslant z \leqslant H$ 时,$u = \sigma_z$;

$0 < t \leqslant \infty$ 和 $z=0$(透水面)时,$u=0$;

$0 \leqslant t \leqslant \infty$ 和 $z=H$(不透水面)时,$\frac{\partial u}{\partial z} = 0$;

$t=\infty$ 和 $0 \leqslant z \leqslant H$ 时,$u=0$。

式(4-25)的傅里叶级数解如下:

$$u_{z,t} = \frac{4}{\pi} \sigma_z \sum_{m=i}^{\infty} \frac{1}{m} \sin\left(\frac{m\pi z}{2H}\right) e^{-m^2 \frac{\pi^2}{4} T_v} \tag{4-25}$$

式中 m——正整奇数(1,3,5,…);

e——自然对数的底;

H——固结土层中最远的排水距离,以 m 计。当土层为单面排水时,H 即为土层的厚度;当土层为上下双面排水时,水由土层中间向上和向下同时排出,则 H 为土层厚度之半;

T_v——时间因数,无因次。

$$T_v = \frac{c_v}{H^2} t \tag{4-26}$$

式中 t——固结时间。

为了求出地基土在任一时间 t 的固结沉降量,还要引入固结度的概念。地基在固结过程中任一时间 t 的变形量 s_t 与最终变形量 s 之比,称为固结度。

$$U_t = \frac{s_t}{s}$$

或

$$s_t = U_t s \tag{4-27}$$

由于饱和土的固结过程是孔隙水压力逐渐转化为有效应力的过程,且土体的压缩是由有效应力引起的,因此,任一时间 t 的土体固结度 U_t 又可用土层中的总有效应力与总应力之比来表示。可得土的固结度公式如下:

$$U_t = 1 - \frac{\int_0^H u_{z,t} \mathrm{d}z}{\int_0^H \sigma_z \mathrm{d}z} \tag{4-28}$$

将式(4-25)代入式(4-28)中,通过积分并简化便可求得地基土层某一时间 t 的固结度 U_t

的表达式为

$$U_t = 1 - \frac{8}{\pi^2}(e^{-\frac{\pi^2}{4}T_v} + \frac{1}{9}e^{-9\frac{\pi^2}{4}T_v} + \cdots) \qquad (4-29)$$

由于式(4-29)中的级数收敛得很快，当 $U_t > 30\%$ 时可近似取其中第一项，即

$$U_t = 1 - \frac{8}{\pi^2}e^{-\frac{\pi^2}{4}T_v} \qquad (4-30)$$

由此可见，固结度 U_t 是时间因数 T_v 的函数。

4.5 建筑物的沉降观测与地基容许变形值

4.5.1 建筑物沉降观测

由于地基土的复杂性，建筑物沉降量的理论计算值与实际值并不完全符合。为了保证建筑物的使用安全，对建筑物进行沉降观测是非常必要的，尤其对重要建筑物及建造在软弱地基上的建筑物，不但要在建筑设计时充分考虑地基的变形控制，而且还要在施工期间与竣工后使用期间进行系统的沉降观测。建筑物的沉降观测对建筑物的安全使用具有重要的意义。

(1)沉降观测能够验证建筑工程设计与沉降计算的正确性。如果沉降观测时发现沉降过大，必须及时对原设计进行必要修改，以便设计与实际相符。

(2)沉降观测能够判断施工质量的好坏。如果设计时所采用的相关数据指标与设计方法都是正确的，那么施工期间的变形情况必然是和施工质量相联系的，因此，可以根据沉降观测来进行质量判别与控制。

(3)一旦发生事故后，建筑物的沉降观测可以作为分析事故原因和加固处理的依据。沉降观测对一级建筑物，高层建筑，重要的、新型的或有代表性的建筑物，体形复杂、形式特殊或构造上、使用上对不均匀沉降有严格限制的建筑物，尤其具有重要意义。

沉降观测工作的内容，大致包括下列五个方面：

(1)收集资料和编写计划。在确定观测对象后，应收集有关的勘察设计资料，包括观测对象所占地区的总平面布置图；该地区的工程地质勘察资料；观测对象的建筑和结构平面图、立面图、剖面图与基础平面图、剖面图；结构荷载和地基基础的设计技术资料；工程施工进度计划。在收集上述资料的基础上编制沉降观测工作计划，包括观测目的和任务、水准基点和观测点的位置、观测方法和精度要求、观测时间和次数等。

(2)水准基点的设置。水准基点位置的设置以保证水准基点稳定可靠为原则，宜设置在基岩上或压缩性较低的土层上。水准基点的位置应靠近观测点并在建筑物产生压力影响的范围以外、不受行人车辆碰撞的地点。一般取 30～80 m 在一个观测区水准基点不应少于 3 个。

(3)观测点的设置。观测点的设置应能全面反映建筑物的变形并结合地质情况确定，如建筑物 4 个角点、沉降缝两侧、高低层交界处、地基土软硬交界两侧等，数量不少于 6 个点。

(4)水准测量。水准测量是沉降观测的一项主要工作。测量精度的高低，将直接影响资料的可靠性。为保证测量精度要求，水准基点的导线测量与观测点水准测量，一般均应采用高精度水准仪和基准尺。测量精度宜采用Ⅱ级水准测量，视线长度为 20～30 m，视线高

度不宜低于 0.3 m。水准测量宜采用闭合法。

观测次数要求前密后稀。民用建筑每建完一层(包括地下部分)应观测一次；工业建筑按不同荷载阶段分次观测，施工期间观测不应少于 4 次。建筑物竣工后的观测：第一年不少于 3~5 次，第二年不少于 2 次，以后每年 1 次，直到沉降稳定为止。

(5)观测资料的整理。沉降观测资料的整理应及时，测量后应立即算出各测点的标高、沉降量和累计沉降量，并根据观测结果绘制荷载-时间-沉降关系实测曲线和修正曲线。经过成果分析，提出观测报告。

4.5.2 地基的容许变形值

地基变形按其变形特征分为沉降量、沉降差、倾斜和局部倾斜。沉降量一般指基础中点的沉降量；沉降差为相邻两基础的沉降量之差；倾斜为基础两端点的沉降差与其距离之比；局部倾斜为基础两点的沉降差与其距离之比。

地基容许变形值的确定比较困难，必须考虑上部结构、基础、地基之间的共同作用。目前，确定方法主要分为两类：一是理论分析法；二是经验统计法。目前主要应用的是后者，经验统计法是对大量的各类已建建筑物进行沉降观测和使用状况的调查，然后结合地基地质类型，加以归纳整理，提出各种容许变形值。表 4-9 是《建筑地基基础设计规范》(GB 50007—2011)列出的建筑物的地基变形允许值。对表中未包括的建筑物，其地基变形允许值应根据上部结构对地基变形的适应能力和使用上的要求确定。

表 4-9 建筑物的地基变形允许值

变形特征		地基土类别	
		中、低压缩性土	高压缩性土
砌体承重结构基础的局部倾斜		0.002	0.003
工业与民用建筑相邻柱基的沉降差	框架结构	$0.002l$	$0.003l$
	砌体墙填充的边排柱	$0.000\,7l$	$0.001l$
	当基础不均匀沉降时不产生附加应力的结构	$0.005l$	$0.005l$
单层排架结构(柱距为 6 m)柱基的沉降量/mm		(120)	200
桥式吊车轨面的倾斜 (按不调整轨道考虑)	纵向	0.004	
	横向	0.003	
多层和高层建筑的整体倾斜	$H_g \leqslant 24$	0.004	
	$24 < H_g \leqslant 60$	0.003	
	$60 < H_g \leqslant 100$	0.002 5	
	$H_g > 100$	0.002	
体型简单的高层建筑基础的平均沉降量/mm		200	
高耸结构基础的倾斜	$H_g \leqslant 20$	0.008	
	$20 < H_g \leqslant 50$	0.006	
	$50 < H_g \leqslant 100$	0.005	
	$100 < H_g \leqslant 150$	0.004	
	$150 < H_g \leqslant 200$	0.003	
	$200 < H_g \leqslant 250$	0.002	

续表

变形特征	地基土类别	
	中、低压缩性土	高压缩性土
高耸结构基础的沉降量 /mm	$H_g \leqslant 100$	
	$100 < H_g \leqslant 200$	
	$200 < H_g \leqslant 250$	

注：1. 本表数值为建筑物地基实际最终变形允许值；
2. 有括号者仅适用于中压缩性土；
3. l 为相邻基的中心距离(mm)；H_g 为自室外地面起算的建筑物高度(m)；
4. 倾斜为基础沿倾斜方向两端点的沉降差与其距离之比；
5. 局部倾斜——承重砌体沿纵墙 6～10 m 内基础两点的沉降差与其距离之比。

由于建筑地基不均匀、荷载差异很大、体型复杂等因素，不同结构有着不同的变形特征。对于砌体承重结构应由局部倾斜值控制；对于框架结构和单层排架结构应由相邻柱基的沉降差控制；对于多层或高层建筑和高耸结构应由倾斜值控制；必要时，应控制平均沉降量。

4.6 土的固结试验

土在外力作用下体积缩小的特性称为土的压缩性。固结试验（也称压缩试验）是研究土的压缩性的最基本的方法。固结试验就是将天然状态下的原状土或人工制备的扰动土制备成一定规格的土样，然后置于固结仪内，在完全侧限条件下测定土在不同荷载作用下的压缩变形。

固结试验通常只用于黏性土，由于无黏性土的压缩性较小，且压缩过程需时也很短，故一般不在试验室里进行无黏性土的固结试验。

1. 试验目的

测定试样在侧限与轴向排水条件下的压缩曲线，并根据压缩曲线计算出压缩系数和压缩模量等土的压缩性指标，以便判断土的压缩性和计算基础的沉降量。

2. 试验方法

固结试验的方法有标准固结试验方法、快速固结试验方法、应变控制连续加荷固结试验方法。本试验主要介绍标准固结试验方法。

3. 仪器设备

(1)固结容器：由环刀、护环、透水板、水槽、加压上盖等组成。其中，环刀、透水板的技术性能和尺寸参数应符合下列规定：环刀内径为 61.8 mm 或 79.8 mm，高度为 20 mm，环刀应具有一定的刚度，内壁应保持较高的光洁度，宜涂一薄层硅脂或聚四氟乙烯；透水板由氧化铝或不受腐蚀的金属材料制成，其渗透系数应大于试样的渗透系数，用固定式容器时，顶部透水板直径应小于环刀内径 0.2～0.5 mm，用浮环式容器时，上下端透水板直径相等，均应小于环刀内径。

(2)加压设备：可采用量程为 5～10 kN 的杠杆式、磅秤式或其他加压设备。

(3)变形量测设备：可采用量程为 10 mm，最小分度值为 0.01 mm 的百分表，也可采用准确度为全量程 0.2% 的位移传感器。

(4)其他：刮土刀、钢丝锯、天平、秒表、滤纸等。

4. 试验步骤

(1)根据工程需要，切取原状土试样或人工制备扰动土试样。

(2)从固结容器中取出环刀，按密度试验方法切取试样。如原状土样，切土的方向应与天然土层中的上下方向一致。然后称环刀和试样的总质量，扣除环刀质量即得湿试样的质量，并计算出土的密度。

(3)用切取试样时修下的土测定含水率。

(4)在固结容器内放置护环、透水板和薄型滤纸，将带有试样的环刀装入护环内，放上导环、试样上依次放上薄型滤纸、透水板和加压上盖，并将固结容器置于加压框架正中，使加压上盖与加压框架中心对准，安装百分表或位移传感器。滤纸和透水板的湿度应接近试样的湿度。

(5)检查加压设备是否灵活。如采用杠杆式固结仪，应调整杠杆平衡(此项工作可由试验室工作人员代做)。

(6)施加 1 kPa 的预压力使试样与仪器上下各部件之间接触，将百分表或传感器调整到零位或测读初读数。

(7)确定需要施加的各级压力，压力等级宜为 12.5、25、50、100、200、400、800、1 600、3 200 (kPa)。第一级压力的大小应视土的软硬程度而定，宜用 12.5、25 或 50 (kPa)。最后一级压力应大于土的自重应力与附加应力之和。只需测定压缩系数时，最大压力不小于 400 kPa。

(8)当需要确定原状土的先期固结压力时，初始段的荷重率应小于 1，可采用 0.5 或 0.25。最后一级压力应使测得的 $e-\lg p$ 曲线下段出现直线段。对于超固结土，应进行卸压、再加压来评价其压缩特性。

(9)对于饱和试样，施加第一级压力后，应立即向固结容器的水槽中注水浸没试样，而对于非饱和试样进行压缩试验时，须用湿棉纱围住加压盖板周围，避免水分蒸发。

(10)需要测定沉降速率、固结系数时，施加每一级压力后宜按下列时间顺序测定试样的高度变化。时间为 6 s、15 s、1 min、2 min15 s、4 min、6 min15 s、9 min、12 min15 s、16 min、20 min15 s、25 min、30 min15 s、36 min、42 min15 s、49 min、64 min、100 min、200 min、400 min、23 h、24 h 至稳定为止。不需要测定沉降速率时，则施加每级压力后 24 h 测定试样高度变化作为稳定标准，只需测定压缩系数的试样，施加每级压力后，每小时变形达 0.01 mm 时，测定试样高度变化作为稳定标准。按此步骤逐级加压至试验结束。(学生做试验时为了能在实验课规定的时间内完成试验，可按教师指定时间读数，读数精确至 0.01 mm)。

注：测定沉降速率仅适用于饱和土。

需要进行回弹试验时，可在某级压力下固结稳定后退压，直至退到要求的压力，每次退压至 24 h 后测定试样的回弹量。

试验结束后,应先吸去容器中的水,然后迅速拆除仪器各部件(拆除时要注意先卸除百分表,然后卸掉砝码,升起加压框),取出整块试样并测定其含水率,最后将仪器擦洗干净。

5. 成果整理

(1)按下式计算试样的初始孔隙比 e_0。

$$e_0 = \frac{d_s \rho_w (1+w_0)}{\rho_0} - 1 \tag{4-31}$$

式中 e_0——试样初始孔隙比;
d_s——土粒比重;
ρ_w——水的密度(g/cm³),一般取 $\rho_w = 1.0$ g/cm³;
w_0——试样初始含水率(%);
ρ_0——试样的初始密度(g/cm³)。

(2)计算试样在某级压力作用下固结稳定后的试样总变形量。

$$S_i = R_i - R_0 - S_{ie} \tag{4-32}$$

式中 S_i——试样在某级压力作用下固结稳定后的试样总变形量(mm);
R_0——试验前百分表初读数(mm);
R_i——试样在某级压力作用下固结稳定后的百分表读数(mm);
S_{ie}——某级压力下仪器变形量(mm)(由试验室提供)。

(3)按下式计算各级压力下试样固结稳定后的孔隙比。

$$e_i = e_0 - \frac{S_i}{h_0}(1+e_0) \tag{4-33}$$

式中 e_i——某级压力下的孔隙比;
h_0——试样的初始高度(mm)。

(4)以孔隙比 e 为纵坐标,压力 p 为横坐标,绘制孔隙比与压力的关系曲线,如图 4-14 所示。

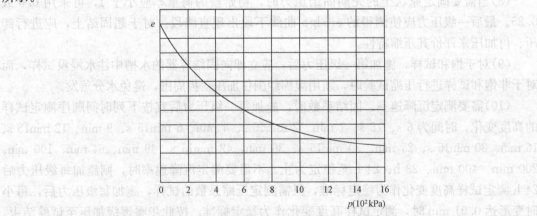

图 4-14 e-p 关系曲线

(5)按下式计算某一压力范围内的压缩系数。

$$a_i = 1\,000 \frac{e_i - e_{i+1}}{p_{i+1} - p_i} \tag{4-34}$$

式中 a_i——压缩系数(MPa^{-1});

p_i——某级压力值(kPa)。

6. 试验记录

标准固结试验记录

班级_____ 组别_____ 姓名_____ 日期_____

试验前密度 $\rho_0=$_____ g/cm³ 试样原始高度 $h_0=$_____ mm

试验前含水率 $w_0=$_____ % 土粒比重 $d_s=$_____

试验前孔隙比 $e_0=$_____

经过时间/min	压力/kPa				
	$P=$	$P=$	$P=$	$P=$	$P=$
	量表读数 /0.01 mm	量表读数 /0.01 mm	量表读数 /0.01 mm	量表读数 /0.01 mm	量表读数 /0.01 mm
初读数 R_0					
0.1					
0.25					
1					
4					
6.25					
9					
12.25					
16					
20.25					
25					
30.25					
36					
42.25					
49					
64					
100					
200					
23/h					
24/h					
总变形量 R_i-R_0/mm					
仪器变形量 S_{ie}/mm					
试样总变形量/mm $S_i=R_i-R_0-S_{ie}$					

续表

经过时间/min	压力/kPa				
	$P=$	$P=$	$P=$	$P=$	$P=$
	量表读数 /(0.01mm)	量表读数 /0.01 mm	量表读数 /0.01 mm	量表读数 /0.01 mm	量表读数 /0.01 mm
$e_i = e_0 - \dfrac{S_i}{h_0}(1+e_0)$					

$a_{1-2} = 1\,000 \dfrac{e_1 - e_2}{p_2 - p_1} = $ _____ (MPa^{-1})，该土为 _____ 压缩性土。

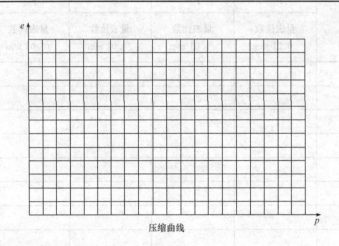

压缩曲线

知识归纳

土体的压缩变形，主要是由于土体中孔隙体积的减少形成的，土粒和水在常压下的压缩变形量可以忽略，因此，可以说土体的压缩变形的过程就是排水和排气的过程。

测定土体压缩性最常用的方法是室内固结试验。

压缩系数 $a = \dfrac{e_1 - e_2}{p_2 - p_1} = -\dfrac{\Delta e}{\Delta p}$

压缩模量 $E_s = \dfrac{1 + e_1}{a}$

变形模量 $E_0 = w(1-\mu)^2 \dfrac{p_1 b}{s_1}$

分层总和法计算沉降 $s = \sum\limits_{i=1}^{n} \Delta s_i = \sum\limits_{i=1}^{n} \dfrac{e_{1i} - e_{2i}}{1 + e_{2i}} H_i$

规范法计算沉降 $s = \psi_s s' = \psi_s \sum\limits_{i=1}^{n} \dfrac{p_0}{E_{si}} (z_i \bar{\alpha}_i - z_{i-1} \bar{\alpha}_{i-1})$

思考与练习

一、问答题

1. 土体压缩体积减小的原因有哪些?
2. 为什么说土的压缩变形实际上是土的孔隙体积的减小?
3. 什么是土的固结?土固结过程的特征如何?
4. 简述土的各压缩性指标的意义和确定方法。
5. 什么是土的压缩系数?它是怎样反映土的压缩性?一种土的压缩系数是否为常数?它的大小还与什么因素有关?
6. 什么是超固结土、欠固结土和正常固结土?
7. 建筑物沉降观测的主要内容有哪些?地基变形特征值分为几类?

二、计算题

1. 某钻孔土样的室内侧限压缩试验记录如表 4-10 所示,试绘制压缩曲线和计算各土层的压缩系数 a_{1-2} 及相应的压缩模量 E_s,并评定各土层的压缩特性。

表 4-10 表土样的压缩试验记录

压力/kPa		0	50	100	200	300	400
e	1号土样	0.982	0.964	0.952	0.936	0.924	0.914
	2号土样	1.190	1.065	0.995	0.905	0.850	0.810

2. 某土层压缩系数为 $0.50\ \text{MPa}^{-1}$,天然孔隙比为 0.8,土层厚为 1 m,该土层受到的平均附加应力 $\bar{\sigma}_z=60\ \text{kPa}$,求该土层的沉降量。

3. 某柱下独立基础,底面尺寸、埋置深度、荷载条件如图 4-15 所示,地基土为均匀土,天然重度 $\gamma=20\ \text{kN/m}^3$,压缩模量 $E_s=5\ 000\ \text{kPa}$。计算基础下第二层土的沉降量。

4. 矩形基础的底面尺寸为 $4\ \text{m}\times 2.5\ \text{m}$,基础埋深为 1 m。地下水位位于基底标高,地基土的物理指标如图 4-16 所示,室内压缩试验结果如表 4-11 所示。用分层总和法计算基础中点的沉降。

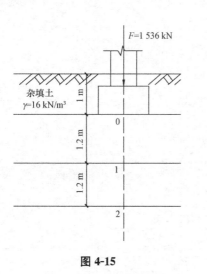

图 4-15   图 4-16

表 4-11 室内压缩试验记录

e	P/kPa				
	0	50	100	200	300
粉质黏土	0.942	0.889	0.855	0.807	0.733
淤泥质粉质黏土	1.045	0.925	0.891	0.848	0.823

5. 用规范法计算题 4 中基础中点下粉质黏土层的压缩量(土层分层同上)。

6. 黏土层的厚度均为 4 m，情况之一是双面排水，情况之二是单面排水。当地面瞬时施加一无限均布荷载，两种情况土性相同，$U=1.128(T_v)^{1/2}$，达到同一固结度所需要的时间差是多少？

第 5 章　土的抗剪强度与地基承载力

本章要点

1. 掌握土的抗剪强度库仑破坏准则；
2. 掌握土的极限平衡理论；
3. 掌握浅基础的地基破坏模式；
4. 掌握地基承载力的计算；
5. 熟悉土的剪切试验方法。

5.1 概　　述

土的抗剪强度是指土体对于外荷载所产生的剪应力的极限抵抗能力。当土中某点由外力所产生的剪应力达到土的抗剪强度，土就沿剪应力作用面产生相对滑动，便认为该点发生了剪切破坏，该剪切面称为滑动面或破坏面。若荷载继续增加，土体产生剪切破坏的点越来越多，形成局部塑性区，最后各滑动面连成整体，土体发生整体剪切破坏而丧失稳定性。工程实践和室内试验都验证了土受剪产生的破坏，剪切破坏是土强度破坏的重要特点，所以，土的强度问题是土力学中一个重要的基本问题。

本章将着重介绍土的强度理论的基本概念、强度指标的测定方法与应用以及影响土的抗剪强度的若干因素和地基承载力的确定方法等。

5.1.1 土的强度应用

土木工程中存在以下与土强度有关的问题：首先，土作为材料构成的构筑物的稳定问题，如土坝、路堤等填方边坡以及天然土坡（包括挖方边坡）的稳定性问题[图 5-1(a)]。其次，土对构筑物产生的土压力问题，如挡土墙、地下结构受到的土压力，可能导致这些工程建筑物发生滑动、倾覆等破坏事故[图 5-1(b)]。最后，土作为建筑物地基的承载力问题，地基土体产生整体滑动或者局部剪坏造成上部结构的破坏或出现影响正常使用的事故[图 5-1(c)]。土的强度问题及其原理将为上述这些土木工程的设计和验算提供理论依据和计算指标，正确分析

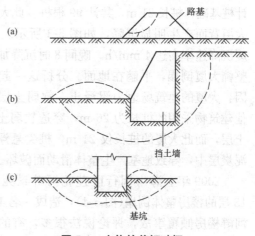

图 5-1　土体的剪切破坏

和测定土的抗剪强度,是决定工程建设成败的关键因素。

5.1.2 土的强度破坏实例

在各类建筑工程设计中,为了保证建筑物的安全可靠,要求建筑地基必须同时满足两个条件:地基变形和地基强度。地基变形条件包括地基的沉降量、沉降差、倾斜与局部倾斜,不应超过《建筑地基基础设计规范》(GB 50007—2011)规定的地基变形允许值;地基强度条件即在建筑物的上部荷载作用下,地基应保持整体稳定,不发生整体剪切或滑动破坏。下面介绍几个由于土的强度破坏造成的工程事故实例。

加拿大特朗斯康谷仓(图5-2)倒塌的严重事故是地基强度破坏的典型工程实例,原因即仓库荷载超过地基强度的极限荷载,引起地基整体滑动破坏。加拿大特郎斯康谷仓由65个圆柱形筒仓组成,高31 m,底面长59.4 m。其下为钢筋混凝土片筏基础,厚2 m。谷仓自重20万kN,当装谷27万kN后,发现谷仓明显失稳,24 h内西端下沉8.8 m,东端上抬1.5 m,整体倾斜26°53′。事后进行勘查分析,发现基底之下为厚十余米的淤泥质软黏土层。地基的极限承载力为251 kPa,而谷仓的基底压力已超过300 kPa,从而造成地基的整体滑动破坏。基础底面以下一部分土体滑动,向侧面挤出,使东端地面隆起。

图 5-2 加拿大特朗斯康谷仓

南美洲巴西的一幢11层大厦,这幢高层建筑长度为29 m,宽度为12 m。地基软弱,设计桩基础,桩长21 m,共计99根桩。此大厦于1955年动工,至1958年1月竣工时,发现大厦背面产生明显沉降,如图5-3所示。1月30日,大厦沉降速率高达4 mm/h。晚间8时沉降加剧,在20 s内整幢大厦倒塌,平躺在地面。分析这一起重大事故的原因:大厦的建筑场地为沼泽土,软弱土层很厚;邻近其他建筑物采用的桩长为26 m,穿透软弱土层,到达坚实土层,而此大厦的桩长仅21 m,桩尖悬浮在软弱黏土和泥炭层中,导致地基产生整体滑动而破坏。

2009年上海市闵行区莲花河畔景苑小区一幢在建13层的楼房整体倒塌(图5-4),造成一名工人死亡。莲花河畔楼房倾覆事故,评论说法很多,有的认为防汛墙损毁导致,有的推测房子有质量问题,施工方偷工减料,

图 5-3 巴西11层大厦倒塌前情景

有的认为问题可能出在该建筑北侧超高填土和建筑南侧相对于基底标高而言的超深基坑开挖卸载两个方面。根据专家组初步调查结果，房屋倾倒的主要原因是紧贴7号楼北侧，在短期内堆土过高，最高处达10 m左右；与此同时，紧邻大楼南侧的地下车库基坑正在开挖，开挖深度为4.6 m，大楼两侧的压力差使土体产生水平位移，过大的水平力超过了桩基的抗剪能力，导致房屋倾倒。

图 5-4　上海市莲花河畔景苑在建 13 层的楼房整体倒塌

由此可见，土的强度问题引起的工程事故后果极其严重，有时往往是灾难性的破坏，难以挽救。因此，应深入研究土体强度问题，了解土的抗震强度来源、影因素、测试方法和强度指标的取值方法；研究土的极限平衡理论和土的极限平衡条件；确定地基承载力。

5.2　土的抗剪强度

土的抗剪强度是土的重要力学指标之一，各类结构物的边坡和自然边坡的稳定性，构筑物地基的承载力，挡土墙、地下结构的土压力等均由土的抗剪强度控制。因此，土的抗剪强度是土压力、地基承载力和边坡稳定性分析最重要的计算参数。

土的抗剪强度问题涉及面很广，有关土体强度的理论也较多，其中，最经典的是库仑定律。

5.2.1　库仑定律

法国科学家库仑(Coulomb)通过试验得出黏性土的抗剪强度计算公式：

$$\tau_f = c + \sigma \tan\varphi \tag{5-1}$$

对于无黏性土，黏聚力 c 为 0，土的抗剪强度计算公式为：

$$\tau_f = \sigma \tan\varphi \tag{5-2}$$

式中　τ_f——土的抗剪强度(kPa)；
　　　σ——剪切面上的法向应力(kPa)；
　　　c——土的黏聚力(kPa)；
　　　φ——土的内摩擦角(°)。

库仑定律表明，土的抗剪强度是剪切面上的法向总应力 σ 的线性函数，如图 5-5 所示。无黏性土的黏聚力 $c=0$，抗剪强度仅和剪切面上的粒间摩擦力有关；对于黏性土，抗剪强度由黏聚力和摩擦力两部分构成。

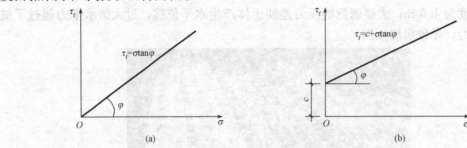

图 5-5 土的抗剪强度定律
(a)砂土；(b)黏性土

土的黏聚力 c 和土的内摩擦角 φ 称为土的抗剪强度指标，是决定土的抗剪强度的两个重要指标，不仅与土的性质有关，还与试验时的排水条件、剪切速率、应力状态及应力历史等因素有关。抗剪强度的摩擦力 $\sigma\tan\varphi$ 可分为两类：一是由剪切面上土粒间粗糙表面所产生的摩擦作用产生的滑动摩擦；二是土粒凹凸面间相互嵌入、连锁作用所产生的咬合摩擦阻力，即咬合摩擦作用。摩擦力的大小与剪切面上的法向总应力、土的初始密度、土粒形状、表面的粗糙程度及土的颗粒级配等因素有关。抗剪强度的黏聚力 c 一般由土粒间的胶结作用和电分子引力等形成。黏聚力通常与土中的矿物成分、黏粒含量、含水量以及土的结构等因素相关。

5.2.2 土的极限平衡条件

当土体的剪应力 τ 等于土的抗剪强度 τ_f 的临界状态时称为极限平衡状态，表征该状态下土的应力状态和土的抗剪强度指标之间的关系式称为土的极限平衡条件，即 σ_1、σ_3 与内摩擦角 φ、黏聚力 c 之间的数学表达式。

1. 土体中任意一点的应力状态

以平面问题为例。从土体中取一单元体，如图 5-6(a)所示。设作用在该单元体上的大、小主应力分别为 σ_1 和 σ_3，在单元体内与大主应力 σ_1 作用面成任意角 α 的 mn 平面上，有正应力 σ 和剪应力 τ。为建立 σ、τ 和 σ_1、σ_3 之间的关系，取楔形脱离体 abc，如图 5-6(b)所示。

根据静力平衡条件，分别取水平和垂直向合力为 0，得：

$$\sum x = 0; \sigma_3 dl \sin\alpha - \sigma dl \sin\alpha + \tau dl \cos\alpha = 0 \quad (a)$$

$$\sum z = 0; \sigma_1 dl \cos\alpha - \sigma dl \cos\alpha - \tau dl \sin\alpha = 0 \quad (b)$$

解(a)和(b)的联立方程，可求得任意一截面上 mn 上的法向应力 σ 和剪应力 τ：

$$\sigma = \frac{1}{2}(\sigma_1 + \sigma_3) + \frac{1}{2}(\sigma_1 - \sigma_3)\cos 2\alpha$$

$$\tau = \frac{1}{2}(\sigma_1 - \sigma_3)\sin 2\alpha \quad (5-3)$$

由式(5-3)即可计算任意一截面上相应的法向应力 σ 和剪应力 τ，但计算工作量比较繁重。采用莫尔应力圆则可简便地表达任意 α 角时相应的 σ 与 τ 值的关系,如图 5-6(c)所示。在 σ—τ 直角坐标系中,按一定比例在坐标中点绘出 σ_1 和 σ_3,再以 $\sigma_1-\sigma_3$ 为直径作圆,即为莫尔应力圆。以 D 点为圆心,自 $D\sigma_1$ 逆时针转 2α 角,使之交于 M 点。M 点的横坐标即为斜面 mn 上的正应力 σ,纵坐标即为斜面 mn 上的剪应力 τ。

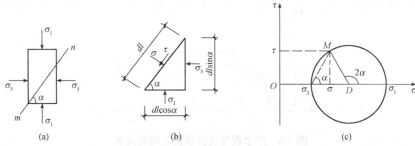

图 5-6 土中任意一点的应力状态
(a)单元体上的应力;(b)脱离体上的应力;(c)摩尔应力圆

证明如下:

由图 5-6(c)可知:

$$\sigma = OD - \sigma D = \frac{\sigma_1+\sigma_3}{2} - r\cos(180°-2\alpha) = \frac{\sigma_1+\sigma_3}{2} + \frac{\sigma_1-\sigma_3}{2}\cos2\alpha$$

$$\tau = \sigma M = r\sin(180°-2\alpha) = \frac{\sigma_1-\sigma_3}{2}\sin2\alpha$$

剪应力最大值 $\tau_{max} = \frac{1}{2}(\sigma_1-\sigma_3)$,作用面与主应力 σ_1 作用面的夹角 α=45°。

利用莫尔应力圆可以表示任意一截面上的法向应力 σ 和剪应力 τ。

【**例 5-1**】 已知地基土中某点的最大主应力 $\sigma_1=600$ kPa,最小主应力 $\sigma_3=200$ kPa。绘制该点应力状态的莫尔应力圆。求最大剪应力 τ_{max} 值及其作用面的方向,并计算与大主应力作用面成夹角 α=15°的斜面上的正应力和剪应力。

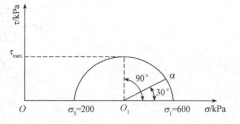

图 5-7 莫尔应力圆

【**解**】 (1)取直角坐标系 τ-σ。在横坐标 Oσ 上,按应力比例尺确定 $\sigma_1=600$ kPa 和 $\sigma_3=200$ kPa 的位置。以 $\overline{\sigma_1\sigma_3}$ 为直径作圆,即为所求莫尔应力圆,如图 5-7 所示。

(2)最大剪应力值 τ_{max} 计算。由式(5-3),将数值代入得:

$$\tau = \frac{1}{2}(\sigma_1-\sigma_3)\sin2\alpha = \frac{600-200}{2}\cdot\sin2\alpha = 200\sin2\alpha$$

当 $\sin2\alpha=1$ 时,$\tau=\tau_{max}$,此时 2α=90°,即 α=45°。

(3)当 α=15°时,由式(5-3)得:

$$\sigma = \frac{1}{2}(\sigma_1+\sigma_3) + \frac{1}{2}(\sigma_1-\sigma_3)\cos2\alpha = \frac{600+200}{2} + \frac{600-200}{2}\cdot\cos30°$$

$$= 400+200\times0.866 = 400+173 = 573(kPa)$$

$$\tau = \frac{1}{2}(\sigma_1-\sigma_3)\sin2\alpha = \frac{600-200}{2}\cdot\sin30° = 200\times0.5 = 100(kPa)$$

上述计算值与图 5-7 上直接量得的值相同,即 a 点的横坐标 σ=573 kPa;a 点的纵坐标

为 $\tau=100$ kPa。

2. 土的极限平衡条件

为判别土体中某点的平衡状态,将抗剪强度包线与描述土体中某点的摩尔圆绘于同一坐标中,根据其相对位置关系判断该点所处的应力状态(图 5-8),可以划分为以下三种状态:

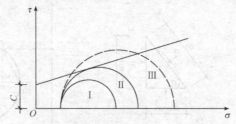

图 5-8 摩尔圆与抗剪强度之间的关系

(1)当 $\tau<\tau_f$ 时,该点处于弹性平衡状态,圆 Ⅰ 位于抗剪强度包线下方,表明通过该点的任意平面上的剪应力都小于抗剪强度。

(2)当 $\tau=\tau_f$ 时,该点处于极限平衡状态,圆 Ⅱ 相切于抗剪强度包线,表明相切点对应平面上的剪应力等于抗剪强度。

(3)当 $\tau>\tau_f$ 时,该点为剪切破坏状态,圆 Ⅲ 与抗剪强度包线相割,表明通过该点的某些平面上的剪应力超过了抗剪强度,此状态实际上是不存在的。

土的极限平衡条件即是 $\tau=\tau_f$ 时的应力间关系,那么圆 Ⅱ 被称为极限应力圆。为了建立极限应力圆与抗剪强度包线之间的关系,根据图 5-9 的几何关系可得到极限平衡条件时的数学表达式:

$$\sin\varphi=\frac{\overline{MD}}{\overline{CD}}=\frac{\frac{1}{2}(\sigma_1-\sigma_3)}{c\cdot\cot\varphi+\frac{1}{2}(\sigma_1+\sigma_3)} \tag{5-4}$$

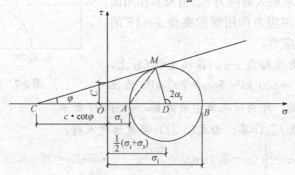

图 5-9 土的极限平衡条件

利用三角函数关系简化得:

$$\sigma_1=\sigma_3\tan^2\left(45°+\frac{\varphi}{2}\right)+2c\tan\left(45°+\frac{\varphi}{2}\right) \tag{5-5}$$

或

$$\sigma_3=\sigma_1\tan^2\left(45°-\frac{\varphi}{2}\right)-2c\tan\left(45°-\frac{\varphi}{2}\right) \tag{5-6}$$

土体处于极限平衡状态时的破裂面与大主应力面所成的夹角

$$\alpha_f = \frac{1}{2}(90° + \varphi) = 45° + \frac{\varphi}{2} \tag{5-7}$$

同理,利用几何关系和三角函数换算,可求得无黏性土的极限平衡条件:

$$\sigma_1 = \sigma_3 \tan^2\left(45° + \frac{\varphi}{2}\right) \tag{5-8}$$

或

$$\sigma_3 = \sigma_1 \tan^2\left(45° - \frac{\varphi}{2}\right) \tag{5-9}$$

式(5-5)~式(5-9)统称为摩尔-库仑强度理论,由该理论所描述的土体极限平衡状态可知,土的剪切破坏并不是由最大剪应力 $\tau_{max} = \frac{\sigma_1 - \sigma_3}{2}$ 所控制,即剪破面并不产生于最大剪应力面,而是与最大剪应力面成 $\frac{\varphi}{2}$ 的夹角。

【例 5-2】 已知某地基土通过试验测得土的抗剪强度指标 $c = 15$ kPa,$\varphi = 20°$。问当地基中某一单元土体上的小主应力为 200 kPa,而大主应力为多少时,该点刚好发生剪切破坏?

【解】 设达到极限平衡状态时所需的最大主应力为 σ_{1f},则由式(5-5)得:

$$\begin{aligned}
\sigma_{1f} &= \sigma_3 \tan^2\left(45° + \frac{\varphi}{2}\right) + 2c\tan\left(45° + \frac{\varphi}{2}\right) \\
&= 200 \times \tan^2\left(45° + \frac{20°}{2}\right) + 2 \times 15 \times \tan\left(45° + \frac{20°}{2}\right) \\
&= 450.8 (\text{kPa})
\end{aligned}$$

所以,当大主应力为 450.8 kPa 时,该点刚好发生剪切破坏。

5.3 土的临塑荷载与临界荷载

5.3.1 地基变形的三个阶段

对地基土进行载荷试验,得到如图 5-10 所示的荷载 p 与相应的稳定沉降 s 之间的关系曲线,对该 p-s 曲线的特性进行分析,通常地基破坏的过程经历了三个阶段。

1. 压密阶段(或称线性变形阶段)

压密阶段相当于 p-s 曲线上的 oa 段。p-s 曲线接近于直线,土中各点剪应力均小于土的抗剪强度,土体处于弹性平衡状态。在这一阶段,荷载板的沉降主要是由于土的压密变形引起的,如图 5-10(a)、(b)所示。相应于 p-s 曲线上 a 点的荷载称为比例界限 p_{cr}。

2. 剪切阶段(或称弹塑性变形阶段)

剪切阶段相当于 p-s 曲线上的 ab 段。这一段 p-s 曲线不再保持线性关系,沉降的增长率随荷载的增大而增加。在这个阶段,地基土中局部范围内(首先在基础边缘处)的剪应力达到土的抗剪强度,土体发生剪切破坏,这些区域称塑性区。随着荷载的继续增加,土中塑性区的范围也逐渐扩大[图 5-10(c)],直到土中形成连续的滑动面,相应于 p-s 曲线 b 点的荷载称为极限荷载 p_u。

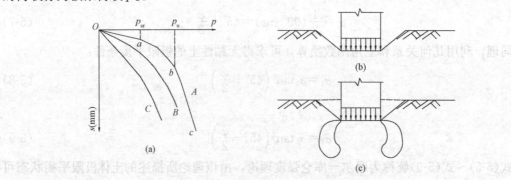

图 5-10 地基破坏的三个阶段
(a) p-s 曲线；(b) 线弹性变形阶段；(c) 弹塑性变形阶段

3. 破坏阶段

破坏阶段相当于 p-s 曲线上的 bc 段。当荷载超过极限荷载后，荷载板急剧下沉，即使不增加荷载，沉降也不能稳定，p-s 曲线徒直下降，在这一阶段，土中塑性区范围的不断扩展，最后在土中形成连续滑动面[图 5-11(a)]，土从载荷板四周挤出隆起，基础急剧下沉或向一侧倾斜，地基发生整体剪切破坏。

试验研究表明：地基剪切破坏的形式除了整体剪切破坏以外，还有局部剪切破坏和刺入剪切破坏(也称冲剪破坏)形式，如图 5-11 所示。

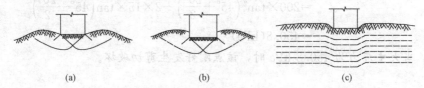

图 5-11 地基破坏形式
(a) 整体剪切破坏；(b) 局部剪切破坏；(c) 刺入剪切破坏

5.3.2 临塑荷载

在外荷载作用下，地基中刚开始产生塑性变形（即局部剪切破坏）时基础地面单位面积上所承受的荷载称为临塑荷载 p_{cr}，即对应于 p-s 曲线上相应于 a 点的极限荷载。

临塑荷载的计算公式建立于下述理论之上：

(1) 应用弹性理论计算附加应力；

(2) 利用强度理论建立极限平衡条件。

如图 5-12 所示为一条形基础承受中心荷载，基底压力为 p。按弹性理论可以导出地基内任一点 M 处的大小主应力的计算公式为

$$\begin{matrix} \sigma_1 \\ \sigma_3 \end{matrix} = \frac{p}{\pi}(2\alpha \pm \sin 2\alpha) \tag{5-10}$$

若考虑土体重力的影响时，则 M 点由土体重力产生的竖向应力为 $\sigma_{cz}=\gamma z$，水平向应力为 $\sigma_{cx}=K_0 \gamma z$。若土体处于极限平衡状态时，可假定土的侧压力系数 $K_0=1$，则土的重力产生的压应力将如同静水压力一样，在各个方向是相等的，均为 γz。这样，如图 5-12(a)所示

的情况,当考虑土的重力时,M 点的最大及最小主应力为

$$\begin{matrix} \sigma_1 \\ \sigma_3 \end{matrix} = \frac{p}{\pi}(2\alpha \pm \sin 2\alpha) + \gamma z \tag{5-11}$$

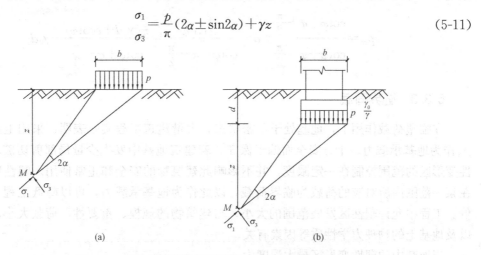

图 5-12　均布条形荷载作用下地基中的主应力计算
(a)无埋置深度；(b)有埋置深度

若条形基础的埋置深度为 d 时[图 5-12(b)],基底附加压力为 $p-\gamma_0 d$,由土自重作用在 M 点产生的主应力为 $\gamma_0 d + \gamma z$。由此可得,土中任一点 M 的主应力为

$$\begin{matrix} \sigma_1 \\ \sigma_3 \end{matrix} = \frac{p-\gamma_0 d}{\pi}(2\alpha \pm \sin 2\alpha) + \gamma_0 d + \gamma z \tag{5-12}$$

当 M 点处于极限平衡状态时,该点的大小主应力应满足极限平衡条件:

$$\sin\varphi = \frac{\sigma_1 - \sigma_3}{\sigma_1 + \sigma_3 + 2c \cdot c\tan\varphi} \tag{5-13}$$

将式(5-15)代入上式,整理后得:

$$z = \frac{p-\gamma_0 d}{\gamma\pi}\left(\frac{\sin 2\alpha}{\sin\varphi} - 2\alpha\right) - \frac{c\cot\varphi}{\gamma} - d\frac{\gamma_0}{\gamma} \tag{5-14}$$

式(5-14)就是土中塑性区边界线的表达式。描述了极限平衡区边界线上的任一点的坐标 z 与 2α 的关系,如图 5-13 所示。

塑性区的最大深度 z_{max} 可由 $\frac{dz}{d\alpha}=0$ 的条件求得,即

$$\frac{dz}{d\alpha} = \frac{2(p-\gamma_0 d)}{\gamma\pi}\left(\frac{\cos 2\alpha}{\sin\varphi} - 1\right) = 0 \tag{5-15}$$

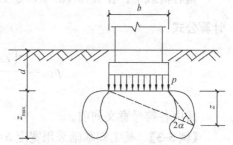

图 5-13　条形基底边缘的塑性区

则有

$$\cos 2\alpha = \sin\varphi \tag{5-16}$$

或

$$2\alpha = \frac{\pi}{2} - \varphi \tag{5-17}$$

将式(5-17)代入式(5-14),即得地基中塑性区开展最大深度的表达式:

$$z = \frac{p-\gamma_0 d}{\gamma\pi}\left[\cot\varphi - \left(\frac{\pi}{2} - \varphi\right)\right] - \frac{c\cot\varphi}{\gamma} - d\frac{\gamma_0}{\gamma} \tag{5-18}$$

式(5-18)表明,在其他条件不变时,塑性区随着 p 的增大而发展,当 $z_{max}=0$ 时,表示

地基中即将出现塑性区，相应的荷载即为临塑荷载 p_{cr}，即

$$p_{cr}=\frac{\cot\varphi+\varphi+\frac{\pi}{2}}{\cot\varphi+\varphi-\frac{\pi}{2}}\gamma_0 d+\frac{\pi c\cot\varphi}{\cot\varphi+\varphi-\frac{\pi}{2}}=\frac{\pi(\gamma_0 d+c\cot\varphi)}{\cot\varphi+\varphi-\frac{\pi}{2}}+\gamma_0 d \tag{5-19}$$

5.3.3 临界荷载

在临塑荷载作用下，地基处于压密状态，大量建筑工程实践表明：采用上述临塑荷载 p_{cr} 作为地基承载力，十分安全而偏于保守。若建筑地基中发生少量局部剪切破坏，只要塑性变形区的范围控制在一定限度，并不影响此建筑物的安全和正常使用。塑性区开展深度在某一范围内所对应的荷载为临界荷载，以此作为地基承载力，可以降低工程量，节省造价。工程中允许塑性区发展范围的大小，与建筑物的规模、重要性、荷载大小、荷载性质以及地基土的物理力学性质等因素有关。

当地基中的塑性变形区最大深度为：

中心荷载基础 $z_{\max}=\dfrac{b}{4}$

偏心荷载基础 $z_{\max}=\dfrac{b}{3}$

与此相对应的基础底面压力，分别以 $p_{1/4}$ 或 $p_{1/3}$ 表示，称为临界荷载。

中心荷载下，在式(5-18)中，令 $z_{\max}=\dfrac{1}{4}b$，整理可得中心荷载作用下地基的临界荷载计算公式：

$$p_{1/4}=\frac{\pi\left(\gamma_0 d+\frac{1}{4}\gamma b+c\cdot\cot\varphi\right)}{\cot\varphi-\frac{\pi}{2}+\varphi}+\gamma_0 d \tag{5-20}$$

偏心荷载下，在式(5-18)中，令 $z_{\max}=\dfrac{1}{3}b$，整理可得偏心荷载作用下地基的临界荷载计算公式：

$$p_{1/3}=\frac{\pi\left(\gamma_0 d+\frac{1}{3}\gamma b+c\cdot\cot\varphi\right)}{\cot\varphi-\frac{\pi}{2}+\varphi}+\gamma_0 d \tag{5-21}$$

式中各符号意义同前。

【例 5-3】 某工程基础采用宽度 $b=1.5$ m，埋深 $d=2$ m 的条形基础，地基为粉质黏土层，已知土的重度 $\gamma=18.8$ kN/m³，黏聚力 $c=16$ kPa，内摩擦角 $\varphi=14°$，试求该地基的 p_{cr} 和 $p_{1/4}$ 值。

【解】 由式(5-19)可知

$$p_{cr}=\frac{\pi(\gamma_0 d+c\cot\varphi)}{\cot\varphi+\varphi-\frac{\pi}{2}}+\gamma_0 d$$

$$=\frac{3.14\times(18.8\times 2+16\times\cot 14°)}{\cot 14°+14\times\dfrac{\pi}{180}-\dfrac{\pi}{2}}+18.8\times 2$$

$$=156.56(\text{kPa})$$

由式(5-20)可知

$$p_{1/4}=\frac{\pi(\gamma_0 d+\frac{1}{4}\gamma b+c\cdot\cot\varphi)}{\cot\varphi-\frac{\pi}{2}+\varphi}+\gamma_0 d$$

$$=\frac{3.14\times\left(18.8\times 2+\frac{1}{4}\times 18.8\times 1.5+16\times\cot 14°\right)}{\cot 14°-\frac{\pi}{2}+14\times\frac{\pi}{180}}+18.8\times 2$$

$$=164.80(\text{kPa})$$

5.4 地基的极限荷载

地基的极限荷载指的是地基在外荷载作用下产生的应力达到极限平衡时的荷载。作用在地基上的荷载较小时，地基处于压密状态。随着荷载的增大，地基中产生局部剪切破坏的塑性区也越来越大。当荷载达到极限值时，地基中的塑性区已发展为连续贯通的滑动面，使地基丧失整体稳定而滑动破坏，相当于载荷试验结果 p-s 曲线上第二阶段与第三阶段交界处 b 点所对应的荷载 p_u。计算极限荷载的公式有很多种，下面主要介绍几种常用的计算公式。

1. 普朗特尔地基极限承载力公式

假定条形基础置于地基表面($d=0$)，地基土无重量($\gamma=0$)，且基础底面光滑无摩擦力时，如果基础下形成连续的塑性区而处于极限平衡状态时，普朗特尔(L. Prandtl, 1920)根据塑性力学得到的地基滑动面性状如图 5-14 所示。地基的极限平衡区可分为 3 个区：在基底下的Ⅰ区，因假定基底无摩擦力，故基底平面是最大主应力面，基底竖向压力是大主应力，对称面上的水平向压力是最小主应力(即朗肯主动土压力)，两组滑动面与基础底面间成$(45°+\frac{\varphi}{2})$角，也就是说Ⅰ区是朗肯主动状态区；随着基础下沉，Ⅰ区土楔向两侧挤压，因此，Ⅲ区因水平向应力成为大主应力(即朗肯被动土压力)而为朗肯被动状态区，滑动面也是由两组平面组成，由于地基表面为最小主应力平面，故滑动面与地基表面成$(45°-\frac{\varphi}{2})$；Ⅰ区与Ⅲ区的中间是过渡区Ⅱ区，Ⅱ区的滑动面一组是辐射线，另一组是对数螺旋曲线，如图 5-14 中的 CD 及 CE，其方程式为：

$$r=r_0 e^{\theta\tan\varphi} \tag{5-22}$$

式中 r——从起点 O 到任意 m 的距离(图 5-15)；

r_0——沿任一所选择的轴线 On 的距离；

θ——On 与 Om 之间的夹角，任一点 m 的半径与该点的法线成 φ 角。

针对以上情况，普朗特尔地基极限荷载的理论公式如下：

$$p_u=c\left[e^{\pi\cdot\tan\varphi}\cdot\tan^2\left(\frac{\pi}{4}+\frac{\varphi}{2}\right)-1\right]\cdot c\tan\varphi=c\cdot N_c \tag{5-23}$$

若考虑基础的埋深 d，则将基底平面以上的覆土以压力 $q=\gamma d$ 代替，雷斯诺

(H. Reissner, 1924)在普朗特尔公式假定的基础上, 得到当不考虑土重力时, 埋置深度为 d 的条形基础的极限承荷载公式如下:

$$p_u = c\left[e^{\pi \cdot \tan\varphi} \cdot \tan^2\left(\frac{\pi}{4}+\frac{\varphi}{2}\right)-1\right] \cdot c\tan\varphi + qe^{\pi \cdot \tan\varphi} \cdot \tan^2\left(\frac{\pi}{4}+\frac{\varphi}{2}\right)$$
$$= c \cdot N_c + qN_q \tag{5-24}$$

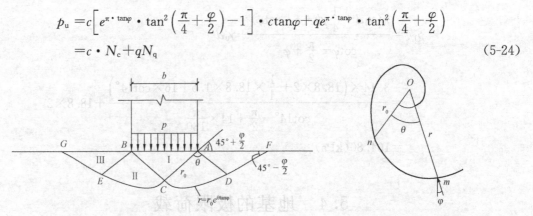

图 5-14　普朗特尔公式的滑动面形状　　　　图 5-15　对数螺旋线

上述公式均假定土的重度 $\gamma=0$, 但由于土的强度很小, 内摩擦角也不等于零, 因此不考虑土的重力作用是不妥当的。若考虑土的重力, 普朗特尔导得的滑动面 II 区就不再是对数螺旋线了, 其滑动面形状很复杂, 目前尚无法按极限平衡理论求得其解析解。

2. 太沙基公式

太沙基(K. Terzaghi, 1943)提出了条形浅基础的极限荷载公式。太沙基从实用考虑认为, 当基础的长宽比 $\frac{l}{b} \geqslant 5$ 及基础的埋置深度 $d \leqslant b$ 时, 就可视为是条形浅基础。基底以上的土体看作是作用在基础两侧地面上的均布荷载 $q = \gamma_0 d$。

太沙基假定基础底面是粗糙的, 地基滑动面的形状如图 5-16 所示, 也可以分成 3 个区: I 区是在基底底面下的土楔 ABC, 由于基底是粗糙的, 具有很大的摩擦力, 因此, AB 面不会发生剪切位移, 也不再是大主应力面, I 区内土体不是处于朗肯主动状态, 而是处于弹性压密状态, 它与基础底面一起移动, 并假定滑动面 AC(或 BC)与水平面成 φ 角。II 区假定与普朗特尔公式一样, 滑动面是一组通过 A、B 点的辐射线, 另一组是对数螺旋曲线 CD、CE。前面已指出, 如果考虑土的重度时, 滑动面就不会是对数螺旋曲线, 目前尚不能求得两组滑动面的解析解, 太沙基忽略了土的重度对滑动面的影响, 是一种近似解。由于滑动面 AC 与 CD 之间的夹角应该等于 $(\frac{\pi}{2}+\varphi)$, 所以, 对数螺旋曲线在 C 点切线是竖直的。III 区是朗肯被动状态区, 滑动面 AD 及 DF 与水平面成 $(\frac{\pi}{4}-\frac{\varphi}{2})$ 角。

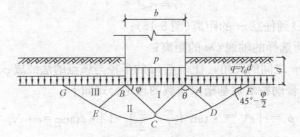

图 5-16　太沙基公式滑动面形状

太沙基公式不考虑基底以上基础两侧土体抗剪强度的影响，以均布荷载 $q=\gamma_0 d$ 来代替埋深范围内的土体自重。根据弹性土楔 ABC 的静力平衡条件，可求得太沙基极限承载力公式：

$$p_u = \frac{1}{2}\gamma b N_r + q N_q + c N_c \tag{5-25}$$

式中　　q——基底面以上基础两侧荷载(kPa)，$q=\gamma_0 d$；

　　　　b, d——分别为基底宽度和埋置深度(m)；

N_c, N_q, N_r——承载力系数，它与土的内摩擦角 φ 有关，可查表 5-1 得到。

表 5-1　太沙基公式承载力系数表

φ	0°	5°	10°	15°	20°	25°	30°	35°	40°	45°
N_r	0	0.51	1.20	1.80	4.0	11.0	21.8	45.4	125	326
N_q	1.0	1.64	2.69	4.45	7.42	12.7	22.5	41.4	81.3	173.3
N_c	5.71	7.32	9.58	12.9	17.6	25.1	37.2	57.7	95.7	172.2

式(5-25)适用于条形基础，对于圆形或方形基础，太沙基提出了半经验的极限荷载公式如下：

圆形基础：　　　　　$p_u = 0.6\gamma R N_r + q N_q + 1.2 c N_c$　　　　　(5-26)

式中　R——圆形基础的半径(m)；其余符号意义同前。

方形基础：　　　　　$p_u = 0.4\gamma b N_r + q N_q + 1.2 c N_c$　　　　　(5-27)

式(5-25)、式(5-26)、式(5-27)只适用于地基土是整体剪切破坏情况，即地基土较密实，其 p-s 曲线有明显的转折点，破坏前沉降不大等情况。对于松软土质，地基破坏是局部剪切破坏，沉降较大，其极限荷载较小。太沙基建议将 c 和 $\tan\varphi$ 值均降低 1/3，即

$$c' = \frac{2}{3}c, \quad \tan\varphi' = \frac{2}{3}\tan\varphi \tag{5-28}$$

根据 $\overline{\varphi}$ 值从表 5-1 中查承载力系数，并用 $\overline{c}$ 代入公式计算。

【例 5-4】　某办公楼采用砖混结构条形基础。设计基础底宽 $b=1.5$ m，基础埋深 $d=1.4$ m。地基为粉土，天然重度 $\gamma=18.0$ kN/m³，内摩擦角 $\varphi=30°$，黏聚力 $c=10$ kPa。地下水深 7.8 m。计算此地基的极限荷载。其余条件不变，土的内摩擦角 $\varphi=20°$ 时，试计算其极限荷载。

【解】　应用太沙基条形基础极限荷载式(5-28) $p_u = \frac{1}{2}\gamma b N_r + q N_q + c N_c$，根据地基土的内摩擦角 $\varphi=30°$ 查表 5-1 得 $N_r=21.8$，$N_q=22.5$，$N_c=37.2$，带入上式可得地基极限荷载：$p_u = \frac{1}{2} \times 18 \times 1.5 \times 21.8 + 18 \times 1.4 \times 22.5 + 10 \times 37.2 = 1\,233.3$ (kPa)

当 $\varphi=20°$ 时，查表 5-1 得 $N_r=4.0$，$N_q=7.42$，$N_c=17.6$，带入公式可得地基极限荷载：$p_u = \frac{1}{2} \times 18 \times 1.5 \times 4.0 + 18 \times 1.4 \times 7.42 + 10 \times 17.6 = 417.0$ (kPa)

由计算结果可知，基础的形式、尺寸与埋深相同，地基土的天然重度与黏聚力不变，只是内摩擦角由 30° 减小为 20°，极限荷载降低为原来的 33.8%。由此可知，地基土的内摩擦角的大小，对极限荷载 p_u 的影响很大。

【例 5-5】 某住宅采用砖混结构,设计条形基础。基底宽度 2.4 m,基础埋深 $d=1.5$ m。地基为软塑状态粉质黏土,内摩擦角 $\varphi=12°$,黏聚力 $c=24$ kPa,天然重度 $\gamma=18.6$ kN/m³。计算此地基的极限荷载。

【解】 因住宅地基为软塑状态粉质黏土,应用太沙基的松软地基极限荷载公式(5-25),根据地基土的内摩擦角 $\varphi'=\frac{2}{3}\times 12°=8°$ 查表得 $N_r=0.924$,$N_q=2.27$,$N_c=8.676$

带入公式可得地基极限荷载

$$p_u=\frac{1}{2}\times 18.6\times 2.4\times 0.924+18.6\times 1.5\times 2.27+\frac{2}{3}\times 24\times 8.676=223.9(\text{kPa})$$

极限荷载为地基开始滑动时的破坏荷载。在进行建筑物基础设计时,当然不能采用极限荷载作为地基承载力,必须有一定的安全系数 K。K 值的大小,应根据建筑工程的等级、规模与重要性及各种极限荷载公式的理论、假定条件与适用情况确定。通常取安全系数 $K=1.5\sim 3.0$,用太沙基极限承载力公式计算地基承载力时,其安全系数一般取 3.0。

3. 影响极限荷载的因素

地基的极限荷载与建筑物的安全与经济密切相关,尤其对重大工程或承受倾斜荷载的建筑物更为重要。各类建筑物采用不同的基础形式、尺寸、埋深,置于不同地基土质情况下,极限荷载大小可能相差悬殊。影响地基极限荷载的因素很多,具体可归纳为以下几个方面:

(1) 地基的破坏形式。在极限荷载作用下,地基发生破坏的形式有多种,通常地基发生整体滑动破坏时,极限荷载大,发生冲切剪切破坏时,极限荷载小。

(2) 地基土的指标。地基土的物理力学指标很多,与地基极限荷载有关的主要是土的强度指标 γ、c、φ,地基土的 γ、c、φ 越大,则极限荷载相应也越大。

(3) 基础的尺寸。地基的极限荷载大小不仅与地基土的性质优劣密切相关,而且与基础尺寸大小有关,这是初学者容易忽视的问题。在建筑工程中,遇到地基承载力不够,但相差不多时,可在基础设计中加大基底宽度和基础埋深来解决,不必加固地基土。

(4) 荷载作用方向。荷载为竖直方向,则极限荷载大,荷载倾斜角越大,则极限荷载也越小,倾斜荷载为不利因素。

(5) 荷载作用时间。若荷载作用时间很短,如地震荷载,则极限荷载可以提高;若荷载长时间作用,如地基为高塑性黏土,呈可塑或软塑状态,在长时间荷载作用下,使土产生蠕变降低土的强度,即极限荷载降低。例如,伦敦附近威伯列铁路通过一座 17 m 高的山坡,修筑 9.5 m 高挡土墙支挡山坡土体,正常通车 13 年后,土坡因黏土强度降低而滑动,将长达 162 m 的挡土墙移滑大 6.1 m。

5.5 地基承载力

地基承载力是指地基承担荷载的能力,以 kPa 计,一般用地基承载力特征值来表述。地基承载力特征值(f_{ak})由载荷试验测定地基土压力变形曲线线性变形阶段内规定的变形所对应的压力值,其最大值为比例界限值。地基承载力的确定,是一个与地基土的性质、建筑物的特点等多种因素有关的复杂问题。确定地基承载力的方法有规范查表法、理论公式计算法、现场原位测试法和经验估算法。

5.5.1 规范法

《建筑地基基础设计规范》(GB 50007—2011)是根据大量建筑工程实践经验、现场载荷试验、标准贯入试验、轻便触探试验和室内土工试验数据，对相应的地基承载力进行统计、分析制定的。《建筑地基基础设计规范》(GB 50007—2011)取消了地基承载力表，但现行的地方规范和行业规范仍然提供了地基承载力表。

根据标准贯入试验锤击数 $N_{63.5}$ 与轻便触探试验锤击数 N_{10} 确定承载力特征值 f_{ak}。

$$N_{63.5}(或 N_{10}) = \mu - 1.645\sigma \tag{5-29}$$

式中 μ——现场试验锤击数平均值，$\mu = \dfrac{\sum\limits_{i=1}^{n}\mu_i}{n}$；

σ——标准差，$\sigma = \sqrt{\dfrac{\sum\limits_{i=1}^{n}\mu^2 - n\mu^2}{n-1}}$；

n——统计的样本数，$n \geqslant 6$。

计算值取整数，再分别查表 5-2～表 5-7 可得相应土的承载力特征值。

表 5-2 砂土承载力特征值 f_{ak} kPa

土 类 \ $N_{63.5}$	10	15	30	50
中、粗砂	180	250	340	500
粉、细砂	140	180	250	340

表 5-3 黏性土承载力特征值 f_{ak} kPa

$N_{63.5}$	3	5	7	9	11	13	15	17	19	21	23
f_{ak}	105	145	190	235	280	325	370	430	515	600	680

表 5-4 黏性土承载力特征值 f_{ak} kPa

N_{10}	15	20	25	30
f_{ak}	105	145	190	230

注：N_{10} 指锤重为 10 kg 的轻便触探试验贯入击数。

表 5-5 素填土承载力特征值 f_{ak} kPa

N_{10}	10	20	30	40
f_{ak}	85	115	135	160

注：本表只适用于黏性土与粉土组成的素填土。
根据野外鉴别结果可以确定地基承载力特征值 f_{ak}。

表 5-6 岩石承载力特征值 f_{ak} kPa

岩石类型 \ 风化程度	强风化	中等风化	微风化
硬质岩石	500~600	1 500~2 500	≥4 000
软质岩石	200~500	700~1 200	1 500~2 000

注：对于微风化的硬质岩石，其承载力如取用大于 4 000 kPa 时，应由试验确定；对于强风化的岩石，当与残积土难于区分时，按土考虑。

表 5-7 碎石土承载力特征值 f_{ak} kPa

土的名称 \ 密实度	稍密	中密	密实
卵石	300~500	500~800	800~1 000
碎石	250~400	400~700	700~900
圆砾	200~300	300~500	500~700
角砾	200~250	250~400	400~600

注：表中数值适用于骨架颗粒孔隙全部由中砂、粗砂或硬塑、坚硬状态的黏性土或稍湿的粉土充填；当粗颗粒为中等风化或强风化时，可按其风化程度适当降低承载力，当颗粒间呈半胶结状态时，可适当提高承载力。

《建筑地基基础设计规范》(GB 50007—2011)规定当基础宽度大于 3 m 或埋置深度大于 0.5 m 时，从载荷试验或其他原位测试、经验值等方法确定地基承载力特征值，尚应按下式修正：

$$f_a = f_{ak} + \eta_b \gamma (b-3) + \eta_d \gamma_m (d-0.5) \tag{5-30}$$

式中 f_a——修正后的地基承载力特征值(kPa)；

f_{ak}——地基承载力特征值(kPa)，由载荷试验或其他原位测试、公式计算、并结合工程实践经验等方法综合确定；

η_b，η_d——基础宽度和埋置深度的地基承载力修正系数，按基底下土的类别查表 5-8 取值；

γ——基础底面以下土的重度，位于地下水位以下的土层取有效重度；

γ_m——基础底面以上土的加权平均重度，位于地下水位以下的土层取有效重度；

b——基础底面宽度(m)，当基宽小于 3 m 时按 3 m 取值，大于 6 m 时按 6 m 取值；

d——基础埋置深度(m)，一般自室外地面标高算起。在填方整平地区，可自填土地面标高算起，但填土在上部结构施工后完成时，应从天然地面标高算起。对于地下室，如采用箱形基础或筏基时，基础埋置深度自室外地面标高算起；当采用独立基础或条形基础时，应从室内地面标高算起。

表 5-8 承载力修正系数

土的类别	η_b	η_d
淤泥和淤泥质土	0	1.0
人工填土 e 或 I_L 大于等于 0.85 的黏性土	0	1.0

续表

土的类别		η_b	η_d
红黏土	含水比 $a_w>0.8$	0	1.2
	含水比 $a_w\leqslant 0.8$	0.15	1.4
大面积压实土	压实系数大于0.95、黏粒含量 $\rho_c \geqslant 10\%$ 的粉土	0	1.5
	最大干密度大于 2.1 t/m³ 的级配砂石	0	2.0
粉土	黏粒含量 $\rho_c \geqslant 10\%$ 的粉土	0.3	1.5
	黏粒含量 $\rho_c < 10\%$ 的粉土	0.5	2.0
e 及 I_L 均小于 0.85 的黏性土		0.3	1.6
粉砂、细砂(不包括很湿与饱和时的稍密状态)		2.0	3.0
中砂、粗砂、砾砂和碎石土		3.0	4.4

注：1. 强风化和全风化的岩石，可参照所风化成的相应土类取值；其他状态下的岩石不修正；
2. 地基承载力特征值按《建筑地基基础设计规范》(GB 50007—2011)附录 D 深层平板载荷试验确定时 η_d 取 0；
3. 含水比是指土的天然含水量与液限的比值；
4. 大面积压实填土是指填土范围大于两倍基础宽度的填土。

5.5.2 地基承载力理论公式

计算确定地基承载力特征值的理论公式有：

(1) 临塑荷载公式：

$$f_a = P_{cr} = N_d \gamma_m d + N_c c \tag{5-31}$$

(2) 临界荷载公式：

$$f_a = P_{\frac{1}{4}} = N_{1/4} \gamma b + N_d \gamma_m d + N_c c \tag{5-32}$$

(3) 极限荷载除以安全系数：

$$f_a = \frac{p_u}{K} = \frac{1}{K} \times (\frac{1}{2}\gamma b N_r + c N_c + q N_q) \tag{5-33}$$

(4) 规范公式：

《建筑地基基础设计规范》(GB 50007—2011)规定，对于竖向荷载偏心和水平力不大的基础来说，当偏心距 e 小于或等于 0.033 倍基础底面宽度时，根据土的抗剪强度指标确定地基承载力特征值可按下式计算，并应满足变形要求：

$$f_a = M_b \gamma b + M_d \gamma_m d + M_c c_k \tag{5-34}$$

式中　　f_a——由土的抗剪强度指标确定的地基承载力特征值(kPa)；

M_b, M_d, M_c——承载力系数，按表 5-9 确定；

b——基础底面宽度(m)，大于 6 m 时按 6 m 取值，对于砂土小于 3 m 时按 3 m 取值；

c_k——基底下一倍短边宽度的深度范围内土的黏聚力标准值。

表 5-9　承载力系数 M_b、M_d、M_c

土的内摩擦角标准值 φ_k (°)	M_b	M_d	M_c
0	0	1.00	3.14
2	0.03	1.12	3.32

续表

土的内摩擦角标准值 φ_k(°)	M_b	M_d	M_c
4	0.06	1.25	3.51
6	0.10	1.39	3.71
8	0.14	1.55	3.93
10	0.18	1.73	4.17
12	0.23	1.94	4.42
14	0.29	2.17	4.69
16	0.36	2.43	5.00
18	0.43	2.72	5.31
20	0.51	3.06	5.66
22	0.61	3.44	6.04
24	0.80	3.87	6.45
26	1.10	4.37	6.90
28	1.40	4.93	7.40
30	1.90	5.59	7.95
32	2.60	6.35	8.55
34	3.40	7.21	9.22
36	4.20	8.25	9.97
38	5.00	9.44	10.80
40	5.80	10.84	11.73

注：φ_k——基底下一倍短边宽度的深度范围内土的内摩擦角标准值(℃)。

5.5.3 现场原位测试

对重要的甲级建筑，为进一步了解地基土的变形性能和承载能力，必须做现场原位载荷试验，以确定地基承载力。现场载荷试验是对现场试坑的天然土层的承压板施加竖直荷载，测定承压板压力与地基变形的关系，从而确定地基土承载力和变形模量等指标。

将试验成果绘成 p-s 关系曲线，根据荷载试验曲线确定承载力特征值的方法，《建筑地基基础设计规范》(GB 50007—2011)规定：

(1)当 p-s 曲线上有比例界限时，取该比例界限所对应的荷载值；

(2)当极限荷载小于对应比例界限的荷载值的 2 倍时，取极限荷载值的一半；

(3)当不能按上述(1)、(2)要求确定时，当压板面积为 0.25～0.50 m² 可取 s/b=0.01～0.015 所对应的荷载，但其值不应大于最大加载量的一半。

同一土层参加统计的试验点不应少于三点，当试验实测值的极差不超过平均值的 30% 时，则应取此平均值作为该土层的地基承载力特征值 f_{ak}。

5.5.4 经验方法

在拟建建筑物的邻近地区，常常有着各种各样的在不同时期内建造的建筑物。调查这些已有建筑物的形式、构造特点、基底压力大小、地基土层情况以及这些建筑物是否有裂缝、倾斜和其他损坏现象，根据调查信息进行详细地分析研究，对于新建建筑物地基土承载力的确定，具有一定的参考价值。这种方法一般适用于荷载不大的中小型工程。

【例 5-6】 已知某拟建建筑物场地地质条件，第一层：杂填土，层厚为 1.0 m，$\gamma=18$ kN/m³；第二层：粉质黏土，层厚为 4.2 m，$\gamma=18.5$ kN/m³，$e=0.92$，$I_l=0.94$，地基承载力特征值 $f_{ak}=136$ kPa。试按以下基础条件分别计算修正后的地基承载力特征值：(1)当基础底面为 4.0 m×2.6 m 的矩形独立基础，埋深 $d=1.0$ m；(2)当基础底面为 9.5 m×36 m 的箱形基础，埋深 $d=3.5$ m。

【解】 根据式(5-30)计算：

(1)矩形独立基础下修正后的地基承载力特征值 f_a：

基础宽度 $b=2.6$ m（<3 m），按 3 m 考虑；埋深 $d=1.0$ m，持力层粉质黏土的孔隙比 $e=0.92$（>0.85），查表 5-8 得：$\eta_b=0$，$\eta_d=1.0$，则

$$f_a = f_{ak} + \eta_b\gamma(b-3) + \eta_d\gamma_m(d-0.5) = 136 + 0 + 1.0\times18\times(1.0-0.5) = 145.0 \text{(kPa)}$$

(2)箱形基础下修正后的地基承载力特征值 f_a：

基础宽度 $b=9.5$ m（>6 m），按 6 m 考虑；埋深 $d=3.5$ m，持力层粉质黏土的孔隙比 $e=0.92$（>0.85），查表 5-8 得：$\eta_b=0$，$\eta_d=1.0$。

$$\gamma_m = (18\times1.0 + 18.5\times2.5)/3.5 = 18.4 \text{(kN/m}^3\text{)}$$

$$f_a = f_{ak} + \eta_b\gamma(b-3) + \eta_d\gamma_m(d-0.5) = 136 + 0 + 1.0\times18.4\times(3.5-0.5) = 191.2 \text{(kPa)}$$

【例 5-7】 某建筑物承受中心荷载的柱下独立基础底面尺寸为 2.5 m×1.5 m，埋深 $d=1.6$ m；地基土为粉土，土的物理力学性质指标：$\gamma=17.8$ kN/m³，$c_k=1.2$ kPa，$\varphi_k=22°$，试确定持力层的地基承载力特征值。

【解】 根据 $\varphi_k=22°$ 查表 5-9 得：$M_b=0.61$、$M_d=3.44$、$M_c=6.04$

$$\begin{aligned}
f_a &= M_b\gamma b + M_d\gamma_m d + M_c c_k \\
&= 0.61\times17.8\times1.5 + 3.44\times17.8\times1.6 + 6.04\times1.2 \\
&= 121.5 \text{(kPa)}
\end{aligned}$$

5.6 抗剪强度指标的测定

测定土的抗剪强度指标的试验称为剪切试验，目前，常用的剪切试验有直接剪切试验、三轴压缩试验、无侧限抗压强度试验及十字板剪切试验等。测定土的抗剪强度常用仪器有直接剪切仪、三轴压缩仪、无侧限压力仪和十字板剪切仪。土的抗剪强度是决定建筑物和构筑物地基稳定性的重要因素，因而正确测定土的抗剪强度指标对工程建设具有重要的意义。因为各种仪器的构造和试验方法不同，所以，测定土的抗剪强度指标时，应结合各类建筑工程的规模、用途与地基土的情况，根据《建筑地基基础设计规范》(GB 50007—2011)中相关规定，选择合适的仪器与方法进行试验。

5.6.1 直接剪切试验

1. 试验原理

直接剪切试验是测定土的抗剪强度指标的室内试验方法之一，简称直剪试验，使用直接剪切仪或直剪仪可直接测出给定剪切面上土的抗剪强度。直剪仪分为应变控制式和应力

控制式两种。两者的区别在于施加水平剪切荷载的方式不同：前者对试样通过等速剪应变，当量力环中表针不再增大，认为试样已剪坏，测定其相应的剪应力；后者则是对试样分级施加剪应力测定相应的剪切位移，在某一级剪应力下，如相应的剪切位移不断增加而不能稳定，认为试样已剪坏。目前，我国普遍采用应变控制式直剪仪，其构造如图 5-17 所示。

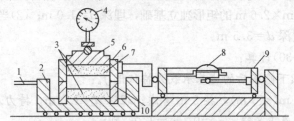

图 5-17 应变控制式直剪仪

1—轮轴；2—底座；3—透水石；4—测微表；5—加压上盖；
6—上盒；7—土样；8—测微表；9—量力环；10—下盒

试验时，上、下盒对正，然后用环刀切取土样，并将其推入由上、下盒组成的剪切盒中，通过加压系统对土样施加垂直压力 p，由轮轴匀速推进下盒施加剪应力，使试样沿固定剪切面产生剪切变形，直至破坏。剪切面上的剪应力值由与上盒接触的量力环的变形值推算。活塞上的测微表用于测定试样在法向应力作用下的固结变形和剪切过程中试样的体积变化。

在剪切试验过程中，隔一定时间测读试样剪应力大小，根据试验记录，绘制在法向应力 σ 条件下，试样剪切位移 $\Delta\lambda$（上、下盒水平相对位移）与剪应力 τ 的对应关系曲线。不同类型的土具有不同的 τ-$\Delta\lambda$ 关系曲线，如图 5-18 所示。

对于硬黏土或密实砂土的 τ-$\Delta\lambda$ 关系曲线具有明显的峰值，则峰值为土的抗剪强度，如图 5-18 中曲线 A；对于软黏土或松砂的 τ-$\Delta\lambda$ 关系曲线往往不出现峰值，强度随剪切位移增加而缓慢增大，可取对应于某一剪切位移值的剪应力作为土的抗剪强度值，《土工试验方法标准[2007 版]》(GB/T 50123—1999)规定当剪切过程中测力计读数无峰值时，应剪切至剪切位移为 6 mm 时停机，记下破坏值，这点的剪应力作为抗剪强度 τ_f，如图 5-18 中曲线 B。

为确定土的抗剪强度指标，对同一种土通常要采用 4 个土样，在不同的垂直压力 σ_1、σ_2、σ_3、σ_4…（一般可取 100 kPa、200 kPa、300 kPa、400 kPa…）作用下进行剪切试验，求得相应的抗剪强度 τ_f，将 τ_f 与 σ 绘于直角坐标系中，即得该土的抗剪强度包线，如图 5-19 所示。强度包线与 σ 轴的夹角即为内摩擦角 φ，τ 轴上的截距即为土的黏聚力 c。

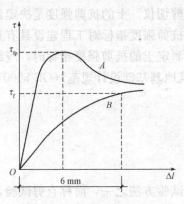

图 5-18 剪应力与剪切位移关系

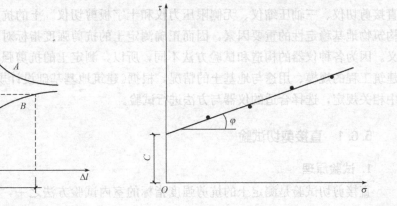

图 5-19 抗剪强度包线

2. 试验方法

土的抗剪强度指标是和试验时的加荷速率、剪切时的排水条件和土的固结情况等因素有关的。为了在直剪试验中能尽量考虑实际工程中存在的不同固结排水条件，通常采用不同加荷速率的试验方法来近似模拟土体在受剪时的不同排水条件，由此产生了三种不同的直剪试验方法，即快剪试验、固结快剪试验和慢剪试验。

(1) 快剪试验。快剪试验是在土样上下两面均贴不透水纸，在施加法向压力后即施加水平剪力，使土样在 3～5 min 内剪坏，由于剪切速率较快，得到的抗剪强度指标用 c_q、φ_q 表示。

(2) 固结快剪试验。固结快剪是在法向压力作用下使土样完全固结，然后很快施加水平剪力，使土样在剪切过程中来不及排水，得到的抗剪强度指标用 c_{cq}、φ_{cq} 表示。

(3) 慢剪试验。慢剪试验是先让土样在竖向压力下充分固结，然后再慢慢施加水平剪力，直至土样发生剪切破坏。使试样在受剪过程中一直充分排水和产生体积变形，得到的抗剪强度指标用 c_s、φ_s 表示。

直接剪切试验的优点是仪器设备简单、操作方便等。其缺点是：①剪切面限定在上、下盒之间的平面，而不是沿土样的最薄弱面剪切破坏；②剪切面上剪应力分布不均匀，在剪切过程中，土样剪切面积逐渐缩小，而在计算抗剪强度时仍按土样的原截面积计算；③试验时不能严格控制排水条件，并且不能测量孔隙水压力。

【**例 5-8**】 某高层建筑地基取原状土进行直剪试验，4 个试样的法向压力 p 分别为 100、200、300、400(kPa)，测得试样破坏时相应的抗剪强度 τ_f 分别为 67、119、162、216 (kPa)。试用作图法求此土的抗剪强度指标 c、φ 值。若作用在此地基中某平面上的正应力和剪应力分别为 225 kPa 和 105 kPa，试问该处是否会发生剪切破坏？

【**解**】 (1) 取直角坐标系，以垂直压力 σ 为横坐标，以剪应力 τ 为纵坐标，按相同比例绘出 4 个试样的垂直压力与剪切破坏时相应的剪应力的点，连接这 4 个点，即为试样的抗剪强度包线。此强度包线与纵坐标的截距，即为试样的黏聚力 c，强度包线与横坐标的夹角，即为内摩擦角 φ，如图 5-20 所示。由图可得 $c=20$ kPa，$\varphi=25°$。

(2) 将 $\sigma=225$ kPa，$\tau=105$ kPa 的 A 点，绘在同一坐标图上。由图可见，A 点位于抗剪强度包线之下，故不会发生剪切破坏。

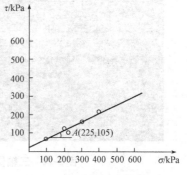

图 5-20 土的抗剪强度包线

5.6.2 三轴压缩试验

1. 试验原理

三轴压缩试验是采用三轴压缩仪测定土抗剪强度的试验方法。三轴压缩仪分应变控制式和应力控制式两种。三轴压缩仪构造简图如图 5-21 所示，三轴压缩仪由压力室、加载系统(轴向和周围压力施加系统)和量测系统等构成。目前，较先进的三轴压缩仪还配备有自动化控制系统、电测和数据自动采集系统等。三轴压缩仪的主要组成部分是压力室，它是一个圆形密闭容器，由金属上盖、底座和透明有机玻璃圆筒组成；轴向加压系统对试样施加轴向附加压力，并可控制轴向应变的速率；周围压力系统对试样施加周围压力；试样为圆柱形,并用橡皮膜包裹起来,以使试样中的孔隙水与膜外液体(水)完全隔开,试样中的孔隙水可通过土样底部的透水面与孔隙水压力量测系统连通,并由孔隙水压力阀门控制。图 5-22 所示为三轴压缩仪图片,图 5-23 所示为三轴压力室示意图。

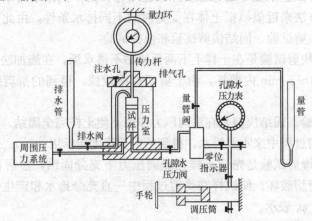

图 5-21 三轴压缩仪构造简图

图 5-22 三轴仪

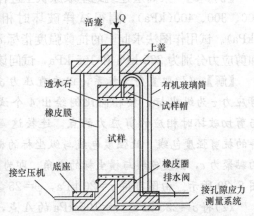

图 5-23 三轴压力室示意图

试验时,将土样切成圆柱体套在橡胶膜内,并将其放在密封的压力室中,然后向压力室内压入水,使试样各向受到周围压力 σ_3,并使液压在整个试验过程中保持不变,这时,试样内各向的三个主应力都相等,因此,不发生剪应力,然后由轴向加压系统通过传力杆对试样施加轴向附加压力 $\Delta\sigma$($\Delta\sigma=\sigma_1-\sigma_3$,称为偏应力)。试样的轴向应力(大主应力)$\sigma_1$($\sigma_1=\Delta\sigma+\sigma_3$)不断增大,其摩尔应力圆也逐渐扩大至极限应力圆,试样最终被剪破。如图 5-24(a)、(b)所示。

在给定的周围压力 σ_3 作用下,一个试样的试验只能得到一个极限应力圆。同种土样至少需要 3 个以上试样在不同的 σ_3 作用下进行试验,方能得到一组极限应力圆,绘出极限应力圆的公切线,即为该土样的抗剪强度包线,通常近似取一直线。该直线与横坐标的夹角即为土的内摩擦角 φ,纵坐标的截距即为土的黏聚力 c,如图 5-24(c)所示。

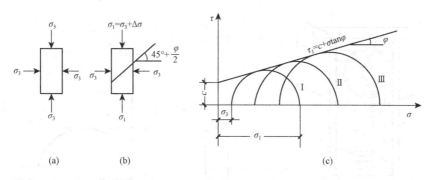

图 5-24 三轴压缩试验原理

2. 试验方法

根据三轴压缩试验过程中试样的固结条件与孔隙水压力是否消散的情况，可分为三种试验方法。同一种试样，采用三种不同的试验方法，试验结果所得到的抗剪强度指标 c 与 φ 值，一般不相同。

(1) 不固结不排水试验（UU 试验）。在试样施加周围压力 σ_3 之前，将试样的排水阀关闭，在不固结的情况下施加轴向力进行剪切。在剪切过程中排水阀始终关闭，即不排水。总之，在施加 σ_3 与 σ_1 过程中都不排水，在试样中存在孔隙水压力 μ。测定的抗剪强度指标用 c_u、φ_u 表示。

(2) 固结不排水试验（CU 试验）。这种试验方法与上述不固结不排水试验的不同之处为：施加周围压力 σ_3 后，打开孔隙水压力阀，测定孔隙水压力 μ，然后打开排水阀，使试样中的孔隙水压力消散，直至孔隙水压力消散 95% 以上。固结完成后，关闭排水阀，测记排水管读数和孔隙水压力读数。固结不排水试验得出的抗剪强度指标用 c_{cu}、φ_{cu} 表示。

(3) 固结排水试验（CD 试验）。此方法与固结不排水试验的主要区别是：在剪切全过程中，自始至终打开排水阀，剪切速率缓慢，采用每分钟应变为 0.003%～0.012%。在施加周围压力 σ_3 或施加轴向剪切压力 σ_1 时，均应充分排水，使孔隙水压力完全消散。所测定的抗剪强度指标用 c_d、φ_d 表示。

三轴压缩试验的突出优点是能严格控制试样的排水条件，从而可以量测试样中的孔隙水压力，以定量地获得土中有效应力的变化情况。此外，试样中的应力分布比较均匀，破裂面产生于试样最薄弱处。但该仪器较复杂，操作技术要求高，且试样制备比较麻烦，而且试验是在轴对称情况下进行的，即 $\sigma_2=\sigma_3$，这与土体的实际应力状态有差异。

5.6.3 无侧限抗压强度试验

无侧限抗压强度是指试样在侧面不受任何限制的条件下所能承受的最大轴向压力。试验时，将圆柱形试样置于图 5-25(a) 所示的无侧限压缩仪中，试样在试验过程中侧向不受任何限制。由于试样的侧向压力为零，只有轴向受压，故称为无侧限抗压强度试验。

在无侧限抗压强度试验中，无侧限抗压强度 q_u 相当于三轴压缩试验中试样在 $\sigma_3=0$ 条件下破坏时的大主应力 σ_{1f}。由于试验时 $\sigma_3=0$，所以，试验成果只能做出一个极限应力圆，对于一般非饱和黏性土难以做出强度包线。

对于饱和黏性土，根据三轴不排水剪试验成果，其强度包线近似于一条水平线，即 $\varphi_u=0$。故无侧限抗压强度试验适用于测定饱和软黏土的不排水强度，如图 5-25(c) 所示。

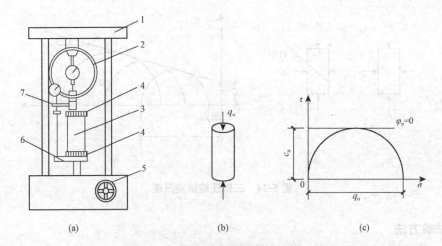

图 5-25 应变控制式无侧限抗压强度试验
1—轴向加压架；2—轴向测力计；3—试样；
4—上、下传压板；5—手轮或电动转轮；6—升降板；7—轴向位移计

在 $\sigma - \tau$ 坐标中，以无侧限抗压强度 q_u 为直径，通过 $\sigma_3 = 0$，$\sigma_1 = q_u$ 作极限应力圆，其水平切线就是强度包线，该线在 τ 轴上的截距 c_u 即等于抗剪强度 τ_f，即

$$\tau_f = c_u = \frac{q_u}{2} \tag{5-35}$$

式中 c_u——饱和软黏土的不排水强度(kPa)。

饱和黏性土的强度与土的结构有关，当土的结构遭受破坏时，其强度会迅速降低，工程上常用灵敏度 S_t 来反映土的结构性强弱。

$$S_t = \frac{q_u}{q_0} \tag{5-36}$$

式中 q_u——原状土的无侧限抗压强度(kPa)；
q_0——重塑土(指在含水量不变的条件下，使土的天然结构彻底破坏再重新制备的土)的无侧限抗压强度(kPa)。

根据灵敏度可将饱和黏性土分为以下三类：
(1)低敏度 $1 < S_t \leqslant 2$；
(2)中敏度 $2 < S_t \leqslant 4$；
(3)高敏度 $S_t > 4$。

土的灵敏度越高，其结构性越强，受扰动后土的强度降低越多。黏性土受扰动而强度降低的性质，一般说来对工程建设是不利的，如在基坑开挖过程中，因施工可能造成土的扰动而会使地基强度降低。

5.6.4 十字板剪切试验

室内的抗剪强度试验要求取得原状土试样，由于试样在采取、运送、保存和制备等方面不可避免地受到扰动，特别是对于高灵敏度的软黏土，室内试验结果的精确度就受到影响。在原位应力条件下进行测试，测定土体范围大，能反映微观、宏观结构对土性的影响。在抗剪强度的原位测试方法中，国内广泛应用的是原位十字板剪切试验。十字板剪切试验是一种抗剪强度试验的原位测试方法，不用取原状土，而在现场直接测试地基土的强度。

这种方法适用于地基为软弱黏性土、取原状土试样困难的条件，并可避免在软土中取样、运送及制备试样过程中受扰动影响试验成果的可靠性。其原理如下：

十字板剪切仪的构造如图 5-26 所示。试验时，先将套管打到预定的深度，并将套管内的土清除。将十字板装在转杆的下端后，通过套管压入土中，压入深度约为 750 mm。然后由地面上的扭力设备对钻杆施加扭矩，使埋在土中的十字板旋转，直至土剪切破坏。破坏面为十字板旋转所形成的圆柱面。设剪切破坏时所施加的扭矩为 M，则它应该与剪切破坏圆柱面（包括侧面和上、下面）上土的抗剪强度所产生的抵抗力矩相等，即：

$$M=\pi DH \cdot \frac{D}{2}\tau_V + 2 \cdot \frac{\pi D^2}{4} \cdot \frac{D}{3} \cdot \tau_H \quad (5-37)$$

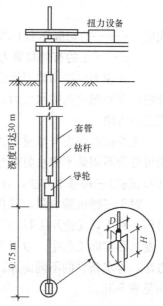

图 5-26 十字板剪切仪的构造

式中　M——剪切破坏时的扭力矩（kN·m）；

τ_V，τ_H——剪切破坏的圆柱体侧面和上、下面土的抗剪强度（kPa）；

H，D——十字板的高度和直径（m）。

在实际土层中，τ_V 和 τ_H 是不同的，爱斯（Aas，1965）曾利用不同的 D/H 的十字板剪切仪器确定饱和软黏土的抗剪强度。试验结果表明：对于正常固结饱和软黏土，$\tau_H/\tau_V=1.5\sim2.0$；对于稍超固结的饱和软黏土，$\tau_H/\tau_V=1.0$。这一试验结果说明，天然土层的抗剪强度是非等向的，即水平面的抗剪强度大于垂直面的抗剪强度。这主要是由于水平面的固结压力大于侧向固结压力的缘故。

为了简化计算，在常规的十字板试验中仍假设 $\tau_H=\tau_V=\tau_f$，将这一假设代入式 (5-37) 得：

$$\tau_f = \frac{2M}{\pi D^2 \left(H+\frac{D}{3}\right)}$$

式中　τ_f——在现场由十字板测定的土的抗剪强度（kPa）。

式中其余符号意义同前。

由于十字板在现场测定的土的抗剪强度属于不排水剪切的试验条件，因此其结果一般与无侧限抗压强度试验结果接近，即 $\tau_f \approx q_u/2$。原位十字板剪切试验适用于饱和软黏土（$\varphi_u=0$），它的优点是构造简单、操作方便，原位测试时对土的结构扰动也较小，故在实际中广泛得到应用。但在软土层中夹砂薄层时，测试结果失真或偏高。

5.6.5　抗剪强度指标的总应力法和有效应力法表示

在土的直接剪切试验中，因无法测定土样的孔隙水压力，施加于试样上的垂直法向应力 σ 是总应力，所以，在土的抗剪强度表达式中，c、φ 是总应力意义上的土的黏聚力和内摩擦角，此时称为总应力指标。

库仑公式在研究土的抗剪强度与作用在剪切面上法向应力的关系时，未涉及有效应力问题。随着固结理论的发展，人们逐渐认识到土体内的剪应力仅能由土的骨架承担，土的抗剪强度与剪切面上的总应力没有唯一的对应关系，而取决于该面上的有效法向应力，土的抗剪强度应表示为剪切面上有效法向应力的函数。对应于库仑公式，土的抗剪强度有效应力表达式可写成：

$$\tau_f = c' + \sigma' \tan\varphi' \tag{5-38}$$

式中 σ'——剪切破坏面上的法向有效应力，$\sigma' = \sigma - u(\mathrm{kPa})$；

c'，φ'——土的有效黏聚力和有效内摩擦角。

有效应力法确切地表示出了土的抗剪强度的实质，是比较合理的表示方法。但由于在分析中需要测定孔隙水压力，而这在许多实际工程中难以做到，目前，在工程中更多的使用总应力法。

土的抗剪强度与试验时的排水条件密切相关，根据土体现场受剪的排水条件，三轴试验可分为不固结不排水剪试验（UU 试验）、固结不排水剪试验（CU 试验）、固结排水剪试验（CD 试验）三种基本方法，分别对应于直接剪切试验中的快剪、固结快剪、慢剪。

对于三轴试验成果，除用总应力强度表达外，还可以用有效应力指标 c'、φ' 表示，且对同一种土，无论用 UU、CU、CD 试验成果，都可获得相同的 c'、φ'，它们不随试验方法而变。在实际工程中，由于工程条件不同所采用的指标也不同，土的抗剪强度指标随试验方法、排水条件的不同而异。一般工程问题多采用总应力分析法，其测试方法和指标的选用见表 5-10。

表 5-10 试验方法的适用范围

试验方法	适用范围
UU 试验	地基为透水性差的饱和黏性土或排水不良，且建筑物施工速度快。常用于施工期的强度与稳定性验算
CU 试验	建筑物竣工后较长时间，突遇荷载增大，或地基条件等介于其他两种情况之间
CD 试验	地基土的透水性较佳，排水条件良好，建筑物加荷速率较慢

【例 5-9】 对一种黏性较大的土进行直剪试验，分别做快剪、固结快剪、慢剪，成果见表 5-11，试用作图法求该种土的三种抗剪强度指标。

表 5-11 抗剪强度

σ/kPa		100	200	300	400
τ_f/kPa	快　剪	65	68	70	73
	固结快剪	65	88	111	133
	慢　剪	80	129	176	225

【解】 根据数据依次绘制三种试验方法所得的抗剪强度包线，并由此量得各抗剪强度指标如下：

$$c_q = 62.5 \text{ kPa}, \quad \varphi_q = 1.5°$$
$$c_{cq} = 42.5 \text{ kPa}, \quad \varphi_{cq} = 13°$$
$$c_s = 32 \text{ kPa}, \quad \varphi_s = 27°$$

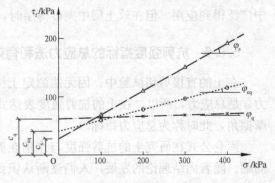

图 5-27 例题 5-9

5.6.6 影响抗剪强度指标的因素

根据库仑抗剪强度公式 $\tau_f = c + \sigma\tan\varphi$ 可

知，土的抗剪强度与法向应力 σ、土的内摩擦角 φ 和土的黏聚力 c 三者有关，即土的抗剪强度是由两部分组成，即摩擦强度 $\sigma\tan\varphi$ 和黏聚强度 c。其中，粗粒土的摩擦强度取决于颗粒之间的相对移动，影响其大小的主要因素是密度、粒径级配、颗粒形状及矿物成分；细粒土颗粒细微，颗粒表面存在着吸附水膜，颗粒间可以在接触点直接接触，也可以通过吸附水膜间接接触，所以，它的摩擦强度还与接触点处的颗粒表面因为物理化学作用而产生的吸引力有关。黏聚强度取决于土粒之间的各种物理化学作用，包括库仑力（静电力）、范德华力、胶结作用力等。粗粒土的粒之间分子力与重力相比可以忽略不计，故一般认为是无黏性土，不具有黏聚强度，但有时粗粒土之间也有胶结物质存在而具有一定的黏聚强度。

根据土的有效应力原理可知，作用在试样剪切面上的总应力 σ，为有效应力 σ' 与孔隙水压力 μ 之和，在外荷载作用下，随着时间的增长，孔隙水压力因排水而逐渐消散，同时有效应力相应的不断增加。

因为孔隙水压力作用在土中的自由水上，不会产生土粒之间的内摩擦力，只有作用在土颗粒骨架上的有效应力才能产生土的内摩擦强度。因此，若土的抗剪强度试验的条件不同，影响土中孔隙水是否排出与排出多少，也影响有效应力的数值大小，使抗剪强度试验结果不同。建筑场地工程地质勘察，应根据实际地质情况与施工速度，即土中孔隙水压力的消散程度，采用三种不同的试验方法。在固结排水剪（或直剪慢剪）试验中，施加垂直压力 σ 后，使孔隙水压力完全消散，然后再施加水平剪力，每级剪力施加后都充分排水，使试样在整个试验过程中都处于充分排水条件下，即试样中的孔隙水压力为0，直至土试样剪坏。这种试验结果测得的抗剪强度值最大。在不固结不排水剪（或直剪快剪）试验中，施加垂直压力 σ 后，立即加水平剪力，并快速试验，在 3~5 min 内把试样剪坏，在整个试验过程中不让土中水排出，使试样中始终存在孔隙水压力，因此，土中有效应力减小，试验结果测得的抗剪强度值较小。固结不排水剪（或直剪固结快剪）试验相当于以上两种方法的组合，试验中施加垂直压力 σ 后充分固结，使孔隙水压力全部消散，即固结后在快速施加水平剪力，并在 3~5 min 内把土样剪坏，这样试验结果测得的抗剪强度居中。

由此可见，试样中的孔隙水压力对抗剪强度有重要影响。如上所述，这三种不同的试验方法，各适用于不同的图层分布、土质、排水条件以及施工速度。

知识归纳

土体强度破坏的特征是部分土体沿剪应力作用面产生相对滑动，土体产生剪切破坏而丧失稳定，因此，土的强度实质上就是指土的抗剪强度，其大小用抗剪强度指标表示。测定抗剪强度指标的试验称为剪切试验，室内常用的测定方法有直接剪切试验、三轴压缩试验、无侧限抗压强度试验等，现场原位测试有十字板剪切试验等。根据排水固结条件的不同，剪切试验可分为快剪、固结快剪、慢剪等三种试验方法，具体采用何种方法应根据不同的地质条件、荷载特点，选用合适的试验方法。

土体极限状态是指当土体中任意一点在某一平面上的剪应力等于土的抗剪强度时，该点濒于破坏的临界状态。土的极限平衡条件可用摩尔应力圆表示：

应力圆与抗剪强度包线不相交（相离）时，土点处于弹性平衡状态；

应力圆与抗剪强度包线相交（相割）时，土点处于破坏状态；

应力圆与抗剪强度包线相切时，土点处于极限平衡状态。

据极限平衡状态可推导出摩尔—库伦强度理论，即：

$$\sigma_1 = \sigma_3 \tan^2\left(45° + \frac{\varphi}{2}\right) + 2c\tan\left(45° + \frac{\varphi}{2}\right)$$

$$\sigma_3 = \sigma_1 \tan^2\left(45° - \frac{\varphi}{2}\right) - 2c\tan\left(45° - \frac{\varphi}{2}\right)$$

地基土变形破坏可分为压密阶段、剪切阶段、破坏阶段。临塑荷载 p_{cr} 即对应于 p-s 曲线上压密阶段相应于 a 点的极限荷载，临界荷载即土体塑性区开展深度在某一范围内所对应的荷载，常用 $p_{1/4}$ 或 $p_{1/3}$ 表示，极限荷载是指外荷载在地基中产生的应力达到极限平衡时所对应的荷载，极限荷载可采用普朗特尔或太沙基地基极限承载力公式确定。

地基容许承载力的确定方法有现场荷载试验测定、理论公式计算、规范经验公式等多种。

理论公式法中所求得的临塑荷载和临界荷载均可作为地基容许承载力，极限荷载除以安全系数后也可作为地基容许承载力。

当基础宽度大于 3 m 或埋置深度大于 0.5 m 时，从载荷试验或其他原位测试、经验值等方法确定地基承载力特征值应按 $f_a = f_{ak} + \eta_b \gamma (b-3) + \eta_d \gamma_m (d-0.5)$ 进行修改。

思考与练习

一、问答题

1. 何谓土的抗剪强度？砂土与黏性土的抗剪强度表达式有何不同？为什么说土的抗剪强度不是一个定值？

2. 测定土的抗剪强度指标主要有哪几种方法？试比较它们的优缺点。

3. 土体中发生剪切破坏的平面是不是剪应力最大的平面？在什么情况下，破裂面与最大剪应力面是一致的？一般情况下，破裂面与大主应力面成什么角度？

4. 应用库仑定律和摩尔应力圆原理说明：当 σ_1 不变时，σ_3 越小越容易破坏；反之，σ_3 不变时，σ_1 越大越容易破坏。

5. 剪切试验成果整理中总应力法和有效应力法有何不同？为什么说排水剪成果就相当于有效应力法的成果？

6. 分别简述直剪试验和三轴压缩试验的原理。比较两者之间的优缺点和适用范围。

7. 临塑荷载 p_{cr} 和界限荷载 $p_{1/4}$ 的物理意义是什么？

8. 地基破坏的形式有哪几种？

9. 本章所介绍的极限承载力公式各有何特点？试对它们作简略评价。

10. 何谓土的极限平衡条件？黏性土和粉土与无黏性土的表达式有何不同？

二、计算题

1. 已知土的抗剪强度指标 $c=20$ kPa，$\varphi=22°$，若作用在土中某平面上的正应力和剪应力分别为 $\sigma=100$ kPa，$\tau=60.4$ kPa，问该平面是否会发生剪切破坏？

2. 某土样进行直剪试验，在法向压力为 100 kPa、200 kPa、300 kPa、400 kPa 时，测

得抗剪强度 τ_f 分别为 52 kPa、83 kPa、115 kPa、145 kPa，试求：

(1) 用作图法确定土样的抗剪强度指标 c 和 φ；

(2) 如果在土中的某一平面上作用的法向应力为 260 kPa，剪应力为 92 kPa，该平面是否会剪切破坏？为什么？

3. 一正常固结饱和黏性土样在三轴压缩仪中进行固结不排水剪切试验，试样在周围压力 $\sigma_3 = 200$ kPa 作用下，当通过传力杆施加的竖向压力 $\Delta\sigma_1$ 达到 200 kPa 时发生破坏，并测得此时试件中的孔隙水压力 $u = 100$ kPa。试求土地有效黏聚力 c' 和有效内摩擦角 φ'，破坏面上的有效正应力 σ' 和剪应力 τ 是多少？

4. 已知住宅采用条形基础，基础埋深 $d = 1.20$ m，地基土的天然重度 $\gamma = 18.0$ kN/m³，黏聚力 $c = 25$ kPa，内摩擦角 $\varphi = 15°$。试求：

(1) 计算地基的临塑荷载 p_{cr} 和界限荷载 $p_{1/4}$？

(2) 按照太沙基公式计算 p_u？

5. 某岩土工程勘察得地基承载力特征值 $f_{ak} = 160$ kPa，基础底面以上土的加权平均重度 $\gamma_m = 16.5$ kN/m³，基础底面宽度为 3.5 m，埋深为 1.8 m。基底持力层为黏性土，其孔隙比为 0.88，液性指数为 0.86，重度为 18 kN/m³。试问：该持力层修正后的承载力特征值为多少？

6. 已知某条形基础为轴心受压，其基础底宽 $b = 2.5$ m，埋深 $d = 1.50$ m，地下水距地表 2.5 m。基底以上土的加权平均重度为 20 kN/m³，基底以下砂土的重度为 18 kN/m³，其内摩擦角标准值为 18°。试问：该地基的承载力特征值。

第6章 土压力与土坡稳定

本章要点
1. 了解土压力的分类；
2. 掌握朗肯土压力理论、库仑土压力理论的基本假定、适用条件及计算方法；
3. 熟悉边坡稳定分析的方法；
4. 了解挡土墙的类型及重力式挡土墙的设计。

6.1 概　述

实际工程中，建筑物修建在土坡上或邻近土坡时，为了防止土坡发生滑坡和坍塌，需用各种类型的挡土结构加以支挡。土压力是指填土因自重或外荷载作用对支挡结构产生的侧向压力。

土压力的大小与支挡结构墙后填料的性质、支挡结构的形状和位移方向以及地基土质等因素有关，目前，大多采用古典的朗肯（Rankine，1857）土压力理论和库仑（1773）土压力理论。尽管这些理论都基于各种不同的假定和简化，但其计算简便，且国内外大量挡土结构模型试验、原位观测及理论研究均表明，其计算方法实用可靠。随着现代计算技术的提高，楔体试算法、"广义库仑理论"以及应用塑性理论的土压力解答等均得到了迅速发展，加筋土挡土墙设计理论也日臻完善。

作用在挡土结构上的土压力，按结构的位移情况和墙后土体所处的应力状态，分为三种，即静止土压力、主动土压力和被动土压力。

1. 静止土压力

挡土墙在压力作用下不发生任何变形和位移（移动或转动），墙后填土处于弹性平衡状态时，作用在挡土墙背的土压力称为静止土压力，用E_0表示，如图 6-1(a) 所示。

2. 主动土压力

挡土墙在土压力作用下离开土体向前位移，土压力随之减小，当位移量增至一定数值时，墙后土体达到主动极限平衡状态。此时，作用在墙背的土压力称为主动土压力，用E_a表示，如图 6-1(b) 所示。

3. 被动土压力

挡土墙在外力作用下推挤土体向后位移，作用在墙上的土压力随之增加，当位移量至一定数值时，墙后的土体达到被动极限平衡状态。此时，作用在墙上的土压力称为被动土压力，用E_p表示，如图 6-1(c) 所示。

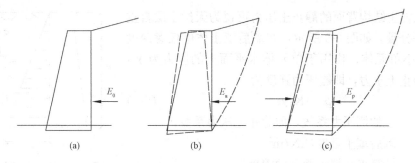

图 6-1　三种土压力
(a)静止土压力；(b)主动土压力；(c)被动土压力

如图 6-2 所示给出了三种土压力与挡土墙位移的关系。由图可知，产生被动土压力所需的位移量比产生主动土压力所需的位移量要大得多。在相同的墙高和填土条件下，主动土压力小于静止土压力，而静止土压力又小于被动土压力，即

$$E_a < E_0 < E_p$$

工程上实际挡土结构的位移均难以控制与计算，其土压力值一般位于这三种特殊土压力之间。

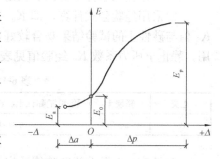

图 6-2　土压力与墙身位移的关系

4. 影响土压力的因素

试验研究表明，影响土压力大小的因素可归纳为以下几个方面：

(1)挡土墙的位移。挡土墙的位移(或转动)方向和位移量的大小，是影响土压力大小的最主要因素。如前所述，挡土墙位移方向不同，土压力的种类也就不同。由试验与计算可知，其他条件完全相同，仅挡土墙位移方向相反，土压力数值相差不是百分之几或百分之十几，而是相差 20 倍左右。因此，在设计挡土墙时，首先应考虑墙体可能产生位移的方向和位移量的大小。

(2)挡土墙的形状。挡土墙的剖面形状，包括墙背垂直或倾斜、墙背光滑或粗糙，都关系到采用何种土压力计算理论公式和计算结果。

(3)填土的性质。挡土墙后填土的性质，包括填土松密程度即重度、干湿程度即含水率、土的强度指标内摩擦角和黏聚力的大小以及填土表面的形状(水平、上斜或下斜)等，将会影响土压力的大小。

6.2　静止土压力

一般修筑在坚硬土质地基上，断面很大的挡土墙，由于墙的自重大，地基坚硬，墙体不会产生位移和转动，挡土墙背面的土体处于静止的弹性平衡状态，作用在挡土墙墙背上的土压力即为静止土压力，如岩石地基上的重力式挡土墙。通常地下室外墙，都有内墙支挡，墙位移与转角为零，可按静止土压力计算；拱座不允许产生位移，也可按静止土压力计算；水闸、船闸的边墙，因与闸底板连成整体，变墙位移可忽略不计，也可按静止土压力计算。

作用在挡土结构背面的静止土压力可视为天然土层自重应力的水平分量。如图 6-3 所示，在墙后填土体中任意深度 z 处取一微小单元体，作用于单元体水平面上的应力为 γ_z，则该点的静止土压力，即侧压力强度为

$$p_0 = K_0 \gamma z \qquad (6\text{-}1)$$

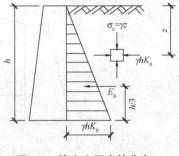

图 6-3 静止土压力的分布

式中　K_0——土的侧压力系数，即静止土压力系数；
　　　γ——墙后填土重度（kN/m^3）；
　　　z——计算点在填土面下的深度。

静止土压力系数的确定方法有以下几种：

(1)通过侧限条件下的试验测定，一般认为这是最可靠的方法。

(2)采用经验公式计算，即 $K_0 = 1 - \sin\varphi'$，式中，φ' 为土的有效内摩擦角。该式计算的 K_0 值与砂性土的试验结果吻合较好，对黏性土会有一定的误差，对饱和软黏土更应慎重采用。静止土压力系数 K_0 经验值见表 6-1。

表 6-1　静止土压力系数 K_0 经验值

土类	坚硬土	硬-可塑黏性土、粉质黏土、砂土	软-可塑黏性土	软塑黏性土	流塑黏性土
K_0	0.2～0.4	0.4～0.5	0.5～0.6	0.6～0.75	0.75～0.8

(3)按表 6-1 提供的经验值酌定。静止土压力系数 K_0 值随土体密实度、固结程度的增加而增加，当土层处于超压密状态时，K_0 值的增大尤为显著。

由式(6-1)可知，静止土压力沿墙高为三角形分布，如图 6-3 所示，如取单位墙长计算，则作用在墙上的总静止土压力为

$$E_0 = \frac{1}{2} \gamma h^2 K_0 \qquad (6\text{-}2)$$

式中　E_0——单位墙长的静止土压力（kN/m）；
　　　h——挡土墙高度（m）。

总静止土压力的作用点位于静止土压力三角形分布图形的重心，即下 $h/3$ 处，如图 6-4 所示。

【例 6-1】　设计一岩基上的挡土墙，墙高 $h = 6$ m，墙后填土为中砂，重度 $\gamma = 18.5$ kN/m^3，内摩擦角 $\varphi = 30°$。计算作用在挡土墙上的土压力。

【解】　因挡土墙位于岩基上，按静止土压力公式(6-2)计算：

$$E_0 = \frac{1}{2}\gamma h^2 K_0 = \frac{1}{2} \times 18.5 \times 6^2 \times (1-\sin 30°) = 333 \times 0.5 = 166.5 (kN/m)$$

若静止土压力系数 K_0 取经验值的平均值，$K_0 = 0.4$，则静止土压力为：

$$E_0 = \frac{1}{2}\gamma h^2 K_0 = \frac{1}{2} \times 18.5 \times 6^2 \times 0.4 = 133.2 (kN/m)$$

总静止土压力作用点，位于下 $h/3 = 2$ m 处。

6.3　朗肯土压力计算

主动土压力和被动土压力的计算常采用朗肯土压力理论和库仑土压力理论。朗肯

(Rankine,1857)土压力理论根据半空间土体处于极限平衡状态下的大、小主应力间关系，推导出土压力计算方法，适用于墙为刚体、墙背垂直光滑且填土表面水平的挡土墙土压力计算；库仑土压力理论是根据墙后土体处于极限平衡状态并形成一滑动楔体时，从楔体的静力平衡条件得出的土压力计算理论，适用于砂土或碎石填料的挡土墙计算，可考虑墙背倾斜、填土面倾斜以及墙背与填土之间的摩擦等多种因素的影响。

本节首先讨论朗肯土压力理论。

6.3.1 基本假设

墙背垂直光滑才能保证垂直面内无摩擦力，即无剪应力。根据剪应力互等定理，水平面上剪应力也为零。这样，水平填土体中的应力状态才与半空间土体中的应力状态一致，墙背可假想为半无限土体内部的一个铅直平面，即在水平面与垂直面上的正应力正好分别为大、小主应力。

朗肯理论假设条件：表面水平的半无限土体，处于极限平衡状态，当挡土墙发生足够大的离开土体的水平方向位移时，墙后土体处于主动极限平衡状态，则作用在此挡土墙上的土压力等于原来土体作用在此竖直线上的水平法向应力。

6.3.2 主动土压力

如图 6-4(a)所示，重度为 γ 的半空间土体处于静止状态，即弹性平衡状态时，在地表下 z 处取一微单元体 M，在 M 的水平和竖直表面上的应力为

$$\sigma_z = \gamma z \tag{6-3}$$

$$\sigma_x = K_0 \gamma z \tag{6-4}$$

由前述可知 σ_z、σ_x 均为主应力，且在正常固结土中 $\sigma_1 = \sigma_z$、$\sigma_3 = \sigma_x$。在静止状态下的莫尔应力圆如图 6-4(b)中圆 I。

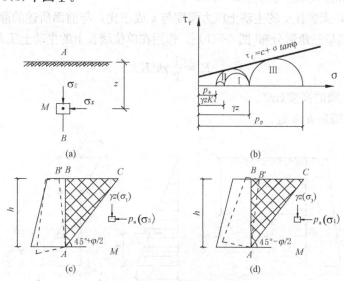

图 6-4 半空间体的极限平衡状态
(a)半空间土体中一点的应力；(b)莫尔应力圆与朗肯状态关系；
(c)主动朗肯状态；(d)被动朗肯状态

挡土墙在土压力作用下产生离开土体的位移，这时可认为作用在墙背微单元 M 上的竖向应力保持不变，而水平应力则由于土体抗剪强度的发挥而逐渐减少[图 6-4(b)]。当挡土墙位移增大到 Δ_a，墙后土体在某一范围达到极限平衡状态（即朗肯主动状态）时，墙后土体中出现一组滑裂面，它与大主应力作用面（即水平面）的夹角为 $(45°+\varphi/2)$[图 6-4(c)]，水平应力 σ_x 减至最低限值 p_a，即主动土压力。以 $\sigma_1=\sigma_z=\gamma z$ 与 $\sigma_3=\sigma_x=p_a$ 为直径画出的莫尔圆与抗剪强度线相切，即如图 6-4(b)中圆Ⅱ。若挡土墙继续位移，只能使土体产生塑性变形，而不会改变其应力状态。

由土体的极限平衡条件可知，在极限平衡状态下，黏性土中任一点的大、小主应力即 σ_1 和 σ_3 之间应满足式(6-5)所示的关系式，即

$$\sigma_3 = \sigma_1 \tan^2\left(45°-\frac{\varphi}{2}\right) - 2c\tan\left(45°-\frac{\varphi}{2}\right) \tag{6-5}$$

将 $\sigma_3=p_a$、$\sigma_1=\gamma z$ 代入上式并令 $K_a=\tan^2\left(45°-\frac{\varphi}{2}\right)$

则有

$$p_a = \gamma z K_a - 2c\sqrt{K_a} \tag{6-6}$$

上式适合于墙背填土为黏性土的情况，对于无黏性土，由于 $c=0$，则有

$$p_a = \gamma z K_a \tag{6-7}$$

式中 p_a——主动土压力强度(kPa)；

K_a——主动土压力系数，$K_a=\tan^2\left(45°-\frac{\varphi}{2}\right)$；

γ——墙后填土重度(kN/m³)；

c——填土的黏聚力(kPa)；

φ——填土的内摩擦角(°)；

z——计算点离填土表面的距离(m)。

式(6-7)表明，无黏性土的主动土压力强度与 z 成正比，与前面所述的静止土压力分布形式相同，即沿墙高呈三角形分布[图 6-5(b)]。作用在单位墙长上的主动土压力 E_a(kN/m)为

$$E_a = \frac{1}{2}\gamma h^2 K_a \tag{6-8}$$

式中 h——挡土墙的高度(m)。

E_a 作用于距墙底 $h/3$ 处。

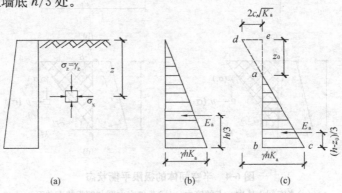

图 6-5 主动土压力强度分布图
(a)主动土压力的计算；(b)无黏性土；(c)黏性土

式(6-6)表明，黏性土的主动土压力强度由土自重引起的对墙的压力和由黏聚力引起的对墙的"拉"力两部分组成，叠加后如图 6-5(c)所示，包括△abc 所示的压力和△ade 所示的"拉"力。由于结构物与土之间的抗拉强度很低，在拉力作用下极易开裂，因而"拉"力是一种不可靠的力，在设计挡土墙时不应计算，故在图中示以虚线。这样，当墙背填土为黏性土时，作用于墙背的土压力只是图 6-5(c)中的△abc 部分。土压力图形顶点 a 在填土面下的深度称临界深度，记为 z_0。令式(6-6)中 $p_a=0$ 即可确定 z_0，即

$$p_a = \gamma z K_a - 2c\sqrt{K_a} = 0$$

$$z_0 = \frac{2c}{\gamma\sqrt{K_a}} \tag{6-9}$$

取单位墙长计算，黏性土的主动土压力 E_a 为

$$E_a = \frac{1}{2}(h-z_0)(\gamma z K_a - 2c\sqrt{K_a}) \tag{6-10}$$

或

$$E_a = \frac{1}{2}(h-z_0)^2 K_a \tag{6-11}$$

E_a 作用于距墙底$(h-z_0)/3$ 处。

6.3.3 被动土压力

出现被动土压力所相应的位移量相当大，在许多结构设计中不允许采用由极限平衡条件导出的被动土压力计算公式，所以，这里只作粗略介绍。

假设在足够大的水平方向压力作用下，土体在水平方向均匀地压缩，则作用在上述微元体顶面作用的法向应力 $\sigma_z=\gamma z$ 不变；侧面上作用的应力 $\sigma_x=K_0\gamma z$ 将不断增大，并超过 σ_z，一直到达被动极限平衡状态为止。此时，$\sigma_z=\gamma z$ 成为小主应力 σ_3，而 σ_x 达到极限应力的大主应力 σ_1，即为所求被动土压力。

基于与导出主动土压力计算公式相似的思路，考虑墙背填土处于被动极限平衡状态时，小主应力 $\sigma_3=\sigma_z$，大主应力 $\sigma_1=p_p$[图 6-4(d)]，可以推出对应的被动土压力计算公式：

无黏性土
$$p_p = \gamma z K_p \tag{6-12}$$

黏性土
$$p_p = \gamma z K_p + 2c\sqrt{K_p} \tag{6-13}$$

其分布图形如图 6-6 所示。

单位墙长的被动土压力 E_p 的计算式为

无黏性土
$$E_p = \frac{1}{2}\gamma h^2 K_p \tag{6-14}$$

黏性土
$$E_p = \frac{1}{2}\gamma h^2 K_p + 2ch\sqrt{K_p} \tag{6-15}$$

式中　p_p，E_p——被动土压力强度(kPa)和单位墙长的土压力值(kN/m)；

K_p——被动土压力系数，$K_p = \tan^2(45°+\frac{\varphi}{2})$。

无黏性土的被动土压力 E_p 合力作用于距墙底 $h/3$ 处。黏性土的被动土压力合力作用点与墙底距离 h_p[图 6-6(c)]按下式计算

$$h_p = \frac{h}{3}\frac{2p_{p0}+p_{ph}}{p_{p0}+p_{ph}} \tag{6-16}$$

式中 h_p——黏性土产生的被动土压力合力距墙底距离(m);
p_{p0}, p_{ph}——分别为作用于墙背顶、底面的被动土压力强度(kPa),如图 6-6(c)所示;

$$p_{p0}=2c\sqrt{K_p}, \quad p_{ph}=\gamma h K_p+2c\sqrt{K_p}.$$

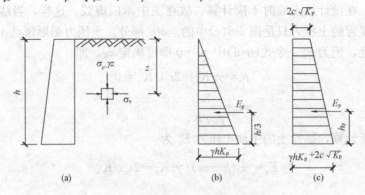

图 6-6 被动土压力强度分布图
(a)被动土压力的计算;(b)无黏性土;(c)黏性土

【**例 6-2**】 条件同【例 6-1】,试求:
(1)主动土压力及其作用点;(2)分别计算静止土压力和被动土压力,并比较三者大小。

【**解**】 (1)墙底处的主动土压力强度:

$$p_a = \gamma h \tan^2\left(45°-\frac{\varphi}{2}\right)$$
$$= 18.5 \times 6 \times \tan^2\left(45°-\frac{30°}{2}\right)$$
$$= 37 (\text{kPa})$$

主动土压力 $\qquad E_a = \frac{1}{2} \times 6 \times 37 = 111 (\text{kN/m})$

主动土压力距墙底的距离为 $\frac{h}{3} = \frac{6}{3} = 2 (\text{m})$

(2)墙底处静止土压力强度:

$$p_0 = K_0 \gamma h$$
$$= (1-\sin 30°) \times 18.5 \times 6$$
$$= 55.5 (\text{kPa})$$

静止土压力 $E_0 = \frac{1}{2} \times 6 \times 55.5 = 166.5 (\text{kN/m})$

墙底处被动土压力强度

$$p_p = K_p \gamma h$$
$$= \tan^2\left(45°+\frac{30°}{2}\right) \times 18.5 \times 6$$
$$= 333 (\text{kPa})$$

主动土压力 $E_p = \frac{1}{2} \times 6 \times 333 = 999 (\text{kN/m})$

由上述例题可知,当挡土墙的形式、尺寸和填土性质完全相同时,由朗肯理论计算得到的静止土压力 $p_0 = 55.5$ kPa,主动土压力 $P_a = 37$ kPa,静止土压力 p_0 约为主动土压力

p_a 的 1.5 倍。因此，在挡土墙设计时，尽可能使填土产生主动土压力，以节省挡土墙的材料、工程量与投资。被动土压力 $p_p = 333$ kPa，超过主动土压力 p_a 的 9 倍。因此，产生被动土压力时挡土墙位移往往过大，为工程所不允许，通常只利用被动土压力的一部分。

朗肯土压力理论基于半空间应力状态和极限平衡理论，对于黏性土、粉土和无黏性土，都可以用该公式直接计算，故在工程中得到广泛应用。但为了使墙后的应力状态符合半空间的应力状态，必须假设墙背是直立的、光滑的，墙后填土是水平的，因而出现其他条件时计算复杂。且由于该理论忽略了墙背与填土之间摩擦的影响，使计算得出的主动土压力偏大，而得出的被动土压力偏小。

6.3.4 土压力计算举例

以无黏性土为例说明工程上常见的几种情况的土压力计算。

1. 墙后为成层填土

当挡土墙后填土为不同种类的水平土层时，仍可用朗肯理论计算土压力。以无黏性土为例，若求某层的土压力强度，则需先求出各层土的土压力系数，其次求出各层面处的竖向应力，然后乘以相应土层的主动土压力系数，如图 6-7 所示，挡土墙各层面的主动土压力强度为

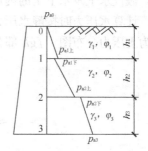

图 6-7 成层土的土压力计算

$$p_{a0} = 0$$
$$p_{a1上} = \gamma_1 h_1 K_{a1}$$
$$p_{a1下} = \gamma_1 h_1 K_{a2}$$
$$p_{a2上} = (\gamma_1 h_1 + \gamma_2 h_2) K_{a2}$$
$$p_{a2下} = (\gamma_1 h_1 + \gamma_2 h_2) K_{a3}$$
$$p_{a3} = (\gamma_1 h_1 + \gamma_2 h_2 + \gamma_3 h_3) K_{a3}$$

必须注意，由于各层土的性质不同，主动土压力系数 K_a 也不同，因此，在土层的分界面上，主动土压力强度会出现两个数值。图 6-7 所示为 $\varphi_2 > \varphi_1$、$\varphi_2 > \varphi_3$ 时的土压力强度分布图。

【**例 6-3**】 挡土墙高 6 m，墙背直立、光滑，墙后填土面水平，共分两层。各层的物理力学性质指标如图 6-8 所示，试求主动土压力 E_a，并绘出土压力强度分布图。

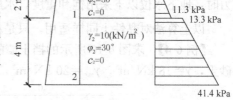

图 6-8 主动土压力强度分布图

【**解**】 计算第一层土的土压力强度：
$$p_{a0} = 0$$
$$p_{a1上} = \gamma_1 h_1 K_{a1} = 17 \times 2 \times \tan^2\left(45° - \frac{30°}{2}\right) = 11.3 \text{(kPa)}$$

计算第二层土的土压力强度：
$$p_{a1下} = \gamma_1 h_1 K_{a2} = 17 \times 2 \times \tan^2\left(45° - \frac{26°}{2}\right) = 13.3 \text{(kPa)}$$
$$p_{a2} = (\gamma_1 h_1 + \gamma_2 h_2) K_{a2} = (17 \times 2 + 18 \times 4) \times \tan^2\left(45° - \frac{26°}{2}\right) = 41.4 \text{(kPa)}$$

主动土压力：

$$E_a = \frac{1}{2} \times 11.3 \times 2 + \frac{1}{2} \times (13.3+41.4) \times 4 = 120.7 (kN/m)$$

主动土压力强度分布图如图 6-8 所示。

2. 墙后填土有地下水

挡土墙后的回填土常会部分或全部处于地下水位以下。由于地下水的存在将使土的含水量增加，抗剪强度降低，从而使土压力增大，同时还会产生静水压力，因此，挡土墙应该有良好的排水措施。

当墙后填土有地下水时，作用在墙背上的侧压力有土压力和水压力两部分。计算土压力时，可将地下潜水面看作是土层的分界面，按分层土计算。潜水面以下的土层分别采用"水土分算法"或"水土合算法"计算。

(1)水土分算法。这种方法比较适合渗透性大的砂土层。计算作用在挡土墙上的土压力时，假设水上及水下土的内摩擦角 φ、黏聚力 c 都相同，地下水位以下取有效重度进行计算。计算水压力时按静水压力计算。然后两者叠加为总的侧压力。如图 6-9 所示，$abcde$ 部分为土压力分布图，fgh 部分为水压力分布图。

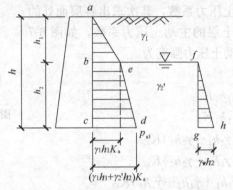

图 6-9 填土中有地下水的土压力计算

(2)水土合算法。这种方法比较适合渗透性小的黏性土层。计算作用在挡土墙上的土压力时，地下水位以下采用饱和重度，水压力不再单独计算叠加。

以上算法对黏性土同样适用，只是在土压力强度中减去相应土层的 $2c\sqrt{K_a}$。

【例 6-4】 求图 6-10 所示的挡土墙的总侧向压力。墙后地下水位高出墙底 2 m，填土为砂土，$\gamma=18\ kN/m^3$，$\gamma_{sat}=20\ kN/m^3$，$\varphi=30°$。

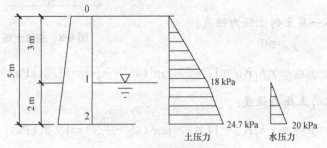

图 6-10 挡土墙的总侧向压力

【解】 各层面的土压力强度：

$$p_{a0}=0$$

$$p_{a1} = \gamma h_1 K_a = 18 \times 3 \times \tan^2(45° - \frac{30°}{2}) = 18 (\text{kPa})$$

$$p_{a2} = (\gamma h_1 + \gamma' h_2) K_a = [18 \times 3 + (20-10) \times 2] \times \tan^2(45° - \frac{30°}{2}) = 24.7 (\text{kPa})$$

主动土压力：
$$E_a = \frac{1}{2} \times 18 \times 3 + \frac{1}{2} \times (18+24.7) \times 2 = 69.7 (\text{kN/m})$$

静水压力强度：
$$\sigma_w = \gamma_w h_2 = 10 \times 2 = 20 (\text{kPa})$$

静水压力：
$$E_w = \frac{1}{2} \times 20 \times 2 = 20 (\text{kN/m})$$

总侧向压力：
$$E = E_a + E_w = 69.7 + 20 = 89.7 (\text{kN/m})$$

3. 墙后填土面有连续均布荷载

当挡土墙后填土面上作用有连续均布荷载 q 时，如图 6-11 所示，通常主动土压力强度可按下述方法计算：

由式(6-7)可知，当土的内聚力 $c=0$ 时，作用在填土表面下深为 z 处的主动土压力强度 p_a 等于该处土的竖向应力 γz 乘以主动土压力系数 K_a。当填土面有均布荷载 q 时，z 处的竖向应力为 $q+\gamma z$，主动土压力强度即

$$p_a = (q + \gamma z) K_a$$

填土面 a 点的土压力强度：
$$p_{a1} = q K_a$$

墙底 b 点的土压力强度：
$$p_{a2} = (q + \gamma z) K_a$$

土压力合力的作用点在梯形的形心。

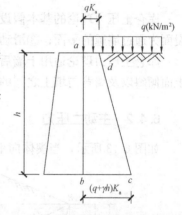

图 6-11 填土面上有均布荷载的土压力计算

【**例 6-5**】 挡土墙高为 5 m，墙背竖直、光滑，填土表面水平，其上作用有均布荷载 $q=10$ kPa/m。填土的物理力学性质指标为：$\varphi = 24°$，$c = 6$ kPa，$\gamma = 18$ kN/m³。试求主动土压力 E_a，并绘出主动土压力强度分布图。

【**解**】 填土表面处主动土压力强度：
$$p_{a1} = q K_a - 2c \sqrt{K_a}$$
$$= 10 \times \tan^2(45° - \frac{24°}{2}) - 2 \times 6 \times \tan(45° - \frac{20°}{2})$$
$$= -3.58 (\text{kPa})$$

墙底处的土压力强度：
$$p_{a2} = (q + \gamma h) K_a - 2c \sqrt{K_a}$$
$$= 3.58 + 18 \times 5 \times \tan^2(45° - \frac{24°}{2})$$
$$= 34.4 (\text{kPa})$$

临界深度：

$$z_0 = \frac{3.58}{34.4+3.58} \times 5 = 0.47(\text{m})$$

主动土压力：
$$E_a = \frac{1}{2} \times 34.4 \times 4.53 = 77.9(\text{kN/m})$$

主动土压力距墙底的距离为：
$$z = \frac{h-z_0}{3} = \frac{5-0.47}{3} = 1.51(\text{m})$$

主动土压力如图 6-12 所示。

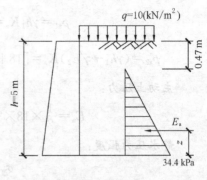

图 6-12 挡土墙

6.4 库仑土压力理论

6.4.1 基本假设

库仑土压力理论的基本假设为：①墙后填土是理想的散粒体（黏聚力 $c=0$）；②滑动破裂面为通过墙踵的平面；③滑动土楔为一刚塑性体，本身无变形。

库仑土压力理论适用于墙后填土为砂土或碎石的挡土墙计算，可以考虑墙背倾斜、填土面倾斜以及墙背与填土之间的摩擦等多种因素的影响。

6.4.2 主动土压力

如图 6-13 所示，当楔体向下滑动，处于极限平衡状态时，作用在楔体 ABM 的力有：

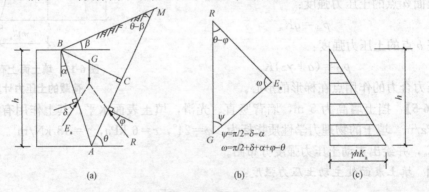

图 6-13 库仑主动土压力计算图
(a) 土楔体 ABM 上的作用力；(b) 力矢三角形；(c) 主动土压力强度分布图

(1) 重力 G 由土楔体 ABM 引起，根据几何关系可得：
$$G = \triangle ABM \cdot \gamma = \frac{1}{2} AM \cdot BC \cdot \gamma$$

在 $\triangle ABM$ 中，利用正弦定理可得：
$$AM = AB \frac{\sin(90°-\alpha+\beta)}{\sin(\theta-\beta)}$$

又因 $AB = \dfrac{h}{\cos\alpha}$

$$BC = AB\cos(\theta-\alpha) = h\frac{\cos(\theta-\alpha)}{\cos\alpha}$$

故
$$G = \frac{1}{2}AM \cdot BC \cdot \gamma = \frac{\gamma h^2}{2}\frac{\cos(\alpha-\beta)\cos(\theta-\alpha)}{\cos^2\alpha\sin(\theta-\beta)}$$

(2) 反力 R 为破裂面上土楔体重力的 AM 法向分力与该面土体间的摩擦力的合力，其作用于 AM 面上，与 AM 面法线的夹角等于土的内摩擦角 δ_{ef}。当楔体下滑时，位于法线的下侧。

(3) 墙背反力 E_a 与墙背 AB 法线的夹角等于土与墙体材料之间的内摩擦角 $\delta_{ef} = \frac{V_W - V_0}{V_0} \times 100\%$，该力与作用在墙背上的土压力大小相等、方向相反。当楔体下滑时，该力位于法线的下侧。

土楔体 ABM 在上述三力作用下处于静力平衡状态。因此，构成一闭合的力三角形如图 6-13(b) 所示，现已知三力的方向及 G 的大小，由正弦定理得：

$$E_a = G\frac{\sin(\theta-\varphi)}{\sin\omega} = \frac{\gamma h^2}{2\cos^2\alpha} \times \frac{\cos(\alpha-\beta)\cos(\theta-\alpha)\sin(\theta-\varphi)}{\sin(\theta-\beta)\sin\omega}$$

式中 $\omega = \frac{\pi}{2} + \delta + \alpha + \varphi - \theta$。

在上式中，γ、h、α、β、δ 都是已知的，而滑动面 AM 与水平面的夹角 θ 则是任意假定的。因此，选定不同的 θ 角，可得到一系列相应的土压力 E_a 值，即 E_a 是 θ 的函数。E_a 的最大值 $E_{\max}$ 即为墙背的主动土压力，其对应的滑动面即是土楔最危险滑动面。因此，可用微分学中求极值的方法求得 E_a 的极大值，即

$$\frac{dE}{d\theta} = 0$$

可解得使 E_a 为极大值时填土的破坏角 θ_{cr} 为：

$$\theta_{cr} = \arctan\left[\frac{\sin\beta s_q + \cos(\alpha+\varphi+\delta)}{\cos\beta s_q - \sin(\alpha+\varphi+\delta)}\right]$$

其中
$$s_q = \sqrt{\frac{\cos(\alpha+\delta)\sin(\varphi+\delta)}{\cos(\alpha-\beta)\sin(\varphi-\beta)}}$$

将 θ_{cr} 代入式 E_a 表达式，经整理后可得库仑主动土压力的一般表达式为：

$$E_a = \frac{1}{2}\gamma h^2 K_a \tag{6-17}$$

其中
$$K_a = \frac{\cos^2(\varphi-\alpha)}{\cos^2\alpha\cos(\alpha+\delta)\left[1+\sqrt{\frac{\sin(\varphi+\delta)\sin(\varphi-\beta)}{\cos(\alpha+\delta)\cos(\alpha-\beta)}}\right]^2} \tag{6-18}$$

式中 α——墙背与竖直线的夹角(°)，俯斜时取正号、仰斜时取负号[图 6-14(a)]；

β——墙后填土面的倾角(°)；

δ——土与墙背材料间的外摩擦角(°)；

K_a——库仑主动土压力系数。

当墙背竖直($\alpha=0$)、光滑($\delta=0$)、填土面水平($\beta=0$)时，式(6-18)变为：

$$K_a = \tan^2\left(45° - \frac{\varphi}{2}\right)$$

可见，在此条件下，库仑公式和朗肯公式完全相同。因此，朗肯理论是库仑理论的特

殊情况。

沿墙高的土压力分布强度 p_a，可通过 E_a 对 z 取导数而得到：

$$p_a = \frac{dE_a}{dz} = \frac{d}{dz}\left(\frac{1}{2}\gamma z^2 K_a\right) = \gamma z K_a \tag{6-19}$$

由上式可知，主动土压力分布强度沿墙高呈三角形线性分布[图6-13(c)]，土压力合力的作用点离墙底 $h/3$，方向与墙面的法线成 δ 角。需注意，图6-13(c)中表示的土压力分布图只表示其数值大小，而不代表其作用方向。

6.4.3 被动土压力

当挡土墙在外力作用下挤压土体，楔体沿破裂面向上隆起而处于极限平衡状态时，同理可得作用在楔体上的力三角形如图6-14(b)所示。此时，由于楔体上隆，E_p 和 R 均位于法线的上侧。按求主动土压力相同的方法可求得被动土压力 E_p 的库仑公式为：

$$E_p = \frac{1}{2}\gamma h^2 K_p \tag{6-20}$$

其中

$$K_p = \frac{\cos^2(\varphi+\alpha)}{\cos^2\alpha\cos(\alpha-\delta)\left[1-\sqrt{\frac{\sin(\varphi+\delta)\sin(\varphi+\beta)}{\cos(\alpha-\delta)\cos(\alpha-\beta)}}\right]^2} \tag{6-21}$$

式中 K_p——被动土压力系数。

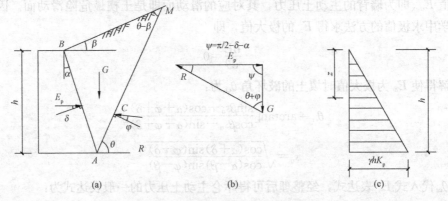

图6-14 库仑被动土压力计算图
(a)土楔体 ABM 上的作用力；(b)力矢三角形；(c)被动土压力强度分布图

若墙背竖直（$\alpha=0$）、光滑（$\delta=0$）及墙后填土面水平（$\beta=0$），则式(6-21)变为：

$$K_p = \tan^2\left(45°+\frac{\varphi}{2}\right)$$

即与无黏性土的朗肯公式相同。被动土压力强度可按下式计算：

$$p_p = \frac{dE_p}{dz} = \frac{d}{dz}\left(\frac{1}{2}\gamma z^2 K_p\right) = \gamma z K_p \tag{6-22}$$

被动土压力强度沿墙高也呈三角形分布[图6-14(c)]，其合力作用点在距墙底 $h/3$ 处。

库仑土压力理论假设填土是无黏性土，因而不能用库仑理论的原始公式直接计算黏性土或粉土的土压力。库仑理论假设墙后填土破坏时，破坏面是一平面，而实际上却是一曲面。实验证明，在计算主动土压力时，只有当墙背的倾斜度不大，墙背与填土间的摩擦角较小时，破坏面才接近于一平面，因此，计算结果与按曲线滑动面计算的结果有出入。在通常情况下，这种偏差在计算主动土压力时为 2%～10%，可以认为已满足实际工程所要求的精度；但在计算被动土压力时，由于破坏面接近于对数螺旋线，因此，计算结果误差较大，有时可达 2～3 倍，甚至更大。

6.5 规范法计算土压力

《建筑地基基础设计规范》(GB 50007—2011)中主动土压力计算公式为：

$$E_a = \psi_a \frac{1}{2} \gamma h^2 K_a \tag{6-23}$$

式中　E_a——主动土压力；

ψ_a——主动土压力增大系数，土坡高度小于 5 m 时宜取 1.0；高度为 5～8 m 时宜取 1.1；高度大于 8 m 时宜取 1.2；

γ——填土的重度；

h——挡土结构的高度；

K_a——主动土压力系数，按下式确定。

$$K_a = \frac{\sin(\alpha+\beta)}{\sin^2\alpha\sin^2(\alpha+\beta-\varphi-\delta)} \{ K_q [\sin(\alpha+\beta)\sin(\alpha-\delta)+\sin(\varphi+\delta)\sin(\varphi-\beta)] + 2\eta\sin\alpha\cos\varphi\cos(\alpha+\beta-\varphi-\delta) - 2[(K_q\sin(\alpha+\beta)\sin(\varphi-\beta)+\eta\sin\alpha\cos\varphi)(K_q\sin(\alpha-\delta)\sin(\varphi+\delta)+\eta\sin\alpha\cos\varphi)]^{1/2} \}$$

$$K_q = 1 + \frac{2q}{\gamma h} \frac{\sin\alpha\cos\beta}{\sin(\alpha+\beta)} \tag{6-24}$$

$$\eta = \frac{2c}{\gamma h} \tag{6-25}$$

式中　q——地表均布荷载(kPa)，以单位水平投影面上的荷载强度计算。

《建筑地基基础设计规范》(GB 50007—2011)推荐的公式具有普遍性，但计算 K_a 较复杂。对于高度小于或等于 5 m 的挡土墙，当排水条件符合下列条件："边坡的支挡结构应进行排水设计。对于可以向坡外排水的支挡结构，应在支挡结构上设置排水孔。排水孔应沿着横竖两个方向设置，其间距宜取 2～3 m，排水孔外斜坡度宜为 5%，孔眼尺寸不宜小于 100 mm。支挡结构后面应做好滤水层，必要时应作排水暗沟。支挡结构后面有山坡时，应在坡脚处设置截水沟。对于不能向坡外排水的边坡，应在支挡结构后面设置排水暗沟"。填土符合表 6-2 的质量要求时，其主动土压力系数可按图 6-15 查得。当地下水丰富时，应考虑水压力的作用。

表 6-2　查主动土压力系数图的填土质量要求

类别	填土名称	密实度	干密度/(t·m⁻³)
1	碎石土	中密	$\rho \geq 2.0$
2	砂土(包括砾砂、粗砂、中砂)	中密	$\rho \geq 1.65$
3	黏土夹块石土		$\rho \geq 1.90$
4	粉质黏土		$\rho \geq 1.65$

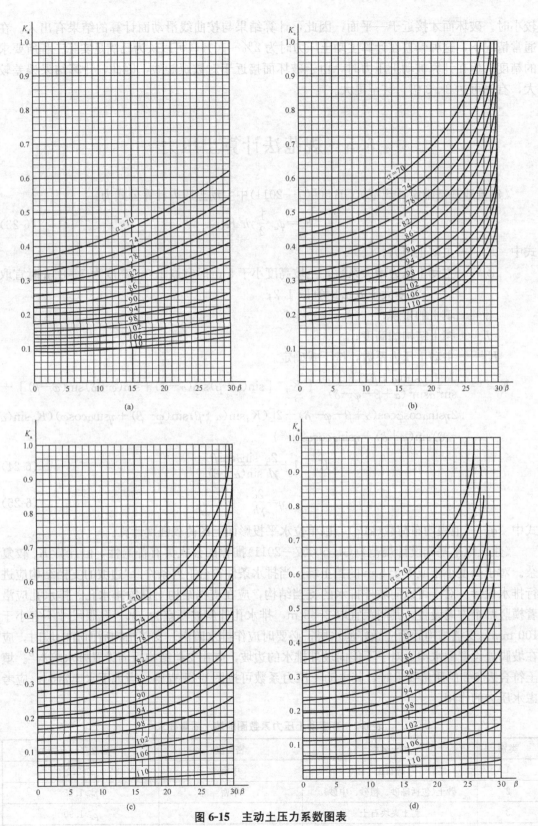

图 6-15 主动土压力系数图表

(a) Ⅰ类土压力系数($\delta=0.5\varphi$、$q=0$); (b) Ⅱ类土压力系数($\delta=0.5\varphi$、$q=0$);
(c) Ⅲ类土压力系数($\delta=0.5\varphi$、$q=0$、$h=5$ m); (d) Ⅳ类土压力系数($\delta=0.5\varphi$、$q=0$、$h=5$ m)

【例 6-6】 某挡土墙高度 5 m，墙背倾斜 ε=20°，墙后填土为粉质黏土，γ_d=17 kN/m³，ω=10%，φ=30°，δ=15°，β=10°，c=5kPa。挡土墙的排水措施齐全。按规范方法计算作用在该挡土墙上的主动土压力。

【解】 由 γ_d=17 kN/m³，ω=10%

土的重度 $\gamma=\gamma_d(1+\omega)=17(1+10\%)=18.7(kN/m^3)$

h=5 m，γ_d=17 kN/m³，排水条件良好，K_a 可查图 6-15(d)，K_a=0.52，ψ_C=1.1

$E_a=\psi_C \frac{1}{2}\gamma h^2 K_a = 1.1\times\frac{1}{2}\times18.7\times5^2\times0.52=133.7(kN/m)$

E_a 作用方向与墙背法线成 15° 角，其作用点距墙基 $\frac{5}{3}$=1.67 m 处。

《公路桥涵设计通用规范》(JTG D60—2015)规定了主动土压力标准值可按下列公式计算。

(1)当土层特性无变化且无汽车荷载时，作用在桥台、挡土墙前后的主动土压力标准值可按下式计算：

$$E=\frac{1}{2}B\mu\gamma h^2$$

$$\mu=\frac{\cos^2(\varphi-\alpha)}{\cos^2\alpha \cdot \cos(\alpha+\delta)\left[1+\sqrt{\frac{\sin(\varphi+\delta)\sin(\varphi-\beta)}{\cos(\alpha+\delta)\cos(\alpha-\beta)}}\right]^2}$$

式中 E——主动土压力标准值(kN)；
　　γ——土的重力密度(kN/m³)；
　　B——桥台的计算宽度或挡土墙的计算长度(m)；
　　h——计算土层高度(m)；
　　β——填土表面与水平面的夹角，当计算台后或墙后主动土压力时，β 按图 6-17(a)取正值，当计算台前或墙前主动土压力时，β 按图 6-17(b)取负值；
　　α——桥台或挡土墙背与竖直面的夹角，俯墙背(图 6-16)时，为正值，反之，为负值；
　　δ——台背或墙背与填土间的摩擦角，可取 $\delta=\varphi/2$。

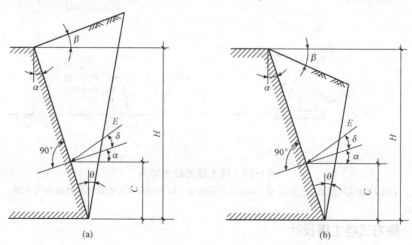

图 6-16 主动土压力图

(2)当土层特性无变化但有汽车荷载作用时,作用在桥台、挡土墙后的主动土压力标准值在 $\beta=0°$ 时可按下式计算:

$$E=\frac{1}{2}B\mu\gamma H(H+2h)$$

式中 h——汽车荷载的等代均布土层厚度(m)。$h=\dfrac{\sum G}{Bl_0\gamma}$,其中,$\sum G$ 为布置在 $l_0 \times B$ 面积内的车辆轮的重力(kN),$l_0 = H(\tan\alpha + \cot\theta)$ 为破坏棱体的长度。

主动土压力的着力点自计算土层地面算起,$C=\dfrac{H}{3}\left(\dfrac{H+3h}{H+2h}\right)$。

当 $\beta=0°$ 时,破坏棱体破裂面与竖直线间夹角 θ 的正切值可按下式计算:

$$\tan\theta = -\tan\omega + \sqrt{(\cot\varphi+\tan\omega)(\tan\omega-\tan\alpha)}$$
$$\omega = \alpha + \delta + \varphi$$

(3)当土层特性有变化或受水位影响时,宜分层计算土的侧压力。

6.6 挡土墙设计

挡土墙是防止土体坍塌的构筑物,广泛用于房屋建筑、水利、铁路以及公路和桥梁工程,例如,支撑建筑物周围填土的挡土墙、地下室侧墙、桥台以及储藏粒状材料的挡墙(图 6-17)等。挡土墙的结构形式可分为重力式、悬臂式和扶壁式等,通常用块石、砖、素混凝土及钢筋混凝土等材料建成。

挡土墙设计内容包括墙型选择、稳定性验算、地基承载力验算、墙身材料强度验算以及构造要求和措施。本节重点介绍重力式挡土墙的设计方法。

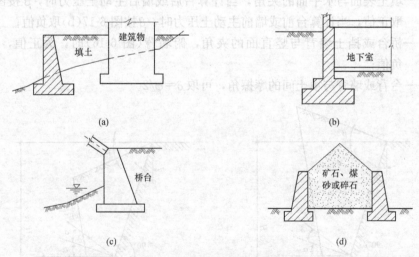

图 6-17 挡土墙的应用举例
(a)支挡建筑物周围填土的挡土墙;(b)地下室侧墙;(c)桥台;(d)储藏粒状材料的挡土墙

6.6.1 重力式挡土墙设计

重力式挡土墙是靠墙体自身重量来维护平衡的(图 6-18),通常由块石或素混凝土砌筑而成,因此,墙体抗拉抗剪强度较低。墙身的截面尺寸相对于其他类型挡土墙较大,宜用于高度小于 6 m、地层稳定、开挖土石方时不会危及相邻建筑物的地段。重力式挡土墙具有结构简单、施工方便、易于就地取材等优点,在工程中得到了广泛的应用。

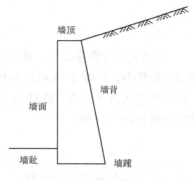

图 6-18 重力式挡土墙

挡土墙的形式选定后,一般根据经验初步拟定截面尺寸,然后进行验算。如不满足要求,则应改变截面尺寸或者采用其他措施。挡土墙的计算包括:①稳定性验算;②地基承载力验算;③墙身强度验算;④抗震计算。

1. 重力式挡土墙尺寸的初步确定

(1)挡土墙的高度。通常挡土墙的高度是由任务要求确定的,即考虑墙后被支挡的填土呈水平时墙顶的高程。有时,对长度很大的挡土墙,也可使墙顶低于填土顶面,而用斜坡连接,以节省工程量。

(2)挡土墙的顶宽。挡土墙的顶宽为构造要求确定,以保证挡土墙的整体性,及具有足够的强度。对于砌石重力式挡土墙,顶宽应大于 0.5 m,即 2 块块石加砂浆。对素混凝土重力式挡土墙也不宜小于 0.5 m。至于钢筋混凝土悬臂式或扶壁式挡土墙顶宽不宜小于 0.3 m。

(3)挡土墙的底宽。挡土墙的底宽由整体稳定性确定。初定挡土墙底宽 $B=(0.5\sim 0.7)H$(H 为挡土墙的高度),挡土墙底面为卵石、碎石时取小值,墙底为黏性土时取大值。

挡土墙尺寸确定后,进行挡土墙抗滑移稳定与抗倾覆稳定验算。若安全系数过大,则适当减小墙的底宽;反之,安全系数太小,则适当加大墙的底宽或者采取其他措施,以保证挡土墙既安全又经济。

2. 重力式挡土墙稳定性验算

(1)抗倾覆稳定性验算。图 6-19 所示为一基底倾斜的挡土墙,在主动土压力的作用下可能绕墙趾 O 点向外倾覆。在抗倾覆稳定性验算中,将土压力 E_a 分解为水平分力 E_{ax} 和垂直分力 E_{az},显然,对墙趾 O 点倾覆力矩为 $E_{ax} \cdot z_f$,而抗倾覆力矩则为 $G_{x0}+E_{az} \cdot x_f$。抗倾覆力矩与倾覆力矩之比成为抗倾覆安全系数(K_t),应满足式(6-26)的要求:

$$K_t = \frac{G_{x0}+E_{az} \cdot x_f}{E_{ax} \cdot z_f} \geqslant 1.6 \tag{6-26}$$

式中　　G——每延米挡土墙的重力(kN/m);

E_{az}——主动土压力的垂直分量,$E_{az}=E_a\cos(\alpha-\delta)$(kN/m);

E_{ax}——主动土压力的水平分量,$E_{ax}=E_a\sin(\alpha-\delta)$(kN/m);

x_0,x_f,z_f——G,E_{az},E_{ax} 至墙趾 O 点的距离(m);

$$x_f=b-z_f \cdot \cot\alpha;\quad z_f=z-b\tan\alpha$$

b——基底的水平投影宽度(m);

z——土压力作用点离墙踵的高度(m);

α——墙背与水平线之间的夹角;

α_0——基底与水平线之间的夹角。

若墙背直立时,$\alpha=90°$;基底水平时 $\alpha_0=0$,则

$$E_{ax}=E_a\cos\delta$$

$$E_{az} = E_a \sin\delta$$
$$x_f = b - z_f \cdot \cot\alpha; \quad z_f = z$$

(2) 挡土墙抗滑移验算。在土压力作用下，挡土墙有可能沿基础地面发生滑移，在抗滑移稳定验算中，如图 6-20 所示的挡土墙，将挡土墙重力 G 及主动土压力 E_a 分解为垂直和平行于基底的两个分力，滑移力为 E_{at}，抗滑移力为 E_{an}。抗滑力和滑动力的比值称为抗滑移安全系数 (K_s)，即

$$K_s = \frac{(G_n + E_{an})\mu}{E_{at} - G_t} \geq 1.3 \tag{6-27}$$

式中 K_s——抗滑移安全系数；
   G_n——垂直于基底的重力分力，$G_n = G\cos\alpha_0$；
   G_t——平行于基底的重力分力，$G_t = G\sin\alpha_0$；
   E_{an}——垂直于基底的土压力分力，$E_{an} = E_a\cos(\alpha - \alpha_0 - \delta)$；
   E_{at}——平行于基底的土压力分力，$E_{at} = E_a\sin(\alpha - \alpha_0 - \delta)$；
   μ——挡土墙基底对地基的摩擦系数，由试验确定，当无试验资料时，可参考表 6-3；
   δ——土对挡土墙的摩擦角，参考表 6-4。

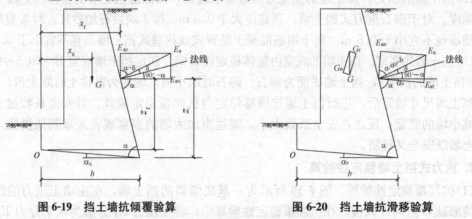

图 6-19   挡土墙抗倾覆验算   图 6-20   挡土墙抗滑移验算

表 6-3   土对挡土墙基底的摩擦系数 μ

土的类别	状态	摩擦系数 μ
黏性土	可塑	0.25~0.30
	硬塑	0.30~0.35
	坚硬	0.35~0.45
粉土		0.30~0.40
中砂、粗砂、砂粒		0.40~0.50
碎石土		0.40~0.60
软质岩		0.40~0.60
表面粗糙的硬质岩		0.65~0.75

注：1. 对于易风化的软质岩和塑性指数 I_p 大于 22 的黏性土，基底摩擦系数应通过试验确定。
  2. 对于碎石土，密实的可取高值；稍密、中密及颗粒为中等风化或强风化的取低值。

表 6-4 土对挡土墙墙背的摩擦角 δ

挡土墙情况	摩擦角 δ
墙背平滑,排水不良	$(0 \sim 0.33)\varphi_k$
墙背粗糙,排水良好	$(0.33 \sim 0.50)\varphi_k$
墙背很粗糙,排水良好	$(0.50 \sim 0.67)\varphi_k$
墙背与填土间不可能滑动	$(0.67 \sim 1.00)\varphi_k$

注:φ_k 为墙背填土的内摩擦角标准值。

若墙背为垂直时,则 $\alpha=90°$,基底水平时,$\alpha_0=0$。那么

$$G_n=G$$
$$G_t=0$$
$$E_{an}=E_a\sin\delta$$
$$E_{at}=E_a\cos\delta$$

3. 挡土墙地基承载力的验算

挡土墙地基承载力的验算与一般偏心受压基础验算方法相同。如图 6-21 所示,可按下述方法求出基底合力 N 的偏心距 e:先将主动土压力分解为垂直分力 E_{az} 与水平分力 E_{ax},然后将各力 G、E_{ax}、E_{az} 及 N 对墙趾 O 点取矩,根据合力矩等于各分力矩之和的原理,便可求得合力 N 作用点对 O 点的距离 c 及对基底形心的偏心距 e。

$$N \cdot c = Gx_0 + E_{az} \cdot x_f - E_{ax} \cdot z_f \tag{6-28}$$

$$c = \frac{Gx_0 + E_{az} \cdot x_f - E_{ax} \cdot z_f}{N} \tag{6-29}$$

$$e = \frac{b'}{2} - c \tag{6-30}$$

$$b' = \frac{b}{\cos\alpha_0} \tag{6-31}$$

式中 b'——基底斜向宽度。

挡土墙基础底面的压力可按下式计算:

当偏心距 $e \leqslant \dfrac{b'}{6}$ 时,基底压力呈梯形或三角形分布(图 6-21):

$$p_{\max}^{\min} = \frac{N}{b'}\left(1 \pm \frac{6e}{b'}\right) \leqslant 1.2f_a \tag{6-32}$$

当偏心距 $e > \dfrac{b'}{6}$ 时,则基底压力呈三角形分布(图 6-21):

$$p_{\max} = \frac{2N}{3c} \leqslant 1.2f_a \tag{6-33}$$

式中 f_a——修正后的地基承载力特征值,当基底倾斜时,应乘以 0.8 的折减系数;

$p_{\max}$,$p_{\min}$——偏心荷载作用下,基底压力的最大值和最小值。

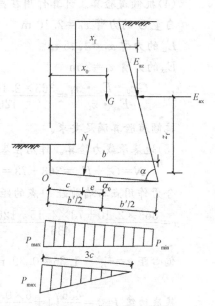

图 6-21 地基承载力验算

验算挡土墙地基承载力要求同时满足式(6-34)和式(6-35)：

$$p \leqslant f_a \tag{6-34}$$

$$p_{max} \leqslant 1.2 f_a \tag{6-35}$$

【例6-7】 已知某块石挡土墙高 6 m，墙背倾斜 $\varepsilon=10°$，填土表面倾斜 $\beta=10°$，土与墙的摩擦角 $\delta=20°$，墙后填土为中砂，内摩擦角 $\varphi=30°$，重度 $\gamma=18.5$ kN/m³。地基承载力设计值 $f_a=160$ kPa。设计挡土墙尺寸（砂浆块石的重度取 22 kN/m³）。

【解】 (1)初定挡土墙断面尺寸。设计挡土墙顶宽 1.0 m，底宽 4.5 m，如图 6-22 所示。

墙的自重为：

$$G = \frac{(1.0+4.5) \times 6 \times 22}{2} = 363 \text{(kN/m)}$$

因 $\alpha_0 = 0$，$G_n = 363$ kN/m，$G_t = 0$ kN/m

(2)土压力计算。由 $\varphi=30°$、$\delta=20°$、$\varepsilon=10°$、$\beta=10°$，应用库仑土压力理论，查图 6-15 得 $K_a = 0.438$，由主动土压力计算公式得

$$E_a = \frac{1}{2} \gamma h^2 K_a = \frac{1}{2} \times 18.5 \times 6^2 \times 0.438 = 145.9 \text{(kN/m)}$$

E_a 的方向与水平方向成 $30°$ 角，作用点距离墙基 2 m 处。

$$E_{ax} = E_a \cos(\delta + \varepsilon) = 145.9 \times \cos(20° + 10°) = 126.4 \text{(kN/m)}$$

$$E_{az} = E_a \sin(\delta + \varepsilon) = 145.9 \times \sin(20° + 10°) = 73 \text{(kN/m)}$$

因 $\alpha_0 = 0$，$E_{an} = E_{az} = 73$ kN/m

$E_{at} = E_{ax} = 126.4$ kN/m

(3)抗滑稳定性验算。墙底对地基中砂的摩擦系数 μ，查表6-3得 $\mu=0.4$。

$$K_s = \frac{(G_n + E_{an})\mu}{E_{at} - G_t} = \frac{(363+73)}{126.4} = 1.38 > 1.3$$

抗滑安全系数满足要求。

(4)抗倾覆验算。计算作用在挡土墙上的各力对墙趾 O 点的力臂：

自重 G 的力臂 $x_0 = 2.10$ m

E_{an} 的力臂 $x_f = 4.15$ m

E_{ax} 的力臂 $z_f = 2$ m

$$K_t = \frac{Gx_0 + E_{az} \cdot x_f}{E_{ax} \cdot z_f} = \frac{363 \times 2.10 + 73 \times 4.15}{126.4 \times 2} = 4.21 > 1.6$$

抗倾覆验算满足要求。

(5)地基承载力验算。作用在基础底面上总的竖向力：

$$N = G_n + E_{az} = 363 + 73 = 436 \text{(kN/m)}$$

合力作用点与墙前趾 O 点的距离：

$$x = \frac{363 \times 2.10 + 73 \times 4.15 - 126.4 \times 2}{436} = 1.86 \text{(m)}$$

偏心距 $e = \frac{4.5}{2} - 1.86 = 0.39 \text{(m)}$

基底边缘 $P_{min}^{max} = \frac{436}{4.5}\left(1 \pm \frac{6 \times 0.39}{4.5}\right) = \frac{147.3}{46.5}$ (kPa)

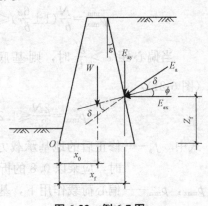

图 6-22 例 6-7 图

$$\frac{1}{2}(P_{max}+P_{min}) = \frac{1}{2}(147.3+46.5)$$
$$=96.9(\text{kPa}) < f_a = 160 \text{ kPa}$$

$P_{max} = 147.3 \text{ kPa} < 1.2 f_a = 1.2 \times 160 = 196 (\text{kPa})$

地基承载力满足要求。

因此，该块石挡土墙的断面尺寸可定为：顶宽为 1.0 m，底面为 4.5 m，高为 6.0 m。

4. 挡土墙墙身强度验算

挡土墙墙身强度验算执行《混凝土结构设计规范》(GB 50010—2010)和《砌体结构设计规范》(GB 50003—2011)等标准的相应规定。

5. 重力式挡土墙的构造措施

(1)墙背倾斜形式的选择。重力式挡土墙按墙背的倾斜情况分为仰斜式、俯斜式和垂直式三种(图 6-23)。从受力情况分析，仰斜式的主动土压力最小，俯斜式的主动土压力最大。从挖、填方角度来看，如果边坡为挖方，采用仰斜式较合理，因为仰斜式的墙背可以和开挖的临时边坡紧密结合；如果边坡为填方，则采用俯斜式或垂直式较合理，因为仰斜式挡土墙的墙背填土夯实比较困难。此外，当墙前地形平坦时，采用仰斜式较好；而当地形较陡时，则采用垂直墙背较好。综上所述，设计时，应优先采用仰斜式，其次是垂直式。

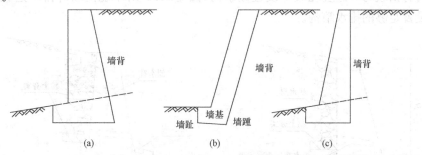

图 6-23 重力式挡土墙墙背倾斜形式
(a)仰斜式；(b)俯斜式；(c)垂直通式

(2)墙的背坡和面坡的选择。在墙前地面坡度较陡处，墙面坡可取 1∶0.05～1∶0.2，也可采用直立的截面。当墙前地形较平坦时，对于中、高挡土墙，墙面坡可用较缓坡度，但不宜缓于 1∶0.4，以免增高墙身或增加开挖宽度。仰斜墙墙背坡越缓，则主动土压力越小，为了避免施工困难，墙背仰斜时其倾斜度一般不宜缓于 1∶0.25，面坡应尽量与背坡平行。

(3)设置基底逆坡。在墙体稳定性验算中，倾覆稳定较易满足要求，而滑动稳定常不易满足要求。为了增加抗滑稳定性，将基底作为逆坡是一种有效的方法(图 6-24)。对于土质地基，基底逆坡一般不宜大于 0.1∶1(n∶1)，对于岩石地基，一般不宜大于 0.2∶1。由于基底倾斜，会使基底承载力减小，因此，需将地基承载力特征值折减。当基底逆坡为 0.1∶1 时，折减系数为 0.9；当基底逆坡为 0.2∶1 时，折减系数为 0.8。

(4)设置墙趾台阶。当墙身强度超过一定限度时，基底压应力往往是控制截面尺寸的重要原因。为了使基底压应力不超过地基承载力，可设置墙趾台阶(图 6-25)，以扩大基底宽度，对挡土墙的抗倾覆和滑移稳定都是有利的。

墙趾高h和墙趾宽a的比例可取$h:a$，a不得小于20 cm。墙趾台阶的夹角一般应保持直角或钝角，若为锐角时不宜小于60°。此外，基底法向反力的偏心必须满足$e\leqslant 0.25b$（b为无台阶时的基底宽度）。

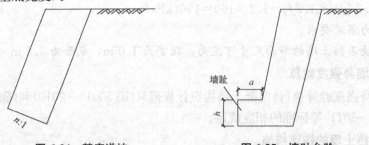

图 6-24　基底逆坡　　　　　图 6-25　墙趾台阶

（5）采取适当排水措施。挡土墙墙后填土如因排水不良，在地表水渗入墙后填土后，会使填土的抗剪强度降低，土压力增大，这对挡土墙的稳定不利。若墙后积水，则要产生水压力。积水自墙面渗出，还要产生渗流压力。水位较高时，静、动水压力给挡土墙的稳定威胁更大。因此，挡土墙应沿纵、横两向设泄水孔，其间距宜取2~3 m，外斜5%，孔眼尺寸不宜小于100 mm。墙后应设置滤水层和必要的排水暗沟，在墙顶背后的地面铺设防水层。当墙后有山坡时，还应在坡下设置截水沟（图6-26）。对不能向坡外排水边坡，应在墙背填土中设置足够的排水暗沟。

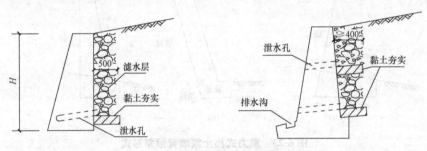

图 6-26　挡土墙排水措施

（6）填土质量要求。墙后填土宜选择透水性较强的填料，如砂土、砾石、碎石等，因为这类土的抗剪强度较稳定，易于排水。当采用黏性土作为填料时，宜掺入适量的块石。在季节性冻土地区，墙后填土应选择非冻胀性填料（如炉渣、碎石、粗砂等）。不应采用淤泥、耕植土、膨胀性黏土等作为填料，填土料中还不应含有大的冻结土块、木块或其他杂物。墙后填土应分层夯实。

6.6.2　其他形式挡土墙

1. 悬臂式挡土墙

悬臂式挡土墙主要靠墙踵悬臂上的土重来保持稳定的（图6-27），墙体内设置钢筋，一般用钢筋混凝土建造，它由三个悬臂板组成，即立壁、墙趾悬臂和墙踵悬臂。墙体内的拉应力由钢筋承受，因此，能充分利用钢筋混凝土的受力特点，墙体截面尺寸较小，在市政工程以及厂矿储库中较常用。

2. 扶壁式挡土墙

当墙较高时，悬臂式挡土墙立壁的挠度较大，为了增强臂的抗弯性能，常沿墙的纵向每隔一定距离设置一道扶壁，扶壁间距为$(0.8 \sim 1.0)h$（h 为墙高）（图6-28）。扶壁间填土可增加抗滑抗倾覆能力，一般用于重要的大型土建工程。

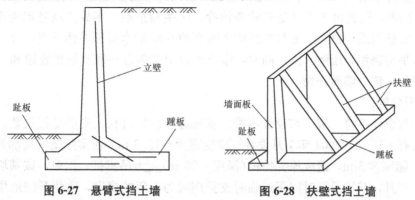

图6-27　悬臂式挡土墙　　　　图6-28　扶壁式挡土墙

3. 锚碇板及锚杆式挡土墙

锚碇板挡土墙是由预制的钢筋混凝土立柱、墙面、钢拉杆和埋置在填土中的锚碇板在现场拼装而成，依靠填土与结构的相互作用维持其自身稳定。与重力式挡土墙相比，具有结构轻、柔性大、工程量小、造价低、施工方便等优点，特别适用于地基承载力不大的地区。设计时，为了维持锚碇板挡土墙结构的内力平衡，必须保证锚碇板挡土墙结构周边的整体稳定和土的摩擦阻力大于由土自重和荷载产生的土压力。锚杆式挡土墙是利用嵌入坚实岩层的灌浆锚杆作为拉杆的一种挡土墙结构（图6-29、图6-30）。

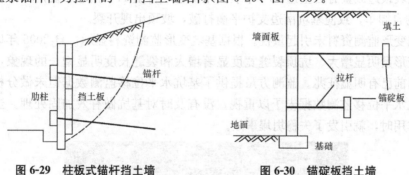

图6-29　柱板式锚杆挡土墙　　　　图6-30　锚碇板挡土墙

4. 加筋土挡土墙

加筋土挡土墙是由墙面板、加筋材料及填土共同组成（图6-31），它是依靠拉筋与填土之间的摩擦力来平衡作用在墙面的土压力以保持稳定。加筋土挡土墙能够充分利用材料的性质以及土与筋带的共同作用，因而结构轻巧，体积小，便于现场预制和工地拼装，而且施工速度快，能抗严寒、抗地震，与重力式挡土墙相比，一般可降低造价25%～60%，是一种较为合理的挡土墙结构。近年来，加筋土挡土墙得到了迅速的发展与应用。

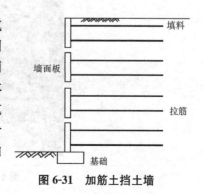

图6-31　加筋土挡土墙

6.6.3 挡土墙事故实例

(1)事故过程。2005年7月21日中午12时许，海珠区江南大道中海珠广场工地基坑挡土墙突然发生坍塌(图6-32)，导致邻近两幢建筑物出现不同程度的倾斜、部分墙体开裂。事故造成5人被困，已救出3人并送院检查治疗，无生命危险。事故工地基坑南端约100 m长的挡土墙突然坍塌；拉动工地与居民楼之间宽约6 m的水泥路整体下陷，并造成位于工地边的砖木平房倒塌，压倒5人。同时，塌方事故引起邻近一幢9层楼宾馆和一幢8层居民楼出现倾斜，部分墙面开裂。

(2)原因分析：

1)施工与设计不符。施工与设计不符，基坑施工时间过长，支护受损失效。该基坑原设计深度只有-17 m，2004年7月设计深度变更为-19.6 m，而实际基坑局部开挖深度为-20.3 m，超深3.3 m，造成原支护桩(深度-20 m)变为吊脚桩；同时，该基坑施工时间长达2年7个月，基坑暴露时间超过临时支护期限为1年的规定，致使开挖地层软化渗透水、钢构件锈蚀和锚杆(索)锚固力降低，致使基坑支护严重失效，构成重大事故隐患。

2)地质条件复杂。根据地质勘察资料显示，在基坑开挖深度内的岩层中存在强风化软弱夹层，而且基坑南侧岩层向基坑内倾斜，软弱强风化夹层中有渗水流泥现象，客观上存在不利的地质结构面，施工期间发现上述情况后，虽然设计方对基坑南侧做了加固设计方案，施工方也进行了加固施工，但对基坑南侧中段，设计方和施工方均未能及时有效地调整设计方案和施工方案，错过了排除险情的时机。

3)基坑坡顶严重超载。7月17日至事发当天，土方运输队在南侧坑顶进行土方运输施工，在基坑坡顶边放置有自重达23 t吊装汽车1台，自重17 t的履带反产车1台和满载后重达25 t的自卸车，致使基坑南边支护平衡打破，坡顶出现开裂。

4)基坑变形监测资料未引起重视。根据基坑变形监测资料显示，自2005年以来基坑南边出现过变形量明显增大、坑顶裂缝宽度显著增大和裂缝长度明显增长的现象，说明基坑南侧在坍塌前已有明显征兆。监测方虽提供了基坑水平位移监测数据但未做分析提示，业主方对基坑水平位移监测数据未予以重视，没有及时对基坑做有效加固处理。当存在不利的外荷载作用时，就引发了失稳坍塌事故。

图6-32 海珠广场工地基坑挡土墙坍塌

6.7 土坡稳定分析

土坡是具有倾斜坡面的土体,通常可分为天然土坡和人工土坡,天然土坡是由于地质作用自然形成的土坡,如土坡、江河的岸坡等;人工土坡是经过人工挖、填的土工建筑物,如基坑、渠道、土坝、路堤等的边坡。当土坡的顶面和底面水平且无限延伸,坡体由均质土组成,称为简单土坡。图 6-33 给出了简单土坡的外形和各部分名称。土坡在重力和其他作用下都有向下和向外移动的趋势。如果土坡内土的抗剪强度能够抵抗住这种趋势,则此土坡是稳定的,否则就会发生滑坡。滑坡(图 6-34)是土坡丧失原有稳定性,一部分土体对其下面土体产生滑动。土坡丧失稳定时,滑动土体将沿着一个最弱的滑动面发生滑动。破坏前土坡上部或坡顶出现拉伸裂缝,滑动土体上部下陷,并出现台阶。而其下部鼓胀或有较大的侧向移动。

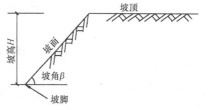

图 6-33 土坡各部分名称

图 6-34 滑坡

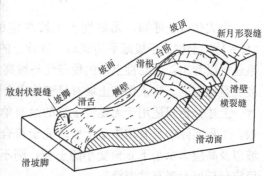

在高速公路、铁路、机场、高层建筑深基坑以及露天矿井和土坝等土木工程建设中都存在土坡稳定问题,规范对建于坡顶的建筑物的地基稳定问题已有专门规定。土坡稳定性问题可通过土坡稳定分析解决,但有待研究的不确定因素较多,如滑动面形式的确定,土体抗剪强度参数的合理选取,土的非均质性以及坡体中渗流水的影响等。

常用的土坡稳定分析方法有圆弧滑动分析和非圆弧滑动分析,根据土坡内工程地质条件,决定可能滑动面的大致形状,从而选用不同的土坡稳定分析方法。

6.7.1 无黏性土土坡稳定分析

设一坡角为 β 的无黏性土土坡,土坡及地基为均质的同一种土,且不考虑渗流的影响。纯净的干砂,颗粒之间无黏聚力,其抗剪强度只由摩擦力提供。对于这类土坡,其稳定性条件可由图 6-35 所示的力系来说明。

斜坡上的土颗粒 M,其自重为 W,砂土的内摩擦角为 φ。W 垂直于坡面和平行于坡面的分力分别为 N 和 T。

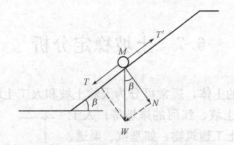

图 6-35 无黏性土土坡稳定分析

$$N = W\cos\beta$$
$$T = W\sin\beta$$

分力 T 将使土颗粒 M 向下滑动，为滑动力。阻止 M 下滑的抗滑力，则是由垂直于坡面上的分力 N 引起的最大静摩擦力 T'：

$$T' = N\tan\varphi = W\cos\beta\tan\varphi$$

抗滑力与滑动力的比值称为稳定安全系数 K，为

$$K = \frac{T'}{T} = \frac{W\cos\beta\tan\varphi}{W\sin\beta} = \frac{\tan\varphi}{\tan\beta} \tag{6-36}$$

由式(6-36)可知，无黏性土土坡稳定的极限坡角 β 等于其内摩擦角，即当 $\beta = \varphi$ 时 $(K=1)$，土坡处于极限平衡状态。故砂土的内摩擦角也称为自然休止角。由上述的平衡关系还可以看出：无黏性土土坡的稳定性与坡高无关，仅取决于坡角 β，只要 $\beta < \varphi (K > 1)$，土坡就是稳定的。为了保证土坡有足够的安全储备，可取 $K = 1.1 \sim 1.5$。

上述分析只适用于无黏性土土坡的最简单情况。即只有重力作用，且土的内摩擦角是常数。工程实际中只有均质干土坡才完全符合这些条件。对有渗透水流的土坡、部分浸水土坡以及高应力水平下 φ 角变小的土坡，则不完全符合这些条件。这些情况下的无黏性土坡稳定分析可参考有关书籍。

6.7.2 黏性土土坡稳定分析

黏性土土坡的滑动情况如图 6-36 所示。土坡失稳前一般在坡顶产生张拉裂缝，继而沿着某一曲面产生整体滑动，同时伴随着变形。此外，滑动体沿纵向也为一定范围的曲面，为了简化，进行稳定性分析时往往假设滑动面为圆筒面，并按平面应变问题处理。

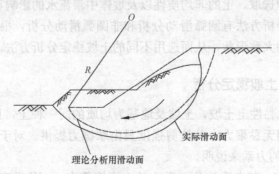

图 6-36 黏性土土坡的滑动面

黏性土土坡稳定分析有许多方法，目前工程最常用的是条分法。

条分法首先为瑞典工程师费兰纽斯(Fellenius, 1922)所提出，这个方法具有较普遍的意义，它不仅可以分析简单土坡，还可以用来分析非简单土坡，例如，土质不均匀的、坡上或坡顶作用荷载的土坡等。

条分法的具体计算步骤如下：

(1)按比例绘出土坡剖面如图 6-37 所示。

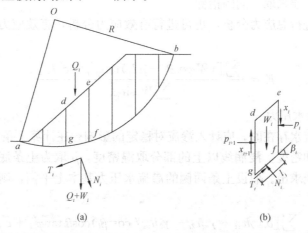

图 6-37　无黏性土土坡稳定分析
(a)土坡剖面；(b)作用于 i 土条上的力

(2)任选一圆心 O，以 $\overline{Oa}$ 为半径作圆弧，$\overset{\frown}{ab}$ 为滑动面，将滑动面以上土体分成几个等宽(不等宽也可)土条。

(3)计算每个土条的力(以第 i 条为例进行分析)。第 i 条上作用力包括(纵向取 1 m)：土条自重 W_i(包括土条顶面的荷载)；作用于滑动面 $\overline{fg}$(简化为平面)上的法向反力 N_i 和剪切力 T_i；作用于土条侧面 ef 和 dg 上的法向力 p_i、p_{i+1} 和剪力 x_i、x_{i+1}。

这一力系是非静定力系。为简化计算，设 p_i、x_i 的合力与 p_{i+1}、x_{i+1} 的合力相平衡，稳定分析时，不考虑其影响。这样，简化后的结果偏于安全。根据土条静力平衡条件得出：

$$N_i = W_i \cos\beta_i$$
$$T_i = W_i \sin\beta_i$$

滑动面 $\overline{fg}$ 上应力分别为

$$\sigma_i = \frac{N_i}{l_i} = \frac{1}{l_i} W_i \cos\beta_i$$
$$\tau_i = \frac{T_i}{l_i} W_i \sin\beta_i$$

式中，l_i 为 fg 的长度。

此外，构成抗滑力的还有黏聚力 c_i。

(4)滑动面上的总滑力矩(对滑动圆心)为：

$$TR = R\sum T_i = R\sum W_i \sin\beta_i$$

(5)滑动面上的总抗滑力矩(对滑动圆心)为：

$$T'R = R\sum \tau_{fi} l_i = R\sum (\sigma_i \tan\varphi_i + c_i) l_i = R\sum (W_i \cos\beta_i \tan\varphi_i + c_i l_i)$$

(6)确定安全系数 K。总抗滑力矩与总抗滑动力矩的比值称为稳定安全系数 K，即

$$K = \frac{T'R}{TR} = \frac{\sum(W_i \cos\beta_i \tan\varphi_i + c_i l_i)}{\sum W_i \sin\beta_i} \tag{6-37}$$

上式即为太沙基(1936)提出而被广泛采用的公式。当土坡由不同土层组成时，式(6-37)仍可适用。但使用时要注意：应分层计算土条重力，然后叠加；土的黏聚力 c 和内摩擦角 φ 应按滑弧所通过的土层采取不同的指标。

简单条分法可进行总应力分析，也可进行有效应力分析，有效应力分析稳定安全系数 K 的计算如下：

$$K = \frac{\sum[(W_i \cos\beta_i - \mu_i l_i)\tan\varphi'_i + c'_i l_i]}{\sum W_i \sin\beta_i} \tag{6-38}$$

式中，μ 为孔隙水压力。

当土坡中有渗流水存在时，应计入渗流对稳定的影响。在计算土条重量 W 时，对浸润线以下的部分取饱和密度，浸润线以上的部分取湿密度，μ 取为土条底部沿滑动面上的渗流水压力，按等势线求出。假设土条两侧的渗流水压力基本上平衡，则稳定安全系数的计算公式为：

$$K = \frac{\sum[b_i(\gamma h_{1i} + \gamma_m h_{2i} - \gamma_0 h_{wi}/\cos^2\beta_i)\cos\beta_i\tan\varphi'_i + c'_i l_i]}{\sum b_i(\gamma h_{1i} + \gamma_m h_{2i})\sin\beta_i} \tag{6-39}$$

式中 γ，γ_m——土的湿密度和饱和密度；
  γ_0——水密度；
  h_1，h_2——土条在浸润线以上和以下的高度；
  h_w——土条底部中点的渗流水头，与土条滑动面相正交；
  b——土条宽度。

式(6-39)没有考虑剪切破坏过程中孔隙水压力变化的影响，有的计算公式将上式中的 $\gamma_0 h_{wi}$ 取消，但在计算抗滑力时，对浸润线以下的土条采用浮密度，计算滑动力时，将浸润线以下、下游水位以上的土条采用饱和密度，下游水位以下的土条仍采用浮密度。这是对渗流压力影响的一种近似处理。

由于滑动圆弧是任意选定的，所以，不一定是最危险滑弧，即上述计算的 K 不一定是最小的。因此，还必须对其他滑动圆弧(不同圆心位置和不同半径)进行计算，直至求得最小的安全系数，最小的安全系数对应的滑弧即为最危险滑弧。所以，条分法实际上是一种试算法。由于这种计算的工作量大，目前一般由计算机来完成这种计算。即根据具体的边坡和土质，假设滑弧圆心和滑弧半径在坡体与地基内搜索最危险滑弧，同时确定最小安全系数。当 $K_{min} > 1$ 时，土坡是稳定的，根据边坡工程的安全等级，一般可取 $K_{min} = 1.20 \sim 1.30$[《建筑边坡工程技术规范》(GB 50330—2013)]。

6.7.3 人工边坡的确定

在山坡整体稳定的情况下，边坡的设计和施工，关键是根据工程地质条件确定合理的边坡容许坡度和高度，或经验拟定的尺寸是否稳定合理。

1. 查表法

当工程地质条件良好、岩土质较均匀时，可以参照表6-5确定边坡的坡度允许值。

表 6-5　土质边坡坡度允许值

土的类别	密实度或状态	边坡高度/m	
		5 m 以下	5～10 m
碎石土	密实	1：0.35～1：0.50	1：0.50～1：0.75
	中密	1：0.50～1：0.75	1：0.75～1：1.00
	稍密	1：0.75～1：1.00	1：1.00～1：1.25
粉土	稍湿	1：1.00～1：1.25	1：1.25～1：1.50
老黏性土	坚硬	1：0.35～1：1.50	1：0.50～1：1.075
	硬塑	1：0.50～1：0.75	1：0.75～1：1.00
一般黏性土	坚硬	1：0.75～1：1.00	1：1.00～1：1.25
	硬塑	1：1.00～1：1.25	1：1.25～1：1.50

注：本表中的碎石土，其填充物为坚硬或硬塑状态的黏性土；砂土或碎石土的充填物为砂土时，其边坡允许坡度值按自然休止角确定。

表 6-6　岩质边坡坡度允许值

边坡岩体类型	风化程度	边坡允许值（高宽比）		
		$H<8$ m	$8\ \text{m} \leqslant H<15$ m	$15\ \text{m} \leqslant H<25$ m
Ⅰ类	微风化	1：0.00～1：0.10	1：0.10～1：0.15	1：0.15～1：0.25
	中等风化	1：0.10～1：0.15	1：0.15～1：0.25	1：0.25～1：0.35
Ⅱ类	微风化	1：0.10～1：0.15	1：0.15～1：0.25	1：0.25～1：0.35
	中等风化	1：0.15～1：0.25	1：0.25～1：0.35	1：0.35～1：0.50
Ⅲ类	微风化	1：0.25～1：0.35	1：0.35～1：0.50	—
	中等风化	1：0.35～1：0.50	1：0.50～1：0.75	—
Ⅳ类	中等风化	1：0.50～1：0.75	1：0.75～1：1.00	—
	强风化	1：0.75～1：1.0	—	—

注：表中 H 为边坡高度；Ⅳ类强风化包括各类风化程度的极软岩。

2. 泰勒图表法

土坡的稳定性与土体的抗剪强度指标 c、φ、土的重度 γ、土坡的坡角 β 和坡高 h 5 个参数有密切关系。因为这 5 个参数考虑到了均质黏性土土坡的所有物理力学特性，D·W·泰勒(Taylor)1937 年用图表表达了其中的关系。为了简化，把 3 个参数 c、φ 和 h 合并为一个新的无量纲参数 N_s，称为稳定数，其值仅取决于坡角 β 和深度系数 n_d（见下述）。N_s 的定义为：

$$N_s = \frac{\gamma h_{cr}}{c}$$

式中　h_{cr}——土坡的临界（极限）高度。

按不同的 φ 角绘出 N_s 与 β 的关系曲线，如图 6-38 所示。对于 $\varphi=0$ 且 $\beta<53°$ 的软黏土

土坡，其稳定性与下卧硬层距土坡坡顶的距离 h_d 有关，计算时查图中的虚线，图中深度系数 $\eta_d = h_d/h$，h 为土坡高度。

采用泰勒图表法可以解决简单土坡稳定分析中的下述问题：
(1) 已知坡角 β 及土的 c、φ、γ，求稳定的坡高 h；
(2) 已知坡高 h 及土的 c、φ、γ，求稳定的坡角 β；
(3) 已知坡高 h、坡角 β 及土的 c、φ、γ，求稳定安全系数 K。

泰勒图表法比较简单，一般多用于计算均质的、高度在 10 m 以内的土坡，也可用于对较复杂情况的初步估算。

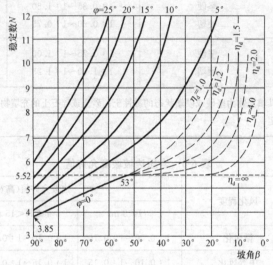

图 6-38 泰勒稳定数 N_s 图

知识归纳

作用于挡土结构物上的侧向压力叫土压力，土压力的影响因素中最主要的是挡土墙的位移方向和位移量。根据挡土墙位移情况，土压力可分为静止土压力、主动土压力、被动土压力。

静止土压力强度 $p_0 = K_0 \gamma z$

黏性土土压力强度　主动：$p_a = \gamma z K_a - 2c\sqrt{K_a}$　被动：$p_p = \gamma z K_p + 2c\sqrt{K_p}$

无黏性土土压力强度　主动：$p_a = \gamma z K_a$　被动：$p_p = \gamma z K_p$

规范法计算土压力 $E_a = \psi_a \dfrac{1}{2} \gamma h^2 K_a$

挡土墙设计包括墙型选择、稳定性验算、地基承载力验算、墙身材料强度验算以及一些设计中的构造要求和措施。

挡土墙有多种类型，按其所用的材料可分为砖、毛石、混凝土以及钢筋混凝土等。按结构形式可分为重力式、悬臂式、扶壁式、锚杆式、锚碇板式以及土钉式等。

重力式挡土墙的设计包括：挡土墙的形式选定后，根据挡土墙所处的条件（工程性质、墙后土体的性质、荷载情况、建筑材料以及施工条件等）凭经验初步拟定截面尺寸，然后进行验算。如不满足要求，则应改变截面尺寸或者采用其他措施。挡土墙的计算通常包括：①稳定性验算；②地基承载力验算；③墙身强度验算。

土坡是指具有倾斜坡面的土体。通常可分为天然土坡（由于地质作用自然形成的土坡，如山坡、江河岸坡等）和人工土坡。

影响土坡稳定的因素有：外界荷载作用或土坡环境变化等导致土体内部剪应力加大；外界各种因素影响导致土体抗剪强度降低，促使土坡失稳破坏。

应用条分法对黏性土坡的稳定性进行分析

$$K = \frac{T'R}{TR} = \frac{\sum(W_i\cos\beta_i\tan\varphi_i + c_il_i)}{\sum W_i\sin\beta_i}。$$

利用查表法、图表法确定人工边坡的坡度。

▶ 思考与练习

一、问答题

1. 试阐述主动、静止、被动土压力产生的条件，并比较三者的大小。
2. 对比朗肯土压力理论和库仑土压力理论的基本假定和适用条件。
3. 墙背积水对挡土墙的稳定性有何影响？
4. 导致土坡失稳的因素有哪些？对于濒临失稳的土坡使之稳定的应急手段有哪些？
5. 土坡稳定分析的圆弧法的安全系数的含义是什么？计算时为什么要分条？最危险滑动面如何确定？
6. 试简述挡土墙的类型及其各自的主要特点与适用范围。
7. 进行重力式挡土墙设计需进行哪些基本验算？

二、计算题

1. 如图 6-39 所示，挡土墙高度为 5.0 m，墙背竖直光滑，填土表面水平，填土为砂土，重度 $\gamma = 18$ kN/m³，内摩擦角 $\varphi = 30°$。

试问：(1)墙底处的土压力强度。(2)挡土墙上的主动土压力 E_a 及其作用点。

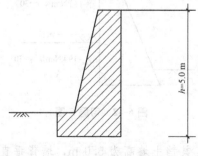

图 6-39 习题 1、2 图

2. 如图 6-39 所示，某挡土墙高度为 5.0 m，墙背竖直光滑，填土表面水平，填土的黏聚力 $c = 12$ kPa，$\varphi = 20°$，$\gamma = 18$ kN/m³。

试问：(1)墙底处的土压力强度。(2)挡土墙上的主动土压力 E_a 及其作用点。

3. 如图 6-40 所示，某挡土墙墙高为 5.0 m，墙背直立、光滑，填土面水平并有均布荷载 $q=10$ kN/m。墙后填土为砂土，$\varphi=20°$，$\gamma=18$ kN/m³。试问：主动土压力 E_a 及其作用点。

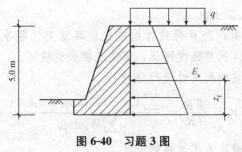

图 6-40　习题 3 图

4. 如图 6-41 所示，挡土墙高为 5.0 m，墙背竖直光滑，墙后填土水平，第①层土的物理力学指标为：$\gamma_1=17$ kN/m³，$\varphi_1=30°$，$c_1=0$；$h_1=2$ m；第②层土的物理力学指标为：$\gamma_2=19$ kN/m³，$\varphi_2=18°$，$c_2=10$ kPa；$h_2=3$ m。

试问：确定主动土压力 E_a，并绘出主动土压力强度分布图。

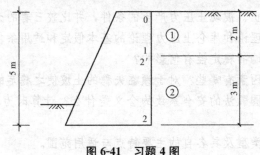

图 6-41　习题 4 图

5. 如图 6-42 所示，挡土墙墙高 5.0 m，已知填土为无黏性土，土的物理力学性质指标见图。

试问：确定墙背上的总侧压力值。

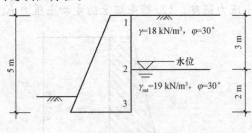

图 6-42　习题 5 图

6. 用规范法计算土压力，某挡土墙高为 5.0 m，墙背垂直（$\alpha=90°$），表面粗糙 $\delta=7°$，排水条件良好，填土地表倾角 $\beta=10°$，不考虑均布活荷载，填土为粉质黏土，重度 $\gamma_1=18.5$ kN/m³，干密度 $\rho_d=1\,680$ kg/m³，内摩擦角 $\varphi=14°$。试问：该墙背上的主动土压力值。

7. 如图 6-43 所示，某浆砌石挡土墙，墙高为 5.0 m，墙后采用黏土夹块石回填，填土表面水平，其干密度 $\rho_c=1\,920$ kg/m³，土的重度 $\gamma=20$ kN/m³，土多墙背的摩擦角 $\delta=15°$，

对基底的摩擦系数 $\mu=0.40$。墙背直立、粗糙，排水条件良好，土的内摩擦角 $\varphi=30°$。已知墙体基底水平，挡土墙重度 $\gamma_1=22\ kN/m^3$。不考虑挡土墙前面基础以上填土重度的影响。

试问：该挡土墙的抗滑稳定性和抗倾覆稳定性是否满足要求？

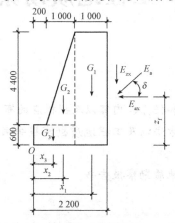

图 6-43 习题 7 图

第 7 章 工程地质勘察与验槽

本章要点

1. 了解工程地质勘察分级和任务、内容以及勘探点的布置；
2. 熟悉常用工程地质勘察方法以及工程地质勘察报告书的内容，熟悉验槽的目的、内容、方法以及局部处理；
3. 能正确分析和应用工程地质勘察报告书。

7.1 工程地质勘察概述

工程地质勘察是工程建设的先行工作，各项工程建设在设计和施工之前，必须按基本建设程序进行工程地质勘察。工程地质勘察是根据建设工程的要求，查明、分析、评价建设场地的地质、环境特征和岩土工程条件，编制勘察文件的活动。

7.1.1 工程地质勘察的目的

工程地质勘察的目的是以各种勘察手段和方法，调查研究和分析评价建筑场地和地基的工程地质条件，为工程建设规划、设计、施工提供可靠的地质依据，以充分利用有利的自然地质条件，避开或改造不利的地质因素，保证建筑物安全和正常使用。

7.1.2 工程地质勘察的分级

综合工程重要性等级、场地复杂程度等级和地基复杂程度等级对岩土工程地质勘察进行等级划分。其目的在于针对不同等级的岩土工程地质勘察项目，划分勘察阶段，制定有效的勘察方案，解决主要工程问题。具体的划分条件分类如下。

1. 工程重要性等级

根据工程的规模和特征以及由于岩土工程问题造成工程破坏或影响正常使用的后果，可分为三个工程重要性等级，见表 7-1。

表 7-1 工程重要性等级划分

设计等级	划分依据
一级	重要工程，后果很严重
二级	一般工程，后果严重
三级	次要工程，后果不严重

2. 场地等级

根据场地的复杂程度，可分为三个场地等级，见表 7-2。

表 7-2　场地等级划分

场地等级	符合条件	备注
一级场地（复杂场地）	①对建筑抗震危险的地段；②不良地质作用强烈发育：指泥石流、崩塌、土洞、塌陷、岸边冲刷、地下潜蚀等极不稳定的场地，这些不良地质现象直接威胁着工程安全；③地质环境已经或可能受到强烈破坏：指人为原因或自然原因引起的地下采空、地面沉降、地裂缝、化学污染、水位上升等对工程安全已构成直接威胁；④地形地貌复杂；⑤有影响工程的多层地下水、岩溶裂隙水或其他水文地质复杂、需专门研究	①每项符合所列条件之一即可；②在确定场地复杂程度的等级时，从一级开始，向二级、三级推定，以最先满足者为准；③对抗震有利、不利和危险地段的划分，应按现行国家标准《建筑抗震设计规范》（GB 50011—2010）的规定确定
二级场地（中等复杂场地）	①对建筑抗震不利的地段；②不良地质作用一般发育：指虽有不良地质现象但并不十分强烈，对工程安全影响不严重；③地质环境已经或可能受到一般破坏：指已有或将有地质环境问题，但不强烈，对工程安全影响不严重；④地形地貌较复杂；⑤基础位于地下水位以下的场地	
三级场地（简单场地）	①抗震设防烈度小于或等于 6 度，或对建筑抗震有利的地段；②不良地质作用不发育；③地质环境基本未受破坏；④地形地貌较简单；⑤地下水对工程无影响	

3. 地基等级

根据地基的复杂程度，可分为三个地基等级，见表 7-3。

表 7-3　地基等级划分

地基等级	符合条件	备注
一级地基（复杂地基）	①岩土种类多，很不均匀，性质变化大，需特殊处理；②严重湿陷、膨胀、盐渍、污染的特殊性岩土以及其他情况复杂，需作专门处理的岩土	①符合所列条件之一即可；②从一级开始向二级、三级推定，以最先满足的为准
二级地基（中等复杂地基）	①岩土种类较多，不均匀，性质变化较大；②除一级地基符合一级地基条件第②条以外的特殊性岩土	
三级地基（简单地基）	①岩土种类单一、均匀，性质变化不大；②无特殊性岩土	

4. 岩土工程勘察等级

根据工程重要性等级、场地复杂程度等级和地基复杂程度等级，岩土工程勘察等级可分为三级，见表 7-4。

表 7-4 岩土工程勘察等级划分

岩土工程勘察等级	符合条件	备注
甲级	工程重要性等级、场地复杂程度等级和地基复杂程度等级中，有一项或多项为一级	建筑在岩质地基上的一级工程，当场地复杂程度等级和地基复杂程度等级均为三级时，岩土勘察等级可定为乙级
乙级	除勘察等级为甲级和丙级以外的勘察项目	
丙级	工程重要性等级、场地复杂程度等级和地基复杂程度等级均为三级	

7.1.3 工程地质勘察的任务

工程地质勘察的主要任务包括以下内容：

(1)通过工程地质测绘与调查、勘探、室内试验、现场测试与观测等方法，查明场地的工程地质条件。其内容包括：

1)调查场地地形地貌的形态特征、地貌的成因类型及单元的划分；

2)查明场地的地层类别、成分、分布规律和埋藏条件等；

3)查明场地的水文地质条件(包括地下水的类型、埋藏、补给、排泄条件，水位变化幅度，岩土渗透性及地下水腐蚀性等)；

4)确定场地是否存在不良地质现象(如滑坡、崩塌、岩溶、土洞、冲沟、泥石流、地震液化、岸边冲刷等)，如存在，则应查明其成因、分布、形态、规模及发育程度，并判断对工程可能造成的危害；

5)提供满足设计、施工所需的土的物理性质和力学性质指标等。

(2)根据场地的工程地质条件并结合工程的具体特点和要求，进行岩土工程分析评价，提出基础工程、整治工程和土方工程等的设计方案和施工措施。岩土工程分析评价包括下列工作：

1)整编测绘、勘探、测试和收集到的各种资料；

2)统计和选定岩土计算参数；

3)进行咨询性的岩土工程设计；

4)预测或研究岩土工程施工和运营中可能发生或已经发生的问题，提出预防或处理方案；

5)编制岩土工程勘察报告书。

(3)对于重要工程或复杂岩土工程问题，在施工阶段或使用期间需进行现场检验或监测。必要时，根据监测资料对设计、施工方案做出适当调整或采取补救措施，保证工程质量安全以总结经验。

7.1.4 工程地质勘察阶段的划分

岩土工程勘察阶段的划分是与工程设计阶段相适应的，大致可以分为可行性研究勘察(或选址勘察)、初步勘察、详细勘察三个阶段。视工程的实际需要，当工程地质条件(通常指建设场地的地形、地貌、地质构造、地层岩性、不良地质现象和水文地质条件等)复杂或有特殊施工要求的重大工程地基，还需要进行施工勘察。对于场地面积不大，岩土工程条件简单或有建筑经验的地区，可适当简化勘察过程。

1. 可行性研究勘察(选址勘察)

可行性研究勘察的目的是为了取得几个场址方案的主要工程地质资料，并对拟选场地的稳定性和适宜性做出岩土工程评价和方案比较，以选取最优的工程建设场地。

可行性研究勘察阶段的工作主要侧重于收集和分析区域地质、地形地貌、地震、矿产和附近地区的工程地质资料以及当地的建筑经验，并在此基础上，通过踏勘了解场地的地层构造、岩土性质、不良地质现象以及地下水等工程地质条件。当拟建场地工程地质条件复杂，已有资料不能满足要求时，应根据具体情况进行工程地质测绘和必要的勘探工作。

根据我国的建设经验，下列地区、地段不宜选为场址：
(1)不良地质现象发育且对场地稳定性有直接危害或潜在威胁；
(2)对建筑抗震不利；
(3)地基土性质严重不良；
(4)洪水或地下水对建筑场地有严重不良影响；
(5)地下有未开采的有价值矿藏或未稳定的地下采空区。

2. 初步勘察

初步勘察的目的是为密切配合工程初步设计的要求，对场地内建筑地段的稳定性做出进一步的岩土工程评价，并为确定建筑物总平面布置、主要建筑物的地基基础设计方案以及对不良地质现象的防治对策提供依据。

初步勘察阶段的工作主要是收集可行性研究勘察阶段岩土工程勘察报告，取得工程场地范围的地形图以及有关工程地质文件；初步查明地质构造、地层结构、岩土的物理力学性质、地下水埋藏条件以及冻结深度；查明场地不良地质现象的成因、分布、对场地稳定性的影响及其发展趋势；初步判定水和土对建筑材料的腐蚀性；对抗震设防烈度大于或等于 6 度的场地，应对场地和地基的地震效应做出初步评价。

3. 详细勘察

详细勘察的目的是为满足工程施工图设计的要求。详细勘察应针对具体的建筑物地基或具体的地质问题，提出详细的岩土工程勘察资料，并为进行施工图设计和施工提供可靠的依据或设计计算参数；对建筑地基做出岩土工程分析评价，并对基础设计、地基处理、基坑支护、工程降水和不良地质现象的防治等做出论证和建议。

详细勘察的工作主要是收集附有坐标和地形的建筑总平面图，场区的地面整平标高，建筑物的性质、规模、荷载、结构特点、基础形式、埋藏深度，地基允许变形等资料；查明不良地质作用的类型、成因、分布范围、发展趋势和危害程度，提出整治方案；查明建筑范围内岩土层的类型、深度、分布、工程特性，对地基的稳定性、均匀性和承载力进行分析和评价，对需要进行沉降计算的建筑物，提供地基变形计算的参数，预测建筑物的变形特征；查明埋藏的河道、沟浜、墓穴、防空洞、孤石等对工程不利的埋藏物；查明地下水的埋藏条件，提供地下水位及其变化幅度；在季节性冻土地区，提供场地土的标准冻结深度；判定水和土对建筑材料的腐蚀性。

详细勘察的手段主要以勘探、原位测试和室内土工试验为主，必要时可以补充一些物探、工程地质测绘和调查工作。

4. 施工勘察

施工勘察不是一个固定的勘察阶段，应根据工程需要而制订。它是为配合设计、施工或解决施工中的工程地质问题而提供相应的岩土工程参数。当遇到下列情况之一时，应进行施工勘察：

(1)工程地质条件复杂、详细勘察阶段难以查清时；
(2)为进行地基处理，需进一步提供勘察资料时；
(3)施工中，地基土受扰动，需查明其性状及工程性质时；
(4)基槽开挖后发现土质、土层结构与原勘察资料不符时；
(5)施工中边坡失稳，需查明原因，进行监测并提出处理建议时；
(6)建(构)筑物有特殊要求或在施工时出现新的岩土工程地质问题时。

7.2 工程地质勘察方法

7.2.1 勘探点的布置

1. 初步勘察

勘探线、勘探点的布置原则是：勘探线应垂直地貌单元、地质构造和地层界线布置；勘探点沿勘探线布置，每个地貌单元均应布置勘探点，在地貌单元交接部位和地层变化较大的地段，勘探点应予以加密；在地形平坦地区，可按网格布置勘探点。

初步勘察勘探线、勘探点间距见表7-5，局部异常地段应予以加密。

表7-5 初步勘察勘探线、勘探点间距　　　　　　　　　　　　　　　　　　　　m

地基复杂程度等级	勘探线间距	勘探点间距
一级(复杂)	50～100	30～50
二级(中等复杂)	75～150	40～100
三级(简单)	150～300	75～200

注：表中间距不适用于地球物理勘探。

勘探孔可分为一般性勘探孔和控制性勘探孔两类，控制性勘探孔宜占勘探孔总数的1/5～1/3，且每个地貌单元均应有控制性勘探孔。初步勘察勘探孔的深度见表7-6，孔深应根据地质条件适当增减，如遇岩层及坚实土层可适当减小，遇软弱土层可适当增大。

表7-6 初步勘察勘探孔深度　　　　　　　　　　　　　　　　　　　　　　　　m

工程重要性等级	一般性勘探孔	控制性勘探孔
一级(重要工程)	≥15	≥30
二级(一般工程)	10～15	15～30
三级(次要工程)	6～10	10～20

注：1. 勘探孔包括钻孔、探井和原位测试孔等；
　　2. 特殊用途的钻孔除外。

采取土试样和进行原位测试的勘探点应结合地貌单元、地层结构和土的工程性质布置，其数量可占勘探点总数的1/4～1/2；采取土试样的数量和孔内原位测试的竖向间距，应按地层特点和土的均匀程度确定，每层土均应采取试样或进行原位测试，其数量不宜少于6个。

2. 详细勘察

勘探点的布置原则是：勘探点宜按建筑物周边线和角点布置，对无特殊要求的其他建筑物可按建筑物或建筑群的范围布置；同一建筑范围内的主要受力层或有影响的下卧层起伏较大时，应加密勘探点；重大设备基础应单独布置勘探点；重大的动力机器基础和高耸构筑物，勘探点不宜少于3个；在复杂地质条件或特殊岩土地区宜布置适量的探井。

详细勘察勘探点的间距见表7-7。

表7-7 详细勘察勘探点的间距　　　　　　　　　　　　　　　　　　　　m

地基复杂程度等级	勘探点间距
一级（复杂）	10～15
二级（中等复杂）	15～30
三级（简单）	30～50

详细勘察的勘探深度自基础底面算起，应符合下列规定：

(1)勘探孔深度应能控制地基主要受力层，当基础底面宽度不大于5 m时，勘探孔的深度对条形基础不应小于基础底面宽度的3倍，对单独柱基不应小于1.5倍，且不应小于5 m。

(2)对高层建筑和需作变形计算的地基，控制性勘探孔的深度应超过地基变形计算深度；高层建筑的一般性勘探孔应达到基底下0.5～1.0倍的基础宽度，并深入稳定分布的土层。其中，地基变形计算深度对中、低压缩性土可取附加应力等于上覆土层有效自重应力20%的深度；对于高压缩性土层可取附加应力等于上覆土层有效自重应力10%的深度。

(3)建筑总平面内的裙房或仅有地下室部分（或当基底附加压力 $p_0 \leqslant 0$ 时）的控制性勘探孔深度可适当减小，但应深入稳定分布地层，且根据荷载和土质条件不宜少于基底下0.5～1.0倍的基础宽度；对仅有地下室的建筑或高层建筑的裙房，当不能满足抗浮设计要求，需设置抗浮桩或锚杆时，勘探孔深度应满足抗拔承载力评价的要求。

(4)当有大面积地面堆载或软弱下卧层时，应适当加深控制性勘探孔的深度；当在预定深度内遇基岩或厚层碎石土等稳定地层时，勘探孔的深度应根据情况进行调整。

(5)大型设备基础勘探孔深度不宜小于基础底面宽度的2倍。

(6)当需要进行地基整体稳定性验算时，控制性勘探孔深度应满足验算要求；当需要进行地基处理时，勘探孔的深度应满足地基处理设计与施工要求。

(7)当采用桩基础时，勘探孔的深度应满足桩基础方面的要求。

采取土试样和进行原位测试的勘探点数量，应根据地层结构、地基土的均匀性和设计要求确定，对地基基础设计等级为甲级的建筑物每栋不应少于3个；每个场地每一主要土层的原状土试样或原位测试数据不应少于6组；在地基主要受力层内，对厚度大于0.5 m的夹层或透镜体，应采取土试样或进行原位测试；当土层性质不均匀时，应增加取土数量或原位测试工作量。

7.2.2 工程地质勘探方法

为了查明地下岩土性质、分布及地下水等条件，需要进行工程地质勘探。勘探是工程地质勘察的常用手段,它是在地面的工程地质测绘和调查所取得的各项定性资料的基础上,进一步对场地地质条件进行定量的评价。勘探包括坑探、钻探和地球物理勘探等。勘察中具体勘探方法的选择应符合勘察目的、要求和岩土的特性,力求以合理的工作量达到应有的技术效果。下面介绍工业与民用建筑中常用的几种工程地质勘探方法。

1. 坑探

坑探是在建筑场地挖深井(槽)以取得直观资料和原状土样,这是一种不必使用专门机具的常用勘探方法。当场地地质条件比较复杂时,利用坑探能直接观察地层的结构和变化,但坑探可达的深度较浅。

探井的平面形状一般采用 1.5×1.0 m 的矩形或直径为 0.8~1.0 m 的圆形,其深度视地层的土质和地下水埋藏深度等条件而定,一般为 2~3 m。

在探井中取样时,先在井底或井壁的指定深度处挖一土柱,土柱的直径必须稍大于取土筒的直径[图 7-1(a)],然后将土柱顶面削平,放上两端开口的金属筒并削去筒外多余的土,一面削土一面将筒压入,直到筒已完全套入土柱后切断土柱。削平筒两端的土体,盖上筒盖,用熔蜡密封后贴上标签,注明土样的上下方向,如图 7-1(b)所示。

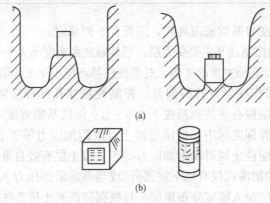

图 7-1 坑探示意图
(a)在探井中取原状土样;(b)原状土样

探井、探槽开挖过程中,应根据地层情况、开挖深度、地下水位情况采取井壁支护、排水、通风等措施。在多雨季节施工时,井、槽口应设防雨棚,开排水沟,防止雨水流入或浸润井壁。土石方不能随意弃置于井口边缘,一般堆土区应布置在下坡方向离井口边缘不少于 2 m 的安全距离。另外,勘探结束后,探井、探槽必须妥善回填。

对探井、探槽除文字描述记录外,还应以剖面图、展示图等反映井、槽壁和底部的岩性、地层分界、构造特征、取样和原位试验位置,并辅以代表性部位的彩色照片。

2. 钻探

钻探是勘探方法中应用最广泛的一种。它采用钻机在地层中钻孔,以鉴别和划分土层、观测地下水位,并采取原状土样和水样以供室内试验,确定土的物理、力学性质指标和地下水的化学成分。土的某些性质也可直接在孔内进行原位测试得到。

按动力来源钻探可分为人工钻和机动钻,人工钻仅适用于浅部土层,机动钻适用于任何土层。钻探的钻进方式可以分为回转式、冲击式、振动式、冲洗式四种。每种钻进方法各有其特点,分别适用于不同的地层,适用范围见表 7-8。

表 7-8 钻探方法的适用范围

钻探方法		钻进地层					勘察要求	
		黏性土	粉土	砂土	碎石土	岩土	直观鉴别、采取不扰动试样	直观鉴别、采取扰动试样
回转	螺旋钻探	++	+	+	−	−	++	++
	无岩芯钻探	++	++	++	+	++	−	−
	岩芯钻探	++	++	++	+	++	++	++
冲击	冲击钻探	−	+	++	++	−	−	+
	锤击钻探	++	++	++	+	−	++	++
振动钻探		++	++	++	+	−	−	++
冲洗钻探		+	++	++	−	−	−	−

注：++：适用；+：部分适用；−：不适用。

钻探口径应按钻探任务、地质条件和钻进方法综合考虑确定。用于鉴别及划分土层，钻孔直径不宜小于 33 mm；取不扰动土样段的孔径不宜小于 108 mm；取岩样段的孔径：硬质岩不宜小于 89 mm，软质岩不宜小于 108 mm。当需要确定岩石质量指标 RQD 时，应采用 75 mm 直径(N 型)双层岩芯管，并采用金刚石钻头。

岩芯钻探的岩芯采取率应尽量提高，对完整和较完整岩体不应低于 80%，较破碎和破碎岩体不应低于 65%；对需要重点查明的部位(如滑动带、软弱夹层等)应采用双层岩芯管连续取芯。

钻孔的记录和编录应符合下列要求：

(1)野外记录应由经过专业训练的人员承担，记录应真实、及时，按钻进回次逐段填写，严禁事后追记；

(2)钻探现场可采用肉眼鉴别和手触方法，有条件或勘察工作有明确要求时，可采用微型贯入仪等定量化、标准化的方法；

(3)钻探成果可用钻孔野外柱状图或分层记录表示，岩土芯样可根据工程要求保存一定期限或长期保存，也可拍摄岩芯、土芯彩照纳入勘察成果资料。

3. 地球物理勘探

地球物理勘探是在地面、空中、水上或钻孔中用各种仪器量测物理场的分布情况，对其数据进行分析解释，结合有关地质资料推断预测地质体性状的勘探方法，简称"物探"。

应用地球物理勘探方法时，应具备下列条件：

(1)被勘探对象与周围物理介质之间有明显的物理性质差异；

(2)被勘探对象具有一定的埋藏深度和规模，且地球物理异常有足够的强度；

(3)能抑制干扰，区分有用信号和干扰信号；

(4)在具有代表性地段进行过有效性试验。

地球物理勘探根据地质体的物理场不同可分为电法勘探、地震勘探、磁法勘探、重力勘探、放射性勘探等。它主要用来配合钻探，减少钻探的工作量。作为钻探的先行手段，可以了解隐蔽的地质界线、界面或异常点；作为钻探的辅助手段，在钻孔之间内插地球物理勘探点，可以为钻探成果的内插、外推提供依据。

7.2.3 室内试验

室内试验是地基勘察工作的重要内容，试验项目和试验方法应根据工程要求和岩土性质的特点来确定，其具体操作和试验仪器应符合现行国家标准《土工试验方法标准［2007版］》(GB/T 50123—1999)和《工程岩体试验方法标准》(GB/T 50266—2013)的规定。室内试验一般包括以下内容：

(1) 对黏性土应进行液限、塑限、相对密度、天然含水量、天然密度、有机质含量、压缩性、渗透性以及抗剪强度试验。

(2) 对粉土除应进行黏性土所需试验外，还应增加颗粒分析试验。

(3) 对砂土应进行相对密度、天然含水量、天然密度、最大和最小密度、自然休止角以及颗粒分析试验。

(4) 对碎石土必要时可作颗粒分析试验；对含黏性土较多的碎石土，宜测定黏性土的天然含水量、液限和塑限。

(5) 对岩石应进行岩矿鉴定、颗粒密度和块体密度、吸水率和饱和吸水率、耐崩解、膨胀、冻融、抗压强度、抗拉强度以及岩石直接剪切试验。

(6) 为了判定地下水对混凝土的腐蚀性，一般应测定 pH 值、Cl^-、SO_4^{2-}、HCO_3^-、Ca^{2+}、Mg^{2+}、游离 CO_2 和侵蚀性 CO_2 的含量。

在实际工程中，根据场地的复杂程度和建(构)筑物的重要性以及地区经验，可适当增减试验项目。

7.2.4 原位测试

原位测试是在岩土原来所处的位置上，基本保持其天然结构、天然含水量及天然应力状态下进行测试的技术。它与室内试验取长补短、相辅相成。原位测试主要包括载荷试验、静力触探试验、动力触探试验(圆锥动力触探试验、标准贯入试验)、十字板剪切试验、旁压试验、现场直接剪切试验等。选择原位测试方法，应根据建筑类型、岩土条件、工程设计对参数的要求以及地区经验和各测试方法的适用性等因素选择。本节主要介绍其中的载荷试验、静力触探试验、动力触探试验(圆锥动力触探试验、标准贯入试验)。

1. 载荷试验

载荷试验是在天然地基上模拟建筑物的基础荷载条件，通过承压板向地基施加竖向荷载，从而确定承压板下应力主要影响范围内岩土的承载力和变形特性。载荷试验包括平板载荷试验和螺旋板载荷试验。平板载荷试验又分为浅层平板载荷试验和深层平板载荷试验。浅层平板载荷试验适用于浅层地基土；深层平板载荷试验适用于埋深大于或等于 3 m、地下水位以上的地基土；螺旋板载荷试验适用于深层地基土或地下水位以下的地基土。本节主要介绍浅层平板载荷试验。

浅层平板载荷试验应布置在有代表性位置的基础底面标高处，每个场地不宜少于 3 个，当场地内岩土体不均匀时，应适当增加。试坑宽度或直径不应小于承压板宽度或直径的三倍，承压板的面积不应小于 0.25 m^2，对软土或粒径较大的填土不应小于 0.5 m^2。

载荷试验的加载方式应采用分级维持荷载沉降相对稳定法(常规慢速法)，有地区经验时，可采用快速法或等沉降速率法。承压板的沉降可采用百分表或电测位移计量测，其精度不应低于±0.01 mm。

当出现下列情况之一时，可终止试验：①承压板周边的土出现明显侧向挤出、隆起或径向裂缝持续发展；②本级荷载的沉降量大于前级荷载沉降量的 5 倍，荷载与沉降曲线出现明显陡降；③在某级荷载下 24 h 沉降速率不能达到相对稳定标准；④总沉降量与承压板直径(或宽度)之比超过 0.06。

根据试验成果，可绘制荷载与沉降的关系曲线以及其他相关曲线，根据这些曲线可以确定地基的承载力、土的变形模量。

2. 静力触探试验

静力触探试验是将圆锥形的金属探头(探头中贴有电阻应变片)以静力方式按一定的速率均匀压入土中，用电阻应变仪量测微应变的数值，计算其贯入阻力值，通过贯入阻力值的变化来了解土的工程性质。

静力触探试验的仪器设备由三部分组成：贯入系统、探头、量测系统。贯入系统包括触探主机、触探杆及反力装置。量测系统包括各种量测记录仪表与电缆线等。探头是静力触探试验仪器设备中直接影响试验成果准确性的关键部件，有严格的规格与质量要求。目前工程实践中主要使用的探头有：单桥探头(图 7-2，可测定比贯入阻力 p_s)、双桥探头(图 7-3，可同时测定锥尖阻力 q_c 和侧壁摩阻力 f_s)、孔压静力触探探头(可测定 q_c、f_s 和贯入时的孔隙水压力 u 等)。

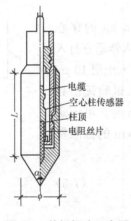 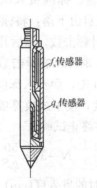

图 7-2　单桥探头示意图　　图 7-3　双桥探头示意图

静力触探的资料整理：

(1)测定比贯入阻力 p_s：

$$p_s = \frac{P}{A} \tag{7-1}$$

式中　P——单桥探头测得的包括锥尖阻力和侧壁摩阻力在内的总贯入阻力(kN)；

　　　A——探头锥底面面积(m^2)。

(2)测定锥尖阻力 q_c、侧壁摩阻力 f_s 以及摩阻比 R_f：

$$q_c = \frac{Q_c}{A} \tag{7-2}$$

$$f_s = \frac{P_f}{F_s} \tag{7-3}$$

$$R_f = \frac{f_s}{q_c} \times 100\% \tag{7-4}$$

式中 Q_c——双桥探头测得的锥尖总阻力(kN);

P_f——双桥探头测得的侧壁总摩阻力(kN);

F_s——外套筒的总侧面面积(m^2)。

(3)绘制各种贯入曲线。静力触探资料主要用于以下几个方面:

1)根据贯入曲线的线型特征,结合相邻钻孔资料和地区经验,划分土层和判定土类。

2)根据静力触探资料,利用地区经验,进行力学分层,估算土的塑性状态或密实度、强度、压缩性、地基承载力、单桩承载力、沉桩阻力,进行液化判别等。

3)根据孔压消散曲线估算土的固结系数和渗透系数。

静力触探试验适用于软土、一般黏性土、粉土、砂土和含少量碎石的土。尤其是对不易取得原状土样的饱和砂土、高灵敏的软土层以及土层竖向变化复杂而不能密集取样的土层,静力触探显示出其独特的优点。

3. 动力触探试验

动力触探是用一定重量的穿心锤,以一定的高度自由下落,将一定形式的探头贯入土中,并记录贯入土中一定深度所需的锤击次数,根据锤击次数的多少来判断土的工程性质。动力触探根据探头形式分为标准贯入试验(采用下端呈刃形的管状探头)和圆锥动力触探试验(采用圆锥形探头)。

(1)标准贯入试验。标准贯入试验是用 63.5 kg 的穿心锤,以 76 cm 的落距自由下落,将标准规格的贯入器垂直打入土中 15 cm,此时不计锤击数,以后开始记录每打入土层 10 cm 的锤击数,累计打入 30 cm 的锤击数为标准贯入试验锤击数 N。当锤击数已达 50 击,而贯入深度未达 30 cm 时,可记录 50 击的实际贯入深度,按下式换算成相当于 30 cm 的标准贯入试验锤击数 N,并终止试验。

$$N = 30 \times \frac{50}{\Delta S} \tag{7-5}$$

式中 ΔS——50 击时的贯入度(cm)。

实际应用 N 值时,应按具体岩土工程问题,参照有关规范考虑是否作杆长修正或其他修正。勘察报告应提供不作杆长修正的 N 值,应用时再根据情况考虑修正或不修正。

标准贯入试验的设备主要由标准贯入器、触探杆和穿心锤三部分组成,如图 7-4 所示。

标准贯入试验应用较广,由标准贯入试验锤击数 N 值,可以确定砂土、粉土、黏性土的地基承载力;判别砂土的密实度;评定黏性土的稠度状态;确定土的强度参数、变形参数;判定地震时饱和砂土和粉土的液化趋势。

标准贯入试验主要适用于一般黏性土、砂土和粉土。

(2)圆锥动力触探试验。圆锥动力触探试验是用标准质量的穿心锤提升至标准高度自由下落,将特制的圆锥探头贯入

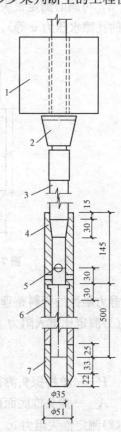

图 7-4 标准贯入试验设备
1—穿心锤;2—锤垫;3—触探杆;
4—贯入器头;5—出水孔;
6—贯入器身;7—贯入器靴

土中一定深度，根据所需的锤击数来判断土的工程性质。

圆锥动力触探根据锤击能量的大小可分为轻型、重型和超重型三种，其规格和适用土类见表 7-9。

表 7-9 圆锥动力触探类型

类型		轻型	重型	超重型
落锤	锤的质量/kg	10	63.5	120
	落距/cm	50	76	100
探头	直径/mm	40	74	74
	锥角/°	60	60	60
探杆直径/mm		25	42	50～60
指标		贯入 30 cm 的读数 N_{10}	贯入 10 cm 的读数 $N_{63.5}$	贯入 10 cm 的读数 N_{120}
主要适用岩土		浅部的填土、砂土、粉土、黏性土	砂土、中密以下的碎石土、极软岩	密实和很密的碎石土、软岩、极软岩

轻型圆锥动力触探应用较多，其设备主要由探头、触探杆和穿心锤三部分组成(图 7-5)。轻型圆锥动力触探试验时，先用轻便钻具钻至试验土层标高，然后对土层连续触探，试验时穿心锤以 50 cm 的落距自由下落，将触探头垂直打入土层中，记录每打入土层 30 cm 的锤击数 N_{10}。该试验一般用于贯入深度小于 6 m 的土层。重型和超重型圆锥动力触探的设备布置和试验过程同轻型圆锥动力触探相似，本节不再详细介绍。

利用轻型圆锥动力触探锤击数 N_{10}，可以确定黏性土与素填土的承载力以及判定砂土的密实度；采用重型圆锥动力触探锤击数 $N_{63.5}$，可以确定砂土、碎石土的孔隙比以及碎石土的密实度，还可以确定地基承载力、单桩承载力以及变形参数；采用超重型圆锥动力触探锤击数 N_{120}，可以确定密实砂土和碎石土的承载力和变形参数。

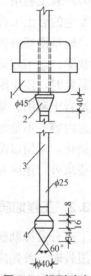

图 7-5 轻型动力触探试验设备

1—穿心锤；2—锤垫；3—触探杆；4—圆锥头

7.3 工程地质勘察报告

工程地质勘察的最终成果是勘察报告书。它是在现场勘察工作(如调查、勘探、测试等)和室内试验完成后，结合工程特点和要求对已获得的原始资料进行整理、统计、归纳、分析、评价，提出工程建议，形成文字报告并附各种图件的勘察技术文件，供设计单位与施工单位使用。勘察报告书要求资料完整、真实准确、数据无误、图表清晰、结论有据、建议合理、便于使用和适宜长期保存，并应因地制宜、重点突出、有明确的工程针对性。

7.3.1 工程地质勘察报告书的内容

工程地质勘察报告书的内容应根据任务要求、勘察阶段、工程特点和地质条件等具体情况确定，一般应包括下列内容：

(1) 勘察目的、任务、要求和依据的技术标准。

(2) 拟建工程概况：包括拟建工程的名称、规模、用途、结构类型、场地位置、以往勘察工作及已有资料等。

(3) 勘察方法和勘察工作布置。

(4) 场地地形、地貌、地层分布、地质构造、岩土性质及其均匀性。

(5) 各项岩土性质指标，岩土的强度参数、变形参数、地基承载力的建议值。

(6) 地下水的埋藏情况、类型、水位及其变化。

(7) 土和水对建筑材料的腐蚀性。

(8) 可能影响工程稳定的不良地质作用的描述和对工程危害程度的评价。

(9) 场地稳定性和适宜性的评价。

(10) 对岩土利用、整治和改造的方案进行分析论证，提出建议；对工程施工和使用期间可能发生的岩土工程问题进行预测，提出监控和预防措施的建议。

(11) 地基勘察报告应附必要的图表。常见的图表包括：①勘探点平面布置图；②工程地质柱状图；③工程地质剖面图；④原位测试成果图表；⑤室内试验成果图表。

当需要时，还应附综合工程地质图、综合地质柱状图、地下水等水位线图、综合分析图表以及岩土利用、整治和改造方案的有关图表、岩土工程计算简图及计算成果图表等。

上述内容并不是每一项勘察报告都必须全部具备的，对丙级岩土工程勘察的报告内容可适当简化，采用以图表为主，辅以必要的文字说明；对甲级岩土工程勘察的报告除应符合上述要求外，还应对专门性的岩土工程问题提交专门的试验报告、研究报告或监测报告。

7.3.2 工程地质勘察报告书的阅读与使用

为了充分发挥勘察报告在设计和施工中的作用，必须重视勘察报告的阅读和应用。阅读勘察报告时，首先应熟悉勘察报告的主要内容，了解勘察结论和计算指标的可靠程度，进而正确分析和判断报告书中提出的建议对该项工程的适用性，尤其应将场地的工程地质条件与拟建建筑物具体要求结合起来进行综合分析，以便正确地应用勘察报告。具体分析主要包括两方面的内容。

1. 场地稳定性评价

对场地稳定性的评价，主要是通过了解场地的地质构造(断层、褶皱等)、不良地质现象(泥石流、滑坡、崩塌、岩溶、塌陷等)、地层成层条件以及地震影响等情况来分析判断。对地质条件比较复杂的地区，尤其应注意判断场地的稳定性，从而判断该地段是否可以作为建筑场地，同时，还可为预估今后建筑中地基处理费用提供极有参考价值的判断依据。

2. 地基持力层的选择

在场地稳定性评价分析后，对不存在威胁场地稳定性的建筑地段，应以地基承载力和基础沉降为主要控制指标。在满足这两个指标的前提下，尽量做到充分发挥地基的潜力，优先采用天然地基上浅埋基础方案。遵循这个原则，在进行地基持力层选择分析时，应主要了解土层在深度方向的分层情况、水平方向的均匀程度以及各土层的物理力学性质指标（包括孔隙比、液性指数、抗剪强度指标、压缩性指标、标准贯入试验锤击数、轻型动力触探锤击数等），以确定地基土的承载力，从而选择适合上部结构特点和要求的土层作为持力层。其中，在确定地基承载力时，应注意避免单纯依靠某种方法确定承载力值，应尽可能结合多种方法，考虑多方面因素，经比较后确定。

从以上两大部分内容可以看出，在阅读和应用勘察报告时，尤其应该注意辨别资料的可靠性。这就要求在阅读和应用勘察报告的过程中要注意发现和分析问题，对于存在疑问的关键性问题，设法通过对已有资料的对比和根据已掌握的经验等进一步查清，以便减少差错，确保工程质量。

7.4 验槽

验槽是岩土工程勘察工作的最后一个环节，也是建筑物施工第一阶段基槽开挖后的重要工序。进行验槽主要是为了检验勘察成果是否反映实际情况并且解决遗留和新发现的问题。当施工单位将基槽开挖完毕后，需由勘察、设计、施工、质检、监理和建设单位六方面的技术负责人，共同到施工现场验槽。

7.4.1 验槽的内容

验槽的内容主要包括以下几个方面：
(1) 核对基槽开挖的位置、平面尺寸以及槽底标高是否符合勘察、设计要求。
(2) 检验槽壁、槽底的土质类型、均匀程度是否存在疑问土层，是否与勘察报告一致。
(3) 检验基槽中是否存在防空掩体、古井、洞穴、古墓及其他地下埋设物，若存在，应进一步确定它们的位置、深度以及性状。
(4) 检验基槽的地下水情况是否与勘察报告一致。

7.4.2 验槽的方法

验槽的方法主要以肉眼直接观察，有时可用袖珍式贯入仪作为辅助手段，在必要时可进行夯、拍或轻便勘探。

1. 观察验槽

观察验槽应仔细观察槽壁、槽底的岩土特性与勘察报告是否一致，基槽边坡是否稳定，有无影响边坡稳定的因素，如渗水、坑边堆载过多等。尤其注意不要将素填土与新近沉积的黄土、新近沉积黄土与老土相混淆。若有难以辨认的土质，应配合洛阳铲等手段探至一定深度仔细鉴别。

2. 夯、拍验槽

夯、拍验槽是用木夯、蛙式打夯机或其他施工机具，在基槽内部按照一定顺序依次夯、拍，根据声音来判断基槽内部是否存在墓穴、坑洞等现象。如果存在墓穴等现象，夯、拍的声音很沉闷，与一般土层声音不一样，发现可疑现象，可用轻便勘探仪进一步调查。对很湿或饱和的黏性土地基不宜夯、拍，以免破坏基底土层的天然结构。

3. 轻便勘探验槽

轻便勘探验槽是用钎探、轻型动力触探、手持式螺旋钻、洛阳铲等对地基主要受力层范围内的土层进行勘探，或对上述观察、夯拍发现的异常情况进行探查。

(1)钎探。钎探是用直径为 22~25 mm 的钢筋作钢钎，钎尖为 60°锥状，长度为 1.8~2.1 m，每 300 mm 做一刻度，用质量为 4~5 kg 的穿心锤将钢钎打入土中，落锤高 500~700 mm，记录每打入土中 300 mm 所需的锤击数，根据锤击数判断地基好坏和是否均匀一致。

基槽(坑)钎探完毕后，要详细查看、分析钎探资料，判断基底岩土均匀情况及同一深度段的钎探锤击数是否基本一致。锤击数低于或高于平均值 30% 以上的钎探点，在平面图上圈出其位置、范围，分析其差别原因，必要时需补做检查探点；对低于或高于平均值 50% 以上的点，要补挖探井或用洛阳铲进一步探查。

(2)轻型动力触探。轻型动力触探详见圆锥动力触探试验，当遇到下列情况之一时，应在基坑底普遍进行轻型动力触探：

1)持力层明显不均匀；
2)浅部有软弱下卧层；
3)有浅埋的坑穴、古墓、古井等，直接观察难以发现时；
4)勘察报告或设计文件规定应进行轻型动力触探时。

采用轻型动力触探进行基槽检验时，检验深度及间距见表 7-10。

表 7-10 轻型动力触探检验深度及间距表   m

排列方式	基槽宽度	检验深度	检验间距
中心一排	<0.8	1.2	1.0~1.5 m 视地层复杂情况定
两排错开	0.8~2.0	1.5	
梅花形	>2.0	2.1	

(3)手持式螺旋钻。手持式螺旋钻是一种小型的轻便钻具，钻头呈螺旋形，上接一"T"形手把，由人力旋入土中，钻杆可接长，钻探深度一般为 6 m，在软土中可达 10 m，孔径约 70 mm。每钻入土中 300 mm(钻杆上有刻度)后将钻竖直拔出，由附在钻头上的土了解土层情况(也可采用洛阳铲或勺形钻)。

7.4.3 基槽的局部处理

(1)松土坑(填土、墓穴等)的处理。当坑的范围较小时，可将坑中松软虚土挖除，使坑底及四壁均见天然土为止，然后采用与坑边的天然土层压缩性相近的材料回填。如果坑小夯实质量不易控制，应选压缩模量大的材料。当天然土为砂土时，用砂或级配砂石回填，回填时应分层夯实，并用平板振捣器振密；若为较坚硬的黏性土，则用 3∶7 灰土分层夯实；可塑的黏性土或新近沉积黏性土，多用 1∶9 或 2∶8 灰土分层夯实。当面积较大、换填较厚(一般大于 3.0 m)局部换土有困难时，可用短桩基础处理，并适当加强基础和上部结构的刚度。

当松土坑的范围较大，且坑底标高不一致时，清除填土后，应先做踏步再分层夯实，也可将基础局部加深，并做 1∶2 的台阶，两段基础相连接。

(2)大口井或土井的处理。当基槽中发现砖井时,井内填土已较密实,则应将井的砖圈拆除至槽底以下1 m(或大于1 m),在此拆除范围内用2∶8或3∶7灰土分层夯实至槽底;如井直径大于1.5 m时,还应适当考虑加强上部结构的强度,如在墙内配筋。

(3)局部硬土的处理。当验槽时发现旧墙基、砖窑底、压实路面等异常硬土时,一般应全部挖除,回填土情况根据周围土层性质来确定。全部挖除有困难时,可部分挖除,挖除厚度也是根据周围土层性质而定,一般为0.6 m左右,然后回填与周围土层性质近似的软垫层,使地基沉降均匀。

(4)局部软土的处理。由于地层差异或含水量变化,造成局部软弱的基槽也比较常见,可根据具体情况将软弱土层全部或部分挖除,然后分层回填与周围土层性质相近的材料,若局部换土有困难时也可采用桩基础进行处理。如邯郸某矿区电厂化学水处理室,钎探后发现1.8 m软土层,东部钎探总数120击左右,中部230击左右,西部340击左右,地基土严重不均。经与设计部门研究,采用不同置换率的夯实水泥土桩进行处理,置换率为东部4%、中部6%、西部8%。

(5)人防通道的处理。在条件允许破坏而且工程量又不大的情况下,应挖除松土回填好土夯实,或用人工墩基或钻孔灌注桩穿过。若不允许破坏,则采用双墩(桩)承担横梁跨越通道,有时还需加固人防通道。若通道位置处于建筑物边缘,可采用局部加强的悬挑地基梁避开。

(6)管道的处理。如在槽底以上设有下水管道,应采取防止漏水的措施,以免漏水浸湿地基造成不均匀沉降。当地基为素填土或有湿陷性的土层时,尤其应注意。如管道位于槽底以下时,最好拆迁改道。如改道确有困难时,则应采取必要的防护措施,避免管道被基础压坏。此外,在管道穿过基础或基础墙时,必须在基础或基础墙上管道的周围特别是上部,留出足够的空间,使建筑物沉降后不致引起管道的变形或损坏,以免造成漏水,渗入地基引起后患。

知识归纳

工程地质勘察的目的是以各种勘察手段和方法,调查研究和分析评价建筑场地和地基的工程地质条件,为工程建设规划、设计、施工提供可靠的地质依据,以充分利用有利的自然地质条件,避开或改造不利的地质因素,保证建筑物安全和正常使用。

工程地质勘察根据工程重要性等级、场地复杂程度等级和地基复杂程度等级可分为甲级、乙级和丙级三个等级。

工程地质勘察阶段的划分与工程设计阶段相适应,可分为可行性研究勘察(或选址勘察)、初步勘察、详细勘察三个阶段,必要时可进行施工勘察。

工程地质勘探常用的方法有坑探、钻探和地球物理勘探等。

原位测试主要包括载荷试验、静力触探试验、动力触探试验(圆锥动力触探试验、标准贯入试验)等。

室内试验是地基勘察工作的重要内容,试验项目和试验方法应根据工程要求和岩土性质的特点来确定。

工程地质勘察的最终成果是勘察报告书,其内容一般应包括11个方面。

工程地质勘察报告书的具体分析内容主要包括场地稳定性评价和地基持力层的选择。

验槽的方法有：观察验槽、夯拍验槽、轻便勘探验槽。轻便勘探验槽包括钎探、轻型动力触探、手持式螺旋钻。

基槽的局部处理主要包括：松土坑的处理；大口井或土井的处理；局部硬土的处理；局部软土的处理；人防通道的处理；管道的处理。

思考与练习

问答题

1. 工程地质勘察的目的和主要内容是什么？
2. 工程地质勘察分几个阶段，各阶段的任务是什么？
3. 工程地质勘察中常用的勘探方法有哪些？
4. 工程地质勘察报告主要包括哪些内容？
5. 阅读和应用勘察报告的重点在何处？
6. 验槽的目的和主要内容是什么？
7. 勘探点的布置原则是什么？

第8章 天然地基上浅基础设计

本章要点

1. 了解地基基础的设计等级、分类及基本规定；
2. 掌握基础埋置深度、基底面积和地基承载力特征值的确定方法；
3. 掌握刚性基础、钢筋混凝土扩展基础、柱下条形基础的计算方法；
4. 掌握地基软弱下卧层承载力和地基变形的验算，熟悉减轻和防止不均匀沉降的措施；
5. 了解筏形基础、箱形基础的设计原理。

地基为承受基础作用的土体或岩体。基础是将结构所承受的各种作用传递到地基上的结构组成部分。地基和基础是建筑物的设计和施工中的重要内容，对建筑物的安全使用和工程造价有着很大的影响。在地基基础设计时，应考虑上部结构和地基基础的共同作用，对建筑物体型、荷载情况、结构类型和地质条件进行综合分析，选择合理的地基基础类型。

地基分为天然地基和人工地基。未经人工改良的天然土层，直接作为建筑物的地基使用时称为天然地基。土层经过人工加固处理后使用的地基称为人工地基。基础按照埋置深度分为浅基础和深基础。天然地基上的浅基础，一般指埋置深度小于 5 m 的基础（如柱下独基、墙下条基），或者埋置深度小于基础宽度的基础（如箱形基础、筏形基础），其基础竖向尺寸与平面尺寸相当，侧面摩擦力对基础承载力的影响可忽略不计。对于基础埋深大于基础宽度且深度超过 5 m 的基础，如桩基、沉井等称为深基础。

正确选择地基基础的类型十分重要。在天然地基上直接建造基础，施工方法比较简单、造价较低；采用人工地基或深基础，则工期长，造价高。因此，在满足地基承载力、变形和稳定性要求的前提下，宜采用浅基础，优先考虑天然地基上的浅基础。

本章主要讨论天然地基上浅基础的设计问题。

8.1 浅基础的类型

8.1.1 按基础刚度分类

建筑物的基础按使用材料的受力特点，可分为刚性基础和柔性基础。当基础底部扩展部分不超过基础材料刚性角的基础，称为刚性基础；反之，为柔性基础。刚性角即基础放宽的引线与墙体垂直线之间的夹角。

(1)刚性基础。刚性基础一般使用刚性材料作为基础材料（基础宽度受刚性角的限制）。用于地基承载力较好、压缩性较小的中小型民用建筑。刚性材料的抗压强度高，而抗拉、抗剪强度较低,如砖、灰土、混凝土、三合土、毛石等。刚性基础在构造上一般通过限制宽高比来满足刚性角的要求。

(2)柔性基础。柔性基础常用钢筋混凝土作为基础材料(基础宽度不受刚性角的限制)。用于地基承载力较差、上部荷载较大、设有地下室且基础埋深较大的建筑。钢筋混凝土的抗拉、抗压、抗弯、抗剪均较好,在基础底部设置受力钢筋,利用钢筋受拉,这样基础可以承受弯矩,也就不受刚性角的限制。在同样条件下,采用钢筋混凝土基础比素混凝土基础可节省大量的混凝土材料和挖土工程量。

8.1.2 按基础材料分类

常用的基础材料包括砖、石、灰土、三合土、混凝土、毛石混凝土和钢筋混凝土等。

砖基础具有成本较低、施工方便的特点,在我国应用非常广泛。砖砌体具有一定的抗压强度,但抗拉强度和抗剪强度较低。基础剖面一般为阶梯形,底面以下设垫层。为便于施工,砖基础底面宽度通常符合砖的模数,如 240 mm、370 mm、490 mm、620 mm 等。为保证基础材料有足够的强度和耐久性,对于地面以下或防潮层以下的砖砌体材料的最低强度等级应符合表8-1的要求。

表8-1 基础用砖、石料及砂浆最低强度等级

地基土的潮湿程度	烧结普通砖	混凝土普通砖、蒸压普通砖	混凝土砌块	石材	水泥砂浆
稍潮湿	MU15	MU20	MU5	MU30	M5
很潮湿	MU20	MU20	MU7.5	MU30	M5
含水饱和	MU20	MU25	MU10	MU40	M7.5

注:1. 在冻胀地区,地面以下或防潮层以下的砌体,不宜采用多孔砖,如采用时,其孔洞不低于 M10 的水泥砂浆预先灌实。当采用混凝土空心砖砌体时,其孔洞应采用强度等级不低于 C15 的混凝土灌实。
2. 对安全等级为一级或设计年限大于 50 年的房屋,表中材料强度等级应至少提高一级。

石材的强度高,抗冻性好,是基础的理想材料,在实际工程中一般使用未风化的毛石。石料和砂浆的强度等级见表8-1。毛石基础造价低,取材方便,施工劳动强度较大。

灰土基础是采用石灰和土按比例混合,经分层夯实而成的基础。其体积比常用 3:7 或 2:8。灰土的密实度越高,强度越高,水稳定性越好。灰土基础适合 5 层和 5 层以下、地下水位较低的砌体结构房屋和墙体承重的工业厂房。优点是施工简便、造价较低,缺点是抗冻性、耐水性差,地下水位以下不宜采用。

三合土基础是采用石灰、砂、碎砖或碎石材料铺设、压密而成。其体积比一般按 1:2:4~1:3:6。三合土基础常用于我国南方地区地下水位较低的四层及四层以下民用建筑工程。

混凝土基础的强度、耐久性与抗冻性均优于砖石基础,因此,当荷载较大或位于地下水位以下时,常选用混凝土基础。当基础体积较大时,也可设计成毛石混凝土基础,即在浇灌混凝土过程中,掺入少于基础体积30%的毛石,可以节约混凝土用量。

钢筋混凝土有良好的抗压、抗拉、抗剪性能,在相同条件下可有效减少基础的高度,主要用于荷载大、土质较差的情况或地下水以上的基础。

8.1.3 按基础形式分类

1. 独立基础

按支撑的上部结构形式，可分为柱下独立基础和墙下独立基础。

(1)柱下独立基础。在地基承载力较高或上部结构荷载不大时，柱基础常采用独立基础。基础所用的材料可根据柱的材料和荷载大小确定。砌体柱下常采用刚性基础。现浇钢筋混凝土和预制钢筋混凝土柱下一般采用钢筋混凝土基础。现浇柱下的基础截面常做成阶梯形或锥形基础；预制柱下的基础一般做成杯形基础，如图 8-1 所示。

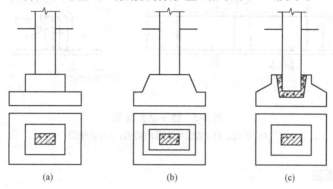

图 8-1 柱下单独基础
(a)阶梯形基础；(b)锥形基础；(c)杯形基础

(2)墙下独立基础。当上层土质松散而持力层较浅时，为了节省基础材料和减少开挖量，可以采取墙下独立基础。通过在单独基础之间放置钢筋混凝土过梁或者砌筑砖拱，承受上部结构传来的荷载。

2. 条形基础

条形基础是指基础长度远大于其宽度的一种基础形式，可分为墙下条形基础和柱下条形基础。

(1)墙下条形基础。墙下条形基础是多层建筑承重墙基础的主要形式，当上部荷载大而土质较差时，可采用宽基浅埋的钢筋混凝土条形基础。其截面形式可做成无肋式或有肋式两种，如图 8-2 所示。当基础长度方向的荷载及地基土的压缩性不均匀时，常使用带肋的墙下钢筋混凝土条形基础，以增强基础的整体性，减少不均匀沉降。

(2)柱下条形基础。当基础较为软弱、柱荷载或地基压缩性分布不均匀，以至于采

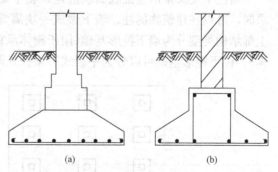

图 8-2 墙下钢筋混凝土条形基础
(a)无肋式；(b)有肋式

用独立基础可能产生较大的不均匀沉降时，常将同一方向(或同一轴线)上若干柱子的基础连成一体而形成柱下钢筋混凝土条形基础，如图 8-3 所示。这种基础抗弯刚度较大，能将所承受的集中柱荷载较均匀地分布到整个基础底面上，具有调整不均匀沉降的能力。柱下条形基础常用于软弱地基上框架或排架结构的基础。

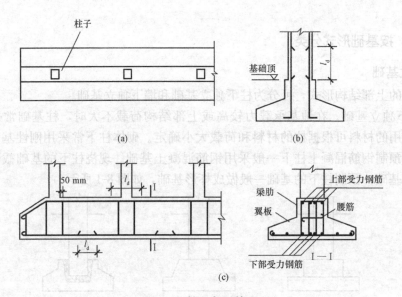

图 8-3 柱下条形基础
(a)平面；(b)基础与柱形的搭接；(c)纵截面

3. 十字交叉基础

如果地基软弱，柱荷载或地基压缩性在两个方向分布不均匀，需要基础在两个方向都具有一定的刚度来调整不均匀沉降，则可在柱网下沿纵、横双向分别设置条形基础，从而形成柱下交叉条形基础，如图 8-4 所示。如果单向条形基础的底面积已能满足地基承载力要求，为了减少差异沉降，可在另一方向加设连梁，形成连梁式交叉条形基础。

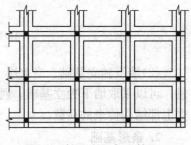

图 8-4 柱下交叉条形基础

4. 筏形基础

当柱下交叉条形基础底面积占建筑物平面面积的比例较大，或者建筑物在使用上有要求时，可以在建筑物的柱、墙下做成一块满堂的基础，即筏形基础。筏形基础按所支承的上部结构类型分为墙下筏形基础(用于砌体承重结构)和柱下筏形基础(用于框架、剪力墙结构)。柱下筏形基础可以分为平板式和梁板式两类，如图 8-5 所示。

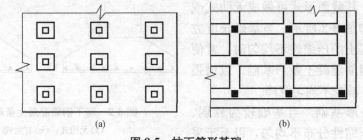

图 8-5 柱下筏形基础
(a)平板式；(b)梁板式

5. 箱形基础

箱形基础是由钢筋混凝土的顶板、底板和纵、横墙板组成的整体刚度较大的箱形结构，简称箱基,如图 8-6 所示。它是在工地现场浇筑的钢筋混凝土大型基础。箱基的尺寸很大,平面尺寸通常与整个建筑平面外形轮廓相同,高度一般超过 3 m。高层建筑的箱基可能有数层,高度超过 10 m。箱基可以开挖后浇筑,也可以采用沉井法施工。

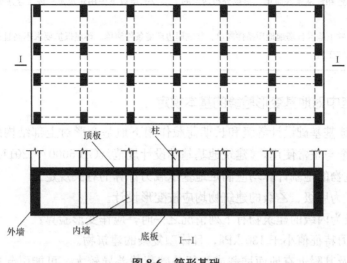

图 8-6　箱形基础

8.2　地基与基础设计的基本规定

8.2.1　确定地基基础的设计等级

根据地基的复杂程度、建筑物形状和功能特征以及地基问题可能造成建筑物破坏或影响正常使用的程度,《建筑地基基础设计规范》(GB 50007—2011)将地基基础设计划分为三个设计等级,见表 8-2。

表 8-2　地基基础设计等级

设计等级	建筑和地基类型
甲级	重要的工业与民用建筑 30 层以上的高层建筑 体型复杂,层数相差超过 10 层的高低层连成一体建筑物 大面积的多层地下建筑物(如地下车库、商场、运动场等) 对地基变形有特殊要求的建筑物 复杂地质条件下的坡上建筑物(包括高边坡) 对原有工程影响较大的新建建筑物 场地和地基条件复杂的一般建筑物 位于复杂地质条件及软土地区的二层及二层以上地下室的基坑工程 开挖深度大于 15 m 的基坑工程 周边环境条件复杂、环境保护要求高的基坑工程
乙级	除甲级、丙级以外的工业与民用建筑物 除甲级、丙级以外的基坑工程

续表

设计等级	建筑和地基类型
丙级	场地和地基条件简单、荷载分布均匀的七层及七层以下民用建筑及一般工业建筑物；次要的轻型建筑物 非软土地区且场地地质条件简单、基坑周边环境条件简单、环境保护要求不高且开挖深度小于5.0 m的基坑工程

8.2.2 规范中对地基变形验算的基本规定

根据建筑物地基基础设计等级和长期荷载作用下地基变形对上部结构的影响程度，为保证建筑物的安全与正常使用，《建筑地基基础设计规范》(GB 50007—2011)中规定：

(1)所有建筑物的地基计算均应满足地基承载力计算的有关规定。

(2)设计等级为甲级、乙级的建筑物均应按变形设计。

(3)设计等级为丙级的建筑物有下列情况之一时，应作变形验算：

1)地基承载力特征值小于130 kPa，且体型复杂的建筑物。

2)在基础上及其附近有地面堆载或相邻基础荷载差异较大，可能引起地基产生过大的不均匀沉降时。

3)软弱地基上的建筑物，存在偏心荷载时。

4)相邻建筑距离过近，可能发生倾斜时。

5)地基内有厚度较大或厚薄不均的填土，其自重固结未完成时。

6)对经常受水平荷载作用的高层建筑、高耸结构和挡土墙等，应验算其稳定性。

7)基坑工程应进行稳定性验算。

8)当地下水埋藏较浅，建筑地下室或地下构筑物存在上浮问题时，应进行抗浮验算。

(4)可不做变形验算的建筑物见表8-3。

表8-3 可不做地基变形验算的设计等级为丙级的建筑物范围

地基主要受力层情况	地基承载力特征值 f_{ak}/kPa		$80 \leqslant f_{ak}$ <100	$100 \leqslant f_{ak}$ <130	$130 \leqslant f_{ak}$ <160	$160 \leqslant f_{ak}$ <200	$200 \leqslant f_{ak}$ <300
	各土层坡度/%		$\leqslant 5$	$\leqslant 10$	$\leqslant 10$	$\leqslant 10$	$\leqslant 10$
建筑类型	砌体承重结构、框架结构(层数)		$\leqslant 5$	$\leqslant 5$	$\leqslant 6$	$\leqslant 6$	$\leqslant 7$
	单层排架结构 (6 m柱距)	单跨 吊车额定起重量/t	10~15	15~20	20~30	30~50	50~100
		单跨 厂房跨度/m	$\leqslant 18$	$\leqslant 24$	$\leqslant 30$	$\leqslant 30$	$\leqslant 30$
		多跨 吊车额定起重量/t	5~10	10~15	15~20	20~30	30~75
		多跨 厂房跨度/m	$\leqslant 18$	$\leqslant 24$	$\leqslant 30$	$\leqslant 30$	$\leqslant 30$
	烟囱	高度/m	$\leqslant 40$	$\leqslant 50$	$\leqslant 75$	$\leqslant 100$	
	水塔	高度/m	$\leqslant 20$	$\leqslant 30$	$\leqslant 30$	$\leqslant 30$	$\leqslant 30$
		容积/m³	50~100	100~200	200~300	300~500	500~1 000

8.2.3 规范对地基基础设计的规定及设计步骤

(1)地基基础设计前应进行岩土工程勘察,并应符合下列规定:

1)岩土工程勘察报告应提供下列资料:地质、地层、地下水、场地的相关情况,对可供采用的地基基础设计方案进行论证分析,提出经济合理、技术先进的设计方案建议;提供与设计要求相对应的地基承载力及变形计算参数,并对设计与施工应注意的问题提出建议。

2)地基评价宜采用钻探取样、室内土工试验、触探、并结合其他原位测试方法进行。设计等级为甲级的建筑物应提供载荷试验指标、抗剪强度指标、变形参数指标和触探资料;设计等级为乙级的建筑物应提供抗剪强度指标、变形参数指标和触探资料;设计等级为丙级的建筑物应提供触探及必要的钻探和土工试验资料。

3)建筑物地基均应进行施工验槽。当地基条件与原勘察报告不符时,应进行施工勘察。

(2)设计地基和基础时,所采用的作用效应与相应的抗力限值应符合下列规定:

1)按地基承载力确定基础底面积及埋深或按单桩承载力确定桩数时,传至基础或承台底面上的作用效应应按正常使用极限状态下作用的标准组合;相应的抗力应采用地基承载力特征值或单桩承载力特征值。

2)计算地基变形时,传至基础底面上的作用效应应按正常使用极限状态下作用的准永久组合,不应计入风荷载和地震作用;相应的限值应为地基变形允许值。

3)计算挡土墙、地基或滑坡稳定以及基础抗浮稳定时,作用效应应按承载能力极限状态下作用的基本组合,但其分项系数均为1.0。

4)在确定基础或桩基承台高度、支挡结构截面、计算基础或支挡结构内力、确定配筋和验算材料强度时,上部结构传来的作用效应和相应的基底反力、挡土墙土压力以及滑坡推力,应按承载能力极限状态下作用的基本组合,采用相应的分项系数。当需要验算基础裂缝宽度时,应按正常使用极限状态作用的标准组合。

5)基础设计安全等级、结构设计使用年限、结构重要性系数应按有关规范的规定采用,但结构重要性系数(γ_0)不应小于1.0。

(3)地基基础的设计使用年限不应小于建筑结构的设计使用年限。

(4)地基基础设计的一般步骤:

1)从土层资料、上部结构及荷载情况,选择基础的材料和构造形式。

2)根据建筑物用途、基础形式、地质条件、相邻建筑物基础埋深,确定基础的埋置深度;在满足地基稳定和变形条件下,基础应尽量浅埋。

3)根据静载荷试验、理论公式或其他原位试验等方法,确定地基承载力特征值。

4)根据作用在基础上的荷载以及地基承载力特征值,确定基础底板面积。存在软弱下卧层时,要进行下卧层强度验算。

5)对经常遭遇水平荷载作用的高层建筑物、高耸结构以及建在斜坡上或边坡附近的建筑物,应对地基进行稳定性验算。

6)确定基础剖面尺寸,进行配筋计算,保证基础具有足够的强度、刚度和耐久性。

7)绘制基础施工图。

8.3 基础埋置深度的确定

基础埋置深度(简称埋深)，是指基础底面至地面(一般设计地面)的距离。确定基础埋深，即选择理想的土层作为持力层。埋置深度的确定对建筑物的安全和正常使用、施工工期、工程造价影响较大，因此，确定合理的埋置深度是一个十分重要的问题。

确定浅基础埋深的基本原则是，在满足地基稳定和变形要求等条件的前提下，基础应尽量浅埋。受自然作用和人类活动影响，浅层土层容易受到扰动，因此，规范规定除了岩石地基外，基础的最小埋深深度不宜小于 0.5 m。

8.3.1 与建筑物有关的条件

当建筑物设有地下室时，基础埋深主要受地下室底板标高的影响。仅局部有地下室时，基础可按台阶形式变化埋深或整体加深。台阶的高宽比一般为 1∶2，每级台阶高度不超过 0.5 m。

对位于土质地基上的竖向荷载大、地震力和风力等水平荷载作用大的高层建筑，为满足承载力、变形和稳定性要求，基础埋深应适当增大。在抗震设防区，除岩石地基外，天然地基上的箱形和筏形基础埋深不宜小于建筑物高度的 1/15；桩筏或桩箱基础的埋深(不计桩长)，不宜小于建筑物高度的 1/18。位于岩石地基上的高层建筑，基础埋深应满足抗滑稳定性要求。

基础类型也对埋深有影响。刚性基础的高度一般较大，埋深也大。同样荷载作用下，采用扩展基础可以降低基础高度，减小埋深。

8.3.2 工程地质和水文地质条件

基础的埋置深度与场地的工程地质和水文地质条件有密切关系。如果上层土的承载力高于下层土，根据尽量浅埋的原则，应选择上层土作为持力层。若存在软弱下卧层时，则应对该土层进行承载力验算，必要时可考虑采用桩基础或进行地基处理。

对于场地埋藏有潜水时，宜将基础埋置于地下水位以上，以减少施工降水的麻烦。如按设计必须基底在地下水位以下时，则应考虑基坑排水、坑壁围护以及保护基土不受扰动等措施。

8.3.3 场地建设条件

一般新建筑物基础埋深不宜大于相邻原建筑物的基础。如果基础深于原有基础时，新旧建筑物基础之间应保持一定净距，数值根据建筑荷载大小、基础形式和土质情况确定，如图 8-7 所示。当不能满足要求时，应采取分段施工、设地下连续墙或加固原有建筑物地基等。

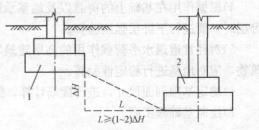

图 8-7 相邻基础的埋深

1—原有基础；2—新基础

如果基础邻近有管道或沟、坑等设施时，基础底面一般应低于这些设施的底面。濒临河、湖等水源修建的建筑物基础，若受到水流或波浪冲刷的影响，其基础底面应位于冲刷线以下。

8.3.4 季节性冻土

冻土分为季节性冻土和多年冻土。季节性冻土是指在冬季冻胀，而夏季融化，每年冻融交替一次的土层，在我国分布很广。季节性冻土层厚度在 0.5 m 以上，最厚达 3 m。

冬季土层冻结，土体膨胀和隆起，当冻胀力足够大时，会导致基础与墙体发生不均匀的上抬，门窗不能开启，严重时墙体开裂；当春季解冻时，冰晶体融化，含水量增大，地基土的强度降低，使建筑物产生不均匀的沉陷。由于冻胀和融陷的交替破坏，在季节性冻土地区，应考虑地基土的冻胀性。

根据冻土层的平均冻胀率的大小，规范中把地基分为不冻胀、弱冻胀、冻胀、强冻胀和特强冻胀五个等级。

当建筑基础底面下允许有一定厚度的冻土层时，基础最小埋深应满足下式：

$$d_{min} = Z_d - h_{max} \tag{8-1}$$

式中　Z_d——设计冻深(m)；

　　　h_{max}——基础底面下允许残留冻土层的最大厚度(m)，按表 8-4 采用。

表 8-4　建筑基底下允许残留冻土层厚度 h_{max}　　　　　　　　　　　　m

冻胀性	基础形式	采暖情况	基底平均压力/kPa					
			110	130	150	170	190	210
弱冻胀土	方形基础	采暖	0.90	0.95	1.00	1.10	1.15	1.20
		不采暖	0.70	0.80	0.95	1.00	1.05	1.10
	条形基础	采暖	>2.50	>2.50	>2.50	>2.50	>2.50	>2.50
		不采暖	2.20	2.50	>2.50	>2.50	>2.50	>2.50
冻胀土	方形基础	采暖	0.65	0.70	0.75	0.80	0.85	—
		不采暖	0.55	0.60	0.65	0.70	0.75	—
	条形基础	采暖	1.55	1.80	2.00	2.20	2.50	—
		不采暖	1.15	1.35	1.55	1.75	1.95	—

注：1. 本表只计算法向冻胀力，如果基侧存在切向冻胀力，应采取防切向力措施。
　　2. 本表不适用于宽度小于 0.6 m 的基础，矩形基础可取短边尺寸按方形基础计算。
　　3. 表中数据不适用于淤泥、淤泥质土和欠固结土。
　　4. 表中基底平均压力数值为永久荷载标准值乘以 0.9，可以内插。

在冻胀、强冻胀、特冻胀地基上，应采用以下防冻措施，采用时应根据工程特点、地方材料和经验确定：

(1)对在地下水位以下的基础，基础侧面应回填非冻胀性的中砂或粗砂，其厚度不应小于 200 mm。对地下水位以下的基础，可采用桩基础、保温性基础、自锚式基础(冻土层下有扩大板或扩底短桩)，也可将独立基础或条形基础做成正梯形的斜面基础。

(2)宜选择地势高，地下水位低，地表排水良好的建筑场地。对低洼场地，建筑物的室外地坪应至少高于自然地面 300~500 mm,其范围不宜小于建筑物外轮廓线向外各一倍冻深距离的范围。

(3)应做好排水设施,施工和使用期间防止水浸入建筑地基。在山区应设截水沟或在建筑物下设置暗沟,以排走地表水和潜水。

(4)强冻胀性土和特强冻胀性土地基上的基础应设置钢筋混凝土圈梁和基础梁,并控制上部建筑物长高比,增强房屋整体刚度。

(5)当独立基础连系梁下或桩基础承台下有冻土时,应在梁或承台下留有相当于该土层冻胀量的空隙,以防止因土的冻胀将梁或承台拱裂。

(6)外门斗、室外台阶和散水坡等部位宜与主体结构断开,散水坡分段不宜超过 1.5 m,坡度不宜小于 3%,其下宜填入非冻胀性材料。

(7)对跨年度施工的建筑,入冬前应对地基采取相应的防护措施;按采暖设计的建筑物,当冬季不能正常采暖时,也应对地基采取保温措施。

8.3.5 稳定性要求

(1)整体稳定性要求。地基(整体)稳定性可采用圆弧滑动法进行验算。最危险滑动面的各力分量在滑动中心所产生的总抗滑力矩与滑动力矩应符合下式要求:

$$M_R/M_S \geqslant 1.2 \qquad (8-2)$$

式中 M_R——抗滑力矩(kN·m);

M_S——滑动力矩(kN·m)。

(2)位于稳定土坡坡顶上的建筑,当垂直于坡顶边缘线的基础底面边长小于或等于 3 m 时,其基础底面外边缘线至坡顶的水平距离(图 8-8)应符合下式要求,且不得小于 2.5 m:

条形基础: $a \geqslant 3.5b - d/\tan\beta$ (8-3a)

矩形基础: $a \geqslant 2.5b - d/\tan\beta$ (8-3b)

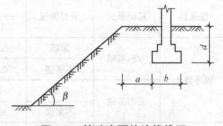

图 8-8 基础底面外边缘线至坡顶的水平距离示意图

式中 a——基础底面外边缘线至坡顶的水平距离(m);

b——垂直于坡顶边缘线的基础底面边长(m);

d——基础埋置深度(m);

β——边坡坡角。

当基础底面外边缘线至坡顶的水平距离不满足式(8-3)的要求时,可根据基底平均压力,按式(8-2)确定基础距坡顶边缘的距离和基础埋深当边坡坡角大于 45°,坡高大于 8 m 时,还应按式(8-1)验算坡体稳定性。

(3)建筑物基础存在浮力作用时,应进行抗浮稳定性验算并应符合以下规定:

1)对于简单的浮力作用情况,基础抗浮稳定性应符合下式要求:

$$\frac{G_k}{N_{w,k}} \geqslant K_w \qquad (8-4)$$

式中 G_k——建筑物自重及压重之和(kN);

$N_{w,k}$——浮力作用值(kN);

k_w——抗浮稳定安全系数,一般情况下可取 1.05。

2)抗浮稳定性不满足设计要求时,可采用增加压重或设置抗浮构件等措施。

在整体满足抗浮稳定性要求而局部不满足时,也可采用增加结构刚度的措施。但应注意抗浮构件产生抗拔力时,将伴随位移发生。过大的位移量对基础结构是不允许的。所以,抗拔力取值应满足位移控制条件。例如,采用抗拔桩,按相当于其抗拔承载力特征值进行的设计时大部分工程可以满足要求,对变形要求严格的工程还应该进行变形验算。

8.4 地基承载力的确定

地基承载力是指在保证地基稳定且变形不超过允许值时承受荷载的能力。在地基基础设计中,地基承载力特征值的确定是一个非常重要的问题,它与土的物理、力学性质指标有关,还与基础形式、底面尺寸、埋深、建筑类型、结构特点及施工等因素有关。确定地基承载力特征值有下列方法:

(1)根据土的强度理论公式确定。
(2)根据静载荷试验确定。
(3)根据原位测试、室内试验并结合工程实践经验确定。
(4)根据邻近工程经验确定。

根据《建筑地基基础设计规范》(GB 50007—2011)的有关规定,不同设计等级的建筑物的承载力确定方法如下:

1)对甲级建筑物,必须提供静载荷试验成果,并结合其他各种方法综合确定。

2)对乙级建筑物,可根据除静载荷试验之外的各种方法综合确定。必要时,也应进行静载荷试验。

3)对丙级建筑物,可根据原位测试等综合确定。必要时,也应进行静载荷试验和通过抗剪强度计算承载力。

8.4.1 土的地基承载力特征值的确定

具体内容详见第5.5节。

8.4.2 岩石地基承载力特征值的确定

岩石地基承载力的特征值,通常根据平板载荷试验确定。对完整、较完整和较破碎的岩石的地基承载力特征值,也可根据地区经验或者室内饱和单轴抗压强度试验计算:

$$f_a = \psi_r f_{rk} \tag{8-5}$$

式中 f_a——岩石地基承载力特征值(kPa);

f_{rk}——岩石饱和单轴抗压强度标准值(kPa);

ψ_r——折减系数。根据岩石完整程度及结构面的间距、宽度、产状和组合,由地区经验确定。无经验时,完整岩石取 0.5,较完整岩石取 0.2~0.5,较破碎岩石取 0.1~0.2。

注:1. 系数未考虑施工因素及建筑物使用后风化作用影响。
   2. 对于黏土质岩,在确保施工期及使用期不致遭水浸泡时,也可采用天然湿度的试样,不进行饱和处理。

8.5 基础底面尺寸确定

浅基础设计前，应先确定地基承载力。在选择基础类型和埋置深度后，根据上部结构传递到基础上的荷载，确定基础底面尺寸，然后进行地基变形及稳定性验算。如果存在软弱下卧层时，应对软弱下卧层进行承载力验算。

8.5.1 计算基础底面尺寸

1. 轴心荷载

在轴心荷载 F_k、G_k 作用下，基础底面上的平均压力应小于或等于修正后的地基承载力特征值（图 8-9），即

$$p_k = \frac{(F_k + G_k)}{A} \leqslant f_a \tag{8-6}$$

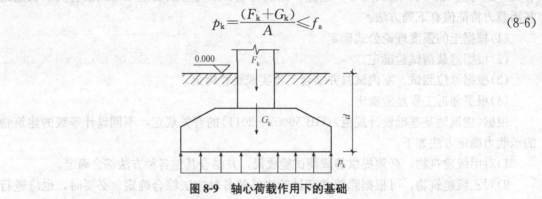

图 8-9 轴心荷载作用下的基础

式中 p_k——相应于荷载效应标准组合时，基础底面处的平均压力值(kPa)；
f_a——修正后的地基承载力特征值(kPa)；
F_k——相应于荷载效应标准组合时，上部结构传至基础顶面的竖向力值(kN)；
G_k——基础自重和基础上的土重(kN)，一般取 $G_k = \gamma_G d A$；
γ_G——基础及回填土的平均重度(kN/m³)，一般取 $\gamma_G = 20$ kN/m³ 计算；
A——基础底面面积(m²)；
d——基础平均埋深(m)。

基础按地基承载力设计时，轴心荷载作用下的基础底面面积 A 应满足：

$$A \geqslant \frac{F_k}{f_a - \gamma_G \cdot d} \tag{8-7}$$

对于独立基础，轴心荷载作用下常采用正方形基础，基础边长为：

$$b = \sqrt{A} \geqslant \sqrt{\frac{F_k}{f_a - \gamma_G \cdot d}} \tag{8-8}$$

对于矩形基础，计算出 A 后，取 $b/l = 1.0 \sim 2.0$，先选定 b 或 l，再计算另一边长。

对于墙下条形基础($l/b \geqslant 10$)，沿基础长度方向取 1 m 作为计算单元，荷载也为相应的线荷载(kN/m)，则基础基底宽度为：

$$b \geqslant \frac{F_k}{f_a - \gamma_G \cdot d} \tag{8-9}$$

最后，确定的基底尺寸 b 和 l 均应为 100 mm 的倍数。

2. 偏心荷载

当传至基础顶面的荷载除了轴心荷载外，还有弯矩 M 或水平力 V 作用时，根据基底压力呈直线分布且不小于零的假定，基底反力呈梯形分布，如图 8-10 所示。

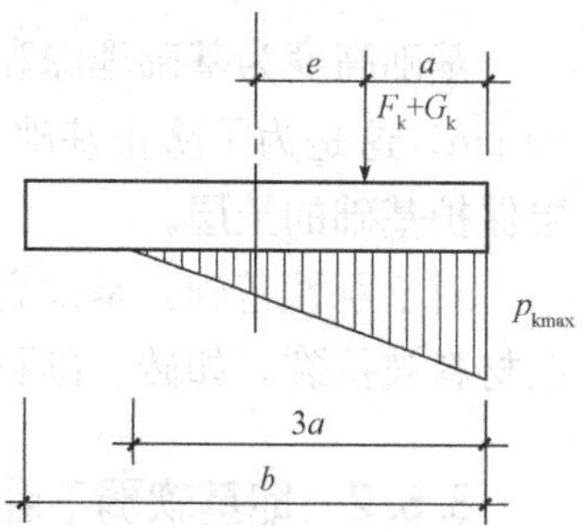

基底压力：
$$\genfrac{}{}{0pt}{}{p_{kmax}}{p_{kmin}} = \frac{F_k+G_k}{A} \pm \frac{M_k}{W} \qquad (8\text{-}10)$$

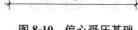

对于矩形基础，当偏心距 $e \leqslant l/6$ 时，基底最大、最小压力可按下式计算：

$$\genfrac{}{}{0pt}{}{p_{kmax}}{p_{kmin}} = \frac{F_k+G_k}{A}\left(1 \pm \frac{6e}{b}\right) \qquad (8\text{-}11)$$

图 8-10 偏心受压基础

如图 8-11 所示，当 $p_{kmin}<0$ 或 $e>b/6$ 时，p_{kmax} 计算式为：

$$p_{kmax} = \frac{2(F_k+G_k)}{3la} \qquad (8\text{-}12)$$

计算除了满足 $p_k \leqslant f_a$ 外，还应符合下式要求：

$$p_{kmax} \leqslant 1.2 f_a \qquad (8\text{-}13)$$

式中 p_{kmax}——相应于荷载效应标准组合时，按直线分布假设计算的基底边缘处的最大压力值；

l——垂直于偏心方向的基础边长；

b——平行于偏心方向的基础边长；

a——合力作用点至基础底面最大压力边缘的距离；

M_k——相应于荷载效应标准组合时，基础所有荷载对基底形心的合力矩；

e——偏心距，$e=M_k/(F_k+G_k)$；

p_{kmin}——对应于荷载效应标准组合时，基底边缘处的最小压力值。

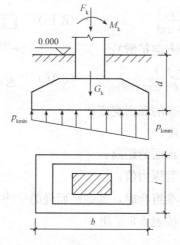

图 8-11 偏心荷载($e>h/6$)基底压力计算

为了保证基础不致过分倾斜，通常要求 $e \leqslant b/6$ 或 $p_{kmin}>0$。在中、高压缩性地基上或有吊车的厂房柱基础，$e \leqslant b/6$；对低压缩性地基上的基础，当考虑短暂作用的偏心荷载时，可放宽至 $p_{kmin} \leqslant 0$，但宜将偏心距控制在 $b/4$ 内。

3. 基础高度

基础高度为基础埋深和保护层厚度之差，即 $h=d-d_0$。保护层的厚度 d_0 一般不小于 10 cm，这是为了防止基础露出地面，遭受人来车往、日晒雨淋的破坏，在基础顶面覆盖一层保护基础的土层。

对于刚性基础，基础高度设计应注意使基础台阶宽高比满足刚性角 α 要求，以避免刚性材料被拉裂，如砖、砌石或素混凝土基础。

8.5.2 地基软弱下卧层承载力验算

承载力显著低于持力层承载力的下卧层称为软弱下卧层。当地基受力层范围内存在软弱下卧层时，在验算持力层承载力后，还必须对软弱下卧层进行承载力验算，要求作用在软弱下卧层顶面处的附加应力与自重应力之和不超过修正后的承载力特征值。即

$$p_z + p_{cz} \leqslant f_{az} \tag{8-14}$$

式中 p_z——相应于荷载效应标准组合时软弱下卧层顶面处的附加压力值(kPa)；
p_{cz}——软弱下卧层顶面处土的自重压力值(kPa)；
f_{az}——软弱下卧层顶面处经深度修正后的承载力特征值(kPa)。

关于附加压力 p_z 的计算，通过试验研究并参照双层地基中附加应力分布的理论解答，提出了按扩散角原理的简化计算方法，如图 8-12 所示。假设基底处的附加压力($p_0=p_k-p_c$)往下传递时，按压力扩散角 θ 向外扩散至软弱下卧层表面，根据基底与软弱下卧层顶面处扩散面积上的附加压力相等的条件，可得到附加压力 p_z 的计算公式：

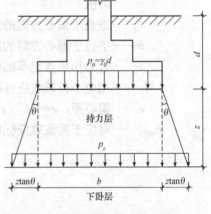

条形基础： $p_z = \dfrac{b(p_k - p_c)}{b + 2z\tan\theta}$ (8-15)

矩形基础（附加压力沿两个方向扩散）：

$$p_z = \dfrac{lb(p_k - p_c)}{(b + 2z\tan\theta)(l + 2z\tan\theta)} \tag{8-16}$$

图 8-12 验算软弱下卧层计算图示

式中 b——条形基础或矩形基础的底面宽度；
l——矩形基础的底面长度；
z——基底至软弱下卧层顶面的距离；
p_c——基础底面处土的自重压力值；
p_z——相对于荷载效应标准组合时，基础底面处的平均压力值；
θ——地基压力扩散角，按表 8-5 采用。

表 8-5 地基压力扩散角 θ

E_{s1}/E_{s2}	z/b	
	0.25	0.50
3	6°	23°
5	10°	25°

续表

E_{s1}/E_{s2}	z/b	
	0.25	0.50
10	20°	30°

注：1. E_{s1}为上层土压缩模量；E_{s2}为下层土压缩模量；
2. 当$z/b<0.25$时，一般取$\theta=0°$，必要时由试验确定；$z/b>0.5$时，θ值不变；
3. z/b在0.25与0.50之间可插值使用。

【例8-1】 某框架柱独立基础底面尺寸为3.6 m×3.6 m，埋置深度$d=1.5$ m。持力层为粉质黏土，土层厚度$h=5$ m，重度$\gamma=18.9$ kN/m³，压缩模量$E_{s1}=9$ MPa。持力层下为0.8 m厚的淤泥质土，重度$\gamma=17.1$ kN/m³，压缩模量$E_{s2}=3$ MPa，地基承载力特征值$f_{ak}=80$ kPa。上部结构竖向荷载标准组合值$F_k=1\ 200$ kN，基础及覆土的平均容重$r=20$ kN/m³。试验算软弱下卧层的承载力。

【解】 (1)求软弱下卧层顶面处经深度修正后地基承载力特征值f_{az}。
地面至软弱下卧层顶面总深度$d=5.8$ m
$$f_{az}=f_{ak}+\eta_d\times\gamma_m\times(d-0.5)$$
$$=80+1.0\times(18.9\times5+17.1\times0.8)/5.8\times(5.8-0.5)$$
$$=178.854(\text{kPa})$$

(2)计算基础底面处的平均压力值p_k：
$$p_k=F_k/(b\times l)+\gamma\times d=1\ 200/(3.6\times3.6)+20\times1.5=122.593(\text{kPa})$$

(3)计算基础底面处土的自重压力值：
$$p_c=\sum\gamma_i\times t_i=18.9\times1.5=28.35(\text{kPa})$$

(4)计算地基压力扩散角：
上层土压缩模量$E_{s1}=9$ MPa
下层土压缩模量$E_{s2}=3$ MPa
$E_{s1}/E_{s2}=9/3=3$ $t/b=4.3/3.6=1.194$
查表8-5得，地基压力扩散角$\theta=23°$

(5)计算相应于荷载效应标准组合时，软弱下卧层顶面处附加压力值p_z。
矩形基础：$p_z=l\times b\times(p_k-p_c)/[(b+2\times z\times\tan\theta)\times(l+2\times z\times\tan\theta)]$
$$=3.6\times3.6\times(122.893-28.35)/[(3.6+2\times4.3\times0.424)\times(3.6+2\times4.3\times0.424)]$$
$$=23.33(\text{kPa})$$

(6)计算软弱下卧层顶面处土的自重压力值p_{cz}：
$$p_{cz}=\sum\gamma_i\times t_i=108.18(\text{kPa})$$

(7)当地基受力层范围内有软弱下卧层时：
$$p_z+p_{cz}=23.33+108.18=131.51<f_{az}=178.854(\text{kPa})$$
软弱下卧层承载力满足要求。

8.5.3 地基变形验算

建筑物的荷载通过基础传给地基，使地基中的原有应力状态发生变化，从而引起地基土变形,其竖向变形即为沉降。如果地基的变形量在建筑物容许范围以内,则不会对建筑物的使用和安全造成危害。当附加荷载产生的应力过大时,过大的地基变形会产生过大的沉降,影响建筑物的结构安全和正常使用,甚至是土体发生整体破坏而失去稳定。

《建筑地基基础设计规范》(GB 50007—2011)规定:对设计等级为甲级、乙级以及设计等级为丙级且地基承载力特征值较低、上部荷载差异较大、土层不均匀的建筑物,为了保证工程的安全,除了满足地基承载力计算外,还应进行地基变形验算。

验算时,首先应根据建筑物的结构特点、安全使用要求及地基的工程特征确定某一变形特征作为变形验算的控制条件。对于砌体承重结构应由局部倾斜控制,对于框架结构和单层排架结构应由相邻柱基的沉降差控制,对于多层或高层建筑和高耸结构应由倾斜值控制;必要时还应控制平均沉降量。

地基特征变形验算公式如下:

$$s < [s] \tag{8-17}$$

式中 s——地基特征变形计算值,按规范中建议的分层总和法计算;

$[s]$——地基特征变形允许值,查表 4-9。

验算地基特征变形时,荷载按正常使用极限状态下荷载效应的准永久组合值计算。当地基特征变形验算不满足允许值要求时,通常先考虑能否适当调整基础底面尺寸予以解决。

一般情况下,改变基础的尺寸与布置方式可以有效地调整基底附加应力的分布与大小,从而改变地基变形值。当基底附加应力相同时,地基的变形是随基底尺寸的增大而增加的;而在确定的荷载下,若增大基底尺寸,将会使地基变形量减小,但加大基底面积会增加地基压缩层的厚度,遇到较高压缩性的土层,也会造成地基变形量的增加。因此,要充分考虑到这些因素的影响,在实际设计中,常常会产生仅依靠调整基底尺寸还不能使地基变形满足要求的情况,这时需要采取其他措施,如改变基础埋深、更换基础类型、修改上部结构形式等,以满足地基变形控制的要求。

8.6 无筋基础设计

无筋扩展基础一般适用于多层民用建筑和轻型厂房,这类基础的剖面一般设计成台阶形。无筋扩展基础所用材料的抗压强度较高,抗拉、抗剪强度低,如砖、毛石、混凝土、灰土和三合土等。当基础有挠曲变形时,拉应力就会超过材料的抗拉强度而产生裂缝。

8.6.1 基础高度

无筋扩展基础的高度受材料刚性角的限制,应符合式(8-18)的要求:

$$H_0 \geq \frac{b - b_0}{2\tan\alpha} \tag{8-18}$$

式中 H_0——基础高度(m);

b——基础底面宽度(m);

b_0——基础顶面的墙体宽度或柱脚宽度(m);

α——基础的刚性角,$\tan\alpha$ 即为台阶宽高比 $b_2 : H_0$ 的允许值,可按表 8-6 采用;

b_2——基础台阶宽度(m)。

表 8-6 无筋扩展基础台阶宽高比的允许值

基础材料	质量要求	台阶宽高比的允许值		
		$p_k \leq 100$	$100 < p_k \leq 200$	$200 < p_k \leq 300$
混凝土基础	C15 混凝土	1:1.00	1:1.00	1:1.25
毛石混凝土基础	C15 混凝土	1:1.00	1:1.25	1:1.50
砖基础	砖不低于 MU10 砂浆不低于 M5	1:1.50	1:1.50	1:1.50
毛石基础	砂浆不低于 M5	1:1.25	1:1.50	—
灰土基础	体积比 3:7 或 2:8 的灰土，其最小干密度：粉土 1 550 kg/m³；粉质黏土 1 500 kg/m³；黏土 1 450 kg/m³	1:1.25	1:1.50	—
三合土基础	体积比为 1:2:4～1:3:6(石灰:砂:集料)，每层约虚铺 220 mm，夯至 150 mm	1:1.50	1:2.00	—

注：1. p_k——荷载效应标准组合时基础底面处平均压力(kPa)；
2. 阶梯形毛石基础的每阶伸出宽度不宜大于 200 mm；
3. 当基础由不同材料叠合组成时，应对接触部分作抗压验算。
4. 对混凝土基础、当基础底面处平均压力值超过 300 kPa 时，还应进行抗剪验算。对于基底反力集中于立柱附近的岩石地基，应进行局部受压承载力验算。

8.6.2 构造要求

无筋基础(图 8-13)为刚性基础，为了基础不因受到过大的拉应力或剪应力而破坏，要求基础每一台阶的宽度和高度的比值在一定范围内。台阶宽高比的容许值与基础材料及基底压力有关，见表 8-6。

$$\frac{b_2}{H_0} \leq \tan\alpha \tag{8-19}$$

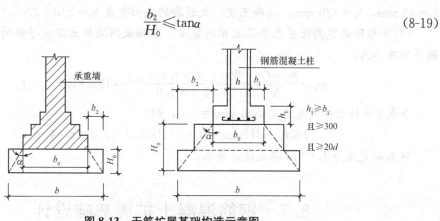

图 8-13 无筋扩展基础构造示意图
(d—柱中纵向钢筋直径)

由于台阶宽高比的限制，无筋扩展基础的高度一般都较大，但不应大于基础埋深；否则，应加大基础埋深或选择刚性角较大的基础类型(如混凝土基础)；如仍不满足，可采用钢筋混凝土基础。当基础抗压强度低于墙或柱结构强度时，或者基础由不同材料叠合组成时，需进行接触面上的抗压验算。

为节约材料和施工方便，基础常做成阶梯形。分阶时，每一台阶除应满足台阶宽高比的要求外，还应符合构造要求。

采用无筋扩展基础的钢筋混凝土柱，其柱脚高度 h_1 不得小于 b_1，并不应小于 300 mm 且不小于 $20d$（d 为柱中受力钢筋的最大直径）。当柱纵向钢筋在柱脚内的竖向锚固长度不满足锚固要求时，可沿水平方向弯折，弯折后的水平锚固长度不应小于 $10d$，也不应大于 $20d$。

8.6.3 无筋扩展基础的设计计算

(1)初步选定基础高度。混凝土基础的高度不宜小于 200 mm；三合土基础和灰土基础，基础高度应为 150 mm 的倍数；砖基础的高度应符合砖的模数，在布置基础剖面时，大放脚的每皮宽度和高度均应满足要求。

(2)确定基础宽度。

(3)验算台阶宽高比。

【例 8-2】 某承重砖墙混凝土基础的埋深为 1.5 m，上部结构传来的压力 F_k=200 kN/m。持力层为粉质黏土，天然重度 17 kN/m³；孔隙比 e=0.843，液性指数 I_L=0.76，承载力特征值 f_{ak}=150 kPa，地下水位在基础底面以下，试设计此基础。

【解】 (1)修正后的地基承载力特征值。按基础宽度 b 小于 3 m 考虑，不作宽度修正。根据土的孔隙比和液性指数查表 5-8 得 η_d=1.6，则

$$f_a = f_{ak} + \eta_d \gamma_m (d-0.5) = 150 + 1.6 \times 17.5 \times (1.5-0.5) = 178 \text{(kPa)}$$

(2)确定基础宽度：

$$b \geqslant \frac{F_k}{f - \gamma_G d} = \frac{200}{178 - 20 \times 1.5} = 1.35 \text{(m)}$$

初选基础宽度为 1.40 m。

(3)基础剖面尺寸。选定基础高度 H=300 mm，大放脚采用标准砖砌筑，每皮宽度 b_l=60 mm，h_l=120 mm，共砌五皮，大放脚的底面宽度 b_0=240+2×5×60=840(mm)。

(4)按台阶的宽高比要求验算基础的宽度。基础采用混凝土强度等级为 C10 浇筑，基底的平均压力为：

$$p_k = \frac{F_k + G_k}{A} = \frac{200 + 20 \times 1.4 \times 1.5}{1.4 \times 1.0} = 172.8 \text{(kPa)} < f_a$$

查表 8-6 得台阶的允许宽高比 $\tan\alpha$=1.0，则

$$b \leqslant b_0 + 2H\tan\alpha = 0.84 + 2 \times 0.3 \times 1.0 = 1.44 \text{ m}$$

取基础宽度为 1.40 m 满足设计要求。

8.7 钢筋混凝土扩展基础设计

当荷载比较大且基础埋置深度有限时，可以采用扩展基础扩大基础底面积。扩展基础通常使用钢筋混凝土建造，抗剪能力和抗弯能力较好。常见钢筋混凝土扩展基础包括墙下条形基础和柱下独立基础。

8.7.1 墙下钢筋混凝土条形基础

1. 构造要求

(1)墙下钢筋混凝土条形基础一般采用阶梯形、锥形和矩形断面。锥形基础的边缘高度不宜小于200 mm,且两个方向的坡度不宜大于1∶3;阶梯形基础的每阶高度,宜为300~500 mm;基础高度小于250 mm时,也可做矩形的等厚度板。

(2)通常在底板下宜设素混凝土垫层。垫层厚度不宜小于70 mm,强度等级不宜小于C10,两边伸出基础底板一般为100 mm。

(3)底板受力钢筋直径不宜小于10 mm,间距不宜大于200 mm,也不宜小于100 mm;底板纵向分布钢筋直径不宜小于8 mm,间距不大于300 mm,每延米分布钢筋的面积应不小于受力钢筋面积的15%;钢筋的保护层,当设垫层时不应小于40 mm;无垫层不应小于70 mm。

(4)混凝土强度等级不应低于C20。

(5)当柱下钢筋混凝土独立基础的边长和墙下钢筋混凝土条形基础的宽度大于或等于2.5 m时,底板受力钢筋的长度可取边长或宽度的0.9倍,并宜交错布置。

(6)当地基软弱时,为了减少不均匀沉降的影响,基础断面可采用带肋梁的底板,肋梁的纵向钢筋和箍筋按经验确定或按弹性地基梁计算。

(7)其他构造要求详见《建筑地基基础设计规范》(GB 50007—2011)。

2. 设计计算

基础结构计算内容一般有两方面,其一是按剪切条件确定基础台阶或基础底板的高度,据工程设计经验,基础底板高度一般不小于基础宽度的1/8;其二是受弯计算确定底板横向配筋。

在净反力作用下,基础底板受力仍是一块倒悬臂板,剪切和弯矩的控制截面,应符合下列规定:①当墙体材料为混凝土时,取 $a_1=b_1$;②当墙体材料为砖砌体且放脚宽度不大于1/4砖长时,取 $a_1=b_1+0.06$(m)。

(1)轴心荷载作用。墙下条形基础在均布荷载 F 作用下的受力分析可简化为如图8-14所示,其受力情况如同受 p_j 作用的倒置悬臂梁。p_j 是指由上部结构荷载 F 在基底产生的净反力(不包括基础自重和基础台阶上回填土重所引起的反力),若取墙沿墙长方向 $l=1$ m 的基础板分析,则

$$p_j=\frac{F}{bl}=\frac{F}{b} \quad (8\text{-}20)$$

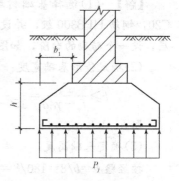

图8-14 墙下条形基础

式中 p_j——相应于荷载效应基本组合时的地基净反力值(kPa);

b——墙下钢筋混凝土条形基础宽度(m);

F——上部结构传至基础顶面的荷载(kN/m)。

在 p_j 作用下,将在基础底板内产生弯矩 M 和剪力 V,其值在悬臂板根部最大。

$$V_1=\frac{1}{2}p_j(b-a) \quad (8\text{-}21)$$

$$M_1=\frac{1}{8}p_j(b-a)^2 \quad (8\text{-}22)$$

式中 M_1——基础底板根部的弯矩值(kN·m);
V_1——基础底板根部的剪力值(kN);
a——砖墙厚。

为了防止因 V、M 作用而使底板发生冲切破坏和弯曲破坏,基础底板应有足够的厚度和配筋。

由于基础内不配箍筋和弯筋,故基础底板厚度应满足混凝土的抗剪切条件:

$$V_1 \leqslant 0.7 f_c h_0 \tag{8-23}$$

或

$$h_0 \geqslant \frac{V}{0.07 f_c} \tag{8-24}$$

式中 f_c——混凝土轴心抗压强度设计值(kPa);
h_0——基础底板有效高度(m)。

基础底板配筋按下式计算:

$$A_s = \frac{M}{0.9 f_y h_0} \tag{8-25}$$

式中 A_s——每米长基础底板受力钢筋截面面积(m);
f_y——钢筋抗拉强度设计值(kPa)。

(2)偏心荷载作用。先计算基底净反力的偏心距 e_{j0}:

$$e_{j0} = \frac{M}{F} \quad (一般要求 e_{j0} \leqslant \frac{b}{6}) \tag{8-26}$$

基础边缘处的最大和最小净反力为:

$$p_{j\min}^{j\max} = \frac{F}{bl}\left[1 + \left(\pm \frac{6e_{j0}}{b}\right)\right] \tag{8-27}$$

基础的高度和配筋计算同轴心荷载作用。

【例 8-3】 某多层住宅的承重砖墙厚 240 mm,作用于基础顶面的荷载 $F_k = 240$ kN/m,基础埋深 $d = 0.8$ m,经深度修正后的地基承载力特征值 $f_a = 150$ kPa,试设计钢筋混凝土条形基础。

【解】 (1)选择基础材料。拟采用混凝土强度等级为 C20,钢筋 HPB300 级,并设置 C10 厚 100 mm 的混凝土垫层,设一个砖砌的台阶,如图 8-15 所示。

(2)确定条形基础宽度:

$$b \geqslant \frac{F_k}{f_a - \gamma_G d} = \frac{240}{150 - 20 \times 0.8} = 1.79 (\text{m})$$

取 $b = 1.8$ m。

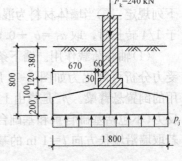

图 8-15 例题 8-3 图

(3)确定基础高度:

按经验 $h = b/8 = 180/8 = 23 (\text{cm})$

取 $h = 30$ cm。

$h_0 = 30 - 4 = 26 (\text{cm})$

地基净反力:

$P_j = F/b = 1.35 \times 240/1.8 = 180 (\text{kN/m})$

控制截面剪力:

$V = P_j a_1 = 180 \times (0.9 - 0.12) = 140.4 (\text{kN})$

混凝土抗剪强度：
$V_c = 0.7 f_t b h_0 = 0.7 \times 1.1 \times 1.0 \times 260 = 200.2 (kN) > V = 140.4 (kN)$ 满足要求。

(4)计算底板配筋：

控制截面弯矩 $M = 1/2 P_j a_1^2 = 1/2 \times 180 \times (0.9 - 0.12)^2 = 54.8 (kN/m)$

$$A_s = \frac{M}{0.9 h_0 f_y} = \frac{54.8 \times 10^6}{0.9 \times 260 \times 270} = 867 (mm^2)$$

选 $\phi 12 @ 130$，分布筋选 $\phi 8 @ 250$。

8.7.2 柱下钢筋混凝土独立基础

1. 构造要求

柱下钢筋混凝土独立基础除了满足墙下条形基础的一般要求外，还要满足如下要求。

矩形独立基础底面的长边与短边的比值 l/b，一般取 $1 \sim 1.5$。阶梯形基础每阶高度一般为 300～500 mm。基础的阶数可根据基础的高度设置，当 $H < 500$ mm 时，宜分为一级；当 500 mm $\leqslant H \leqslant 900$ mm 时，宜分为两级；当 $H > 900$ mm 时，宜分为三级。锥形基础的边缘高度，一般不宜小于 200 m，也不宜大于 500 mm；锥形坡度角一般取 25°；锥形基础的顶部每边宜沿柱边放出 50 mm。

柱下钢筋混凝土独立基础的受力钢筋应双向配置。当基础宽度大于或等于 2.5 m 时，底板受力钢筋的长度可取边长或宽度的 0.9 倍，并交错布置。对于现浇柱基础，如基础不与柱同时现浇，则应设置插筋，插筋在柱内的纵向钢筋连接宜优先采用焊接或机械连接的接头，插筋的直径、钢筋的种类、根数及其间距应与柱内的纵向钢筋相同，插筋的下端宜做成直钩，放在基础底板钢筋网上。当符合下列条件之一时，可仅将四角的插筋伸至底板钢筋网上，其余插筋锚固在基础底面以下 l_a 或 l_{aE}（有抗震设防要求时）处，如图 8-16 所示。

(1)柱为轴心受压或小偏心受压，基础高度大于或等于 1 200 mm；

(2)柱为大偏心受压，基础高度大于 1 400 mm。

其他构造要求详见《建筑地基基础设计规范》(GB 50007—2011)。

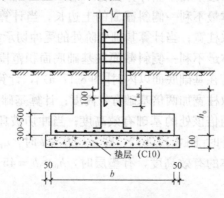

图 8-16 现浇柱的基础中插筋构造示意图

2. 设计计算

(1)基础高度的确定。基础在柱荷载作用下，如果沿柱周边的基础高度不够，就会发生如图 8-17 所示的冲切破坏，即沿柱边 45°方向斜面拉裂。

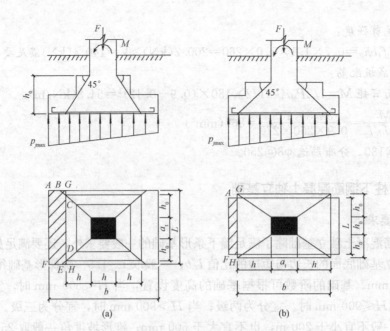

图 8-17 冲切计算图
(a)柱与基础交接处；(b)基础变阶处

为保证基础不发生冲切破坏，必须使冲切面外的地基净反力产生的冲切力小于或等于冲切面处混凝土的受冲切承载力，即：

$$F_l \leq 0.7\beta_{hp}f_t a_m h_0 \tag{8-28}$$

$$F_l = p_j A_l \tag{8-29}$$

式中 F_l——相应于荷载效应基本组合时作用在 A_l 上的地基土净反力设计值；

β_{hp}——受冲切承载力截面高度影响系数，当 $h \leq 800$ mm 时，$\beta_{hp}=1.0$；当 $h \geq 2\,000$ mm 时，$\beta_{hp}=0.9$，其间按线性内插法取用；

f_t——混凝土轴心抗拉设计强度；

a_m——冲切破坏锥体最不利一侧计算长度，$a_m=(a_t+a_b)/2$；

a_t——冲切破坏锥体最不利一侧斜截面的上边长，当计算柱与基础交接处的受冲切承载力时，取柱宽；当计算基础变阶处的受冲切承载力时，取上阶宽；

a_b——冲切破坏锥体最不利一侧斜截面在基础底面积范围内的下边长，当冲切破坏锥体的底面落在基础底面以内时[图 8-17(a)]，计算柱与基础交接处的受冲切承载力时，取柱宽加两倍基础有效高度；计算基础变阶处的受冲切承载力时，取上阶宽加两倍该处的基础有效高度；当冲切破坏锥体的底面在 l 方向落在基础底面以外时[图 8-17(b)]，即 $a+2h_0 \geq l$ 时，$a_b=l$；

h_0——冲切破坏锥体的有效高度，有垫层时，$h_0=h-45$ mm，无垫层时，$h_0=h-75$ mm；

p_j——扣除基础自重及其上土重后相应于荷载效应基本组合时地基土单位面积净反力，对偏心受压基础可取基础边缘处用最大地基土单位面积净反力；

A_l——冲切验算时取用的部分基底面积（图 8-17 中的阴影面积）。

关于 A_l 和 a_m 的计算可分为两种情况：

1）当 $l > a_t + 2h_0$ 时[图 8-17(a)]：

$$A_i = A_{AGHF} - (A_{BGD} - A_{DHE}) = (b/2 - h/2 - h_0)l - (l/2 - a_t/2 - h_0)^2 \tag{8-30}$$

$$a_m = \frac{a_t + (a_t + 2h_0)}{2} = a_t + h_0 \tag{8-31}$$

2) 当 $l \leqslant a_t + 2h_0$ 时[图 8-17(b)]：

$$A_l = A_{AGHF} = [(b/2 - h/2) - h_0]l \tag{8-32}$$

$$a_m = (a_t + l)/2 \tag{8-33}$$

如要验算台阶处的冲切强度时，将式(8-29)~式(8-32)中 h、a_t、h_0 分别换为台阶的长边、宽边和台阶处的有效高度即可。

(2) 内力计算及配筋。基础底板在荷载效应基本组合时的净反力作用下，如同固定于台阶根部或柱边的倒置悬臂板，一般属于双向受弯构件，弯矩控制截面在柱边缘处或变阶处，如图 8-18 所示的基础弯矩计算图。

将基底分成四块梯形面积，截面 $I-I$ 的弯矩：

$$M_I = p_j A_{1234} \tag{8-34}$$

$$A_{1234} = (l + a_t)(b - b_t)/4 \tag{8-35}$$

a_t 为梯形面积形心到 $I-I$ 截面距离：

$$a_1 = \left[\frac{2}{3} \left(\frac{2a_t + l}{a_t + l} \right) \frac{(b-b_t)}{2} \cdot \frac{1}{2} \right] = \frac{1}{6}(b - b_t)\left(\frac{2a_t + l}{a_t + l} \right) \tag{8-36}$$

所以

$$M_I = \frac{p_j}{24}(b - b_t)^2 (2a_t + l) \tag{8-37}$$

同理

$$M_{II} = \frac{p_j}{24}(l - a_t)^2 (2b + b_t) \tag{8-38}$$

对偏心受压基础，基底压力呈梯形分布时，如图 8-19 所示。

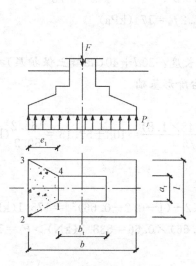

图 8-18 基础弯矩计算图

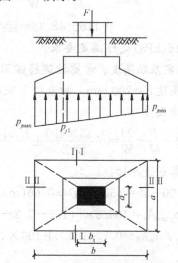

图 8-19 偏心受压基础弯矩计算图

将 $(p_{j\max} + p_{jI})$ 代换式(8-37)中的 p_j，将 $(p_{j\max} + p_{j\min})$ 代换式(8-38)中的 p_j 可分别得到偏心受压基础的弯矩计算公式：

$$M_{\mathrm{I}} = \frac{p_{j\max} + p_{j1}}{48}(b-b_{\mathrm{t}})^2(2a_{\mathrm{t}}+l) \tag{8-39}$$

$$M_{\mathrm{II}} = \frac{p_{j\max} + p_{j\min}}{48}(l-a_{\mathrm{t}})^2(2b+b_{\mathrm{t}}) \tag{8-40}$$

计算柱边处时，还需将 M_{I}、M_{II} 式中 a_{t}、b_{t} 换成柱长、宽计算弯矩，并与 M_{I} 或 M_{II} 比较，取大者配筋。

应指出：式(8-37)~式(8-38)适用于矩形基础台阶的宽高比小于或等于 2.5 和偏心距小于或等于 $b/6$ 基础长度的情况。

基础底板两个方向上的钢筋面积可近似按下式计算：

$$A_{s\mathrm{I}} = \frac{M_{\mathrm{I}}}{0.9h_0 f_y} \tag{8-41}$$

$$A_{s\mathrm{II}} = \frac{M_{\mathrm{II}}}{0.9(h_0-d)f_y} \tag{8-42}$$

其中，d 为 b 方向上的钢筋直径。

【例 8-4】 某多层框架结构柱 $400\ \mathrm{mm} \times 600\ \mathrm{mm}$，配有 8Φ22 纵向受力筋；相应于荷载效应标准组合时柱传至地面处的荷载值 $F_k = 480\ \mathrm{kN}$，$M_k = 55\ \mathrm{kN \cdot m}$，$Q_k = 40\ \mathrm{kN}$，基础埋深 1.8 m，采用强度等级为 C20 混凝土和 HPB300 级钢筋，设置 C10 厚 100 mm 的混凝土垫层，已知经深度修正后的地基承载力特征值 $f_a = 145\ \mathrm{kPa}$，试设计该柱基础。

【解】 (1)确定基础底面积：

$$A = (1.1 \times 1.4)\frac{F_k}{f_a - \gamma_G d} = (1.1 \times 1.4) \times \frac{480}{145 - 20 \times 1.8} = 4.8 \times 6.2(\mathrm{m}^2)$$

取 $l = 2.0\ \mathrm{m}$，$b = 3.0\ \mathrm{m}$。

验算承载力：

$$p_{k\min}^{k\max} = \frac{F_k + G_k}{bl} \pm \frac{M_k}{W} = \frac{480 + 20 \times 2 \times 3 \times 1.8}{3 \times 2} \pm \frac{55 + 40 \times 1.8}{2 \times 3^2/6}$$

$$= 116 \pm 42.33 = {}^{158.3}_{73.7}\ \mathrm{kPa} < 1.2 f_a = 174(\mathrm{kPa})$$

$p = 116(\mathrm{kPa}) < f_a$ 满足要求。

(2)确定基础高度。考虑柱钢筋锚固直线段长度：$30d + 40$(混凝土保护层) $\approx 700\ \mathrm{mm}$，拟取基础高度 $h = 700\ \mathrm{mm}$，初步拟定采用二级台阶形基础。

基底净反力：

$$p_{j\min}^{j\max} = \frac{F}{bl} \pm \frac{M}{W} = \frac{1.35 \times 480}{3 \times 2} \pm \frac{1.35 \times (55 + 48 \times 1.8)}{2 \times 3^2/6} = 108 \pm 57.15 = {}^{165.2}_{50.9}(\mathrm{kPa})$$

1)验算柱边冲切：

$h_0 = 700 - 45 = 655(\mathrm{mm}) \approx 0.66(\mathrm{m})$

$F_l = p_{j\max}A_j = 165.2 \times [(1.5 - 0.3 - 0.66) \times 2 - (1 - 0.2 - 0.66)^2] = 175.1(\mathrm{kN})$

$0.7\beta_{hp}f_t a_m h_0 = 0.7 \times 1.0 \times 1100 \times (0.4 + 0.66) \times 0.66 = 538.7(\mathrm{kN}) > F_l = 175.1(\mathrm{kN})$

满足要求。

2)验算台阶处的冲切：

$h_{01} = 350 - 45 = 305(\mathrm{mm})$

$F_{bl} = p_{j\max}A_l = 165.2 \times [(1.5 - 0.9 - 0.31) \times 2 - (1 - 0.6 - 0.31)^2] = 94.5(\mathrm{kN})$

$0.7\beta_{hp}f_t a_m h_0 = 0.7 \times 1.0 \times 1100 \times 1/2 \times (1.2 + 1.2 + 2 \times 0.31) \times 0.31 = 3\ 604.4(\mathrm{kN}) >$

$F_{bI}=94.5(kN)$ 满足要求。

(3) 基础底板配筋。

柱边弯矩：

$$M_{I} = \frac{1}{48}(p_{j\max}+p_{jI})(b-b_t)^2(2a_t+l)$$

$$= \frac{1}{48}(165.2+119.5)(3-0.6)^2(2\times2+0.4)=150.3(kN\cdot m)$$

$$M_{II} = \frac{1}{48}(p_{j\max}+p_{j\min})(l-a_t)^2(2b+b_t)$$

$$= \frac{1}{48}(165.2+50.9)(2-0.4)^2(2\times3+0.6)=76.1(kN\cdot m)$$

$$A_{sI} = \frac{M_I}{0.9h_0 f_y} = \frac{150.3\times10^6}{0.9\times655\times270}=944(mm^2) \; 配 \; \phi12@110$$

$$A_{sII} = \frac{M_{II}}{0.9(h_0-d)f_y} = \frac{76.1\times10^6}{0.9\times645\times270}=486(mm^2) \; 配 \; \phi10@160$$

8.8 柱下钢筋混凝土条形基础设计

当地基较为软弱、柱荷载或地基压缩性分布不均匀，以至于采用扩展基础可能产生较大的不均匀沉降时，常将同一方向（或同一轴线）上若干柱子的基础连成一体而形成柱下条形基础。这种基础的抗弯刚度较大，因而具有调整不均匀沉降的能力，并能将所承受的集中柱荷载较均匀地分布到整个基底面积上。柱下条形基础是常用于软弱地基上框架或排架结构的一种基础形式。

8.8.1 适用范围

柱下条形基础主要用于柱距较小的框架结构，也可用于排架结构，它可以是单向的，也可以是十字交叉的。单向条形基础一般沿房屋的纵向布置，这是因为房屋纵向跨数多、跨距小，且沉陷挠曲主要发生在纵向。当单向条形基础不能满足地基承载力的要求或者需要调整地基变形时，采用十字交叉条形基础。柱下条形基础承受柱子传下的集中荷载，其基底反力的分布受基础和上部结构刚度的影响，呈非线性分布。当条形基础截面高度很大时，例如，达到柱距的 1/3～1/2 时，具有极大的刚度和调整地基变形的能力。

8.8.2 构造要求

柱下条形基础的截面形状一般为倒 T 形，由翼板和肋梁组成，如图 8-20 所示。

柱下条形基础的构造除应满足钢筋混凝土扩展基础的要求外，还应符合下列要求条件：

(1) 柱下条形基础梁高度 H_0 宜取 1/8～1/4 柱距，这样的高度一般能满足截面的抗剪要求。柱荷载较大时，可取 1/6～1/4 柱距；在建筑物次要部位和柱荷载较小时，可取不小于 1/8～1/7 柱距。

(2) 翼板厚度 h 不宜小于 200 mm。当翼板厚度为 200～250 mm 时，宜用等厚度翼板；当翼板厚度大于 250 mm 时，宜用变厚度翼板，其顶面坡度宜小于或等于 1∶3。

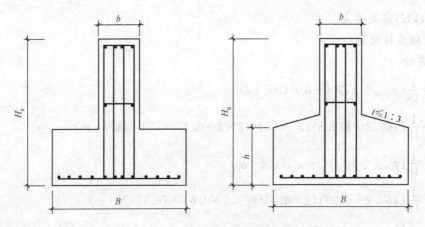

图 8-20　柱下条形基础的截面形式

(3)端部宜向外伸出悬臂,悬臂长度一般为第一跨距的 0.25 倍。悬臂的存在有利于降低第一跨弯矩,减少配筋;也可以用悬臂调整基础形心。

(4)基础梁顶、底部纵向受力钢筋除满足计算要求外,顶部钢筋按计算配筋全部贯通,底部通长钢筋不少于底部受力钢筋截面总面积的 1/3。这是考虑使基础拉、压区的配筋量较为适中,并考虑了基础可能受到的整体弯曲影响。考虑柱下条形基础可能承受扭矩,肋梁内的箍筋应做成封闭式,直径不小于 8 mm。当梁高大于 700 mm 时,应在梁的两侧放置不小于 $\phi 10$ 的腰筋。

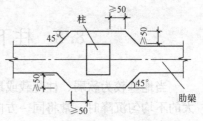

图 8-21　现浇柱与条形基础梁交接处平面尺寸

(5)现浇柱与条形基础梁的交接处,其平面尺寸不应小于图 8-21 的规定。

(6)混凝土强度等级不低于 C20。

8.8.3　设计计算要点

进行柱下条形基础计算时,除按柱下独立基础计算抗冲切、抗弯曲和抗剪切以外,还应遵循下列规定:

(1)在比较均匀的地基上,上部结构刚度较好,荷载分布较均匀,且条形基础梁的高度不小于 1/6 柱距时,地基反力可按直线分布,条形基础梁的内力可按连续梁计算,此时边跨跨中弯矩及第一内支座的弯矩值宜乘以 1.2 的系数;否则,宜按弹性地基梁计算。

(2)对交叉条形基础,交点上的柱荷载,可按静力平衡条件或变形协调条件,进行分配。其内力可按上述规定,分别进行计算。

(3)应验算柱边缘处基础梁的受剪承载力。

(4)当存在扭矩时,还应作抗扭计算。

(5)当条形基础的混凝土强度等级小于柱的混凝土强度等级时,还应验算柱下条形基础梁顶面的局部受压承载力。

8.9 筏形基础设计

当建筑物上部荷载较大而地基承载能力又比较弱时,用简单的独立基础或条形基础已不能适应地基变形的需要,这时常将墙或柱下基础连成一片,使整个建筑物的荷载承受在一块整板上,这种满堂式的板式基础称为筏形基础。筏形基础由于其底面积大,故可减小基底压力,同时,也可提高地基土的承载力,并能更有效地增强基础的整体性,调整不均匀沉降。

8.9.1 适用范围

筏形基础的基底面积较十字交叉条形基础更大,不仅能承受更大的建筑物荷载,还能减少地基土的单位面积压力,显著提高地基承载力。筏形基础还具有较大的整体刚度,在一定程度上能调整地基的不均匀沉降。筏形基础能跨越地下浅层小洞穴和局部软弱层,提供比较宽敞的地下使用空间,因此,在多、高层建筑中被广泛采用。

8.9.2 构造与计算要求

(1)筏形基础分为梁板式和平板式两种类型,其选型应根据工程地质、上部结构体系、柱距、荷载大小以及施工条件等因素确定。

(2)筏形基础的平面尺寸,应根据地基土的承载力、上部结构的布置及荷载分布等因素按规范有关规定确定。对单幢建筑物,在地基土比较均匀的条件下,基底平面形心宜与结构竖向永久荷载重心重合。当不能重合时,在荷载效应准永久组合下,偏心距 e 宜符合下式要求:

$$e \leqslant 0.1W/A \tag{8-43}$$

式中 W——与偏心距方向一致的基础底面边缘抵抗矩;

A——基础底面面积。

(3)筏形基础的混凝土强度等级应不低于 C30。当有地下室时,应采用防水混凝土,防水混凝土抗渗等级应按表 8-7 选用。宜采用自排水并设置架空排水层。

表 8-7 防水混凝土抗渗等级

埋置深度 d/m	设计抗渗等级	埋置深度 d/m	设计抗渗等级
$d<10$	P6	$20 \leqslant d<30$	P10
$10 \leqslant d<20$	P8	$d \geqslant 30$	P12

(4)采用筏形基础的地下室,地下室钢筋混凝土外墙厚度不应小于 250 mm,内墙厚度不应小于 200 mm。墙的截面设计除满足承载力要求外,还应考虑变形、抗裂及防渗等要求。墙体内应设置双面钢筋,钢筋不宜采用光面圆钢筋,水平钢筋的直径不应小于 12 mm,竖向钢筋的直径不应小于 10 mm,间距不应大于 200 mm。

(5)地下室底层柱或剪力墙与梁板式筏形基础的基础梁连接构造符合下列要求:

1)柱、墙的边缘至基础梁边缘的距离不应小于 50 mm,如图 8-22 所示。

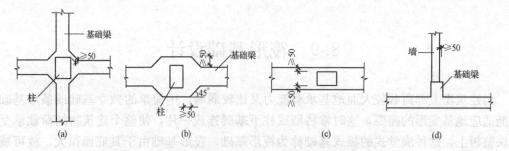

图 8-22 地下室底层柱或剪力墙与基础梁连接的构造要求

2)当交叉基础梁的宽度小于柱截面的边长时,交叉基础梁连接处应设置八字角,柱角与八字角之间的净距不宜小于 50 mm[图 8-22(a)]。

3)单向基础梁与柱的连接,可按图 8-22(b)、(c)采用。

4)基础梁与剪力墙的连接,可按图 8-22(d)采用。

(6)筏板与地下室外墙的接缝、地下室外墙沿高度外的水平接缝应严格按施工缝要求施工,必要时可设通长止水带。

(7)高层建筑筏形基础与裙房基础之间的构造应符合下列要求:

1)当高层建筑与相连的裙房之间设置沉降缝时,高层建筑基础的埋深应大于裙房基础的埋深至少 2 m。当不满足要求时必须采取有效措施。地面以下沉降缝的缝隙应用粗砂填实。

2)当高层建筑与相连的裙房之间不设置沉降缝时,宜在裙房一侧设置后浇带,后浇带的位置宜设在距主楼边柱的第二跨内。后浇带混凝土宜根据实测沉降值并计算后期沉降差能满足设计要求后方可进行浇筑。

3)当高层建筑与相连的裙房之间不允许设置沉降缝和后浇带时,应进行地基变形验算,验算时需考虑地基与结构变形的相互影响并采取相应的有效措施。

(8)筏形基础地下室施工完毕后,应及时进行基坑回填工作。回填基坑时,应先清除基坑中的杂物,并应在相对的两侧或四周同时回填并分层夯实。

8.10 箱形基础设计

箱形基础是由钢筋混凝土的顶板、底板和若干纵横墙组成的,形成中空箱体的整体结构,共同来承受上部结构的荷载。箱形基础整体空间刚度大,对抵抗地基的不均匀沉降有利,一般适用于高层建筑或在软弱地基上造的上部荷载较大的建筑物。当基础的中空部分尺寸较大时,可用作地下室。

8.10.1 适用范围

箱形基础在承受上部结构传来的荷载和不均匀地基反力引起的整体弯曲的同时,其顶板和底板还分别受到顶板荷载与地基反力引起的局部弯曲,能有效地扩散上部结构传递的荷载,调整地基的不均匀沉降。适用于软弱地基上的高层、重型或对不均匀沉降有严格要求的建筑物、需要地下室的各类建筑物、上部结构荷载大、地基土较软弱或不均匀的建筑物和地震烈度高的重要建筑物。

8.10.2 构造要求

采用箱形基础时,上部结构体型应力求简单、规则,平面布局尽量对称,基底平面形心应尽量与上部结构竖向荷载中心重合。当偏心较大时,可使基础底板四周伸出不等长的悬臂以调整底面的形心,偏心距不宜大于 $0.1W/A$,式中,W 为基底的抵抗矩,A 为基底面积。

箱形基础的内、外墙应沿上部结构柱网和剪力墙纵、横均匀布置,墙体水平截面总面积不宜小于箱形基础外墙外包尺寸的水平投影面积的 1/10。对基础平面长宽比大于 4 的箱形基础,其纵墙水平截面面积不得小于箱基外墙外包尺寸水平投影面积的 1/18。

箱形基础的高度一般取建筑物高度的 1/12~1/8 或箱形基础长度的 1/18~1/16,并不小于 3 m。顶板、底板及墙身的厚度应根据受力情况、整体刚度、施工条件及防水要求等确定。一般底板与外墙厚度不小于 250 mm,内墙不小于 200 mm,顶板厚度不小于 150 mm。

箱形基础的墙体应尽量不开洞或少开洞,并应尽量避免开偏洞或边洞、高度大于 2 m 的高洞、宽度大于 1.2 m 的宽洞。两相邻洞口最小净距不宜小于 1 m,否则洞间墙体应按柱子计算,并采取相应构造措施。墙体的开口系数应符合下式要求:

$$a=\sqrt{\frac{A_0}{A_w}}\leqslant 0.4 \tag{8-44}$$

式中 A_0——门洞开口面积;

A_w——墙体面积(柱距与箱形基础全高的乘积)。

箱形基础的顶板、底板及内、外墙一般采用双面双向分离式配筋。墙体的配筋中墙身竖向钢筋不宜小于 φ12@200,其他部位不宜小于 φ10@200。顶板底板配筋不宜小于 φ14@200。在两片钢筋网之间应设置架立钢筋,架立钢筋间距不大于 800 mm。

箱形基础的混凝土强度等级不应低于 C20,并宜采用防水混凝土,其抗渗等级不低于 S6。

当箱形基础埋置于地下水位以下时,要重视施工阶段中的抗浮稳定性。一般采用井点降水法,使地下水位维持在基底以下以保证施工。在箱基封底、地下水位回升以前,上部结构应有足够的重量,保证抗浮稳定系数不小于 1.2,否则,应另拟抗浮措施。

箱形基础的具体设计计算可参考《高层建筑筏形与箱形基础技术规范》(JGJ 6—2011)等相关规范与资料。

8.11 控制地基不均匀沉降的措施

地基不均匀或上部结构荷载差异较大时,都会使建筑物产生不均匀沉降。过量的不均匀沉降往往会使建筑物开裂、破坏,影响建筑物的正常使用。一般当沉降特征值控制在规范允许值范围内时,可以满足建筑物的正常使用和结构安全的要求。

在设计地基与基础时,需要采用合适的地基处理方案,同时,在建筑、结构设计和施工中采取相应的措施。以减轻不均匀沉降对建筑物的影响。

8.11.1 建筑措施

1. 建筑物体型力求简单

建筑物体型指其平面形状与立面轮廓。建筑平面简单、高度一致的建筑物，其基底应力较均匀，整体刚度好。体型复杂的建筑物，如工字形、T形、L形等，在纵、横单元交叉处基础密集，地基应力叠加，导致该处沉降量较大；同时，此类建筑物整体刚度差，刚度不对称，当地基出现不均匀沉降时，容易产生扭转应力，使建筑物更容易开裂。建筑物高低(或轻重)变化太大，地基各部分所受的荷载轻重不同，自然也容易出现过量的不均匀沉降。在选择建筑物体型时，力求做到：

(1)平面形状简单，如用"一"字形建筑物。
(2)立面高差不宜过大，砌体承重结构房屋高差不宜超过1~2层。

2. 设置沉降缝

当地基不均匀、建筑物平面形状复杂或长度过大、高差悬殊等情况不可避免时，可在建筑物的适当部位设置沉降缝，以有效减小不均匀沉降的危害。沉降缝是从屋面到基础把建筑物断开，将建筑物划分成若干个长高比小、体型简单、整体刚度好、结构类型相同、自成沉降体系的独立单元。

根据《建筑地基基础设计规范》(GB 50007—2011)的规定，沉降缝的位置应在下列部位设置：

(1)建筑物平面的转折部位。
(2)高度差异或荷载差异处。
(3)长高比过大的砌体承重结构或钢筋混凝土框架的适当部位。
(4)地基土压缩性显著差异处。
(5)建筑结构或基础类型不同处。
(6)分期建造房屋的交界处。

沉降缝要求有一定的宽度，缝内一般不用材料填充，以防止相邻单元内倾造成沉降缝上端挤压破坏。沉降缝的宽度与建筑物的层数有关，2~3层为50~80 mm；4~5层为80~120 mm；5层以上房屋不小于120 mm。

沉降缝应按相应的构造要求处理，沉降缝可结合伸缩缝设置，在抗震区结合抗震缝设置。

3. 控制相邻建筑基础的间距

建筑物作用于地基的荷载，不仅使建筑物下面的土层受到压缩，而且使周围一定范围内的土层也受到其基底压力扩散的影响而产生压缩变形，这种影响随距离的增加而减小。如两建筑物距离过近，就可能产生附加沉降，使建筑物发生倾斜或开裂。

为避免相邻建筑物影响的损害，建筑物基础之间要有一定的净距，其值视地基的压缩性、建筑物规模和重量以及被影响建筑物的刚度等因素而定。当在软弱地基上建造相邻建筑或在已有房屋旁建造房屋或构筑物，相邻建筑物基础间的净距应符合表8-8的规定。

表8-8 相邻建筑物基础间的净距　　　　　　　　　　　　　　　　m

影响建筑的预估平均沉降量 s/mm	被影响建筑的长高比	
	$2.0 \leqslant L/H_f < 3.0$	$3.0 \leqslant L/H_f < 5.0$
70~150	2~3	3~6

续表

影响建筑的预估平均沉降量 s/mm	被影响建筑的长高比	
	$2.0 \leqslant L/H_f < 3.0$	$3.0 \leqslant L/H_f < 5.0$
160~250	3~6	6~9
260~400	6~9	9~12
>400	9~12	≥12

注：1. 表中 L 为房屋长度或沉降缝分割的单元长度(m)；H_f 为自基础底面标高算起的建筑物高度(m)；
  2. 当被影响建筑的长高比为 $1.5 < L/H_f < 2.0$ 时，其净距可适当缩小。

4. 控制建筑物的长高比

长高比 L/H 是决定砖石结构房屋刚度的一个主要因素。L/H 越小，建筑物的刚度就越好，调整地基不均匀变形的能力就越大。三层和三层以上的房屋，L/H 宜小于或等于 2.5，当 L/H 超过 2.5 时，屋内纵墙应尽量做到不转折或少转折，内横墙间距不要过大，为减少不均匀沉降带来的不利影响，必要时应适当加强基础。当房屋预估沉降量在 120 mm 以下时，一般情况下长高比可不受限制。

5. 合理布置纵横墙

纵横墙的连接和房屋的楼(屋)面共同形成了砌体承重结构的空间刚度。合理布置纵横墙，是增强砌体承重结构房屋整体刚度的重要措施之一。一般房屋的纵向刚度较弱，故地基不均匀沉降的损害主要表现为纵墙的挠曲破坏。纵横墙的中断、转折或开洞，都会削弱建筑物的整体刚度。当遇到地基不良时，应尽量使内外纵墙都贯通，加强纵横墙间的连接；另外，缩小横墙的间距，也可有效地改善房屋的整体性，从而增强调整不均匀沉降的能力。

6. 调整建筑物的局部标高

由于沉降会改变建筑物原有标高，严重时将影响建筑物的正常使用，甚至导致管道等设备的破坏。设计时可采取下列措施调整建筑物的局部标高。

(1)根据预估沉降，适当提高室内地坪和地下设施的标高。
(2)将相互有联系的建筑物各部分(包括设备)中预估沉降较大者的标高适当提高。
(3)建筑物与设备之间应留有足够的净空。
(4)如管道穿过建筑物时，应留有足够尺寸的孔洞或采用柔性管道接头。

8.11.2 结构措施

在软弱地基上，减小建筑物的基底压力及调整基底的附加应力分布是减小基础不均匀沉降的根本措施；加强结构的刚度和强度是调整不均匀沉降的重要措施；将上部结构做成静定体系是减轻地基不均匀沉降危害的有效措施。

1. 减轻建筑物的自重

传到地基上的荷载包括上部结构和基础及其上方填土的永久荷载及可变荷载(如楼面、屋面活荷载、风荷载和雪荷载等)。其中，永久荷载占总荷载的比值，对于工业建筑占 40%~50%，民用建筑可高达 60%~75%。因而，应设法减轻结构的重量。

(1)减轻墙体重量。许多建筑物，特别是民用建筑物的自重，大部分以墙体重量为主，例如，砌体承重结构房屋，墙体重量占结构总重量的一半以上。为了减少这部分重量，宜选择轻型高强墙体材料,如轻质高强混凝土墙板、各种空心砌块、多孔砖及其他轻质墙等,都能不同程度地达到减少自重的目的。

(2)选用轻型结构。如采用预应力钢筋混凝土结构、轻钢结构及各种轻型空间结构。

(3)采用覆土少、自重轻的基础。如采用浅埋钢筋混凝土基础、空心基础、空腹沉井基础。要求大量抬高室内地坪时,底层可考虑用架空层代替室内后填土。

2. 减小或调整基底附加应力

(1)减小基底附加压力。除采用本节"减轻建筑物自重"减小基底附加压力外,还可设置地下室(或半地下室架空层),以挖除的土重去"补偿"一部分甚至全部的建筑物重量,达到减小沉降的目的。

(2)调整建筑与设备荷载的部位或者改变基底尺寸来控制和调整基础沉降。荷载大的基础采用较大基底面积,以调整基底反力,使沉降趋于均匀。

(3)对不均匀沉降要求严格或重要的建筑物,可选用较小的基底压力(地基承载力)。

3. 增加基础刚度

(1)在软弱和不均匀地基上,对于建筑体型复杂、荷载差异较大的框架结构,可采用整体刚度较大的交叉梁、筏形基础、箱形基础、桩基础,提高基础的抗变形能力,以减少不均匀沉降量。

(2)对砌体承重结构,在墙体内设置钢筋混凝土圈梁或钢筋砖圈梁。在墙体上开洞时,宜在开洞部位配筋或采用构造柱及圈梁加强。

(3)圈梁在多层房屋的基础和顶层处应各设置一道,其他各层可隔层设置,必要时也可逐层设置。单层工业厂房、仓库,可结合基础梁、连系梁、过梁等酌情设置。圈梁在平面上应做成闭合系统,贯通外墙、内纵墙和主要内横墙,并在平面内形成闭合的网状系统,增强建筑物的整体性,防止或减少因基础不均匀沉降产生的裂缝。这是砌体承重结构防止出现裂缝和阻止裂缝开展的一项十分有效的措施,在地震区还可以起到抗震作用。

4. 采用静定结构体系

静定结构体系发生不均匀沉降时,构件内不会产生很大的附加应力,因此,软弱地基上的单层工业厂房、仓库等,可考虑采用铰接排架、三铰拱等形式,以减轻不均匀沉降对结构的影响。

8.11.3 施工措施

在软弱地基上进行施工建设时,采用合理的施工顺序和施工方法至关重要,这是减少和调整不均匀沉降的措施之一。

(1)按照先重(高)后轻(低)的顺序施工。当拟建的相邻建筑物之间轻(低)高(重)悬殊时,一般按照先重后轻的顺序进行施工,必要时还应在重的建筑物竣工后,间歇一段时间再修建轻的邻近建筑物。重要的主体建筑和轻的主体建筑与轻的附属部分相连时,也按上述原则处理。

(2)注意堆载、沉桩和降水等对邻近建筑物的影响。在已建成的建筑物周围,不宜堆放大量的建筑材料或土方等重物,以免地面堆载引起建筑物产生附加沉降。拟建的密集建筑群内,如有采用桩基础的建筑,桩的设置应首先进行,并注意采用合理的沉桩顺序。在进行降低地下水位及开挖深基坑时,应密切注意对邻近建筑物可能产生的不利影响,必要时可以采用设置截水帷幕、控制基坑变形量等措施。

（3）注意保护坑底土体。在淤泥及淤泥质土地基上开挖基坑时，要注意尽可能不扰动坑底土，且应避免坑底土体受雨水浸泡。通常的做法是：在坑底保留大约 200 mm 厚的原土层，待垫层施工时再挖除。如发现坑底软土被扰动，应挖去扰动部分，并用砂、碎石等回填夯实至要求标高。同时，应对基槽的土质进行检验，若发现槽底土层与勘察提供的持力层性状有所不同，则应进行处理。处理方法与受扰动基底土层的处理方法基本相同。

知识归纳

1. 浅基础的类型

按基础的刚度可分为刚性基础和柔性基础；按基础材料可分为砖石基础、灰土基础、混凝土基础或毛石混凝土基础、钢筋混凝土基础等；按基础的结构形式可分为独立基础、条形基础、十字交叉基础、筏形基础、箱形基础等。

2. 基础埋置深度的确定

需要考虑以下几个方面：①与建筑物有关的条件；②工程地质和水文地质条件；③场地建设条件；④季节性冻土；⑤稳定性要求。

3. 基础底面尺寸的确定

在基础类型和埋置深度初步确定后，应根据基础上作用的荷载、埋置深度和地基承载力特征值确定基础尺寸，包括基础底面面积和基础高度。一般步骤：先初步确定埋置深度和基础底面尺寸，然后计算地基承载力特征值，再根据地基承载力特征值校核基础底面尺寸。

4. 基础验算

包括地基软弱下卧层承载力验算和地基变形验算。

5. 浅基础设计

常见浅基础——无筋扩展基础和钢筋混凝土扩展基础的构造要求与设计计算。

6. 控制地基不均匀沉降的措施

控制地基不均匀沉降的措施有建筑措施、结构措施、施工措施。

思考与练习

一、问答题

1. 刚性基础和柔性基础有何区别？
2. 浅基础有哪些形式？其适用情况是什么？
3. 如何确定基础的埋置深度？
4. 偏心荷载作用于基础时，偏心距的限值是多少？
5. 为什么要限制无筋基础的宽高比？
6. 如何避免柱下独基的冲切破坏？
7. 筏形基础和箱形基础分别适用于哪些情况？
8. 控制地基不均匀沉降的措施有哪些？

二、计算题

1. 某柱下单独基础底面尺寸 $l \times b = 2.2 \text{ m} \times 3.0 \text{ m}$，上部结构传来的轴向力 $F_k = 550 \text{ kN}$，场地土为粉土，水位在地表以下 2.0 m，基础埋深 2.5 m，水位以上土的重度 $\gamma = 17.6 \text{ kN/m}^3$，水位以下饱和重度 $\gamma_{sat} = 17.6 \text{ kN/m}^3$，土的抗剪强度指标为内聚力 $c_k = 14 \text{ kPa}$，内摩擦角 $\varphi_k = 21°$，试求规范推荐的理论公式确定地基承载力特征值，并验算地基承载力是否满足？

2. 某框架柱截面尺寸 400 mm×400 mm，已知传至基础顶面的内力标准值 $F_k = 700 \text{ kN}$，力矩标准值 $M_k = 80 \text{ kN·m}$，水平剪力标准值 $V_k = 80 \text{ kN·m}$，基础底面距室外地坪 $d = 1.0 \text{ m}$，基底以上为填土，其重度 $\gamma = 17.5 \text{ kN/m}^3$，地基土为黏土，其重度 $\gamma = 18.5 \text{ kN/m}^3$，地基承载力特征值 $f_{ak} = 226 \text{ kPa}(\eta_b = 0.3, \eta_d = 1.6)$，基础埋深 $d = 1.9 \text{ m}$，试确定基础底面积尺寸。

3. 某柱下方形底面基础如图 8-23 所示，底面边长为 2.8 m，基础埋深为 1.8 m，柱作用在基础顶面的轴心荷载标准组合值 $F_k = 1250 \text{ kN}$，第一层土为黏土，厚度为 3.8 m，天然重度 $\gamma = 18 \text{ kN/m}^3$；地基承载力特征值 $f_{ak} = 160 \text{ kPa}$，深度修正系数 $\eta_d = 1.6$；黏土层下为淤泥层，天然重度 $\gamma = 17 \text{ kN/m}^3$；地基承载力特征值 $f_{ak} = 80 \text{ kPa}$，深度修正系数 $\eta_d = 1.0$，取地基压力扩散角为 $\theta = 22°$。试分别验算地基持力层及下卧层是否满足承载力要求。

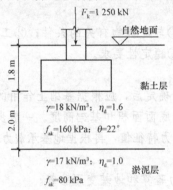

图 8-23 第 3 题图

4. 某柱下矩形底面基础如图 8-24 所示，底面尺寸 $l \times b = 3.2 \text{ m} \times 2.8 \text{ m}$，基础埋深为 1.8 m，柱作用在基础顶面的轴心荷载标准组合值 $F_k = 1500 \text{ kN}$，第一层土为粉质黏土，厚度为 3.3 m，天然重度 $\gamma = 18.5 \text{ kN/m}^3$，深度修正系数 $\eta_d = 1.6$；粉质黏土层下为淤泥层，地基承载力特征值 $f_{ak} = 80 \text{ kPa}$，深度修正系数 $\eta_d = 1.0$，取地基压力扩散角 $\theta = 22°$。

试问：(1)粉质黏土层的地基承载力特征值（修正前）为多少时能满足承载力要求？(2)验算下卧层承载力是否满足要求。

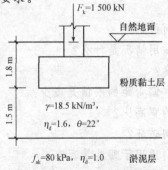

图 8-24 第 4 题图

5. 某稳定边坡坡角为 30°，坡高 H 为 7.8 m，条形基础长度方向与坡顶边缘线平行，基础宽度 B 为 2.4 m，若基础底面外缘线距坡顶的水平距离为 4.0 m 时，求基础埋置深度的最小值。

6. 某住宅为砖混结构，外墙厚为 0.37 m，上部结构传来荷载标准值 $F_k=220$ kN，$M_k=45$ kN·m，设计值 $F=250$ kN，$M=63$ kN·m，基础埋深 $d=1.90$ m，室内外高差为 0.45 m，地基土为粉土，其重度 $\gamma=18$ kN/m³，经修正后的地基承载力特征值 $f_{ak}=158$ kPa，基础采用钢筋混凝土墙下条形基础，试设计外墙基础，并绘出基础剖面图形。

第 9 章 桩基础

> **本章要点**
> 1. 了解桩基础的定义、作用及分类；熟悉桩基础的使用范围和桩的荷载传递机理；
> 2. 熟悉单桩竖向承载力的确定方法，了解群桩竖向承载力的计算方法；
> 3. 熟悉桩的构造要求和基桩及承台的验收，了解承台的设计及桩基的施工；
> 4. 了解桩基设计的一般步骤，熟悉基桩检测的工作程序。

9.1 桩基础基本概念及分类

桩基础是一种承载能力高、适用范围广、历史久远的基础形式。我国在浙江余姚河姆渡村出土了占地 4 000 m² 的大量木结构遗存，其中，有木桩数百根，经专家研究认为其距今约 7 000 年。随着生产水平的提高和科学技术的发展，桩基的类型、工艺、设计理论、计算方法和应用范围都有了很大的发展，被广泛应用于高层建筑、港口、桥梁等工程中。

基础按照埋置深度和施工方法的不同分为浅基础和深基础。建筑物应充分利用天然地基的承载能力，优先采用浅地基。在场地土软弱时，应对地基进行处理，然后修建基础。当上部软弱土层较厚、建筑物荷载巨大，对变形与稳定有较高要求以及因为技术、经济、施工期限等原因无法或不宜采用人工地基时，就要采用深基础。

习惯上将埋置深度较浅，可以用比较简便的施工方法来修建的基础称为浅基础；而将需采用某些特殊的施工方法修建的桩基础、沉井基础、墩基础和地下连续墙等基础称为深基础。

与浅基础相比较，深基础具有以下特点：

(1) 埋置深度大于 5 m 或大于基础宽度。

(2) 入土深度（如桩长 l）与基础结构宽度（如桩径 d）之比（即 l/d）较大，因此，在决定深基础承载力时，基础侧面的摩阻力必须考虑。

(3) 因为埋深较大，所以，通常采用特定的施工机械或手段，把基础结构置入深部较好的地层中（如沉井和地下连续墙等）。

(4) 浅基础的地基破坏模式有整体剪切破坏、局部剪切破坏和冲剪破坏三种形式，而深基础下的地基往往只发生冲剪破坏。

9.1.1 桩基础的定义与作用

桩是将建筑物的全部或部分荷载传递给地基土并具有一定刚度和抗弯能力的传力构件，其横截面尺寸远小于其长度。而桩基础是由埋设在地基中的多根桩（称为桩群）和把桩群联合起来共同工作的桩台（称为承台）两部分组成。

桩基础的作用是将荷载传至地下较深处承载性能好的土层，以满足承载力和沉降的要求。桩基础的承载能力高，能承受竖直荷载，也能承受水平荷载，能抵抗上拔荷载也能承受振动荷载，是应用最广泛的深基础形式。本章以桩基础为主要内容。

9.1.2 桩基础的适用范围

（1）上部土层软弱不能满足承载力和变形要求，而下部存在较好的土层时，用桩穿越软弱土层，将荷载传递给深部硬土层。

（2）一定深度范围内不存在较理想的持力层，用桩使荷载沿着桩杆依靠桩侧摩阻力渐渐传递。

（3）基础需要承受向上的力，用桩依靠桩杆周围的负摩阻力来抵抗向上的力，即"抗拔桩"。

（4）基础需要承受水平方向的分力时，可用抗弯的竖桩来承担。

（5）地基软硬不均或荷载分布不均，天然地基不能满足结构物对不均匀变形的要求时，可采用桩基础。

（6）浅层存在较好土层，但考虑其他因素，仍采用桩基础，如港口、水利、桥梁工程中结构物基础周围的地基土宜受侵蚀或冲刷时，应采用桩基础；如精密仪器和动力机械设备等对基础有特殊要求时，常用桩基础。

（7）考虑建筑物受相邻建筑物、地面堆载以及施工开挖、打桩等影响，采用浅基础将会产生过量倾斜或沉降时用桩基础。

（8）建筑物下存在不稳定土层，如液化土、湿陷性黄土、季节性冻土、膨胀土等，采用桩基将荷载传递至深部密实稳定土层。

不属于上述情况时，可根据工程实际情况，依据"经济合理、技术可靠"的原则，通过分析对比后确定是否采用桩基础。本章引例所述情况就属于地基软弱的情况，所以，分析论证后采用钢筋混凝土管桩基础。

9.1.3 桩基础的分类

桩基础有许多不同的类型，它们可以从不同的方面按照不同的方法进行分类。如根据承台与地面相对位置的不同，分为低承台与高承台桩基。当桩承台底面位于地面以下时，称为低承台桩基；当桩承台底面高出地面以上时，称为高承台桩基。在房屋建筑中最常用的都是低承台桩基，而高承台桩基常用于港口、码头、海洋工程及桥梁工程中。《建筑桩基技术规范》(JGJ 94—2008)从以下几个方面对桩进行分类。

1. 按承载性状分类

（1）摩擦型桩：

1）摩擦桩：在承载能力极限状态下，桩顶竖向荷载由桩侧阻力承担，桩端阻力小到可忽略不计。

2）端承摩擦桩：在承载能力极限状态下，桩顶竖向荷载主要由桩侧阻力承受。

（2）端承型桩：

1）端承桩：在承载能力极限状态下，桩顶竖向荷载由桩端阻力承担，桩侧阻力小到可忽略不计。

2)摩擦端承桩：在承载能力极限状态下，桩顶竖向荷载主要由桩端阻力承受。

由于摩擦桩和端承桩在支承力、荷载传递等方面都有较大的差异，通常摩擦桩的沉降大于端承桩，会导致墩台产生不均匀沉降，因此，在同一桩基础中，不应同时采用摩擦桩和端承桩。

2. 按成桩方法分类

(1)非挤土桩：在成桩过程中将相应于桩身体积的土挖出来，因而桩周和桩底土有应力松弛现象，常见的非挤土桩有挖孔桩、钻孔桩等。

(2)部分挤土桩：成桩过程中，挤土作用轻微，桩周土的工程性质变化不大，常见的桩型有预钻孔打入式预制桩、打入式敞口钢管桩等。

(3)挤土桩：在成桩过程中，桩周土被挤开，使土的工程性质与天然状态相比有较大变化，常见的挤土桩有打入或压入的预制混凝土桩、封底钢管桩、混凝土管桩和沉管式灌注桩。

3. 按桩径大小分类

(1)小桩：$d \leqslant 250$ mm；

(2)中等直径桩：250 mm $< d < 800$ mm；

(3)大直径桩：$d \geqslant 800$ mm。

9.1.4 桩的荷载传递机理

上部结构荷载传递给桩基，桩基将荷载传递给地基，这是荷载传递的基本路径。在轴向荷载作用下，桩身将发生弹性压缩，同时，桩顶部分荷载通过桩身传递到桩底，致使桩底土层发生压缩变形，这两者之和构成桩顶荷载轴向位移。桩与桩周土体紧密接触，当桩相对于土向下位移时，土对桩产生向上作用的桩侧摩阻力。在桩顶荷载沿桩身向下传递的过程中，必须不断地克服这种阻力，故桩身截面轴向力随深度逐渐减小，传至桩底截面的轴向力为桩顶荷载减去全部桩侧阻力，并与桩底支承反力(即桩端阻力)大小相等、方向相反。通过桩侧阻力和桩端阻力将荷载传递给土体。或者说，土对桩的支承力由桩侧阻力和桩端阻力两部分组成。

如图9-1所示，竖直单桩在桩顶轴向力 $N_0 = Q$ 作用下，桩身任一深度 z 处横截面上所引起的轴力将使该截面向下位移 d_z，桩端下沉 d_1，导致桩身侧面与桩周土之间相对滑移，其大小制约着土对桩侧向上作用的摩阻力 τ_z 的发挥程度。由深度 z 处桩段微元 dz 上力的平衡条件：

$$N_z - \tau_z \cdot u_p dz - (N_a + dN_z) = 0 \tag{9-1}$$

可得桩侧摩阻力 τ_z 与桩身轴力 N_a 的关系为：

$$\tau_z = -\frac{1}{u_p} \cdot \frac{dN_a}{dz} \tag{9-2}$$

式中，τ_z 为桩侧单位面积上的荷载传递量，u_p 为桩的周长。桩底的轴力 N_l 即为桩端阻力 $Q_p = N_l$，而桩侧总阻力 $Q_a = Q - Q_p$。

由于桩身截面位移 δ_z 应为桩顶位移 $\delta_0 = s$ 与 z 深度范围内的桩身压缩量(桩身弹性变形)之差，所以：

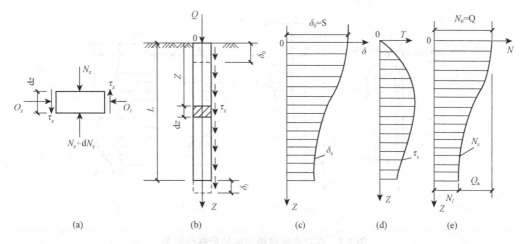

图 9-1 单桩轴向荷载传递

$$\sigma_s = s - \frac{1}{A_p E_p} \int_0^z N_s \cdot dz \tag{9-3}$$

式中，A_p 和 E_p 为桩身横截面面积和弹性模量，若取 $z=l$，则上式变为桩端位移（即桩的刚体位移）表达式。

单桩静载荷试验时，除测定桩顶荷载 Q 作用下的桩顶沉降 s 外，若通过沿桩身若干截面预先埋设的应力量元件（传感器），获得桩身轴力 N_s 分布图，则可利用式(9-2)及式(9-3)做出摩阻力 τ_z 和截面位移 δ_z 的分布图。

9.1.5 桩侧负摩阻力

桩土之间相对位移的方向决定了桩侧摩阻力的方向。对于竖向抗压桩，当桩周土层相对于桩侧向下位移时，桩侧摩阻力方向向下，称为负摩阻力。通常，在下列情况下考虑桩侧负摩阻力作用。

（1）桩穿越较厚松散填土、自重湿陷性黄土、欠固结土层进入相对较硬土层时。

（2）桩周存在软弱土层，邻近桩侧地面承受局部较大的长期荷载，或地面大面积堆积荷载（包括填土）时。

（3）由于降低地下水位，使桩周土中有效应力增大，并产生显著压缩沉降时。

要确定桩侧负摩阻力的大小，首先需要确定产生负摩阻力的深度及其强度大小。桩身负摩阻力并不一定存在于整个软弱压缩土层中，而是在桩周土相对于桩产生下沉的范围内存在，它与桩周土的压缩、固结、桩身压缩及桩底沉降等因素有关。图 9-2 给出了穿过软弱压缩土层而达到坚硬土层的竖向荷载桩的荷载传递情况。由图 9-2(a) 可见，在 l_a 深度内桩周土相对于桩侧向下位移，桩侧摩阻力朝下，为负摩阻力；在 aL 深度以下，桩截面相对于桩周土向下位移，桩侧摩阻力朝上，为正摩阻力；而在 l_a 深度处桩周土与桩截面沉降相等，两者无相对位移发生，其摩阻力为零，这种摩阻力为零的点称为中性点。如图 9-2(c)、(d)分别为桩侧摩阻力和桩身轴力的分布曲线，其中，F_n 为负摩阻力引起的桩身最大轴力或称下拉荷载；F_s 为总的正摩阻力。且在中性点处桩身轴力达到最大值($Q+F_n$)，而桩端总阻力则等于 $Q+(F_n-F_s)$。

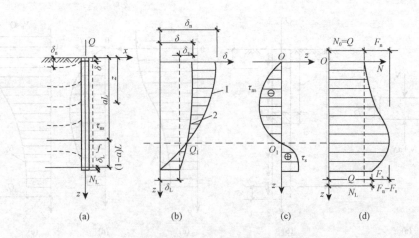

图 9-2 在产生负摩擦力时的荷载传递图

桩周土层的固结随时间而变化，所以土层的竖向位移和桩身截面位移都是时间的函数。因此，在桩顶荷载 Q 的作用下，中性点位置、摩阻力以及轴力等也都相应发生变化。当桩截面位移稳定后，则土层固结的程度和速率是影响下拉荷载 F_n 大小和分布的主要因素。固结程度越高、地面沉降越大，则中性点往下移；固结速率大，则下拉荷载 F_n 增长快。但 F_n 的增长需经过一定的时间才能达到极限值。在该过程中，桩身在 F_n 作用下产生压缩，随着 F_n 的产生和增大，桩端处轴力增加，沉降也相应增大，由此导致桩土相对位移减少，而逐渐达到稳定状态。

中性点深度 l_a 应按桩周土层沉降与桩的沉降相等的条件确定，也可参照表 9-1 确定。

表 9-1 中性点深度比 l_a/l_0

持力层土类	黏性土、粉土	中密以上砂	砾石、卵石	基岩
l_a/l_0	0.5～0.6	0.7～0.8	0.9	1.0

注：桩穿越自重湿陷性黄土时，l_a 按表列值增大 10%（持力层为基岩者除外）。

实测资料表明，单桩负摩阻力标准值 q_{ni} 可按下式计算：

$$q_{ni} = \zeta_n \sigma_i' \tag{9-4}$$

式中　ζ_n——桩周负摩阻力系数，可按表 9-2 取用；

　　　σ_i'——桩周第 i 层土平均竖向有效上覆压力（kPa）。

表 9-2 负摩阻力系数 ζ_n

桩周土类	饱和软土	黏性土、粉土	砂土	自重湿陷性黄土
ζ_n	0.15～0.25	0.25～0.40	0.35～0.50	0.20～0.35

注：1. 在同一类土中，对于挤土桩，取表中较大值，对于非挤土桩，取表中较小值；
　　2. 填土按其组成取表中同类土的较大值。

此外，也可根据土的类别，按下列经验公式计算：

软土或中等强度黏土：　　　　　　$q_{ni} = c_u$ 　　　　　　(9-5)

砂土：
$$n_i = \frac{N_i}{5} + 3 \tag{9-6}$$

式中 c_u——土的不排水抗剪强度(kPa)；

N_i——桩周第 i 层土经钻杆长度修正后的平均标准贯入试验锤击数。

桩侧总的负摩阻力(下拉荷载)Q_n 为：

$$Q_n = u_p \sum q_{ni} l_i \tag{9-7}$$

式中 u_p——桩的周长(m)；

l_i——中性点以上各土层的厚度(m)。

国外有的学者认为，当桩穿过 10 m 以上可压缩土层且地面每年下沉超过 20 mm，或者为端承桩时，应计算 Q_n，一般其安全系数可取 1.0。

在桩基设计中，应尽量采取措施减小负摩阻力。例如，在预制桩表面涂一薄层沥青，或者对钢桩再加一层厚度为 3 mm 的塑料薄膜(兼作防锈蚀用)，对现场灌注桩也可在桩与土之间灌注土浆等方法，来消除或降低负摩阻力的影响。

9.2 单桩竖向承载力

单桩竖向极限承载力指的是单桩在竖向荷载作用下达到破坏状态前或出现不适合继续承载的变形时所对应的最大荷载，它取决于土对桩的支承阻力和桩身的材料强度。桩基在抵抗竖向荷载过程中，单桩竖向承载力由桩身材料强度和地基土对桩的支承力两方面决定，单桩竖向承载力为二者中的最小值。通常，由于桩身材料强度远大于土，桩身材料往往不能充分发挥，桩的承载力主要由地基土的支承力所控制。但对于端承桩、细长桩以及桩身质量有缺陷的桩，桩的承载力则要通过材料强度控制。根据地基土对桩的支承能力确定单桩的竖向承载力的方法很多，如静载荷试验法、经验参数法、静力触探法、静力计算法、高应变动测法等。无论由桩身材料强度或地基土对桩的支承力哪方面决定单桩竖向极限承载力，均应满足变形的要求。

9.2.1 根据桩身材料强度确定

理论和经验表明，一般情况，低承台下的单桩有土的侧向约束，在竖向压力作用下，桩不会发生压屈失稳。因此，由材料强度确定单桩竖向承载力时，可将桩视为轴心受压杆件。

$$Q \leqslant \psi_c f_c A_{ps} \tag{9-8}$$

式中 Q——相应于荷载效应基本组合时的单桩轴向力设计值；

ψ_c——基桩成桩工艺系数，对于混凝土预制桩、预应力混凝土管桩取 0.85；干作业非挤土灌注桩(包括机械钻孔、挖、冲孔、人工挖孔桩)取 0.9；泥浆护壁和套管护壁非挤土灌注桩、部分挤土灌注桩、挤土灌注桩取 0.7~0.8；软土地区挤土灌注桩取 0.6；

f_c——混凝土轴心抗压强度设计值；

A_{ps}——桩身截面面积。

当桩顶以下 $5d$ 范围的桩身螺旋式箍筋间距不大于 100 mm 时，还应考虑纵向主筋对承载力的贡献。

$$Q \leqslant \psi_c f_c A_{ps} + 0.9 f'_y A'_s \qquad (9\text{-}9)$$

式中　f'_y——纵向主筋抗压强度设计值；

　　　A'_s——纵向主筋截面面积。

对于高承台基桩，桩身穿越可液化土或不排水抗剪强度小于 10 kPa 的软弱土层的基桩，桩身没有侧向约束或约束很小，还必须考虑桩的偏心受压、压屈稳定问题，具体可参见《建筑桩基技术规范》(JGJ 94—2008)。

9.2.2　静载荷试验法

(1)单桩竖向静载荷试验是按照设计要求在建筑场地先打试桩，然后在顶上分级施加静荷载，并观测各级荷载作用下的沉降量，直到桩周围地基破坏或桩身破坏，从而求得桩的极限承载力。试桩数量一般不少于桩总数的 1%，且不少于 3 根。

《建筑地基基础设计规范》(GB 50007—2011)规定，对于一级建筑物，单桩竖向承载力标准值，应通过现场静载试验确定。

对于打入式试验，由于打桩对土体的扰动，试桩必须待桩周围土体的强度恢复后方可开始，间隔天数应视土质条件及沉桩方法而定，一般间歇时间是：预制桩打入黏性土中不得少于 15 d，砂土中不宜少于 7 d，饱和软黏土中不得少于 25 d。灌注桩应待桩身混凝土达到设计强度后才能进行试验。

(2)静载荷试验装置主要由加荷装置、反力装置和量测装置三部分组成，如图 9-3 所示。

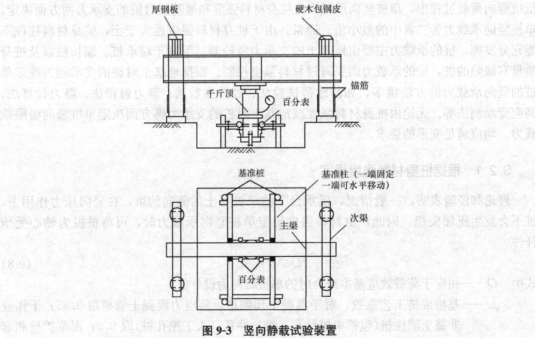

图 9-3　竖向静载试验装置

加荷装置一般由置于桩顶的油压千斤顶，对桩顶施加压力。千斤顶平放于试桩中心，一个千斤顶不够时，可采用多个，但应将千斤顶并联同步工作，并使千斤顶的合力通过试桩中心。

千斤顶的反力由加载反力装置提供，加载反力装置根据现场条件一般可采用锚桩横梁反力装置、压重平台反力装置或锚桩压重联合反力装置三种形式中的一种。反力装置所提供的反力应不小于预估最大试验荷载的1.2~1.5倍。采用锚桩横梁反力装置时，可单独设置锚桩，也可以用工程桩作为锚桩，此时，锚桩数量不得少于4根，且应对试验过程锚桩上拔量进行监测。采用压重平台反力装置时，压重应在试验开始前一次加上，并均匀稳固放置于平台上。

量测装置包括荷载量测仪表和沉降量测仪表。荷载可用放置于千斤顶上的应力环、应变式压力传感器直接测定，也可以用联于千斤顶上的压力表测定油压，根据千斤顶率定曲线换算荷载。试桩沉降一般采用百分表或电子位移计测量。对于大直径桩应在其2个正交直径方向对称安置4个位移测试仪表，中等和小直径桩径可安置2个或3个位移测试仪表。沉降测定平面离桩顶距离不应小于0.5倍桩径，固定和支撑百分表的夹具和基准梁在构造上应确保不受气温、振动及其他外界因素影响而发生竖向变位。

试桩、锚桩（压重平台支墩）和基准桩之间的中心距离应符合《建筑桩基技术规范》（JGJ 94—2008）规定，桩基静载试验如图9-4所示。

(3)试验加载方法采用慢速维持荷载法，即逐级等量加载，每级荷载达到相对

图9-4 桩基静载试验

稳定后加下一级荷载，直到试桩破坏，然后分级卸载到零。当考虑结合实际工程桩的荷载特征可采用多循环加、卸载法（每级荷载达到相对稳定后卸载到零）。当考虑缩短试验时间，对于工程桩的检验性试验，可采用快速维持荷载法，一般为每隔一小时加一级荷载。

(4)加卸载与沉降观测。

加载分级：每级加载为预估极限荷载的1/10，每一级可按2倍分级荷载加荷。

沉降观测：每级加载后间隔5 min、15 min、30 min、45 min、60 min各测读一次，以后每隔30 min测读一次桩顶沉降量，每次测读数据计入试验记录表。

沉降相对稳定标准：当持力层为黏性土时，每一小时的沉降不超过0.1 mm，持力层为砂土时，每一小时沉降不大于0.5 mm，并且连续出现两次（由1.5 h内连续三次观测值计算），认为已达到相对稳定，可加下一级荷载。快速维持荷载实验法规定：每级荷载（保持不变）下观测沉降1 h即可施加下一级荷载。

终止加载条件：当出现下列情况之一时，即可终止加载：

1)某级荷载作用下，桩顶沉降量大于前一级荷载作用下沉降量的5倍，且桩顶总沉降量超过40 mm；

2)某级荷载作用下，桩顶沉降量大于前一级荷载作用下沉降量的2倍，且经24 h尚未达到相对稳定标准；

3)已达到设计要求的最大加载值且桩顶沉降达到相对稳定标准；

4)当工程桩作锚桩时，锚桩上拔量已达到允许值；

5)当荷载-沉降曲线呈缓变形时，可加载至桩顶总沉降量60~80 mm；当桩端阻力尚未充分发挥时，可加载至桩顶累计沉降量超过80 mm。

卸载与卸载沉降观测：每级卸载值为每级加载值的2倍。每级卸载后隔15 min测读一次残余沉降，读两次后，隔30 min再读一次，即可卸下一级荷载，全部卸载后，隔3～4 h后再读一次。

(5)按试验结果确定单桩承载力。由桩的静载荷试验结果绘制出荷载与桩顶沉降关系的$Q\sim S$曲线，根据$Q\sim S$曲线特性，采用下述方法确定单桩竖向极限承载力，如图9-5所示。

对于陡降形$Q\sim S$曲线取$Q\sim S$曲线发生明显陡降的起始点对应的荷载值。

对于缓变形$Q\sim S$曲线可根据沉降量确定，宜取$S=40$ mm时对应的荷载值；对于桩端直径

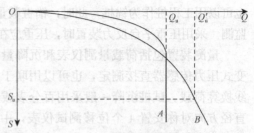

图9-5 静载荷沉降曲线

D大于等于800 mm的桩，可取$S=0.05D$（D为桩端直径）所对应的荷载值；当桩长大于40 m时，宜考虑桩身弹性压缩量。

也可以绘制$S\sim \lg t$曲线，根据沉降随时间的变化特征，取$S\sim \lg t$曲线尾部出现明显向下弯曲的前一级荷载值为极限承载力。

测出每根试桩的极限承载力Q_u后，通过统计确定单桩竖向极限承载力的标准值Q_{uk}。参加统计的试桩结果，当满足其极差不超过平均值的30%时，取其平均值为单桩竖向极限承载力标准值。即

$$Q_{uk} = \frac{1}{n}\sum_{i=1}^{n}Q_{ui} \tag{9-10}$$

当极差超过平均值的30%时，应分析极差过大的原因，结合工程具体情况综合确定，必要时可增加试桩数量。对桩数为3根或3根以下的柱下承台，或工程桩抽检数量少于3根时，应取低值。

单桩竖向承载力特征值R_a应按下式确定。

$$R_a = \frac{1}{K}Q_{uk} \tag{9-11}$$

式中 K——安全系数，取$K=2$。

9.2.3 经验公式法

经验公式确定单桩竖向极限承载力标准值Q_{uk}是一种沿用多年的传统方法。《建筑桩基技术规范》(JGJ 94—2008)在《建筑地基基础设计规范》(GB 50007—2011)的基础上，积累了更为丰富的资料，使这种方法适用于各种类型的桩，用极限设计的形式表示。

(1)一般预制桩与灌注桩的竖向承载力标准值。根据土的物理指标与承载力参数之间的经验关系确定单桩竖向极限承载力标准值时宜按下式估算：

$$Q_{uk} = Q_{sk} + Q_{pk} = u\sum l_i q_{sik} + A_p q_{pk} \tag{9-12}$$

式中 Q_{sk}，Q_{pk}——分别为单桩的总极限侧阻力标准值和总极限端阻力标准值(kN)；

q_{sik}，q_{pk}——分别为桩周第i层土的极限侧阻力标准值和桩端持力层极限端阻力标准值(kPa)，无经验时可参照表9-3和表9-4选用；

u，A_p——桩周长(m)和桩端面积(m^2)；

l_i——桩周各层土的厚度(m)。

表 9-3 桩的极限侧阻力标准值 q_{sik} kPa

土的名称	土的状态		混凝土预制桩	泥浆护壁钻（冲）孔桩	干作业钻孔桩
填 土	—		22～30	20～28	20～28
淤 泥	—		14～20	12～18	12～18
淤泥质土	—		22～30	20～28	20～28
黏性土	流塑	$I_L > 1$	24～40	21～38	21～38
	软塑	$0.75 < I_L \leq 1$	40～55	38～53	38～53
	可塑	$0.50 < I_L \leq 0.75$	55～70	53～68	53～66
	硬可塑	$0.25 < I_L \leq 0.50$	70～86	68～84	66～82
	硬塑	$0 < I_L \leq 0.25$	86～98	84～96	82～94
	坚硬	$I_L \leq 0$	98～105	96～102	94～104
红黏土		$0.7 < a_w \leq 1$	13～32	12～30	12～30
		$0.5 < a_w \leq 0.7$	32～74	30～70	30～70
粉 土	稍密	$e > 0.9$	26～46	24～42	24～42
	中密	$0.75 \leq e \leq 0.9$	46～66	42～62	42～62
	密实	$e < 0.75$	66～88	62～82	62～82
粉细砂	稍密	$10 < N \leq 15$	24～48	22～46	22～46
	中密	$15 < N \leq 30$	48～66	46～64	46～64
	密实	$N > 30$	66～88	64～86	64～86
中 砂	中密	$15 < N \leq 30$	54～74	53～72	53～72
	密实	$N > 30$	74～95	72～94	72～94
粗 砂	中密	$15 < N \leq 30$	74～95	74～95	76～98
	密实	$N > 30$	95～116	95～116	98～120
砾 砂	稍密	$5 < N_{63.5} \leq 15$	70～110	50～90	60～100
	中密（密实）	$N_{63.5} > 15$	116～138	116～130	112～130
圆砾、角砾	中密、密实	$N_{63.5} > 10$	160～200	135～150	135～150
碎石、卵石	中密、密实	$N_{63.5} > 10$	200～300	140～170	150～170
全风化软质岩	—	$30 < N \leq 50$	100～120	80～100	80～100
全风化硬质岩	—	$30 < N \leq 50$	140～160	120～140	120～150
强风化软质岩	—	$N_{63.5} > 10$	160～240	140～200	140～220
强风化硬质岩	—	$N_{63.5} > 10$	220～300	160～240	160～260

注：1. 对于尚未完成自重固结的填土和以生活垃圾为主的杂填土，不计算其侧阻力。
2. a_w 为含水比，$a_w = w/w_L$，w 为土的天然含水量，w_L 为土的液限。
3. N 为标准贯入击数；$N_{63.5}$ 为重型圆锥动力触探击数。
4. 全风化、强风化软质岩和全风化、强风化硬质岩是指其母岩分别为 $f_{rk} \leq 15$ MPa、$f_{rk} > 30$ MPa 的岩石。

表 9-4 桩的极限端阻力标准值 q_{pk} kPa

土名称	土的状态	桩型	混凝土预制桩桩长 l/m				泥浆护壁钻(冲)孔桩桩长 l/m				干作业钻孔桩桩长 l/m		
			$l \leqslant 9$	$9 < l \leqslant 16$	$16 < l \leqslant 30$	$l > 30$	$5 \leqslant l < 10$	$10 \leqslant l < 15$	$15 \leqslant l < 30$	$30 \leqslant l$	$5 \leqslant l < 10$	$10 \leqslant l < 15$	$15 \leqslant l$
黏性土	软塑	$0.75 < I_L \leqslant 1$	210~850	650~1 400	1 200~1 800	1 300~1 900	150~250	250~300	300~450	300~450	200~400	400~700	700~950
	可塑	$0.50 < I_L \leqslant 0.75$	850~1 700	1 400~2 200	1 900~2 800	2 300~3 600	350~450	450~600	600~750	750~800	500~700	800~1 100	1 000~1 600
	硬可塑	$0.25 < I_L \leqslant 0.50$	1 500~2 300	2 300~3 300	2 700~3 600	3 600~4 400	800~900	900~1 000	1 000~1 200	1 200~1 400	850~1 100	1 500~1 700	1 700~1 900
	硬塑	$0 < I_L \leqslant 0.25$	2 500~3 800	3 800~5 500	5 500~6 000	6 000~6 800	1 100~1 200	1 200~1 400	1 400~1 600	1 600~1 800	1 600~1 800	2 200~2 400	2 600~2 800
粉土	中密	$0.75 \leqslant e \leqslant 0.9$	950~1 700	1 400~2 100	1 900~2 700	2 500~3 400	300~500	500~650	650~750	750~850	800~1 200	1 200~1 400	1 400~1 600
	密实	$e < 0.75$	1 500~2 600	2 100~3 000	2 700~3 600	3 600~4 400	650~900	750~950	900~1 100	1 100~1 200	1 200~1 700	1 400~1 900	1 600~1 900
粉砂	稍密	$10 < N \leqslant 15$	1 000~1 600	1 500~2 300	1 900~2 700	2 100~3 000	350~500	450~600	600~700	650~750	500~950	1 300~1 600	1 500~1 700
	中密、密实	$N > 15$	1 400~2 200	2 100~3 000	3 000~4 500	3 800~5 500	600~750	750~900	900~1 100	1 100~1 200	900~1 000	1 700~1 900	1 700~1 900
细砂		$N > 15$	2 500~4 000	3 600~5 000	4 400~6 000	5 300~7 000	650~850	900~1 200	1 200~1 500	1 500~1 800	1 200~1 600	2 000~2 400	2 400~2 700
中砂		$N > 15$	4 000~6 000	5 500~7 000	6 500~8 000	7 500~9 000	850~1 050	1 100~1 500	1 500~1 900	1 900~2 100	1 800~2 400	2 800~3 800	3 600~4 400
粗砂	中密、密实		5 700~7 500	7 500~8 500	8 500~10 000	9 500~11 000	1 500~1 800	2 100~2 400	2 400~2 600	2 600~2 800	2 900~3 600	4 000~4 600	4 600~5 200
砾砂			6 000~9 500		9 000~10 500		1 400~2 000		2 000~3 200		3 500~5 000		
角砾、圆砾		$N_{63.5} > 10$	7 000~10 000		9 500~11 500		1 800~2 200		2 200~3 600		4 000~5 500		
碎石、卵石		$N_{63.5} > 10$	8 000~11 000		10 500~13 000		2 000~3 000		3 000~4 000		4 500~6 500		
全风化软质岩		$30 < N \leqslant 50$	4 000~6 000				1 000~1 600				1 200~2 000		
全风化硬质岩		$30 < N \leqslant 50$	5 000~8 000				1 200~2 000				1 400~2 400		
强风化软质岩		$N_{63.5} > 10$	6 000~9 000				1 400~2 200				1 600~2 600		

续表

土名称	土的状态	桩型	混凝土预制桩桩长 l/m				泥浆护壁钻(冲)孔桩桩长 l/m				干作业钻孔桩桩长 l/m		
			$l\leqslant 9$	$9<l\leqslant 16$	$16<l\leqslant 30$	$l>30$	$5\leqslant l<10$	$10\leqslant l<15$	$15\leqslant l<30$	$30\leqslant l$	$5\leqslant l<10$	$10\leqslant l<15$	$15\leqslant l$
强风化硬质岩	$N_{63.5}>10$		7 000~11 000				1 800~2 800				2 000~3 000		

注：1. 砂土和碎石类土中桩的极限端阻力取值，宜综合考虑土的密实度，土越密实，桩端进入持力层的深径比 h_b/d 越大，取值越高。
2. 预制桩的岩石极限端阻力指桩端支承于中、微风化基岩表面或进入强风化岩、软质岩一定深度条件下极限端阻力。
3. 全风化、强风化软质岩和全风化、强风化硬质岩指其母岩分别为 $f_{rk}\leqslant 15$ MPa、$f_{rk}>30$ MPa 的岩石。

(2) 大直径桩($d\geqslant 800$ mm)竖向承载力标准值：

$$Q_{uk}=Q_{sk}+Q_{pk}=u\sum\psi_{si}l_i q_{sik}+\psi_p A_p q_{pk} \tag{9-13}$$

式中 q_{sik}——桩周第 i 层土的极限侧阻力标准值，如无当地经验值时，可参照表 9-3 选用，对于扩底桩变截面以上 $2d$ 长度范围不计侧阻力；

q_{pk}——桩径为 800 mm 的极限端阻力标准值，可对于干作业(清底干净)可采用深层载荷板试验确定；当不能进行深层载荷板试验时，可按表 9-5 取值；

ψ_{si}，ψ_p——大直径桩侧阻力、端阻力尺寸效应系数，按表 9-6 取值。

表 9-5 干作业挖孔桩(清底干净，$D=800$ mm)极限端阻力标准值 q_{pk}　　　kPa

土名称		状态		
黏性土		$0.25<I_L<0.75$	$0<I_L\leqslant 0.25$	$I_L\leqslant 0$
		800~1 800	1 800~2 400	2 400~3 000
粉土		—	$0.75\leqslant e\leqslant 0.9$	$e<0.75$
		—	1 000~1 500	1 500~2 000
		稍密	中密	密实
砂土、碎石类土	粉砂	500~700	800~1 100	1 200~2 000
	细砂	700~1 100	1 200~1 800	2 000~2 500
	中砂	1 000~2 000	2 200~3 200	3 500~5 000
	粗砂	1 200~2 200	2 500~3 500	4 000~5 500
	砾砂	1 400~2 400	2 600~4 000	5 000~7 000
	角砾、圆砾	1 600~3 000	3 200~5 000	6 000~9 000
	碎石、卵石	2 000~3 000	3 300~5 000	7 000~11 000

注：1. 当桩进入持力层深度 h_b 分别为：$h_b\leqslant D$，$D<h_b\leqslant 4D$，$h_b>4D$ 时，q_{pk} 可相应取较低、中、高值。
2. 砂土密实度可根据标准贯击数 N 判定：$N\leqslant 10$ 为松散，$10<N\leqslant 15$ 为稍密，$15\leqslant N\leqslant 30$ 为中密，$N>30$ 为密实。
3. 当桩的长径比 $l/d\leqslant 8$ 时，q_{pk} 宜取较低值。
4. 当对沉降要求不严时，q_{pk} 可取高值。

表 9-6 大直径灌注桩侧阻力尺寸效应系数 ψ_{si} 及端阻力尺寸效应系数 ψ_p

土类型	黏性土、粉土	砂土、碎石类土
ψ_{si}	$\left(\dfrac{0.8}{d}\right)^{1/5}$	$\left(\dfrac{0.8}{d}\right)^{1/3}$
ψ_p	$\left(\dfrac{0.8}{D}\right)^{1/4}$	$\left(\dfrac{0.8}{D}\right)^{1/3}$

注：d 为桩身直径，D 为桩端直径。当为等直径桩时，$D=d$。

(3) 钢管桩竖向承载力标准值：

$$Q_{uk}=Q_{sk}+Q_{pk}=u\sum q_{sik}l_i+\lambda_p q_{pk}A_p \tag{9-14}$$

当 $h_b/d<5$ 时，$\qquad \lambda_p=0.16\dfrac{h_b}{d}\qquad$ (9-15)

当 $h_b/d\geqslant 5$ 时，$\qquad \lambda_p=0.8\qquad$ (9-16)

式中 q_{sik}，q_{pk}——取与混凝土预制桩相同值；

λ_p——桩端土塞效应系数，对于闭口钢管桩 $\lambda_p=1$，对于敞口钢管桩宜按式 (9-15) 和式 (9-16) 计算；

h_b——桩端进入持力层深度；

d——钢管桩外直径 (mm)。

对于带隔板的半敞口钢管桩，应以等效直径 d_e 代替 d 确定 λ_p；$d_e=d/\sqrt{n}$；其中，n 为桩端隔板分割数，如图 9-6 所示。

$n=2\qquad n=4\qquad n=9$

图 9-6 隔板分隔

(4) 嵌岩桩竖向承载力标准值。嵌岩桩单桩竖向极限承载力标准值，由桩周土总极限侧阻力和嵌岩段总极限侧阻力组成。当根据室内试验结果确定单桩竖向极限承载力标准值时，可按式 (9-17)~式 (9-19) 计算

$$Q_{uk}=Q_{sk}+Q_{rk} \tag{9-17}$$

$$Q_{sk}=u\sum q_{sik}l_i \tag{9-18}$$

$$Q_{rk}=\zeta_r f_{rk} A_p \tag{9-19}$$

式中 Q_{sk}，Q_{rk}——分别为土的总极限侧阻力标准值、嵌岩段总极限侧阻力标准值；

q_{sik}——桩周第 i 层土的极限侧阻力，无当地经验时，可根据成桩工艺按表 9-3 取值；

f_{rk}——岩石饱和单轴抗压强度标准值，黏土岩取天然湿度单轴抗压强度标准值；

ζ_r——桩嵌岩段侧阻和端阻综合系数，与嵌岩深径比 h_r/d、岩石软硬程度和成桩工艺有关，按表 9-7 采用；表中数值适用于泥浆护壁成桩，对于干作业成桩 (清底干净) 和泥浆护壁成桩后注浆，ζ_r 应取表列数值的 1.2 倍。

表 9-7 桩嵌岩段侧阻和端阻综合系数 ζ_r

嵌岩深径比 h_r/d	0	0.5	1.0	2.0	3.0	4.0	5.0	6.0	7.0	8.0
极软岩、软岩	0.6	0.80	0.95	1.18	1.35	1.48	1.57	1.63	1.66	1.70
较硬岩、坚硬岩	0.45	0.65	0.81	0.90	1.00	1.04	—	—	—	—

注：1. 极软岩、软岩指 $f_{rk} \leqslant 15$ MPa；较硬岩、坚硬岩指 $f_{rk} > 30$ MPa，介于二者之间可内插取值。

2. h_r 为桩身嵌岩深度，当岩面倾斜时，以坡下方嵌岩深度为准；当 h_r/d 为非表列数值时，ζ_r 可内插取值。

【**例 9-1**】 某预制桩采用强度等级为 C30 的混凝土，尺寸为 300 mm×300 mm，桩长 10 m，穿越厚度 $l_1 = 3$ m，液性指数 $I_L = 0.75$ 的黏性土，进入密实的中砂层，长度 $l_2 = 7$ m。桩基同一承台中采用 3 根桩，桩顶离地面 1.5 m。试确定该预制桩的竖向极限承载力标准值和基桩竖向承载力设计值。

【**解**】 (1) 确定单桩极限承载力标准值。

①按桩身材料强度由(9-8)进行计算：

$Q \leqslant \psi_c f_c A_p = 0.75 \times 15 \times 300 \times 300 = 1\ 012.5$ (kN)

②按经验公式(9-12)计算单桩承载力标准值。

由表 9-3 查得桩的极限侧阻力标准值 q_{sik} 为：

黏土层：$I_L = 0.75$，$q_{sik} = 50$ kPa；

中砂层：密实，$q_{sik} = 80$ kPa；

桩的入土深度 $h = 1.5 + 3 + 7 = 11.5$ m ≈ 10 m，查得预制桩桩长为 10 m 时，q_{sik} 的修正系数为 1.0。

由表 9-4 查得桩的极限端阻力标准值 q_{pk} 为：

密实中砂，$h = 11.5$ m，查得 $q_{pk} = 5\ 500 \sim 7\ 000$ kPa，取 $q_{pk} = 6\ 000$ kPa。

故单桩极限承载力标准值为：

$$Q_{uk} = Q_{sk} + Q_{pk} = u \sum l_i q_{sik} + A_p q_{pk} = 4 \times 0.3 \times (50 \times 3 + 80 \times 7) + 6\ 000 \times 0.3^2$$
$$= 852 + 540 = 1\ 392 \text{(kN)}$$

应取二者中小值，故单桩极限承载力标准值为 $Q_{uk} = 1\ 012.5$ kN。

(2) 确定基桩竖向承载力设计值：

$$R_a = \frac{1}{K} Q_{uk} = \frac{1}{2} \times 1\ 012.5 = 506.3 \text{(kN)}$$

9.3 群桩竖向承载力

9.3.1 群桩效应

在实际工程中，除少量大直径桩基础外，大多为多根桩共同作用形成群桩基础。群桩基础承受竖向荷载后，由于承台、桩、土的相互作用使其桩侧阻力、桩端阻力、沉降等性状发生变化而与单桩明显不同，承载力往往不等于各单桩承载力之和，群桩沉降也明显超过单桩，这种现象称为群桩效应。因此，在桩基的设计计算时，必须考虑到群桩的工作特点。设计时需要综合考虑，确定桩基的竖向承载力特征值。

通常将群桩基础中的单桩称为基桩；低承台群桩基础中包含承台底土阻力的基桩称为复合基桩；考虑由承台底地基土与桩共同承受荷载的桩基础称为复合桩基。

群桩效应在承载特性上表现为：

(1)桩侧阻力产生"削弱效应"。桩侧阻力需要在桩土间发生一定相对位移时才能充分发挥出来，而相邻桩和低承台限制了桩土间(特别是群桩上部)的桩土位移，致使桩侧阻力不能充分发挥。

(2)桩端阻力产生"增强效应"。受相邻桩和低承台反力的影响，桩端土侧向挤出受到制约，桩端阻力得以提高。

(3)群桩桩顶荷载分配受群桩侧阻力和端阻力因群桩效应而产生的变化综合影响，刚性承台群桩的桩顶荷载分配规律是：中心桩最小，角桩最大，边桩次之。

(4)桩端在持力层中产生贯入变形及桩身的压缩变形，产生承台土反力，使得桩间土出现相对压缩。承台反力分担上部荷载，起到增大群桩承载力的作用。

9.3.2 群桩的承载力

群桩效应受土性、桩距、桩数、桩的长径比、成桩方法等多种因素影响。因此，用群桩效应系数来度量侧阻、端阻、承台底土阻力等因群桩效应而降低或提高的幅度。但各影响因素对群桩效应特性的影响效果又各自不同，以往的《桩基规范》采用分项群桩效应系数——桩侧阻群桩效应系数 h_s、桩端阻群桩效应系数 h_p、桩侧阻端阻综合群桩效应系数 h_{sp} 和承台底土阻力群桩效应系数 h_c，计算起来非常复杂。《建筑桩基技术规范》(JGJ 94—2008)简化了计算，只考虑承台效应系数 η_c 计算复合基桩的竖向承载力特征值。

$$R = R_a + \eta_c f_{ak} A_c \tag{9-20}$$

式中　η_c——承台效应系数，按表9-8取值；

　　　f_{ak}——承台下1/2承台宽度且不超过5 m深度范围内各层土的地基承载力特征值按厚度加权的平均值；

　　　A_c——计算基桩所对应的承台底净面积。$A_c = (A - nA_{ps})/n$，n 为承台下的桩数；

　　　A_{ps}——桩身截面面积；

　　　A——承台计算区域面积，对于柱下独立桩基，A 为承台总面积；对于桩筏基础，A 为柱、墙筏板的1/2跨距和悬臂边2.5倍筏板厚度所围成的面积；桩集中布置于单片墙下的桩筏基础，取墙两边各1/2跨距围成的面积，按条形承台计算 η_c。

承台土阻力发挥值与桩距、桩长、承台宽、桩排列、承台内外面积有关，当承台底面以下存在可液化土、湿陷性黄土、高灵敏度软土、欠固结土、新填土，或可能出现震陷、降水、沉桩过程产生高孔隙水压和土体隆起时，在设计时不考虑承台土阻力，即不考虑承台效应，取 η_c，将其作为安全系数保留。

《建筑桩基技术规范》(JGJ94—2008)规定：对于端承型桩基、桩数少于4根的摩擦型柱下独立桩基、或由于地层土性、使用条件等因素不考虑承台效应时，基桩竖向承载力特征值应取单桩竖向承载力特征值。而对于符合下列条件之一的摩擦型桩基，宜考虑承台效应确定其复合基桩的竖向承载力特征值：①上部结构整体刚度较好、体型简单的建(构)筑物；②对差异沉降适应性较强的排架结构和柔性构筑物；③按变刚度调平原则设计的桩基刚度相对弱化区；④软土地基的减沉复合疏桩基础。

表 9-8 承台效应系数 η_c

B_c/l \ s_a/d	3	4	5	6	>6
≤0.4	0.06~0.08	0.14~0.17	0.22~0.26	0.32~0.38	0.50~0.80
0.4~0.8	0.08~0.10	0.17~0.20	0.26~0.30	0.38~0.44	
>0.8	0.10~0.12	0.20~0.22	0.30~0.34	0.44~0.50	
单排桩条形承台	0.15~0.18	0.25~0.30	0.38~0.45	0.50~0.60	

注：1. s_a/d 为桩中心距与桩径之比；B_c/l 为承台宽度与桩长之比。当计算基桩为非正方形排列时，$s_a=\sqrt{A/n}$，A 为承台计算域面积，n 为总桩数。
2. 对于桩布置于墙下的箱、筏承台，η_c 可按单排桩条形承台取值。
3. 对于单排桩条形承台，当承台宽度小于 $1.5d$ 时，η_c 按非条形承台取值。
4. 对于采用后注浆灌注桩的承台，η_c 宜取低值。
5. 对于饱和黏性土中的挤土桩基、软土地基上的桩基承台，η_c 宜取低值的 0.8 倍。

9.3.3 群桩地基沉降验算

桩基一般只按照承载能力进行计算，但当桩端持力层为软土，或建筑物对沉降有特殊要求，或摩擦型群桩基础时，应对群桩进行沉降验算。

1. 计算方法

工程中计算桩基沉降量，采用假想实体法，即将桩台、桩群和桩间土作为一个整体，假想为一埋深为 H_w+l，基底边长为承台底面边长的实体深基础（其中，H_w 为承台埋深，l 为桩长），如图 9-7 所示。按与浅基础相同的计算方法和步骤计算出桩底平面下由附加应力引起的压缩层厚度内的变形量，引入桩基等效沉降系数 ψ_s 进行修正，即得桩基最终沉降量：

$$s = \psi \psi_s s' \tag{9-21}$$

式中　s'——按假想实体分层总和法算得的桩基沉降量，计算深度 z_0 按应力比值法确定；
　　　ψ——桩基沉降计算经验系数；
　　　ψ_s——桩基等效沉降系数，按《建筑桩基技术规范》(JGJ 94—2008)有关规定计算。

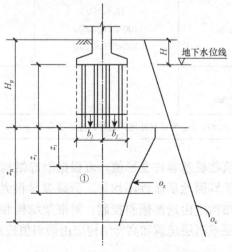

图 9-7　桩基沉降计算简图

2. 允许变形值

建筑物桩基的容许变形值如无当地经验时,可按表 9-9 的规定采用。

表 9-9 建筑桩基沉降允许变形值

变形特征		允许值
砌体承重结构基础的局部倾斜		0.002
各类建筑相邻柱(墙)基的沉降差 (1)框架、框架-剪力墙、框架-核心筒结构 (2)砌体填充的边排柱 (3)当基础不均匀沉降时不产生附加应力的结构		$0.002l_0$ $0.0007l_0$ $0.005l_0$
单层框架结构(柱距为 6 m)柱基的沉降量/mm		120
桥式吊车轨面的倾斜(按不调整轨道考虑) 纵向 横向		0.004 0.003
多层和高层建筑基础的倾斜	$H_g \leqslant 24$ $24 < H_g \leqslant 60$ $60 < H_g \leqslant 100$ $H_g > 100$	0.004 0.003 0.0025 0.002
高耸结构桩基的整体倾斜	$H_g \leqslant 20$ $20 < H_g \leqslant 50$ $50 < H_g \leqslant 100$ $100 < H_g \leqslant 150$ $150 < H_g \leqslant 200$ $200 < H_g \leqslant 250$	0.008 0.006 0.005 0.004 0.003 0.002
高耸结构基础的沉降量/mm	$H_g \leqslant 100$ $100 < H_g \leqslant 200$ $200 < H_g \leqslant 250$	350 250 150
体型简单的剪力墙结构 高层建筑桩基最大沉降量/mm	—	200

注:l_0 为相邻柱(墙)之距离(mm),H_g 为自室外地面起算的建筑物高度(m)。

对于表中未包括的建筑物桩基容许变形值,可根据上部结构对桩基变形的适应能力和使用上的要求确定。一般验算因地质条件不均匀、荷载差异很大、体型复杂等因素引起的地基变形时,对砌体承重结构应由局部倾斜控制;对框架结构和单层排架结构由相邻桩基的沉降差控制;而对于多层或高层建筑和高耸结构应由倾斜值控制。

9.4 桩基础设计

在进行设计之前,要注意收集资料,包括岩土工程勘察资料、建筑物的有关资料(结构形式、平面布置、荷载、使用要求等)、建筑场地与环境条件的情况、本地区施工技术设备条件等,并应对供设计选用的各种桩型及其实施的可能性进行了解。桩基础设计步骤如图 9-8 所示。

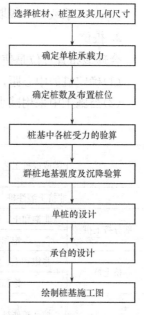

图 9-8 桩基础设计步骤

9.4.1 选择桩材、桩型及其几何尺寸

1. 桩材与桩型

就我国而言,目前应用最广泛的是钢筋混凝土桩以及为适应不同地质条件而使用的各种类型的钢桩、组合桩等。选择桩的材料,要考虑建筑物形式、地质条件、工艺要求、本地区经验等,也要考虑经济因素。而桩型的选择也应从建筑物的实际情况出发,结合当地的施工条件和场地地质情况等进行综合考虑。桩材与桩型的选择是密不可分的,《建筑桩基技术规范》(JGJ 94—2008)的附录 A——《桩型与成桩工艺选择参考表》可供选择时参考。如本地区无该类桩型或工艺使用经验可借鉴时,应进行必要的试验。

同一结构单元应尽量避免出现两种不同类型的桩。

2. 桩的几何尺寸

桩的几何尺寸包括桩长和桩的截面尺寸。桩长的确定关键在于持力层的选取,一般应选取较硬土层作为桩端持力层。为提高桩的承载力和减小沉降,桩端全断面进入持力层的深度应根据地质条件来确定,对于黏性土、粉土不宜小于 $2d$(d 为桩径),砂土不宜小于 $1.5d$,碎石类土不宜小于 $1d$。当存在软弱下卧层时,桩基以下硬持力层厚度不宜小于 $4d$。当桩端持力层较厚且施工条件许可时,桩端全断面进入持力层的深度宜达到桩端阻力的临界深度。

9.4.2 确定单桩竖向承载力

按本章第二节的方法确定。

9.4.3 确定桩数及布置桩位

1. 桩数

根据单桩承载力设计值和上部结构物荷载确定桩数。

中心荷载时,
$$n \geqslant \frac{F_k + G_k}{R} \tag{9-22}$$

偏心荷载时,
$$n \geqslant \mu \frac{F_k + G_k}{R} \tag{9-23}$$

式中 n——桩数；

F_k——作用于桩基承台顶面的竖向力标准值；

G_k——桩基承台和承台上土的自重标准值；地下水位以下部分应扣除水的浮力；

R——桩基中复合基桩或基桩的竖向承载力特征值；

μ——系数，一般取 1.1～1.2。

2. 桩位

合理地布置桩位是使桩基安全经济的重要环节，考虑的原则是：

(1)确定桩的中心距，桩的最小中心距应符合表 9-10 的规定。

(2)当施工中采用减小挤土效应的可靠措施时，可根据当地经验适当减小。

表 9-10 基桩的最小中心距

土类或成桩工艺		排数不少于 3 排且桩数不少于 9 根的摩擦型桩基	其他情况
非挤土灌注桩		$3.0d$	$3.0d$
部分挤土桩	非饱和土、饱和非黏性土	$3.5d$	$3.0d$
	饱和黏性土	$4.0d$	$3.5d$
挤土桩	非饱和土、饱和非黏性土	$4.0d$	$3.5d$
	饱和黏性土	$4.5d$	$4.0d$
钻、挖孔扩底桩		$2D$ 或 $D+2.0$ m（当 $D>2$ m）	$1.5D$ 或 $D+1.5$ m（当 $D>2$ m）
沉管夯扩、钻孔挤扩桩	非饱和土、饱和非黏性土	$2.2D$ 且 $4.0d$	$2.0D$ 且 $3.5d$
	饱和黏性土	$2.5D$ 且 $4.5d$	$2.2D$ 且 $4.0d$

注：1. d——圆桩设计直径或方桩设计边长，D——扩大端设计直径。
2. 当纵横向桩距不相等时，其最小中心距应满足"其他情况"一栏的规定。
3. 当为端承桩时，非挤土灌注桩的"其他情况"一栏可减少至 $2.5d$。

桩距保持在 $3\sim 4d$ 为宜。在平面上的布置多采用行列式，也可采用梅花式，可等距排列也可不等距排列，如图 9-9 所示。排列基桩时，宜使桩群承载力合力点与长期荷载重心重合，以使各桩受力均匀；并尽量将桩布置在靠近承台的外围部分，使桩基受水平力和力矩较大方向有较大的截面模量。

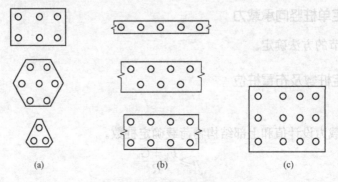

图 9-9 桩的平面布置示例

(a)柱下桩基，按相等桩距排列；(b)墙下桩基，按相等桩距排列；(c)柱下桩基，按不等桩距排列

对于桩箱基础，宜将桩布置于墙下，对于带梁（肋）桩筏基础，宜将桩布置于梁（肋）下；对于大直径桩宜采用一柱一桩。

9.4.4 桩基中的单桩受力验算

确定单桩承载力设计值和初步选定桩的布置以后，按照荷载效应要小于或等于抗力效应的原则验算桩基中各桩所承受的外力。

轴心受压时，

$$N_k \leqslant R \tag{9-24}$$

其中

$$N = (F_k + G_k)/n \tag{9-25}$$

偏心受压时，

$$N_{k\max} \leqslant 1.2R \tag{9-26}$$

其中

$$N_{ik} = (N_k + G_k)/n + M_x y_i / \sum y_i^2 + M_y x_i / \sum x_i^2 \tag{9-27}$$

式中 R——桩基中复合基桩或基桩的竖向承载力实际值；

$N_{k\max}$——偏心竖向力作用下受力最大的桩基设计值；

M_x, M_y——作用于承台底面，通过桩群形心的 x、y 轴弯矩设计值，计算中取绝对值；

x_i, y_i——第 i 基桩至 x、y 轴的距离，如图 9-10 所示。

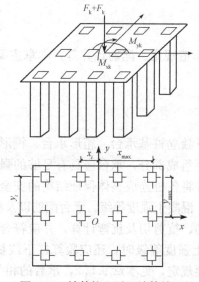

图 9-10 桩基偏心受压计算简图

9.4.5 软弱下卧层验算及沉降验算

1. 软弱下卧层验算

对于桩距不超过 $6d$ 的群桩基础，桩端持力层下存在承载力低于桩端持力层承载力 1/3 的软弱下卧层时，可按下列公式验算软弱下卧层的承载力（图 9-11）：

$$\sigma_z + \gamma_m z \leqslant f_{az} \tag{9-28}$$

$$\sigma_z = \frac{(F_k + G_k) - 3/2(A_0 + B_0) \cdot \sum q_{sik} l_i}{(A_0 + 2t \cdot \tan\theta)(B_0 + 2t \cdot \tan\theta)} \tag{9-29}$$

式中 σ_z——作用于软弱下卧层顶面的附加应力；

γ_m——软弱层顶面以上各土层重度（地下水位以下取浮重度）的厚度加权平均值；

t——硬持力层厚度；

f_{az}——软弱下卧层经深度 z 修正的地基承载力特征值；

A_0，B_0——桩群外缘矩形底面的长、短边边长；

q_{sik}——桩周第 i 层土的极限侧阻力标准值；

θ——桩端硬持力层压力扩散角。

2. 沉降验算

对以下建筑物的桩基应进行沉降验算：①甲级建筑物桩基；②体型复杂、荷载不均匀或桩端以下存在软弱土层的乙级建筑物桩基；③摩擦型桩基。

嵌岩桩、丙级建筑物桩基、对沉降无特殊要求的条形基础下不超过两排桩的桩基、吊车工作级别 A5 及 A5 以下的单层工业厂房桩基，可不进行沉降验算。当有可靠地区经验时，对地质条件不复杂、荷载均匀、对沉降无特殊要求的端承型桩基也可不进行沉降验算。

桩基础的沉降不得超过建筑物地基沉降的允许值。沉降验算见 9.3。

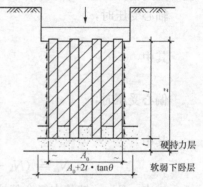

图 9-11 软弱下卧层承载力验算

9.4.6 桩身结构设计

桩身结构设计包括相关构造规定、配筋计算等，本章主要讲述基桩构造的主要规定，见本章 9.5.1。

9.4.7 承台的设计

承台有多种形式，如柱下独立桩基承台、箱形承台、筏形承台、墙下条形承台等，承台设计是桩基设计的一个重要组成部分，承台应具有足够的强度和刚度，以便把上部结构的荷载可靠地传递给各桩，并将各桩连成整体保证结构的安全使用。承台设计需要确定承台的尺寸（平面尺寸、厚度）、混凝土强度等级、承台配筋以及桩与承台的连接方式等。

所有承台均应进行抗冲切、抗剪切及抗弯计算，并应符合构造要求。当承台的混凝土强度等级低于柱或桩的混凝土强度等级时，还应验算柱下或桩上承台的局部受压承载力。本章主要讲述承台构造的主要规定，见本章 9.5.2，承台的相关设计计算详见《建筑桩基技术规范》(JGJ 94—2008)。

9.4.8 绘制桩基施工图

进行完全部计算和验算后，根据结果绘制桩基施工图。

【例 9-2】 某二级建筑桩基如图 9-12 所示，柱截面尺寸为 450 mm×600 mm，作用在基础顶面的荷载标准值为：$F_k = 2\,800$ kN，$M_k = 210$ kN·m（作用于长边方向），$H_k = 145$ kN，拟采用截面面积为 350 mm×350 mm 的预制混凝土方桩，桩长为 12 m，已确定基桩竖向承

载力特征值 $R=500.0$ kN，水平承载力特征值 $R_h=45$ kN，承台混凝土强度等级为 C20，配置 HRB335 级钢筋，试设计该桩基础(不考虑承台效应)。

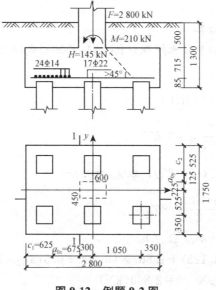

图 9-12 例题 9-2 图

【解】 C20 混凝土，$f_t=1\,100$ kPa，$f_c=10\,000$ kPa；
HRB335 级钢筋，$f_y=310$ N/mm²。

(1)基桩持力层、桩材、桩型、外形尺寸及单桩承载力设计值均已选定，桩身结构设计从略。

(2)确定桩数及布桩：

初选桩数 $n \geqslant \dfrac{F_k}{R} = \dfrac{2\,800}{500} = 5.6$

暂定 6 根，并按表 9-10 选取桩距。
$s=3d=3\times 0.35=1.05$(m)，按矩形布置如图 9-12 所示。

(3)初选承台尺寸。

取承台长边和短边为：$a=2\times(0.35+1.05)=2.8$(m)，$b=2\times 0.35+1.05=1.75$(m)

承台埋深 1.3 m，承台高 0.8 m，桩顶伸入承台 50 mm，钢筋保护层取 35 mm，则承台有效高度为：

$$h_0=0.8-0.050-0.035=0.715(\text{m})=715(\text{mm})$$

(4)计算桩顶荷载设计值。

取承台及其上土的平均重度 $\gamma_G=20$ kN/m²，则桩顶平均竖向力设计值为：

$$N=\dfrac{F_k+G_k}{n}=\dfrac{2\,800+20\times 2.8\times 1.75\times 1.3}{6}=487.9(\text{kN})<R=500(\text{kN})$$

$$N_{k\min}^{k\max}=N\pm\dfrac{(M+Hh)x_{\max}}{\sum x_i^2}=487.9\pm\dfrac{(210+145\times 0.8)\times 1.05}{4\times 1.05^2}$$

$$=487.9\pm 77.6=\begin{cases}565.5\text{ kN}<1.2R=600\text{ kN}\\ 410.3\text{ kN}>0\end{cases}$$

符合式(9-24)和式(9-26)的要求。

基桩水平力设计值 $H_1=H/n=145/6=24.2(\mathrm{kN})$

其值远小于单桩水平承载力设计值 $R_\mathrm{b}=45\ \mathrm{kN}$，因此，无须验算考虑群桩效应的基桩水平承载力设计值。

(5)承台受冲切承载力验算。

1)柱边冲切，按《建筑桩基技术规范》(JGJ 94—2008)式(5.9.7-1)~式(5.9.7-4)可求得冲跨比 λ 和冲切系数 β：

$$\lambda_{0x}=\frac{a_{0x}}{h_0}=\frac{0.575}{0.715}=0.804(<1.0)$$

$$\beta_{0x}=\frac{0.84}{\lambda_{0x}+0.2}=\frac{0.84}{0.804+0.2}=0.837$$

$$\lambda_{0y}=\frac{a_{0y}}{h_0}=\frac{0.125}{0.715}=0.175(<0.25),\ \text{取}\ \lambda_{0y}=0.25$$

$$\beta_{0y}=\frac{0.84}{\lambda_{0y}+0.2}=\frac{0.84}{0.25+0.2}=1.867$$

$$2[\beta_{0x}(b_\mathrm{c}+a_{0y})+\beta_{0y}(h_\mathrm{c}+a_{0x})]\beta_{\mathrm{hp}}f_\mathrm{t}h_0$$
$$=2[0.837\times(0.450+0.125)+1.867\times(0.600+0.575)]\times1.0\times1\,100\times0.715$$
$$=4\,207.8\ \mathrm{kN}>F_l=2\,800-0=2\,800(\mathrm{kN})$$

满足要求。

2)角桩向上冲切，按《建筑桩基设计规范》(JGJ 94—2008)式(5.9.8-1)~式(5.9.8-3)进行验算

$$C_1=C_2=0.525\ \mathrm{m},\ a_{1x}=a_{0x},\ \lambda_{1x}=\lambda_{0x},\ a_{1y}=a_{0y},\ \lambda_{1y}=\lambda_{0y}$$

$$\beta_{1x}=\frac{0.56}{\lambda_{1x}+0.2}=\frac{0.56}{0.804+0.2}=0.558$$

$$\beta_{1y}=\frac{0.56}{\lambda_{1y}+0.2}=\frac{0.56}{0.25+0.2}=1.244$$

$$[\beta_{1x}(C_2+a_{1y}/2)+\beta_{1y}(C_1+a_{1x}/2)]f_\mathrm{t}h_0$$
$$=[0.558\times(0.525+0.125/2)+1.200\times(0.525+0.575/2)]\times1\,100\times0.715$$
$$=1\,052.8\ \mathrm{kN}>N_l=N_{\mathrm{kmax}}=565.5(\mathrm{kN})$$

满足要求。

(6)承台受剪切承载力计算。根据《建筑桩基设计规范》(JGJ 94—2008)式(5.9.10-1)~式(5.9.10-3)可知，剪跨比与以上冲跨比相同，因此，对Ⅰ—Ⅰ斜截面：$\lambda=\dfrac{a_{0x}}{h_0}=\dfrac{0.575}{0.715}=0.804$

故剪切系数 $\alpha=\dfrac{1.75}{\lambda+1}=\dfrac{1.75}{0.804+1}=0.97$

受剪切承载力界面高度影响系数 $\beta_{\mathrm{hs}}=\left(\dfrac{800}{h_0}\right)^{\frac{1}{4}}=\left(\dfrac{800}{800}\right)^{\frac{1}{4}}=1.0$

$$\beta_{\mathrm{hs}}\alpha f_\mathrm{t}bh_0=1.0\times0.97\times1\,100\times1.75\times0.715$$
$$=1\,335.1(\mathrm{kN})>2N_{\mathrm{kmax}}=2\times565.5=1\,131(\mathrm{kN})$$

Ⅱ—Ⅱ斜截面验算从略。

(7)承台受弯承载力计算。由《建筑桩基设计规范》(JGJ 94—2008)式(5.9.2-1)~式(5.9.2-2)可得，

$$M_x=\sum N_i y_i=(565.5+487.9+410.3)\times0.300=439.1(\mathrm{kN}\cdot\mathrm{m})$$

$$A_s = \frac{M_x}{0.9 f_y h_0} = \frac{439.1 \times 10^6}{0.9 \times 310 \times 715} = 2\,201 (\text{mm}^2)$$

选用 22Φ12，$A_s = 2\,488 \text{ mm}^2$，沿平行 y 轴方向均匀布置。

$$M_y = \sum N_i x_i = 2 \times 565.5 \times 0.750 = 848.3 (\text{kN} \cdot \text{m})$$

$$A_s = \frac{M_y}{0.9 f_y h_0} = \frac{848.3 \times 10^6}{0.9 \times 310 \times 715} = 4\,252 (\text{mm}^2)$$

选用 14Φ20，$A_s = 4\,398 \text{ mm}^2$，沿平行 x 轴方向均匀布置。

【例 9-3】 某工程位于软土地区采用柱下钢筋混凝土预制桩基础。已知：柱截面尺寸为 400 mm×600 mm，作用到基础顶面处的荷载为：竖向荷载设计值 $F=2\,300$ kN，弯矩设计值 $M=330$ kN·m，剪力设计值 $V=50$ kN。基础顶面距离设计地面 0.5 m，承台底面埋深 $d=2.0$ m。建设场地地表层为松散杂填土，厚 2.0 m；以下为灰色黏土，厚 8.3 m；再下为粉土，未穿。土的物理学性质指标如图 9-13 所示。地下水位在地面以下 2.0 m。已进行桩的静载荷试验，其 p-s 曲线第二拐点相应荷载分别为 810 kN、800 kN、790 kN。设计此工程的桩基础。

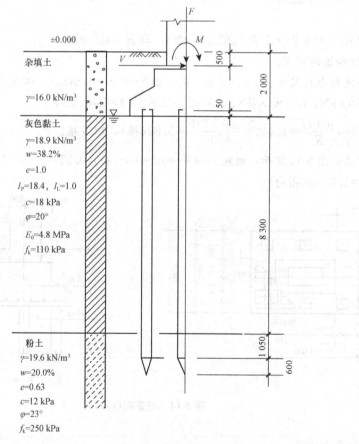

图 9-13 例 9-3 图

(1) 确定桩型、材料及尺寸。采用预制钢筋混凝土方桩，断面尺寸为 350 mm×350 mm，以粉土层作为持力层，桩入持力层深度 $3d = 3 \times 0.35$ mm $= 1.05$ m(不含桩尖部分)。伸入承台 5 cm，考虑桩尖长 0.6 m，则桩长 $l = 8.3 + 1.05 + 0.05 + 0.6 = 10$(m)。

材料选用：混凝土强度等级为C30，钢筋为HPB300级，4Φ16（最后计算可确定）；承台混凝土等级为C20，钢筋为HPB300级钢筋。

(2)单桩承载力设计值的确定。

1)桩的材料强度。由以上所选材料及截面，已知 $f_c=20 \text{ N/mm}^2$，$A=350\times350=122\,500 \text{ mm}^2$，$A_s'=804 \text{ mm}^2$，$f_y'=210 \text{ N/mm}^2$

$$R_a=0.9\varphi(f_cA+f_y'A_s')=0.9\times1(20\times122\,500+210\times804)=2\,356.96\text{(kN)}$$

2)静载荷试验 p-s 曲线第二拐点对应荷载即为桩极限荷载，810 kN、800 kN、790 kN 三者的平均值为800 kN。单桩极限荷载的极差为：810－790＝20(kN)，符合规定。故 $R_a=\dfrac{800}{2}=400 \text{ kN}$，$R=1.2R_a=480 \text{ kN}$。

3)由《规范》提供的经验数据：

桩身穿过黏土层，$I_L=1.0$，$q_{sa}=17 \text{ kPa}$

持力层粉土，$e=0.63$，入土深度9.4 m则 $q_{pa}=1\,300 \text{ kPa}$，$q_{sa}=35 \text{ kPa}$，故：

$$R_a=q_{pa}A_p+u_p\sum q_{sia}l_i=1\,300\times0.35^2+0.35\times4(8.3\times17+1.05\times35)=408.24\text{(kN)}$$

$R=1.2R_a=408.24\times1.2=489.89\text{(kN)}$，取 $R=480 \text{ kN}$。

(3)桩数和桩的布置。

初步确定桩承台尺寸：2 m×3 m；高：2.0－0.5＝1.5(m)，埋深2 m。

$F=2\,300 \text{ kN}$，$G=\gamma_G\times d\times2\times3=20\times2\times2\times3=240\text{(kN)}$

桩数 $n=\mu\dfrac{F+G}{R}=1.1\times\dfrac{2\,300+240}{480}=5.82$（根），取6根。

布置方式如图9-14所示，桩距 $s=(3\sim4)d=(3\sim4)\times0.35=1.05\sim1.4$ m。取 $s=1.15$ m（纵向），$s=1.30$ m（横向）。

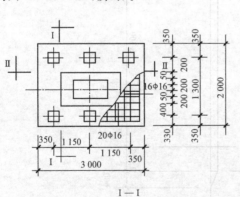 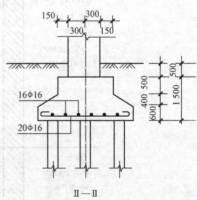

图9-14 桩基础详图

(4)基桩受力验算。

单桩平均受竖向力：

$$N_k=\dfrac{F_k+G_k}{n}=\dfrac{2\,300+240}{6}=423\text{(kN)}<R=480 \text{ kN}$$

单桩最大、最小竖向力：

$$N_{k\max}^{k\min} = \frac{F_k + G_k}{n} \pm \frac{M_y x_{\max}}{\sum x_i^2}$$

$$= 423 \pm \frac{(330 + 50 \times 1.5) \times 1.15}{4 \times (1.15)^2} = \frac{511.04(\text{kN}) < 1.2R = 1.2 \times 480 = 576 \text{ kN}}{334.96(\text{kN}) > 0}$$

(5) 单桩设计。桩身采用 C30 混凝土，HPB300 级钢筋，受拉强度设计值 $f_y = 210 \text{ N/mm}^2$，保护层厚度 $a = 35$ mm。

在打桩架龙口吊立时，只能采用一个吊点起吊桩身，吊点距桩顶距离 l_1 为 0.042 9 m，并需考虑 1.5 倍的动力系数。桩尖长度 $\approx 1.5 \times$ 桩径$(d) \approx 0.6$ m，桩头插入承台 0.05 m，则桩总长

$$l = 8.3 + 0.6 + 0.05 + 1.05 = 10.0 \text{(m)}$$

$M = 1.5 \times 0.042\ 9 q l^2 = 1.5 \times 0.042\ 9 \times 25 \times 0.35^2 \times 10^2 = 19.71 \text{(kN·m)}$（$q$ 为桩身每米的重力）

桩横截面有效高度 $h_0 = 350 - 35 = 315 \text{(mm)}$

$$A_s = \frac{M}{0.9 h_0 f_y} = 331.07 \text{(mm}^2\text{)}$$

选 $2\Phi 16$，$A_s = 402 \text{ mm}^2$。

桩横截面每边配筋 $2\Phi 16$，整根桩 $4\Phi 16$。

(6) 承台强度验算（略）。

(7) 绘制施工图。如图 9-14 和图 9-15 所示。

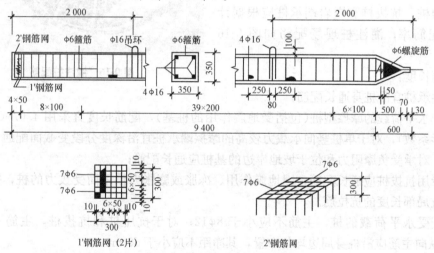

图 9-15 桩的配筋构造图

9.5 桩的构造要求及施工、验收

9.5.1 桩的构造要求

1. 预制桩

混凝土预制桩的截面边长不应小于 200 mm；预应力混凝土预制桩的截面边长不宜小于

350 mm；预应力混凝土离心管桩的外径不宜小于 300 mm。预制桩的混凝土强度等级不宜低于 C30，采用静压法沉桩时，可适当降低，但不宜低于 C20，预应力混凝土桩的混凝土强度等级不宜低于 C40，预制桩纵向钢筋的混凝土保护层厚度不宜小于 30 mm。

桩身配筋应按吊运、打桩及桩在建筑物中受力等条件计算确定。预制桩的最小配筋率不宜小于 0.80%。如采用静压法沉桩时，其最小配筋率不宜小于 0.6%，主筋直径不宜小于 $\phi14$，打入桩桩顶 $4\sim5d$ 长度范围内箍筋应加密，并设置钢筋网片。预应力混凝土预制桩宜优先采用先张法施加预应力。

预制桩的分节长度应根据施工条件及运输条件确定。接头不宜超过两个，预应力管桩接头数量不宜超过四个。预制桩的桩尖可将主筋合拢焊在桩尖辅助钢筋上，在密实砂和碎石类土中，宜在桩尖处包以钢钣桩靴，加强桩尖。

2. 灌注桩

(1)一般规定。灌注桩混凝土强度等级不得低于 C25，水下灌注混凝土时不得低于 C30；主筋的混凝土保护层厚度，不应小于 35 mm，水下灌注混凝土，不得小于 50 mm。

配筋率：当桩身直径为 $300\sim2\,000$ mm 时，截面配筋率可取 0.65%~0.20%（小直径桩取高值，大直径桩取低值）；对受水平荷载特别大的桩、抗拔桩和嵌岩端承桩应根据计算确定配筋率；灌注桩现场配筋如图 9-16 所示。

图 9-16 灌注桩配筋

配筋长度：

1) 端承桩宜沿桩身通长配筋；

2) 受水平荷载的摩擦型桩（包括受地震作用的桩基），配筋长度宜采用 $4.0/\alpha$（α 为桩的水平变形系数），对于单桩竖向承载力较高的摩擦端承桩宜沿深度分段变截面配通长或局部长度筋；对承受负摩阻力和位于坡地岸边的基桩应通长配筋；

3) 专用抗拔桩应通长配筋，因地震作用、冻胀或膨胀力作用而受拔力的桩，按计算配置通长或局部长度的抗拉筋。

对于受水平荷载的桩，主筋不应小于 $8\phi12$；对于抗压桩和抗拔桩，主筋不应小于 $6\phi10$；纵向主筋应沿桩身周边均匀布置，其净距不应小于 60 mm。

箍筋的加密范围应考虑受力和地质条件两方面因素。

受力条件：受水平荷载较大的桩基和抗震桩基，桩顶 $5d$ 范围内箍筋应适当加密；当钢筋笼长度超过 4 m 时，应每隔 2 m 设一道直径不小于 12 mm 的焊接加劲箍筋；箍筋采用 $\phi6\sim\phi8@200\sim300$ mm，宜采用螺旋式箍筋。

地质条件：当桩侧土质较差，如淤泥质土或液化土时，箍筋应加密。

(2)桩身按构造要求配筋的规定。当桩身混凝土具有足够的承受竖向荷载和横向荷载的能力时[判断方法详见《建筑桩基技术规范》(JGJ 94—2008)]，桩身可根据构造配筋要求进行配筋。

1) 一级建筑桩基，应配置桩顶与承台的连接钢筋笼，其主筋采用 $6\sim10$ 根 $\phi12\sim\phi14$，配筋率不小于 0.2%，锚入承台 30 倍主筋直径，伸入桩身长度不小于 10 倍桩身直径，且不小于承台下软弱土层层底深度。

2)二级建筑桩基，根据桩径大小配置 4～8 根 $\phi10$～$\phi12$ 的桩顶与承台连接钢筋，锚入承台至少 30 倍主筋直径，且伸入桩身长度不小于 $5d$，对于沉管灌注桩，配筋长度不应小于承台软弱土层层底深度。

3)三级建筑桩基可不配构造钢筋。

9.5.2 承台的构造要求

(1)桩基承台的构造尺寸，除满足抗冲切、抗剪切、抗弯承载力和上部结构的要求外，还应满足以下要求：

1)为满足桩顶嵌固和抗冲切的需要，承台最小宽度不应小于 500 mm，承台边缘至桩中心的距离不宜小于桩的直径或边长，且边缘挑出部分不应小于 150 mm。对于条形承台梁边缘挑出部分不应小于 75 mm。

2)为满足承台的基本刚度、梁与承台的连接等构造要求，对于条形承台的厚度不应小于 300 mm，高层建筑平板式或梁板式筏形承台板的厚度不应小于 400 mm。

3)为满足桩与承台的连接、板的必要刚度、防水等基本需要，筏形、箱形承台板的厚度应满足整体刚度、施工条件及防水要求。对于桩布置于墙下或基础梁下的情况，承台板厚度不宜小于 250 mm，且板厚与计算区段最小跨度之比不宜小于 1/20。

4)柱下单桩基础，宜按连接柱、连系梁的构造要求将连系梁高度范围内桩的圆形截面改变成方形截面，如图 9-17 所示。

图 9-17 桩承台

(2)承台混凝土材料强度等级应符合混凝土结构耐久性的要求。对设计使用年限为 50 年的承台，当环境类别为二 a 类时，不应低于 C25；当环境类别为二 b 类和三类环境时，不应低于 C30。有防水要求时，其抗渗等级不应低于 P6。当无混凝土垫层时，承台底面钢筋的混凝土保护层厚度不应小于 70 mm；当设素混凝土垫层时，保护层厚度不应小于 50 mm。

(3)为保证桩基承台的受力性能良好，承台的钢筋配置除满足计算要求外，还应符合下列规定：

1)承台梁的纵向主筋直径不应小于 $\phi12$，架立筋直径不应小于 $\phi10$，箍筋直径不应小于

$\phi 6$，其纵向受力钢筋最小配筋率不应小于 0.2%。

2)柱下独立桩基承台的受力钢筋应通长配置，矩形承台板配筋宜按双向均匀布置，钢筋直径不应小于 $\phi 12$，间距应满足 100~200 mm。对于三桩承台，应按三向板带均匀配置，最里面三根钢筋相交围成的三角形应位于柱截面范围以内，如图 9-18 所示。

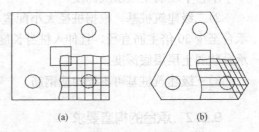

3)筏形承台板的分布构造钢筋，可采用 $\phi 10$~$\phi 12$，间距 150~200 mm。当仅考虑局部弯曲作用

图 9-18 柱下独立桩基承台配筋
(a)矩形承台配筋；(b)三桩承台配筋

按倒楼盖法计算内力时，考虑到整体弯矩的影响，纵、横两方向的支座钢筋尚应有 1/2~1/3 且配筋率不小于 0.15%，贯通全跨配置；跨中钢筋应按计算配筋率全部连通。

4)箱形承台顶、底板的配筋，应综合考虑承受整体弯曲钢筋的配置部位，以充分发挥各截面钢筋的作用。当仅按局部弯曲作用计算内力时，考虑到整体弯曲的影响，钢筋配置量除符合局部弯曲计算要求外，纵横两方向支座钢筋还应有 1/3~1/2 且配筋率分别不小于 0.15%、0.10% 贯通全跨配置，跨中钢筋应按实际配筋率全部连通，上层钢筋应按计算配筋全部贯通。

承台纵向钢筋的可靠锚固对承台的正常工作起到重要作用，规范规定承台纵向钢筋锚固长度自桩内侧(圆桩应将其直径乘以 0.8 等效为矩形桩)算起，不应小于 $35d$(d 为纵筋直径)，弯折长度不小于 $10d$。为了便于施工，通常将承台底部钢筋置放于桩顶上，因此，保护层厚度不应小于嵌入承台内的长度。

(4)桩与承台的连接。

1)为降低桩顶固端弯矩，提高群桩的水平承载能力，桩顶嵌入承台的长度对于大直径桩，不宜小于 100 mm；对于中等直径桩不宜小于 50 mm；但也不宜过大，否则，会降低承台的有效高度，不利于承台抗冲切、抗剪切、抗弯。

2)为承受偶然发生的不大的拔力，混凝土桩的桩顶主筋应伸入承台内，其锚固长度不宜小于 30 倍主筋直径，但也不宜过大，例如，预制桩会导致破桩头的工作量和造价相应增加。对于抗拔桩基，由于承受较大拔力，为确保桩顶主筋有足够的握裹力不致从承台中拔出，主筋锚入承台不应小于 40 倍主筋直径。预应力混凝土桩可采用钢筋与桩头钢钣焊接的连接方法。钢桩可采用在桩头加焊锅型钣或钢筋的连接方法。

(5)承台之间的连接。

1)为传递、分配柱底剪力、弯矩，增强整个建筑物桩基的协同工作能力，柱下单桩宜在桩顶两个互相垂直方向上设置连系梁。但当桩柱截面面积之比较大(一般大于 2)且桩底剪力和弯矩较小时可不设连系梁。

2)两桩桩基的承台，在其长向的抗剪、抗弯能力较强，一般无须设置承台之间的联系梁；而其短向抗弯刚度较小，宜设置连系梁；当短向的柱底剪力和弯矩较小时可不设连系梁。

3)地震作用下，建筑物各独立承台之间所受剪力、弯矩是非同步的，因此，对于有抗震要求的柱下独立桩基承台，纵、横方向宜设置连系梁，以利于传递和分配剪力和弯矩。

4)为利于直接传递柱底剪力、弯矩，连系梁顶面宜与承台顶位于同一标高。连系梁的截面一般以柱底剪力作用于梁端，按受压确定其截面尺寸，根据受拉确定配筋。为保证连系梁的刚度，最小尺寸规定为：宽度不宜小于 250 mm，其高度可取承台中心距的 1/15~1/10，且不宜小于400 mm。

5)连系梁配筋应根据计算确定,梁上、下部纵筋不宜小于2φ12,位于同一轴线上的连系梁纵筋宜通长布置。

(6)承台的最小高度是500 mm,因此,承台埋深应不小于600 mm且承台顶面应低于室外设计地面不小于100 mm。承台埋深根据建筑物高度、抗震设防烈度、冻土环境等因素综合考虑桩基承载力和稳定性来确定,一般情况下不宜小于建筑物高度的1/18,当采用桩筏基础时,不宜小于建筑物高度的1/20~1/18。在季节性冻土及膨胀土地区,其承台埋深及处理措施,应按现行《建筑地基基础设计规范》(GB 50007—2011)和《膨胀土地区建筑技术规范》(GB 50112—2013)等有关规定执行。

9.5.3 桩基施工

1. 灌注桩施工

灌注桩在桩基工程中的应用非常广泛,尤其是高承载力桩和大直径超长桩,或者是在复杂地质条件、不利环境条件下成桩,灌注桩是其他桩型无法代替的。

(1)不同桩型的适用条件。目前,常见的灌注桩桩型主要有正、反循环钻孔灌注桩,选挖成孔灌注桩,冲孔灌注桩,长螺旋钻孔压灌桩,干作业、挖孔桩以及沉管灌注桩。灌注桩的桩型以及成孔工艺,应根据单桩承载力、工程所在地桩基施工设备及能力、桩所穿越土层的性质、桩端持力层的条件、地下水位情况综合考虑性价比后确定。

1)泥浆护壁钻(冲)孔灌注桩。适用于地下水位以下的黏性土、粉土、砂土、填土、碎(砾)石土和风化岩层以及地质情况复杂、夹层多、风化不均、软硬变化较大的岩层。冲孔灌注桩除适应上述地质情况外,还能穿透旧基础、大孤石等障碍物,但在岩溶发育地区应慎重使用。地下水位高低对桩的成孔影响不大,一般成孔直径>800 mm,是大直径桩的首选桩型。缺点是施工环境差、成孔过程中的泥浆污染大。

2)沉管灌注桩。适用于黏性土、粉土、淤泥质土、砂土、碎石类土及填土。在厚度较大、灵敏度较高的淤泥和流塑状态的黏性土等软弱土层中采用时,应制订质量保证措施,并经工艺试验成功后方可实施。夯扩桩适用于桩端持力层为中、低压缩性黏性土、粉土、砂土、碎石类土,且其埋深不超过20 m的情况。

3)干作业成孔灌注桩。适用于地下水位以上的黏性土、粉土、填土、中等密实以上的砂土、风化岩层。人工挖孔灌注桩在地下水位较高,特别是有承压水的砂土层、滞水层、厚度较大的高压缩性淤泥层和流塑淤泥质土层中施工时,必须有可靠的技术措施和安全措施,施工条件较差时不得选用人工挖孔桩。

(2)施工方法。

1)泥浆护壁钻(冲)孔灌注桩。利用钻机(如螺旋钻、振动钻、冲抓锥钻、螺旋水冲钻等)钻土成孔,然后清除孔底残渣,安放钢筋笼,浇筑混凝土。有的钻机成孔后,可撑开钻头的钻孔刀刃使之旋转切土扩大桩孔,浇灌混凝土后在底端形成扩大桩端,但扩底直径不宜大于3倍桩身直径。而支盘桩则是在桩身一定部位扩大桩径,使桩身呈现波浪形,有利于发挥桩的承载性能,是一种新的桩型。

目前,国内的钻(冲)孔灌注桩多采用泥浆在孔壁上形成不透水的膜,从而把泥浆与周围的土隔开,起到护壁的作用。泥浆优先选用钠属膨润土或高塑性黏土在现场加水搅拌制成,制成的泥浆应当具有适当的黏性和凝胶性,以防止成孔内的土砂不沉淀而随泥浆排出孔外。其施工工序如图9-19所示。常用桩径为800 mm、1 000 mm、1 200 mm等。其最大的优点是入土深、能进入岩层、刚度大、承载力高、桩身变形小，并可以方便地进行水下作业。但是施工后废弃的泥浆必须进行处理，不得直接排放污染环境。

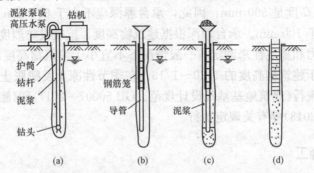

图9-19　泥浆护壁钻(冲)孔灌注桩施工工序
(a)成孔；(b)下钢筋笼和导管；(c)浇灌水下混凝土；(d)成桩

成孔后需对孔底沉渣厚度进行测定，《建筑桩基技术规范》(JGJ 94—2008)规定沉渣厚度端承型桩≤50 mm，摩擦型桩≤100 mm，对抗拔、抗水平力桩≤200 mm。

2)沉管灌注桩。利用锤击或振动等方法沉管成孔，然后浇筑混凝土，拔出套管，其施工工序如图9-20所示。一般分为单打、复打(浇灌混凝土并拔管后，立即在原位再次沉管及浇灌混凝土)和反插法(灌满混凝土后，先振动再拔管，一般拔0.5~1.0 m，再反插0.3~0.5 m)三种。复打后的桩横截面面积增大，承载力提高，但其造价也相应提高，适用于饱和土层。

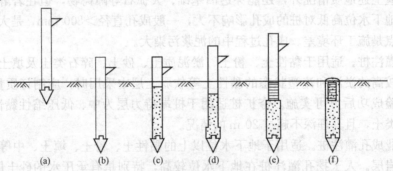

图9-20　沉管灌注桩施工工序
(a)打桩机就位；(b)沉管；(c)浇筑混凝土；(d)边拔管、边振动；(e)安放钢筋笼，继续浇筑混凝土；(f)成型

锤击沉管灌注桩的常用桩径(预制桩尖的直径)为300~500 mm，桩长常在20 m以内，可打至硬塑黏土层或中粗砂层。其优点是设备简单、打桩进度快、成本低。但在软硬土层交界处或软弱土层处易发生缩颈现象，此时，通常可放慢拔管速度，加大灌注管内混凝土量。此外，也可能由于邻桩挤压或其他振动作用等各种原因使土体上隆，引起桩身受拉出现断桩现象或出现局部夹土、混凝土离析及强度不足等质量事故。

振动沉管灌注桩的钢管底端带有活瓣桩尖(沉管时桩尖闭合，拔管时活瓣张开以便浇灌混凝土)或套上预制混凝土桩尖。桩径一般为400~500 mm，常用振动锤的振动力为70 kN、100 kN和160 kN。在黏性土中，其沉管穿透力比锤击沉管灌注桩稍差，承载力也比锤击沉管灌注桩要低。

内击式沉管灌注桩的优点是混凝土密实且与土层紧密接触，同时桩头扩大，承载力较高，效果较好，但穿越厚砂层能力较低，打入深度难以掌握。施工时，先在竖起的钢套筒内放进约 1 m 高的混凝土或碎石，用吊锤在套筒内锤打，形成"塞头"，然后锤打时，塞头带动套筒下沉，至设计标高后，吊住套筒，浇灌混凝土并继续锤击，使塞头脱出筒口，形成扩大的桩端，其直径可达桩身直径的 2~3 倍，当桩端不再扩大而使套筒上升时，开始浇注桩身混凝土(若需配筋时先吊放钢筋笼)，同时边拔套筒边锤击，直达所需高度为止。

沉管灌注桩一般都是在干作业环境下灌注混凝土，桩身配置钢筋时，混凝土坍落度一般为 80~100 mm；素混凝土桩一般为 60~80 mm。

3)干作业成孔灌注桩。干作业成孔灌注桩俗称挖孔桩，是指在地下水位以上地层采用人工或机械挖掘成孔，逐段边开挖边支护，达到所需深度后再进行扩孔、安放钢筋笼及灌注混凝土而成。其施工工序如图 9-21 所示。

挖孔桩内径一般应大于 800 mm，开挖直径大于 1 000 mm，护壁厚大于 100 mm，每节高 500~1 000 mm，可用混凝土或砖砌筑，桩身长度宜限制在 40 m 以内。

挖孔桩可直接观察地层情况，孔底易清除干净，设备简单，噪音小，施工振动小，环境污染少，场区内各桩可同时施工，桩径大、适应性强，且桩身质量稳定可靠，比较经济。但由于挖孔时可能存在塌方、缺氧、有害气体、触电等危险，易造成安全事故，因此，应严格执行有关安全操作的规定。此外，挖孔桩难以克服流砂现象，在地下水丰富的地区涌水现象也比较普遍。

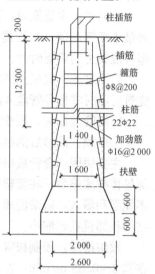

图 9-21 人工挖孔桩示例

(3)易发生的质量问题及其成因与预防措施。

1)泥浆护壁成孔灌注桩。泥浆护壁成孔灌注桩容易发生的质量问题主要有：塌孔、桩孔倾斜、缩孔、梅花孔和断桩等。

①塌孔。主要原因：泥浆比重不足，泥浆质量达不到规定的要求，不能有效地保证孔壁的稳定；孔内水头高度不够或孔内出现承压水；护筒埋置太浅，下端孔坍塌；在松散砂层中钻进时，进尺速度太快或空转时间过长；钻进过程中遇到溶洞、溶沟、溶槽、非填充性土洞，使得孔内泥浆突然流失；冲击(抓)锥或抽渣筒倾倒，撞击孔壁；或钢筋笼下放时撞击孔壁；爆破处理孔内孤石、探头石时，炸药量过大，造成过大的振动。

预防措施：根据土层性质，选择合理的泥浆配合比；严格按规范和相关施工工艺要求进行施工；注意观察孔内泥浆高度变化，监控泥浆质量。

②桩孔倾斜。主要原因：钻孔中遇到较大孤石或探头石；钻进时遇带有倾斜度的软硬地层交界处、岩石倾斜处，或在粒径大小悬殊的砂卵石层中钻进，钻头所受的阻力不均；扩孔较大，钻头偏离方向；钻机底座未放置水平或产生不均匀下陷；钻杆弯曲，接头不直。

预防措施：安装钻机要放置水平，在施工过程中经常检查、校正机座的平整度、钻杆的垂直度；必须在钻架上增添导向架，控制钻杆上的提引水龙头，使其沿导向架向下钻进；钻杆、接头应逐个检查，及时调整；及时调查或更换已弯曲的钻杆；在有倾斜的软硬地层钻进时，控制进尺和降低钻速或回填片、卵(碎)石，冲平后再钻进。

③缩孔。主要原因：泥浆比重太小、孔径较大，造成土中应力释放和松弛；黏性土遇水膨胀；在流、软塑土层中进尺过快。

预防措施：调整泥浆比重；控制进尺速度；终孔前上下反复扫孔。

④梅花孔。主要原因：由于转向装置失灵，泥浆太稠，阻力大，冲击锤不能自由转动；冲程太小，冲击锤得不到足够的转动时间，变换不了冲击位置。

预防措施：经常检查转向装置是否灵活；选用适当黏度和比重的泥浆，适时掏渣；用低冲程时，隔一段时间要更换高一些的冲程，使冲击锤有足够的转动时间。

⑤断桩。主要原因：混凝土坍落度太小或集料太大，使导管堵塞；首灌量不能满足导管最小埋管高度；导管提管过快或过慢；浇筑混凝土时因故中断；混凝土灌注时间过长，超过混凝土的终凝时间。

防治措施：混凝土坍落度应严格按设计或规范要求控制；应确保混凝土浇注的连续性；浇筑时随时掌握导管埋入深度；当混凝土灌注时间超过 6 h，宜加入缓凝剂。

2)沉管灌注桩。沉管灌注桩容易发生的质量问题有：缩颈、断桩、桩身加泥等。

①缩颈：成形后的桩身局部小于设计要求。

主要原因：套管拔出速度过快，由于管内混凝土尚未凝固，在超孔隙水压力下，把局部桩体挤成缩颈；在流塑状态的淤泥质土中，由于套管在该层发生的振荡作用，使混凝土不能顺利灌入，被淤泥质土填充进来，形成在该层缩颈；由于振动、挤土造成混凝土未硬结的相邻桩孔颈缩小。

预防措施：控制拔管速度，一般土层以 1 m/min 为宜，软弱土层和软硬交界处宜控制在 0.3~0.88 m/min；在软弱土层中施工桩距较密的桩时应采取跳打措施；混凝土充盈系数(实灌混凝土体积与理论体积之比)不得小于 1.0，且应满足设计计算的灌入量。

②断桩。主要原因：桩距过小，相邻桩在混凝土未达到一定强度时，由于振动或挤抬作用将邻桩拉断；由于振动波在不同土层中的传播速度不同，在二层土交界处产生剪切力将桩剪断；拔管速度太快，混凝土未及时流出管外，形成断桩；桩过密，成桩速度过快，挤土效应导致地面隆起、桩拔断。

预防措施：采用控制缩颈的方法；在桩多且过密时，应控制施工速度和采取合理的成桩路线。

③桩身夹泥。主要原因：采用反插法时，活瓣向外张开过大，把孔壁周围泥挤进桩身；采用复打法时，套管上的泥未清理干净，把套管上的泥带入桩身混凝土；拔管速度过快，而混凝土坍落度太小，在饱和的淤泥质土层中施工，混凝土尚未流出，土即涌入桩身。

预防措施：采用反插法时，反插深度不宜超过活瓣长度的 2/3；采用复打法时，复打前应将套管上的泥清理干净；混凝土要搅拌均匀，和易性要好，坍落度符合设计要求；在饱和淤泥质土层中施工时，控制好拔管速度。

3)干作业成孔灌注桩。干作业成孔灌注桩由于不是水下灌注混凝土，也没有挤土效应，成桩质量比前两种灌注桩更有质量保证，它可能发生的质量问题是：孔底虚土过厚、桩身混凝土质量差、塌孔等。

①孔底虚土过厚。主要原因：钻头对孔底和孔壁的扰动，造成孔壁和孔底土的松动，在成孔过程中或成孔过程后土体出现坍落；孔口土未及时清理干净，积土回落；提钻、下笼时孔口土或孔壁土被碰撞掉入孔内；孔壁暴露时间过长，孔壁土坍落。

预防措施：根据不同工程地质条件，选用不同形式的钻头；及时清理孔口和孔底虚土。

防止孔口土回落孔底；成好的孔应及时灌注桩身混凝土。

②桩身混凝土质量差。主要原因：混凝土浇筑时没有按操作工艺要求进行施工，深处的混凝土得不到振实，使混凝土不密实，出现蜂窝、空洞；浇筑混凝土时，孔壁受到振动使孔壁土掉入孔内；下放钢筋笼时碰撞孔壁，使土掉入孔内，造成桩身夹土；对于较长的桩浇注混凝土，没有使用溜槽、导筒，浇筑时产生离析；混凝土本身质量有问题。

预防措施：严格按混凝土操作规程施工，保证混凝土浇注质量符合要求；为保证混凝土的和易性，可掺入外加剂；桩身混凝土必须边灌注边振捣和振捣密实；为防止混凝土离析，当高度超过 3 m，应用串筒，串筒末端离孔底高度不宜大于 2 m。

③塌孔。主要原因：成孔过程中遇到较厚的砂卵石、卵石或流塑淤泥质土层等不利成孔的土层；降水、止水措施不当，在局部滞水的作用下，造成坍塌；成孔后孔壁暴露时间过长。

预防措施：遇不良地层时，应采取相应的护壁措施或改用其他成桩工艺；采用合理有效的降水、止水措施；成孔后应及时浇注混凝土。

(4)成桩质量检查。灌注桩的成桩质量检查主要包括成孔及清孔、钢筋笼制作及安放、混凝土搅制及灌注等三个工序过程的质量检查。

1)混凝土搅制应对原材料质量与计量、混凝土配合比、坍落度、混凝土强度等级等进行检查；

2)钢筋笼制作应对钢筋规格、焊条规格、品种、焊口规格、焊缝长度、焊缝外观和质量、主筋和箍筋的制作偏差等进行检查；

3)在灌注混凝土前，应严格按照有关施工质量要求对已成孔的中心位置、孔深、孔径、垂直度、孔底沉渣厚度、钢筋笼安放的实际位置等进行认真检查，并填写相应质量检查记录。

2. 预制桩施工

预制桩具有悠久的应用历史。美国考古学家在 1981 年 1 月对在太平洋东南沿岸智利的蒙特维尔德附近的森林里发现的一间支承于木桩上的木屋，经过放射性碳 60 测定，认为其距今至少已有 12 000 年至 14 000 年历史。

预制桩可用混凝土、钢材或木材在现场或工厂制作，然后以锤击(通过锤击或辅以高压射水使桩沉入土中)、振动(将大功率振动器置于桩顶，利用内装偏心块旋转时产生的竖向振动力使桩沉入土中)、静压(利用静力压桩机将桩压入土中)或旋入等方法设置就位。混凝土预制桩结构坚固耐久，截面尺寸和长度制作灵活，承载能力高，且不受地下水的影响，是目前建筑基础工程中应用最为广泛的桩基础形式。

(1)施工方法。混凝土预制桩的施工工序为：桩的制作；桩的起吊、运输和堆存；接桩和沉桩。

1)混凝土预制桩的制作。混凝土预制桩可以在工厂或施工现场预制，但预制场地必须平整、坚实。制桩模板可用木模板或钢模，必须保证平整牢靠，尺寸准确。此外，《建筑桩基技术规范》(JGJ 94—2008)对混凝土预制桩的主筋焊接、钢筋骨架允许偏差、桩的单节强度、浇筑顺序、制作允许偏差均有详细规定，施工时应严格遵守。

2)混凝土预制桩的起吊、运输和堆存。混凝土预制桩达到设计强度的 70% 方可起吊，如需提前起吊，必须强度和抗裂验算合格。桩起吊时应采取相应措施，保持平稳，保护桩身质量。当吊点少于或等于 3 个时，其位置应按正、负弯矩相等的原则计算确定，当吊点多于 3 个时，其位置应按反力相等的原则计算确定。预制桩达到设计强度 100% 才能运输，如提前运输，必须经过验算合格。水平运输时，应做到桩身平稳放置，无大的振动，严禁在场地上以直接拖拉桩体方式代替装车运输。运桩前，应按规范要求检查桩身混凝土质量、尺寸、预埋件、桩靴（桩帽）的牢固性，以及打桩中使用的标志是否齐全。桩运抵现场后，应对桩进行复查，严禁使用质量不合格及吊运过程中产生裂缝的桩。

桩的堆存应符合下列规定：

①堆存场地必须平整、坚实；

②垫木与吊点应保持在同一横断平面上，且各层垫木应上下对齐；

③堆放层数不宜超过四层；

④不同规格的桩应分类堆放。

3) 混凝土预制桩的连接。当施工设备条件对桩的限制长度小于桩的设计长度时，需采用多节桩连接来达到设计桩长。混凝土预制桩的连接方法有焊接、法兰连接及硫磺胶泥锚接三种，前两种可用于各类土层；硫磺胶泥锚接适用于软土层，且对一级建筑桩基或承受拔力的桩宜慎重选用。

《建筑桩基技术规范》（JGJ 94—2008）对混凝土预制桩的接桩材料和接桩质量均有详细规定，施工时应严格遵守。

4) 混凝土预制桩的沉桩。沉桩前必须处理架空（高压线）和地下障碍物，场地应平整，排水应畅通，并满足打桩所需的地面承载力。

桩锤的选用应根据地质条件、桩型、桩的密集程度、单桩竖向承载力及现有施工条件等决定。

桩打入时应符合下列规定：

①桩帽或送桩帽与桩周围的间隙应为 5~10 mm；

②锤与桩帽、桩帽与桩之间应加设弹性衬垫，如硬木、麻袋、草垫等；

③桩锤、桩帽或送桩和桩身在同一中心线上；

④桩插入时的垂直度偏差不得超过 0.5%。

打桩顺序为：

①对于密集桩群，自中间向两个方向或向四周对称施打；

②当一侧毗邻建筑物时，由毗邻建筑物处向另一方向施打；

③根据基础的设计标高，宜先深后浅；

④根据桩的规格，宜先大后小，先长后短。

桩停止锤击的控制原则：

①桩端（指桩的全断面）位于一般土层时，以控制桩端设计标高为主，贯入度可做参考；

②桩端达到坚硬、硬塑的黏性土、中密以上粉土、砂土、碎石类土、风化岩时，以贯入度控制为主，桩端标高可做参考；

③贯入度已达到而桩端标高未达到时，应继续锤击 3 阵，按每阵 10 击的贯入度不大于设计规定的数值加以确认，必要时施工控制贯入度应通过试验与有关单位会商确定。

当遇到贯入度剧变，桩身突然发生倾斜、移位或有严重回弹，桩顶或桩身出现严重裂缝、破碎等情况时，应暂停打桩，并分析原因，采取相应措施。

当采用内（外）射水法沉桩时，应符合下列规定：

①水冲法打桩适用于砂土和碎石土；

②水冲至最后 1~2 m 时，应停止射水，并用锤击至规定标高，停锤控制标准应符合桩停止锤击的控制原则。

预制桩在沉桩过程中为避免或减小沉桩挤土效应和对邻近建筑物、地下管线等的影响，施打大面积密集桩群时，可采取下列辅助措施：

①预钻孔沉桩，孔径约比桩径（或方桩对角线）小 50～100 mm，深度视桩距和土的密实度、渗透性而定，深度宜为桩长的 1/3～1/2，施工时应随钻随打；桩架宜具备钻孔锤击双重性能；

②设置袋装砂井或塑料排水板，以消除部分超孔隙水压力，减少挤土现象；

③设置隔离板桩或地下连续墙；

④开挖地面防震沟可消除部分地面震动，可与其他措施结合使用，沟宽为 0.5～0.8 m，深度按土质情况以边坡能自立为准；

⑤限制打桩速率；

⑥沉桩过程应加强邻近建筑物，地下管线等的观测、监测。

静力压桩如图 9-22 所示，适用于软弱土层，当存在厚度大于 2 m 的中密以上夹砂层时，不宜采用静力压桩。

图 9-22　桩基础施工

静力压桩应符合下列规定：压桩机应根据土质情况配足额定重量；桩帽、桩身和送桩的中心线应重合；节点处理应避免桩尖接近硬持力层或桩尖处于硬持力层中接桩，且满足混凝土预制桩的连接规定；压同一根（节）桩应缩短停顿时间。

（2）成桩质量检查。混凝土预制桩和钢桩成桩质量检查主要包括预制桩、打入（静压）深度、停锤标准、桩位及垂直度检查。

1）预制桩应按选定的标准图或设计图制作，其偏差应符合《建筑桩基技术规范》（JGJ 94—2008）的相关要求；

2）沉桩过程中的检查项目应包括每米进尺锤击数、最后 1 m 锤击数、最后三阵贯入度及桩尖标高、桩身（架）垂直度等。

9.5.4　基桩及承台的验收

1. 验收时间

当桩顶设计标高与施工场地标高相近时，桩基工程的验收应待成桩完毕后验收；当桩顶设计标高低于施工场地标高时，应待开挖到设计标高后进行验收。

2. 验收的一般规定

对预制打入桩、静力压桩，应提供经确认的施工过程有关系数。施工完成后还需进行桩顶标高、桩位偏差等检验。

对混凝土灌注桩，应提供经确认的施工过程有关参数，包括原材料力学性能检验报告、试件留置数量及制作养护方法、混凝土抗压强度试验报告、钢筋笼制作质量检查报告。施工完成后尚应进行桩顶标高、桩位偏差等检验。

人工挖孔时，应进行桩端持力层检验。单柱单桩的大直径嵌岩桩，应视岩性检验桩底下 $3d$ 或 5 m 深度范围内有无空洞、破碎带、软弱夹层等不良地质条件。

施工完成后的工程桩应进行桩身质量检验。直径大于 800 mm 的混凝土嵌岩桩应采用钻孔抽芯法或声波透射法检测，检测桩数不得少于总桩数的 10%，且每根柱下承台的抽检桩数不得少于 1 根。直径小于或等于 800 mm 的桩及直径大于 800 mm 的非嵌岩桩，可根据桩径和桩长的大小，结合桩的类型和实际需要采用钻孔抽芯法或声波透析法或可靠的动测法进行检测，检测桩数不得少于总桩数的 10%。

施工完成后的工程应进行竖向承载力检验。竖向承载力检验的方法和数量可根据地基基础设计等级和现场条件，结合当地可靠的经验和技术确定。复杂地质条件下的工程桩竖向承载力的检验宜采用静荷载试验，检验桩数不得少于同条件下总桩数的 1%，且不得少于 3 根。大直径嵌岩桩的承载力可根据终孔时桩端持力层岩性报告和桩身质量检验报告核验。

3. 验收资料

(1) 基桩工程验收时应包括下列资料：

1) 工程地质勘察报告、桩基施工图、图纸会审纪要、设计变更单及材料代用通知单等；
2) 经审定的施工组织设计、施工方案及执行中的变更情况；
3) 桩位测量放线图，包括工程桩位线复核签证单；
4) 原材料的质量合格和质量鉴定书；
5) 成桩质量检查报告；
6) 单桩承载力检测报告；
7) 基坑挖至设计标高的基桩竣工平面图及桩顶标高图。

(2) 承台工程验收时，应包括下列资料：

1) 承台钢筋、混凝土的施工与检查记录；
2) 桩头与承台的锚筋、边桩离承台边缘距离、承台钢筋保护层记录；
3) 承台厚度、长宽记录及外观情况描述等。

承台工程验收除符合以上规定外，还应符合现行国家标准《混凝土结构工程施工质量验收规范》(GB 50204—2015) 的规定。

9.6 基桩检测

为了确保基桩的质量，为设计和施工验收提供可靠依据，应对基桩质量进行检测。

9.6.1 检测目的与方法

《建筑基桩检测技术规范》(JGJ 106—2014) 规定，基桩检测方法应根据检测目的按表 9-11 选择。

表 9-11 检测方法及检测目的

检测方法	检测目的
单桩竖向抗压静载试验	确定单桩竖向抗压极限承载力； 判定竖向抗压承载力是否满足设计要求； 通过桩身应变、位移测试，测定桩侧、桩端阻力，验证高应变法的单桩竖向抗压承载力检测结果
单桩竖向抗拔静载试验	确定单桩竖向抗拔极限承载力； 判定竖向抗拔承载力是否满足设计要求； 通过桩身应变、位移测试，测定桩的抗侧阻力
单桩水平静载试验	确定单桩水平临界和极限承载力，推定土抗力参数； 判定水平承载力或水平位移是否满足设计要求； 通过桩身应变、位移测试，测定桩身弯矩
钻芯法	检测灌注桩桩长、桩身混凝土强度、桩底沉渣厚度，判定或鉴别桩底岩土性状，判定桩身完整性类别
低应变法	检测桩身缺陷及其位置，判定桩身完整性类别
高应变法	判定单桩竖向抗压承载力是否满足设计要求； 检测桩身缺陷及其位置，判定桩身完整性类别； 分析桩侧和桩端土阻力； 进行打桩过程监控
声波透射法	检测灌注桩桩身缺陷及其位置，判定桩身完整性类别

9.6.2 基桩检测工作程序

基桩检测工作程序如图 9-23 所示。

9.6.3 常用方法简介

基桩检测按照检测目的可分为基桩承载力检测和桩身完整性检测。

1. 基桩承载力检测

基桩承载力检测方法可分为静载试验法和动载试验法。

（1）静载试验法。静载试验法是在桩顶部逐级施加竖向压力、竖向上拔力和水平推力，观测桩顶部随时间产生的沉降、上拔位移和水平位移，以确定相应的单桩竖向抗压承载力、单桩竖向抗拔承载力和单桩水平承载力的试验方法。静载试验法根据检测目的不同可分为单桩竖向抗压静载试验、单桩竖向抗拔静载试验、单桩水平静载试验。

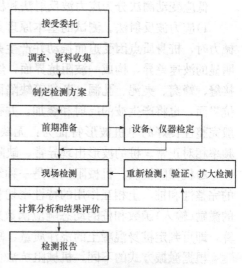

图 9-23 基桩检测工作程序

静载试验法是最传统的桩基检测方法，均采用千斤顶加载，需要反力装置和量测装置。受试验吨位限制，对于特大承载力的桩无法实现加载，近几年出现的自平衡测试方法，是在基桩底部(根据基桩受力情况也可埋设在中部)埋设千斤顶，利用桩端阻力(千斤顶埋设在中部时还包括千斤顶以下的侧壁摩阻力)与千斤顶以上侧壁摩阻力之间平衡来测试基桩的竖向承载力，不需要反力装置，具有技术先进、测试自动化、省时、省力、安全、不受场地条件限制、多根桩可同时测试等优点，具有良好的经济效益和社会效益。

(2)动载试验法。

1)可采用可靠的动载试验法进行单桩竖向承载力检测的桩基。工程桩施工前已进行单桩静载试验的一级建筑桩基；地质条件较好的、桩的施工质量可靠的二级建筑桩基；三级建筑桩基；一、二级建筑桩基静载试验的辅助检测。

2)高应变动力试桩法。高应变法是利用重锤冲击桩顶，实测桩顶部的速度和力时程曲线，通过波动理论分析，对单桩竖向抗压承载力和桩身完整性进行判定的检测方法。

高应变动力试验方法的基本原理是：用重锤冲击桩顶，使桩-土产生足够大的相对位移，以充分激发桩周土阻力和桩端承载力。通过安装在桩顶以下桩身两侧的力和加速度传感器接收桩的应力波信号，应用应力波理论处理分析力和速度时程曲线，从而判定桩的承载力。

高应变动力试桩系统由锤击装置、传感器、数据采集与分析及数据显示输出等部分组成。

2. 桩身完整性检测

使桩身完整性恶化，在一定程度上引起桩身结构强度和耐久性降低的桩身断裂、裂缝、缩颈、夹泥(杂物)、空洞、蜂窝、松散等现象统称桩身缺陷。桩身完整性是反映桩身截面尺寸相对变化、桩身材料密实性和连续性的综合定性指标。

桩身完整性检验的方法主要有低应变动测法、高应变动测法、钻芯法和声波透射法等。

(1)低应变动测法。低应变法是采用低能量瞬态或稳态激振方式在桩顶激振，实测桩顶部的速度时呈曲线或速度导纳曲线，通过波动理论分析或频域分析，对桩身完整性进行判定的检测方法。

低应变动测法分为应力波反射法和机械阻抗法。

1)应力波反射法。测试的基本原理是：把桩看作一维弹性杆件，当在桩顶施加某一机械力时，桩身质点因受迫而振动并产生弹性波沿桩体向下传播到桩端，由于桩端与土层有明显的波速差异，构成一波阻抗界面，然后有一部分弹性波反射回桩顶。当桩间存在裂缝、接缝、蜂窝、夹泥、孔洞、断裂等缺陷而产生波阻抗界面时，波从桩顶向下传播遇到波阻抗界面，也将产生波的反射和叠加，并被安置在桩顶的高灵敏度传感器所接收。因此，一般完整性良好的单桩波形特征为：无缺陷反射波存在，波形受到干涉，波的振幅、相位、频率相对正常。桩的波形出现异常、缺陷严重时，易形成多次反射，振幅较大。

2)机械阻抗法。机械阻抗法是一种结构动态分析方法。桩的动态特性是与桩身混凝土的完整性和桩—土相互作用的特性密切相关。机械阻抗法的基本原理是通过测定施加给桩的激励(输入)函数和桩的动态响应函数来识别桩的动态特性，通过对桩动态特性的分析计算，即可判定桩身混凝土的浇注质量、缺陷的类型及其在桩身中的位置或桩的实际长度。

根据激振方式的不同，机械阻抗法可分为稳态机械阻抗法和瞬间机械阻抗法两种。前者由激振器产生的简谐垂直力通过力传感器作用在桩顶上；后者由瞬时锤击力作用于桩头上，并测定锤击力的大小和时间特性。

(2)高应变动测法。根据一维行波理论可知，在锤击力所产生的压力波向下传播时，会在桩截面突然增大(或减小)处产生一个压力(或拉力)回波，这一压力(或拉力)回波返回到桩顶时，将使桩顶处的力增加(或减小)，使速度减小(或增加)。利用这一基本原理，就可在实测的力波曲线和速度波曲线中，根据两者的相对变化关系来判别桩身的各种情况。同时，可计算相应的桩身结构完整性系数，根据桩身结构完整性系数值的大小，判别桩身不同程度的缺陷。而缺陷位置也可利用应力波在桩中的传播速度和压力(拉力)回波到达桩所需要的时间来确定。

高应变动测法适用于桩长较大或桩周土阻力相对较大的工程桩的桩身完整性检测。

(3)钻芯法。钻芯法是用钻机钻取芯样以检测桩长、桩身缺陷、桩底沉渣厚度以及桩身混凝土的强度、密实性和连续性，判定桩底岩土性状的方法。

利用钻机等设备直接钻取桩身混凝土芯样进行目测判别，并取代表性芯样进行强度检验。目测判别能够判断桩身是否有断桩、夹泥、混凝土密实度及桩底沉渣厚度，而芯样的强度检验能够判别桩身混凝土是否达到设计强度要求。该方法可以达到检验桩身完整性、桩身混凝土强度是否符合设计要求，桩底沉渣是否符合设计及施工验收规范要求，桩端持力层是否符合设计要求，施工记录桩长是否属实，成孔深度是否符合设计要求等目的，是一种较为可靠直观的方法。

(4)声波透射法。声波透射法是在预埋声测管之间发射并接收声波，通过实测声波在混凝土介质中传播的声时、频率和波幅衰减等声学参数的相对变化，对桩身完整性进行检测的方法。

声波透射法原理是利用多个预埋管或钻孔，在一个孔内由超声脉冲发射源在桩身混凝土内激发高频弹性脉冲波，在另一个孔内用高精度的接收系统记录该脉冲波在混凝土内传播过程中表现的波动特性。当混凝土内存在不连续或破损界面时，将产生波的透射和反射，使接收到的透射波能量明显降低，当混凝土内存在松散、蜂窝、孔洞等严重缺陷时，将产生波的散射和绕射；根据波的初至到达时间和波的能量衰减特性、频率变化及波形畸变程度等特征，可以获得测区范围内混凝土的密实度参数。测试记录不同侧面、不同高度上的波动特征，经过处理分析就能判别测区内混凝土的参考强度和内部存在缺陷的大小及空洞位置。预埋管的数量根据桩径的大小确定，测管数量越多，测区覆盖面积就越大。

钻芯法、声波透射法适用于大直径桩的桩身完整性检测。

知识归纳

桩基础是由埋设在地基中多根具有一定刚度的杆件(称为桩群)和把桩群联合起来共同工作的桩台(称为承台)两部分组成。桩基础的作用是将荷载传至地下较深处承载性能好的土层，以满足承载力和沉降的要求。

桩基础分类，按承载性状分：①摩擦型桩；②端承型桩。按成桩方法分：①非挤土桩；②部分挤土桩；③挤土桩。按桩径大小分：①小桩；②中等直径桩；③大直径桩。

桩基础最常用的是抵抗竖向荷载，单桩竖向承载力由桩身材料强度和地基土对桩的支承力两方面决定，单桩竖向承载力为二者中的最小值。

静载荷试验是最常用的确定单桩竖向承载力的方法。

桩的设计步骤为选择桩材、桩型及其几何尺寸，确定单桩承载力，确定桩数及布置桩位，桩基中的单桩受力验算，软弱下卧层验算及沉降验算，桩身结构设计，承台设计，绘制桩基施工图。

基桩检测按照检测目的可分为基桩承载力检测和桩身完整性检测。基桩承载力检测分为静载试验法和动载试验法。桩身完整性检测的方法主要有低应变动测法、高应变动测法、钻芯法和声波透射法等。

思考与练习

一、问答题

1. 试述桩基的适用条件。
2. 如何验算桩基承载力？
3. 设计中如何选择桩径、桩长及桩的类型？
4. 试述桩基的沉降验算方法。
5. 承台的尺寸如何确定？应做哪些验算？
6. 简述灌注桩与预制桩的应用范围。
7. 常用的桩基检测方法有哪些？
8. 桩基设计的步骤是什么？
9. 简述深基础与浅基础的区别，沉井基础和地下连续墙的施工工艺。

二、计算题

1. 某预制桩基础，截面尺寸为 $0.3 \times 0.3 \text{ m}^2$，强度等级为 C30 混凝土（$f_c = 15 \text{ N/mm}^2$），桩长 15 m，承台底面埋深 2.0 m，土层分布如图 9-24 所示，参数见表 9-12，试计算单桩承载力特征值。

2. 如图 9-25 所示，条件同上题，若为一级桩基，承台上作用竖向轴力设计值 $F = 4\,000 \text{ kN}$，弯矩设计值 $M = 400 \text{ kN·m}$，水平力设计值 $H = 50 \text{ kN}$，试计算桩数和验算复合基桩承载力是否满足设计要求。

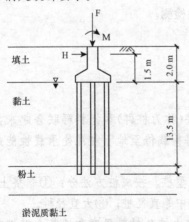

图 9-24 习题 1 图

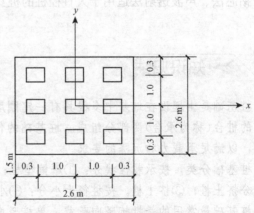

图 9-25 习题 2 图

表 9-12 土层参数

土层	$\gamma/(\text{kN·m}^{-3})$	I_L	e	E_s/MPa	f_{ak}/kPa	q_{sik}/kPa	q_{pk}/kPa
填土	18						
黏土	18.9	1.0	0.85		100	36	

续表

土层	$\gamma/(kN \cdot m^{-3})$	I_L	e	E_s/MPa	f_{ak}/kPa	q_{sik}/kPa	q_{pk}/kPa
粉土	18			9		64	2 100
淤泥质黏土	18.5			1.8	60		

3. 某商业大厦地基土第一层为黏性土,厚为1.5 m,$I_L=0.4$;第二层为淤泥,厚为21.5 m,含水量=55%;第三层为中密粗砂,采用桩基础。已知预制方桩的截面尺寸为400 mm×400 mm,长为24 m(从承台底面算起),桩打入1.0 m,试按《规范》经验公式计算单桩竖向承载力特征值。

4. 某工程为框架结构,钢筋混凝土柱的截面尺寸为350 mm×400 mm,作用在柱基顶面上的荷载设计值$F=2\,000$ kN,$M_Y=300$ kN·m。地基土表层为杂填土,厚为1.5 m;第二层为软塑黏土,厚为9 m,$q_{s2a}=16.6$ kPa;第三层为可塑粉质黏土,厚为5 m,$q_{s3q}=35$ kPa,$q_{pa}=870$ kPa。试设计该工程基础方案。

5. 条件同第2题,一级建筑桩基,桩端持力层下有淤泥质黏土软弱下卧层,试验算软弱下卧层的承载力是否满足要求。

第 10 章 软弱地基处理

本章要点

1. 了解软弱地基处理的目的和意义；
2. 熟悉地基处理方法的选用原则和步骤；
3. 掌握换填垫层法、预压法、压实夯实及挤密地基等方法的原理及适用范围，掌握复合地基的计算方法，熟悉地基处理后的质量检验方法；
4. 了解注浆法、微型桩等地基处理方法。

10.1 概 述

软弱地基一般是指抗剪强度较低、压缩性较高的地基土，主要有软黏土、杂填土、冲填土、饱和粉细砂、湿陷性黄土、泥炭土、膨胀土、多年冻土、岩溶和土洞等。随着我国经济建设的发展和科学技术的进步，高层建筑物和重型结构物对地基的强度和变形要求越来越高，为保证建筑物的安全与正常使用，必须考虑对软弱地基进行人工处理。

10.1.1 建筑物地基处理的目的

软弱地基包括软土、杂填土和冲填土及其他高压缩性土构成的地基。

软土包括淤泥和淤泥质土，它的特点是含水量高、孔隙比大、压缩性高、抗剪强度低、渗透性差、具有明显的结构性和流变性。软土地基上建筑物沉降量大，沉降稳定时间长。

杂填土是人类活动产生的建筑垃圾、工业废物和生活垃圾。它的特点是强度低、压缩性高、均匀性差。

冲填土是水力冲填泥砂形成的。在冲填的入口处，土颗粒较粗，而到出口处逐渐变细，通常为强度较低和压缩性较高的欠固结土。

特殊土有地区性的特点，包括湿陷性黄土、膨胀土、红黏土和冻土等。

目前，建筑物的地基问题主要以下几个方面：

(1)抗剪强度低。软土的天然不排水抗剪强度一般小于 30 kPa。

(2)压缩性较高。一般正常固结的软土的压缩系数为 $a_{1-2}=0.5\sim1.5$ MPa^{-1}，最大可达 $a_{1-2}=4.5$ MPa^{-1}；压缩指数为 $C_c=0.35\sim0.75$。

(3)渗透性很小。软土的渗透系数一般为 $1\times10^{-6}\sim1\times10^{-8}$ cm/s。

(4)具有明显的流变性。在荷载作用下，软土承受剪应力的作用产生缓慢的剪切变形，并可能导致抗剪强度的衰减，在主固结沉降完毕之后还可能继续产生可观的次固结沉降。

(5)液化问题。在强烈地震作用下，会使地下水位以下的松散细粉砂和粉土产生液化，使地基丧失承载力。

(6)特殊土的特殊问题。当遇到湿陷性黄土或膨胀性大的膨胀土时，同样会引起建筑物发生不均匀沉降。

当建筑物的天然地基存在上述问题时，即需采取地基处理措施以保证建筑物的安全与正常使用。地基与建筑物的关系极为密切，而地基问题常常是造成工程事故的主要原因。

地基处理的目的采用各种地基处理方法，如换填、夯实、挤密、排水、胶结、加筋和热学等，以改良地基土的工程特性，达到满足上部结构对地基稳定和变形的要求。这些方法主要包括以下五个方面：

(1)提高剪切强度。地基的剪切破坏以及在土压力作用下的稳定性，取决于地基土的抗剪强度。地基的剪切破坏表现在：建筑物的地基承载力不够；由于偏心荷载及侧向土压力的作用使结构物失稳；由于填土或建筑物荷载，使邻近地基产生隆起；土方开挖时边坡失稳；基坑开挖时坑底隆起。地基的剪切破坏反映了地基土的抗剪强度不足。因此，为了防止剪切破坏以及减轻土压力，需要采取一定措施以增加地基土的抗剪强度。

(2)改善地基的压缩性。地基的压缩性表现在建筑物的沉降量和差异沉降量大；由于有填土或建筑物荷载，使地基产生固结沉降；作用于建筑物基础的负摩阻力引起建筑物的沉降；大范围地基的沉降和不均匀沉降；基坑开挖引起邻近地面沉降；由于降水地基产生固结沉降。地基的压缩性反映在压缩模量指标的大小。因此，需要采取措施使地基土的压缩模量提高，借以减少地基的沉降和不均匀沉降，且还起到防止侧向流动(塑性流动)产生的剪切变形的功能。

(3)改善地基的透水特性。地基的透水性表现在堤坝等基础产生的地基渗漏；基坑开挖工程中，因土层内夹薄层粉砂或粉土而产生流砂或管涌等，都是在地下水的运动中所出现的问题，需要采取措施使地基土降低透水性或减轻其水压力。

(4)改善地基的动力特性。地基的动力特性表现在地震时饱和松散粉细砂(包括部分粉土)产生液化；由于交通荷载或打桩等原因，使邻近地基产生振动下沉。为此，需要采取措施以防止地基液化，并改善其振动特性以提高地基的抗震性能。

(5)改善特殊土的不良地基特性。主要是消除或减小黄土的湿陷性或膨胀土的膨胀性等。

10.1.2 地基处理的方法及其适用范围

地基处理的基本方法包括置换、夯实、挤密、排水、胶结、加筋和热学等。从不同角度进行分类：按处理深度可分为浅层处理和深层处理；按时间可分为临时处理和永久处理；按土的性质可分为砂性土处理和黏性土处理；按地基处理的作用机理大致可分为土质改良、土的置换和土的补强。

各种处理方法都有它的适用范围和局限性。各个工程地质条件、基础形式、上部荷载情况有很大的差别，每种地基处理的方法又有不同的效果。在选择地基处理方法时，要综合考虑多方面因素，选择最佳的处理方法。各种地基处理方法的主要适用范围，见表10-1。

表 10-1　地基处理方法及其适用范围

编号	分类	处理方法	原理及作用	适用范围
1	碾压及夯实	重锤夯实法、机械碾压法、振动压实法、强夯法（动力固结）	利用压实原理，通过机械碾压夯击，把表层地基土压实，强夯则利用强大的夯击能，在地基中产生强烈的冲击波和动应力，使土体动力固结密实	碎石、砂土、粉土、低饱和度的黏性土、杂填土等。对饱和黏性土可采用强夯法
2	换土垫层	砂石垫层、素土垫层、灰土垫层、矿渣垫层	以砂石、素土、灰土和矿渣等强度较高的材料，置换地基表层软弱土，提高持力层的承载力，减少沉降量	暗沟、暗塘等软弱土
3	排水固结	天然地基预压、砂井预压、塑料排水板预压、真空预压、降水预压	通过改善地基排水条件和施加预压荷载，加速地基土的固结和强度增长，提高地基的稳定性，并使基础沉降提前完成	饱和软弱土层；对于渗透性很低的泥炭土，则应慎重
4	振密挤密	振冲挤密、灰土挤密桩、砂桩、石灰桩、爆破挤密	采用一定的技术措施，通过振动或挤密，使土体孔隙减少，强度提高；也可在振动挤密的过程中，回填砂、砾石、灰土、素土等，与地基土组成复合地基，从而提高地基的承载力，减少沉降量	松砂、粉土、杂填土及湿陷性黄土
5	置换及拌入	振冲置换、深层搅拌、高压喷射注浆、石灰桩等	采用专门的技术措施，以砂、碎石等置换软弱土地基中部分软弱土，或在部分软弱土地基中掺入水泥、石灰或砂浆等形成加固体，与周边土组成复合地基，从而提高地基的承载力，减少沉降量	黏性土、冲填土、粉砂、细砂等
6	土工聚合物	土工膜、土工织物、土工格栅等合成物	一种用于土工的化学纤维新型材料，可用于排水、隔离、反滤和加固补强等方面	软土地基、填土及陡坡填土、砂土
7	其他	灌浆、冻结、托换技术、纠偏技术	通过独特的技术措施处理软弱土地基	根据建筑物和地基基础情况确定

10.1.3　地基处理方法的选用原则及步骤

我国地域辽阔，工程地质和水文地质条件千变万化，各地施工机械条件、技术水平、经验积累以及建筑材料品种、价格差异很大，在选用地基处理方法时一定要因地制宜，选择合理的地基处理方法。

1. 选用原则

(1)选用方案应与工程的规模、特点和地基土的类别相适应；

(2)上部结构的要求；

(3)处理后土的加固深度；

(4)能使用的材料；

(5)能选用的机械设备，并掌握加固原理与技术；

(6)对施工工期的要求,应留有余地;
(7)专业技术施工队伍的素质;
(8)周围环境因素和邻近建筑的安全;
(9)施工技术条件与经济技术比较,尽量节省材料和资金。

在选择地基处理方案时,应考虑上部结构、基础和地基的共同作用,并经过技术经济比较,选用处理地基或加强上部结构和处理地基相结合的方案。

总之,应做到技术先进、经济合理、安全实用、确保质量、因地制宜、就地取材、保护环境、节约资源。

2. 准备工作

(1)收集详细的岩土工程勘察资料、上部结构及基础设计资料等;
(2)根据工程的要求和采用天然地基存在的主要问题,确定地基处理的目的、处理范围和处理后要求达到的各项技术经济指标等;
(3)结合工程情况,了解当地地基处理经验和施工条件,对于有特殊要求的工程,还应了解其他地区相似场地上同类工程的地基处理经验和使用情况等;
(4)调查邻近建筑、地下工程和有关管线等情况;
(5)了解建筑场地的环境情况。

在施工中对各个环节的质量标准要严格掌握:如换土垫层压实时的最优含水率和最大干重度;堆载预压的填土速率和边桩位移控制。施工结束后应按国家规定进行工程质量检验和验收。

3. 地基处理方法确定的步骤

(1)根据结构类型、荷载大小及使用要求,结合地形地貌、地层结构、土质条件、地下水特征、环境情况和对邻近建筑的影响等因素进行综合分析,初步选出几种可供考虑的地基处理方案,包括选择两种或多种地基处理措施组成的综合处理方案。

(2)对初步选出的地基处理方案,分别从加固原理、适用范围、预期处理效果、耗用材料、施工机械、工期要求和对环境的影响等方面进行技术经济分析和对比,选择最佳的地基处理方法。

(3)对已选定的地基处理方法,宜按建筑物地基基础设计等级和场地复杂程度,在有代表性的场地上进行相应的现场试验或试验性施工,并进行必要的测试,以检验设计参数和处理效果。如达不到设计要求时,应查明原因,修改设计参数或调整地基处理方法。

经处理后的地基,当按地基承载力确定基础底面积及埋深而需要对地基承载力特征值进行修正时,应符合下列规定:

1)大面积压实填土地基,基础宽度的地基承载力修正系数应取零;基础埋深的地基承载力修正系数,对于压实系数大于0.95,黏粒含量$\rho_c \geqslant 10\%$的粉土,可取1.5,对于密度大于2.1 t/m^{3}的级配砂石可取2.0。

2)其他处理地基,基础宽度的地基承载力修正系数应取零,基础埋深的地基承载力修正系数应取1.0。

选定了地基处理方案后,地基加固处理应尽量提早进行,地基加固后强度的提高往往需要一定时间,随着时间的延长,强度会继续增长。施工时应调整施工速度,确保地基的稳定和安全。还要在施工过程中加强管理,以防止由于管理不善而导致处理失败。

经地基处理的建筑物在施工期间应进行沉降观测，要对被加固的软弱地基进行现场勘探，以便及时了解地基加固效果、修正加固设计、调整施工速度；有时在地基加固前，为了保证对邻近建筑物的安全，还要对邻近建筑物进行沉降和裂缝等观测。

10.2 换填垫层法

换填垫层法是地基处理方法中最为简单易行的处理方法，主要用于处理地基表层存在着厚度不大且易于挖除的不良土层，而下卧土层较好的情况。该方法就是将表层不良地基土挖除，然后回填有较好压密特性的土进行压实或夯实，形成良好的持力层，从而改变地基的承载力特性，提高抗变形和稳定能力。

10.2.1 适用范围

换填垫层法适用于淤泥、淤泥质土、湿陷性黄土、素填土、杂填土地基以及暗沟、暗塘等的浅层处理，常用于多层或低层建筑的条形基础、独立基础、地坪、料场及道路工程。

换填垫层法是当软弱土地基的承载力和变形满足不了建筑物的要求，而软弱土层的厚度又不很大时，将基础底面以下处理范围内的软弱土层部分或全部挖去，然后分层换填强度较大的砂、碎石或灰土等其他性能稳定、无侵蚀性材料，并夯击、碾压至密实的一种地基处理方法。

垫层的主要作用有：

(1)提高浅层地基的承载力：浅基础的地基承载力与持力层的抗剪强度有关。如果以抗剪强度较高的砂或其他填筑材料代替软弱的土，可提高地基的承载力，避免地基破坏。

(2)减小沉降量：一般地基浅层部分沉降量在总沉降量中所占的比例是比较大的，以条形基础为例，在相当于基础宽度的深度范围内的沉降量约占总沉降量的50%。如以密实砂或其他填筑材料代替上部软弱土层，就可以减少这部分的沉降量。由于砂垫层或其他垫层对应力的扩散作用，使作用在下卧层土上的压力较小，这样也会相应减少下卧层土的沉降量。

(3)加速软弱土层的排水固结：建筑物的不透水基础直接与软弱土层相接触时，在荷载的作用下，软弱土层地基中的水被迫绕基础两侧排出，因而使基底下的软弱土不易固结，形成较大的压力，还可能导致由于地基强度降低而产生塑性破坏的危险。砂垫层和砂石垫层等垫层材料透水性大，软弱土层受压后，垫层可作为良好的排水面，可以使基础下面的空隙水压力迅速消散，加速垫层下软弱土层的固结和提高其强度，避免地基土塑性破坏。

(4)防止冻胀：因为粗颗粒的垫层材料孔隙大，不易产生毛细管现象，因此，可以防止寒冷地区土中结冰所造成的冻胀。这时，砂垫层的底面应满足当地冻结深度的要求。

(5)消除膨胀土的胀缩作用：在膨胀土地基上可选用砂、碎石、块石、煤渣、二灰或灰土等材料作为垫层以消除胀缩作用，但垫层厚度应依据变形计算确定，一般不少于0.3 m，且垫层宽度应大于基础宽度，而基础的两侧宜用与垫层相同的材料回填。

工程中常用的垫层有：砂垫层、砂卵石垫层、碎石垫层、灰土或素土垫层、煤渣垫层及其他性能稳定、无侵蚀性的材料做成的垫层。

10.2.2 垫层的设计

(1)垫层厚度的确定。根据填层作用的原理，砂填层厚度必须满足在建筑物荷载作用下垫层本身不应产生冲剪破坏，同时，通过垫层的应力也不会使下卧层产生局部剪切破坏，即应满足对软弱下卧层验算的要求。

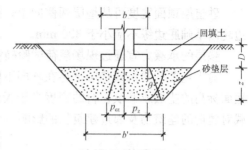

图 10-1 砂垫层剖面图

垫层厚度 z(图 10-1)应根据下卧软弱土层的承载力确定，即作用在垫层底面处的土的自重应力与附加应力之和不大于软弱土层的承载力特征值：

$$p_z + p_{cz} \leqslant f_{az} \tag{10-1}$$

式中 p_z——相应于作用标准组合时，垫层底面处的附加压力值(kPa)；

p_{cz}——垫层底面处土的自重压力值(kPa)；

f_{az}——垫层底面处经深度修正后的地基承载力特征值(kPa)。

垫层的厚度不宜大于 3 m。

垫层底面处的附加压力值 p_z 可按软弱下卧层验算方法计算：

条形基础：
$$p_z = \frac{b(p_k - p_c)}{b + 2z \times \tan\theta} \tag{10-2}$$

矩形基础：
$$p_z = \frac{bl(p_k - p_c)}{(b + 2z\tan\theta)(l + 2z\tan\theta)} \tag{10-3}$$

式中 b——为矩形基础或条形基础底面的宽度(m)；

l——为矩形基础底面的长度(m)；

p_k——相应于荷载效应标准组合时，基础底面处的平均压力值(kPa)；

p_c——基础底面处土的自重压力值(kPa)；

z——基础底面下垫层的厚度(m)；

θ——垫层(材料)的压力扩散角。砂填层的压力扩散角按表 10-2 选用。

表 10-2 垫层的压力扩散角 θ

z/b	换填材料	中砂、粗砂、砾砂、圆砾、角砾石屑、卵石、碎石、矿渣	粉质黏土、粉煤灰	灰土
0.25		20°	6°	28°
≥0.50		30°	23°	

注：1. 当 $z/b < 0.25$ 时，除灰土材料仍取 $\theta = 28°$ 外，其余材料均取 $\theta = 0°$，必要时，宜由试验确定。
　　2. 当 $0.25 < z/b < 0.50$ 时，θ 值可内插求得。

(2)砂垫层宽度的确定。砂垫层的宽度应满足基础底面应力扩散的要求，并且要考虑垫层侧面土的侧向支承力来确定。若垫层宽度不足，侧边土又比较松软，垫层有可能被挤入四周软土中使沉降增大。

关于宽度的计算，可按扩散角法计算并结合当地经验确定(图 10-1)：

$$b' \geqslant b + 2z\tan\theta \tag{10-4}$$

式中 b'——垫层底面宽度(m);

θ——压力扩散角,可按表 10-2 采用;当 $z/b<0.25$ 时,仍按 $z/b=0.25$ 取值。

砂垫层顶面宽度可从垫层两侧向上,按当地基坑开挖的经验及要求放坡。垫层顶面每边超出基础底边缘不应小于 300 mm。

垫层的承载力宜通过现场载荷试验确定,并应进行下卧层承载力的验算。

对于重要的建筑或垫层下存在软弱下卧层的建筑,还应进行地基变形计算。对超出原地面标高的垫层或换填材料的密度高于天然土层密度的垫层,宜早换填并考虑其附加的荷载对建造的建筑物及邻近建筑物的影响。

10.2.3 垫层施工要点

垫层材料除了满足相应的物理性能和耐久性要求外,还应满足相应的压实标准,见表 10-3。矿渣垫层的压实系数可根据满足承载力设计要求的实验结果,按最后两遍压实的压陷差确定。

表 10-3 各种垫层的压实标准

施工方法	换填材料类别	压实系数 λ_c
碾压振密或夯实	碎石、卵石	≥0.97
	砂夹石(其中碎石、卵石占全重的 30%～50%)	
	土夹石(其中碎石、卵石占权重的 30%～50%)	
	中砂、粗砂、砾砂、角砾、圆砾、石屑	
	粉质黏土	
	灰土	≥0.95
	粉煤灰	≥0.95

垫层施工应根据不同的换填材料选择施工机械。粉质黏土、灰土宜采用平碾、振动碾或羊足碾,中小型工程也可采用蛙式夯、柴油夯;砂石等宜用振动碾;粉煤灰宜采用平碾、振动碾、平板振动器、蛙式夯;矿渣宜采用平板振动器或平碾,也可采用振动碾。

10.2.4 垫层质量检验

对粉质黏土、灰土、粉煤灰和砂石垫层的施工质量检验可用环刀法、贯入仪、静力触探、轻型动力触探或标准贯入试验检验;对砂石、矿渣垫层可用重型动力触探检验,并均应通过现场试验以设计压实系数所对应的贯入度为标准检验垫层的施工质量。

垫层的施工质量检验必须分层进行,应在每层的压实系数符合设计要求后铺设下层土。

采用环刀法检验垫层的施工质量时,取样点应位于每层厚度的 2/3 深度处。检验点数量,对大基坑每 50～100 m² 不应少于 1 个点;对基槽每 10～20 m 不应少于 1 个点;每个独立柱基不应少于 1 个点。采用贯入仪或动力触探检验垫层的施工质量时,每分层检验点的间距应大于 4 m。

竣工验收采用载荷试验检验垫层承载力时,每个单体工程不宜少于 3 点;对于大型工程则应按单体工程的数量或工程的面积确定检验点数。在有充分试验依据时也可采用标准贯入试验或静力触探试验。

对加筋垫层中土工合成材料应进行如下检验：
(1)土工合成材料质量符合设计要求，外观无破损、无老化、无污染；
(2)土工合成材料应可张拉、无皱折、紧贴下承层，锚固端应锚固牢靠；
(3)上下层土工合成材料搭接缝应交替错开，搭接强度应满足设计要求。

10.3 预压法

预压法是在建筑物施工前，用堆土或其他荷重对地基进行预压，使地基土压密，从而提高地基强度和减少建筑物建成后的沉降量。预压荷载可采用堆载、真空预压或堆载加真空联合预压，还有降水预压等。这种方法对各类软弱地基，包括天然沉积层或人工冲填的土层，如沼泽土、淤泥、淤泥质土以及水力冲填土等均有效。其缺点是堆载预压需要一定的时间过程，特别是深厚的饱和软黏土，排水固结所需的时间很长，同时，还需要大量的堆载，在使用上受到一定的限制。

10.3.1 适用范围

采用预压法处理软黏土地基有两个要素：一是增设排水通道缩短排水距离。排水时间与排水距离的平方成正比，增设排水通道可加速地基固结，减少建筑物使用期的沉降和不均匀沉降；二是施加使地基固结的荷载。在荷载作用下，超静孔压消散，有效应力增加，地基固结压密，地基强度提高。

排水固结预压法主要适用于处理淤泥、淤泥质土及其他饱和软黏土。对于砂类土和粉土，因透水性良好，无须用此法处理；对于含砂夹层的黏性土，因其具有较好的横向排水性能，可以不用竖向排水体(砂井等)处理，也能获得良好的加固效果。

10.3.2 砂井堆载预压法

砂井预压法在水利工程、公路、铁路、港口码头等方面已普遍应用，近年来在工业与民用建筑工程中也被采用，取得良好的效果。

砂井预压法在软弱地基中用钢管打孔、灌砂，设置砂井作为竖向排水通道，并在砂井顶部设置砂垫层作为水平排水通道，在砂垫层上部堆载以增加土中附加应力，使土体中孔隙水较快地通过砂井和砂垫层排出，以达到加速土体固结，提高地基土强度的目的，如图10-2所示。

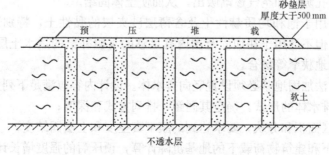

图10-2 砂井堆载预压法

砂井堆载预压法的特点：可加速饱和软黏土的排水固结(沉降速度可加快 2.0～2.5 倍)，提高地基的抗剪强度和承载力，防止地基土滑动破坏；施工机具和方法简单，能就地取材，缩短工期，降低工程造价。

砂井堆载预压法适用于各类软弱地基，包括天然沉积层或人工冲填的土层，如沼泽土、淤泥、淤泥质土以及水力冲填土等。其缺点是堆载预压需要一定的时间，特别是深厚的饱和软黏土，排水固结所需的时间很长，同时，还需要大量的堆载，在使用上受到一定的限制。

排水竖井分普通砂井、袋装砂井和塑料排水带。普通砂井直径可取 300～500 mm，袋装砂井直径可取 70～120 mm。

排水竖井的平面布置应符合如下规定：

(1)可采用等边三角形或正方形排列；

(2)等边三角形排列时，竖井的有效排水直径 d_e 与间距 l 的关系为 $d_e=1.05l$；

(3)正方形排列时，竖井的有效排水直径 d_e 与间距 l 的关系为 $d_e=1.13l$。

排水竖井的间距可根据地基土的固结特性和预定时间内所要求达到的固结度确定。设计时，竖井的间距可按井径比 n 选用($n=d_e/d_w$，d_w 为竖井直径，对塑料排水带可取 $d_e=d_p$)。

塑料排水带或袋装砂井的间距可按 $n=15\sim22$ 选用，普通砂井的间距可按 $n=6\sim8$ 选用。

排水竖井的深度应符合如下规定：

(1)根据建筑物对地基的稳定性、变形要求和工期确定；

(2)对以地基抗滑稳定性控制的工程，竖井深度至少应超过最危险滑动面 2.0 m；

(3)对以变形控制的建筑，竖井深度应根据在限定的预压时间内需完成的变形量确定。竖井宜穿透受压土层。

在砂井顶面应铺设排水砂垫层，以连通各个砂井形成通畅的排水面，将水排到场地以外。

砂垫层厚度不小于 0.5 m；砂垫层砂料宜用中粗砂，黏粒含量不宜大于 3%。砂垫层的干密度应大于 1.5 g/cm³，其渗透系数宜大于 1×10^{-2} cm/s。

10.3.3 真空预压法

真空预压法是先在需加固的软土地基表面铺设一层透水砂垫层或砂砾层，再在其上覆盖一层不透气的塑料薄膜或橡胶胶布，四周密封好与大气隔绝，在砂垫层内埋设渗水管道，然后与真空泵连通进行抽气，使透水材料保持较高的真空度，在土的孔隙水中产生负的孔隙水压力，将土中孔隙水和空气逐渐吸出，从而使土体固结。

真空预压法适用于饱和均质黏性土及含薄层砂夹层的黏性土，特别适用于新吹填土、超软地基的加固，但不适用于在加固范围内有足够的水源补给的透水土层以及无法堆载的倾斜地面和施工场地狭窄等场合。

采用真空预压法加固地基必须设置竖向排水体。设计内容应满足下列要求：

(1)选择竖向排水体的形式，确定其间距、排列方式和深度；

(2)确定预压区面积和分块，要求达到的膜下真空度和上层固结度；

(3)真空预压下和建筑物荷载下的地基沉降计算，预压后的强度增长计算等。

砂井或塑料排水板的间距、排列方式、深度以及土体固结度和强度增长的计算，可参照砂井堆载预压法的要求确定。

确定真空预压竖向排水体深度时，当加固范围（被加固的软土层）以下有透水土层时，应注意竖向排水体不得进入该土层，并应离该土层顶面有一定距离，以保持土体内真空度。

膜下真空度应稳定地维持在 650 mmHg 以上，且应均匀分布。真空预压需要达到的固结度宜大于 90%，具体视工程加固要求而定。

10.3.4 真空预压联合堆载预压法

当地基预压荷载大于 80 kPa 时，应在真空预压抽真空的同时再施加定量的堆载，称为真空预压联合堆载预压法。真空预压与堆载预压联合加固，加固效果可以叠加，是由于它们符合有效应力原理，并经工程实践证明。真空预压是逐渐降低土体的空隙水压力，不增加总压力，而堆载预压是增加土体总应力，同时，使孔隙水压力增大，然后逐渐消散。

对一般软黏土，当膜下真空度稳定地达到 650 mmHg 后，抽真空 10 d 左右可进行上部堆载施工，即边抽真空边连续施加堆载。对高含水量的淤泥质土，当膜下真空度稳定地达到 650 mmHg 后，抽真空 20~30 d 可进行堆载施工。堆载较大时可分级施加，分级数通过地基土稳定计算确定。

10.3.5 质量检验

施工过程质量检验和监测应包括以下内容：
(1)对塑料排水带必须在现场随机抽样送往试验室进行性能指标的测试，其性能指标包括纵向通水量、复合体抗拉强度、滤膜抗拉强度、滤膜渗透系数和等效孔径等。
(2)对不同来源的砂井和砂垫层砂料，必须取样进行颗粒分析和渗透性试验。
(3)对以抗滑稳定控制的重要工程，应在预压区内选择代表性地点预留孔位，在加载不同阶段进行原位十字板剪切试验和取土进行室内土工试验。加固前的地基土检测应在打设排水塑料带之前进行。
(4)对预压工程，应进行地基竖向变形、侧向位移和孔隙水压力等项目的监测。
(5)真空预压、真空和堆载联合预压工程除应进行地基变形、孔隙水压力的监测外，还应进行膜下真空度和地下水位监测。

预压地基竣工验收检验应符合下列规定：
(1)排水竖井处理深度范围内和竖井底面以下受压土层，经预压所完成的竖向变形和平均固结度应满足设计要求。
(2)应对预压的地基土进行原位十字板剪切试验和室内土工试验。对真空预压、真空和堆载联合预压，加固后的检测应在卸载 3~5 d 后进行。
(3)必要时，还应进行现场载荷试验，试验数量不应少于 3 点。

10.4 压实、夯实、挤密地基

压实地基是指大面积填土经处理后的地基。夯实地基是指采用强夯法或强夯置换法处理的地基。挤密地基是指利用沉管、冲击、夯扩、振冲、振动沉管等方法在土中挤压、振动成孔，使桩孔周围土体得到挤密、振密，并向桩孔内分层填料形成的地基。

10.4.1 压实地基

压实地基是指大面积填土经处理后的地基。压实填土包括分层压实和分层夯实的填土。碾压法适用于地下水位以上填土的压实；振动压实法适用于振实非黏性土或黏粒含量少、透水性较好的松散填土地基；（重锤）夯实法主要适用于稍湿的杂填土、黏性土、砂性土、湿陷性黄土和碎石土、砂土、粗粒土与低饱和度细粒土的分层填土等地基。

1. 机械碾压法

机械碾压法是利用压路机、羊足碾、平碾、振动碾等机械将地基土压实。常用于处理一定含水量的填土地基或杂填土地基，碾压后，土体孔隙体积减小，密实程度提高。压实可以降低土的压缩性，提高其抗剪强度，减弱土的透水性，使经过处理的表层土成为能承担较大荷载的地基持力层，作为建筑物的地基。

对于大面积填土，应分层碾压并逐步升高填土面标高；对于杂填土地基，应把影响深度以上部分挖去，然后分层碾压并逐层回填碾压；对于黏性土地基的碾压，一般用质量为 $8\times10^3 \sim 10\times10^3$ kg 的平碾（或振压机）或 12×10^3 kg 的羊足碾，每层铺土厚度为 30 cm 左右，碾压 8~12 遍。对饱和黏土进行表面压实，可考虑适当的排水措施以加快土体固结。对于淤泥及淤泥质土，一般应予挖除或结合碾压进行挤淤充填，先堆土、块石和片石等，然后用机械压入置换和挤出淤泥，堆积碾压分层进行，直到把淤泥挤出、置换完毕为止。

2. 振动压实法

振动压实法是通过振动机振动松散地基，使土颗粒受到振动移至稳固位置，减小土的空隙而压实的方法，可用于处理砂土和由炉灰、炉渣、碎砖等组成的杂填土地基。振动压实法的有效压实深度可达 1.5 m。

竖向振动力（50~100 kN）由偏心块产生，振动压实的效果与振动力的大小、填土成分和振动时间有关。当杂填土的颗粒或碎块较大时，应采用振动力较大的机械。

一般来说，振动时间越长，效果越好，但振动超过一定时间后振实效果将趋于稳定。在施工前应进行试振，找出振实稳定所需要的时间，振实范围应从基础边缘放出 0.6 m 左右，先振基槽两边，后振中间。经过振实的杂填土地基，承载力可达 100~120 kPa。

3. 重锤夯实法

重锤夯实法常用锤重为 1.5~3.2 t，落距为 2.5~4.5 m，夯打遍数一般取 6~10 遍。宜通过试夯确定施工方案，试夯的层数不宜小于两层。当最后两遍的平均夯沉量对于黏性土和湿陷性黄土等一般为 1.0~2.0 cm，对于砂性土等一般为 0.5~1.0 cm。

采用重锤夯实分层填土地基时，每层的虚铺厚度宜通过试夯确定。当使用重锤夯实地基时，夯实前应检查坑（槽）中土的含水量，并根据试夯结果决定是否需要增湿。当含水量较低，宜加水至最优含水量，需待水全部渗入土中一昼夜后方可夯击。若含水量过大，可采取铺撒干土、碎砖、生石灰等、换土或其他有效措施处理。分层填土时，应取用含水量相当于最优含水量的土料。每层土铺填后应及时夯实。

4. 压实填土地基的质量检验

碾压质量以压实系数 λ_c 控制。对于砌体承重结构和框架结构，在主要受力层范围内一般要求 $\lambda_c \geq 0.97$，受力层以外要求 $\lambda_c \geq 0.95$；对于排架结构，在主要受力层范围内要求 $\lambda_c \geq 0.96$，受力层以外要求 $\lambda_c \geq 0.94$。

压实填土地基的质量检验应符合下列规定：

(1)在施工过程中，应分层取样检验土的干密度和含水量；每 50～100 m² 面积内应设不少于 1 个检测点，每一个独立基础下，检测点不少于 1 个点，条形基础每 20 延米设检测点不少于 1 个点；采用灌水法或灌砂法检测的碎石土干密度不得低于 2.0 t/m³。

(2)有地区经验时，可采用动力触探、静力触探、标准贯入等原位试验，并结合干密度试验的对比结果进行质量检验。

(3)冲击碾压法施工宜分层进行变形量、压实系数等土的物理力学指标监测和检测。

(4)地基承载力验收检验，可通过静载荷试验并结合动力触探、静力触探、标准贯入等试验结果综合判定。每个单体工程静载荷试验不应少于 3 点，大型工程可按单体工程的数量或面积确定检验、点数。

10.4.2 夯实地基

夯实地基是指采用强夯法或强夯置换法处理的地基。强夯法适用于处理碎石土、砂土、低饱和度的粉土与黏性土、湿陷性黄土、素填土和杂填土等地基。强夯置换法适用于高饱和度的粉土与软塑～流塑的黏性土等地基上对变形控制要求不严的工程。

1. 强夯法

强夯法又称为动力固结法，是用起重机械将 80～400 kN 的夯锤起吊到 6～30 m 高度后，将夯锤自由落下，产生强大的冲击能量和振动，对地基进行强力夯实，从而提高地基承载力，降低压缩性。强夯法是工程中最常用的地基处理方法之一。

(1)强夯法的特点：

1)施工工艺和施工设备简单，适用土质范围广，加固效果显著，可取得较高的承载力；

2)具有工效高、施工速度快、节省加固原材料、施工费用低、耗用劳动力少等优点。

强夯法还可改善地基土液化性能和消除湿陷性黄土的湿陷性；同时，夯击还提高了土的均匀程度，减少可能出现的差异沉降。

(2)强夯法的适用范围：

1)加固碎石土、砂土、低饱和度粉土、黏性土、湿陷性黄土、素填土、杂填土、工业废渣等地基；

2)防治粉土及粉砂的液化。对于饱和软黏土，如采取一定技术措施也可采用此法进行加固，另外，还可用于水下夯实。

但强夯法对工程周围建筑物和设备有一定的振动影响，应采取防振、隔振措施。

(3)强夯法施工应符合下列规定：

1)强夯锤质量可取 10～60 t，其底面形式宜采用圆形或多边形，锤底面积宜按土的性质确定，锤底静接地压力值可取 25～80 kPa，单击夯击能高时取大值，单击夯击能低时取小值，对于细颗粒土锤底静接地压力宜取较小值。锤的底面宜对称设置若干个与其顶面贯通的排气孔，孔径可取 300～400 mm。

2)强夯法施工应按下列步骤进行：

①清理并平整施工场地；

②标出第一遍夯点位置，并测量场地高程；

③起重机就位，夯锤置于夯点位置；

④测量夯前锤顶高程；

⑤将夯锤起吊到预定高度，开启脱钩装置，待夯锤脱钩自由下落后，放下吊钩，测量锤顶高程，若发现因坑底倾斜而造成夯锤歪斜时，应及时将坑底整平；

⑥重复步骤⑤，按设计规定的夯击次数及控制标准，完成一个夯点的夯击。当夯坑过深出现提锤困难，又无明显隆起现象，而尚未达到控制标准时，宜将夯坑回填不超过1/2深度后，继续夯击；

⑦换夯点，重复步骤③至⑥，完成第一遍全部夯点的夯击；

⑧用推土机将夯坑填平，并测量场地高程；

⑨在规定的间隔时间后，按上述步骤逐次完成全部夯击遍数，最后用低能量满夯，将场地表层松土夯实，并测量夯后场地高程。

2. 强夯置换法

强夯置换法是在强夯形成的夯坑内回填块石、碎石等粗颗粒材料，然后用夯锤夯击，重复此过程连续施工，形成一个墩体，称为强夯置换墩。

强夯置换地基的施工应符合下列规定：

(1)强夯置换夯锤底面形式宜采用圆柱形，夯锤底静接地压力值宜大于100 kPa。

(2)强夯置换施工应按下列步骤进行：

1)清理并平整施工场地，当表土松软时可铺设一层厚度为1.0～2.0 m的砂石施工垫层；

2)标出夯点位置，并测量场地高程；

3)起重机就位，夯锤置于夯点位置；

4)测量夯前锤顶高程；

5)夯击并逐击记录夯坑深度。当夯坑过深而发生起锤困难时停夯，向坑内填料直至与坑顶平齐，记录填料数量，如此重复直至满足规定的夯击次数及控制标准完成一个墩体的夯击。当夯点周围软土挤出影响施工时，可随时清理并在夯点周围铺垫碎石，继续施工；

6)按由内而外，隔行跳打原则完成全部夯点的施工；

7)推平场地，用低能量满夯，将场地表层松土夯实，并测量夯后场地高程；

8)铺设垫层，并分层碾压密实。

3. 夯实地基的质量检验

夯实地基的质量检验应符合下列规定：

(1)检查施工过程中的各项测试数据和施工记录，不符合设计要求时应补夯或采取其他有效措施。

(2)强夯处理后的地基竣工验收承载力检验，应在施工结束后间隔一定时间方能进行，对于碎石土和砂土地基，其间隔时间可取7～14 d；粉土和黏性土地基可取14～28 d。强夯置换地基间隔时间可取28 d。

(3)强夯处理后的地基竣工验收时，承载力检验应采用静载试验、原位测试和室内土工试验。强夯置换后的地基竣工验收时，承载力检验除应采用单墩载荷试验检验外，还应采用动力触探等有效手段查明置换墩着底情况及承载力与密度随深度的变化，对饱和粉土地基可采用单墩复合地基载荷试验检验。

(4)竣工验收检验工作量，应根据场地复杂程度和建筑物的重要性确定，对于简单场地上的一般建筑物，每个建筑地基的载荷试验检验点不应少于3点；对于复杂场地或重要建筑地基应增加检验点数。强夯置换地基载荷试验检验和置换墩着底情况检验数量均不应少于墩点数的1%，且不应少于3点。其他检测工作量可根据工程实际确定。

10.4.3 挤密地基

挤密地基是指利用沉管、冲击、夯扩、振冲、振动沉管等方法在土中挤压、振动成孔，使桩孔周围土体得到挤密、振密，然后再将碎石、砂、灰土、石灰或炉渣等填料充填密实，形成柔性的桩体，与原地基形成复合地基。适用于处理湿陷性黄土、砂土、粉土、素填土和杂填土等地基。

当以消除地基土的湿陷性为主要目的时，宜选用土桩挤密法。当以提高地基土的承载力或增强其水稳性为主要目的时，宜选用灰土桩（或其他具有一定胶凝强度桩如二灰桩、水泥土桩等）挤密法。当以消除地基土液化为主要目的时，宜选用振冲或振动挤密法。

1. 土桩、灰土桩挤密地基

灰土桩挤密地基的处理面积，应大于基础或建筑物底层平面的面积。

挤密地基的厚度宜为 3~15 m，应根据建筑场地的土质情况、工程要求和成孔及夯实设备等综合因素确定。对湿陷性黄土地基，应符合现行国家标准《湿陷性黄土地区建筑规范》(GB 50025—2004) 的有关规定。

桩孔直径宜为 300~600 mm，并可根据所选用的成孔设备或成孔方法确定。桩孔宜按等边三角形布置，桩孔之间的中心距离，可为桩孔直径的 2.0~2.5 倍。

桩孔内的填料，应根据地基处理的目的和工程要求，采用素土、灰土、二灰（粉煤灰与石灰）或水泥土等。对于灰土，消石灰与土的体积配合比宜为 2∶8 或 3∶7；对于水泥土，水泥与土的体积配合比宜为 1∶9 或 2∶8。孔内填料均应分层回填夯实，填料的平均压实系数 c 值不应小于 0.97，其中，压实系数最小值不应低于 0.94。桩顶标高以上应设置 300~600 mm 厚的灰土或水泥土垫层，其压实系数不应小于 0.95。

2. 振冲挤密地基

振冲挤密地基处理范围应根据建筑物的重要性和场地条件确定，当用于多层建筑和高层建筑时，宜在基础外缘扩大 1~3 排桩。当要求消除地基液化时，在基础外缘扩大宽度不应小于基底下可液化土层厚度的 1/2，并不应小于 5 m。

桩位布置，对大面积满堂处理，宜用等边三角形布置；对单独基础或条形基础，宜用正方形、矩形或等腰三角形布置。

桩的间距应通过现场试验确定，并应符合下列规定：

1) 振冲桩的间距应根据上部结构荷载大小和场地土层情况，并结合所采用的振冲器功率大小综合考虑。30 kW 振冲器布桩间距可采用 1.3~2.0 m；55 kW 振冲器布桩间距可采用 1.4~2.5 m；75 kW 振冲器布桩间距可采用 1.5~3.0 m。荷载大或对黏性土宜采用较小的间距，荷载小或对砂土宜采用较大的间距。

2) 振动沉管桩的间距，对粉土和砂土地基，不宜大于桩直径的 4.5 倍；对黏性土地基不宜大于桩直径的 3 倍。

3. 沉管挤密地基

沉管挤密地基的施工应符合下列规定：

(1) 可采用振动沉管、锤击沉管或冲击成孔等成桩法。当用于消除粉细砂及粉土液化时，宜用振动沉管成桩法。

(2) 施工前应进行成桩工艺和成桩挤密试验。当成桩质量不能满足设计要求时，应在调整设计与施工有关参数后,重新进行试验或改变设计。

(3)振动沉管成桩法施工应根据沉管和挤密情况,控制填砂石量、提升高度和速度、挤压次数和时间、电机的工作电流等。

(4)施工中应选用能顺利出料和有效挤压桩孔内砂石料的桩尖结构。当采用活瓣桩靴时,对砂土和粉土地基宜选用尖锥表;对黏性土地基宜选用平底形;一次性桩尖可采用混凝土锥形桩尖。

(5)锤击沉管成桩法施工可采用单管法或双管法。锤击法挤密应根据锤击的能量,控制分段的填砂石量和成桩的长度。

(6)砂石桩的施工顺序:对砂土地基宜从外围或两侧向中间进行,对黏性土地基宜从中间向外围或隔排施工;在既有建(构)筑物邻近施工时,应背离建(构)筑物方向进行。

(7)施工时桩位水平偏差不应大于 0.3 倍套管外径;套管垂直度偏差不应大于 1%。

(8)砂石桩施工后,应将基底标高下的松散层挖除或夯压密实,随后铺设并压实砂石垫层。

4. 挤密地基的质量检验

施工结束后,应间隔一定时间后方可进行质量检验。对粉质黏土地基间隔时间可取 21~28 d,对粉土地基可取 14~21 d,对砂土和杂填土地基,不宜少于 7 d。

桩的施工质量检验可采用单桩载荷试验,检验数量不应少于总桩数的 0.5%,且不少于 3 根。对桩体可采用动力触探试验检测,对桩间土可采用标准贯入、静力触探、动力触探或其他原位测试等方法进行检测。桩间土质量的检测位置应在等边三角形或正方形的中心。检测数量不应少于桩孔总数的 2%。

振动挤密地基竣工验收时,承载力检验应采用静载荷板试验。

振动挤密地基载荷试验检验数量不应少于总桩数的 0.5%,且每个单体工程应不少于 3 点。

对不加填料振冲挤密处理的砂土地基,竣工验收承载力检验应采用标准贯入、动力触探、载荷试验或其他合适的试验方法。检验点应选择在有代表性或地基土质较差的地段,并位于振冲点围成的单元形心处及振冲点中心处。检验数量可为振冲点数量的 1%,总数不应少于 5 点。

10.5 复合地基

复合地基由地基土和增强体共同承担荷载。对于地基土为欠固结土、湿陷性黄土、可液化土等特殊土,必须选用适当的增强提和施工工艺,消除欠固结性、湿陷性、液化性等,才能形成复合地基。

10.5.1 复合地基的承载力计算

对散体材料增强体复合地基:

$$f_{spk}=[1+m(n-1)]af_{sk} \tag{10-5}$$

式中 f_{spk}——复合地基承载力特征值(kPa);

f_{sk}——处理后桩间土承载力特征值(kPa);

a——桩间土承载力提高系数,应按静载荷试验确定;

n——复合地基桩土应力比,在无实测资料时,可取1.5~2.5,原土强度低,取大值,原土强度高,取小值;

m——复合地基置换率,$m=d^2/d_e^2$;d为桩身平均直径(m),d_e为一根桩分担的处理地基面积的等效圆直径(m);等边三角形布桩$d_e=1.05s$,正方形布桩$d_e=1.13s$,矩形布桩$d_e=\sqrt{s_1s_2}$,s、s_1、s_2分别为桩间距、纵向桩间距和横向桩间距。

对有粘结强度增强体复合地基应按下式计算:

$$f_{spk}=\lambda m \frac{R_a}{A_p}+\beta(1-m)f_{sk} \qquad (10\text{-}6)$$

式中 f_{spk}——复合地基的承载力特征值(kPa);

f_{sk}——处理后桩间土承载力特征值(kPa);

λ——单桩承载力发挥系数,宜按地区经验取值,无经验时可取0.7~0.9;

m——面积置换率;

R_a——单桩竖向承载力特征值(kN);

A_p——桩的截面面积(m^2);

β——桩间土承载力发挥系数,可按地区经验取值。

单桩竖向承载力R_a应通过现场单桩载荷试验确定。初步设计值也可按照式(10-7)估算:

$$R_a = u_p \sum_{i=1}^{n} q_{si}l_i + \alpha q_p A_p \qquad (10\text{-}7)$$

式中 u_p——桩的周长(m);

n——桩长范围内所划分的土层数;

q_{si}——桩周第i层土的侧阻力特征值。对淤泥可取4~7 kPa;对淤泥质土可取6~12 kPa,对软塑状态的黏性土可取10~15 kPa;对可塑状态的黏性土可以取12~18 kPa;

l_i——桩长范围内第i层土的厚度(m);

q_p——桩端地基土未经修正的承载力特征值(kPa),可按现行国家标准《建筑地基基础设计规范》(GB 50007—2011)的有关规定确定;

α——桩端天然地基土的承载力折减系数,可取0.4~0.6,承载力高时,取低值。

10.5.2 复合地基处理方法

复合地基有多种处理方法,一般分为水泥土搅拌桩复合地基、高压喷射注浆桩复合地基、砂桩地基、振冲复合地基、土和灰土挤密桩复合地基、水泥粉煤灰碎石桩复合地基及夯实水泥土桩复合地基等。一般情况下,复合地基的处理方式参照地区土质情况设定。

1. 水泥土搅拌法

水泥土搅拌法是利用水泥(石灰)等材料作为固化剂,通过深层搅拌机在地基深部,就地将软土和固化剂(浆体或粉体)强制拌和,利用固化剂和软土发生一系列物理化学反应,使其凝结成具有整体性、水稳性好和强度较高的水泥土(灰土)。有干法和湿法之分。

水泥加固土由于水泥用量少(8~18%)，水泥水化反应完全是在土粒周围产生的，水泥与软黏土拌和后，水泥中的矿物和土中水发生强烈的水解和水化反应，生成水化物。

石灰加固土除利用生石灰的吸水、膨胀和发热性能外，还利用石灰与软黏土发生离子交换和化学反应达到加固地基的目的。

水泥土搅拌法的特点：①在地基加固过程中无振动、无噪音、无污染；②对被加固土体无侧向挤压，对邻近建筑物影响很小；③提高地基强度效果显著；④施工工期短，造价低廉。

水泥土搅拌法适用于处理正常固结的淤泥与淤泥质土、粉土、饱和黄土、素填土、黏性土以及无流动地下水的饱和松散砂土等地基。当地基土的天然含水量小于30%(黄土含水量小于25%)、大于70%或地下水的pH值小于4时不宜采用干法(即粉体搅拌法)。

2. 水泥粉煤灰碎石桩

水泥粉煤灰碎石桩简称CFG桩，是由碎石、石屑、粉煤灰组成混合料，掺入适量水进行拌和，采用各种成桩机械形成的桩体，也是近年来新开发的一种地基处理技术。通过调整水泥的用量及配比，可使桩体强度等级在C5~C20的范围内变化，最高可以达到C25。

这种地基加固方法吸取了振冲碎石桩和水泥搅拌桩的优点。第一，施工工艺与普通振动沉管灌注桩一样，工艺简单，与振冲碎石桩相比，无场地污染，振动影响也较小；第二，所用材料仅需少量水泥，便于就地取材，基础工程不会与上部结构争"三材"，这也是比水泥搅拌桩优越之处；第三，受力特性与水泥搅拌桩类似。

CFG桩在受力特性方面介于碎石桩和钢筋混凝土桩之间。与碎石桩相比，CFG桩桩身具有一定的刚度，不属于散体材料桩，其桩体承载力取决于桩侧摩阻力和桩端端承载力之和或桩体材料强度。当桩间土不能提供较大侧限力时，CFG桩复合地基承载力高于碎石桩复合地基。与钢筋混凝土相比，桩体强度和刚度比一般混凝土小得多，这样有利于充分发挥桩体材料的潜力，降低地基处理费用。

CFG桩适用于处理黏性土、粉土、砂土和已自重固结的素填土等地基。对淤泥质土应按地区经验或通过现场试验确定其适用性。CFG桩应选择承载力相对较高的土层作为桩端持力层。

CFG桩加固软弱地基，桩和桩土一起通过褥垫层形成CFG桩复合地基。此处的褥垫层不是基础施工时通常做的10cm厚的素混凝土垫层，而是由粒状材料组成的散体垫层。由于CFG桩是高粘结强度桩，褥垫层是桩和桩间土形成复合地基的必要条件，也即褥垫层是CFG桩复合地基不可缺少的一部分。

其加固软弱地基主要有三种作用，即桩体作用、挤密作用和褥垫层作用。

(1) 长螺旋钻孔灌注成桩，适用于地下水位以上的黏性土、粉土、素填土、中等密实以上的砂土。

(2) 长螺旋钻孔、管内泵压混合料灌注成桩，适用于黏性土、粉土以及对噪声或泥浆污染要求严格的场地。

(3) 振动沉管灌注桩，适用于粉土、黏性土及素填土地基。

施工注意事项：冬期施工时混合料入孔温度不得低于5℃，对桩头和桩间土应采取保温措施；清土和截桩时，不得造成桩顶标高以下桩身断裂和扰动桩间土；褥垫层铺设宜采用静力压实法，当基础底面下桩间土的含水量较小时，也可采用动力夯实法，夯填度(夯实后的褥垫层厚度与虚铺厚度的比值)不得大于0.9；施工垂直度偏差不应大于1%；对满堂布桩基础，桩位偏差不应大于 0.4 倍桩径；对条形基础，桩位偏差不应大于 0.25 倍桩径，对单排布桩桩位偏差不应大于 60 mm。

3. 旋喷法

旋喷法又称高压喷射注浆法，是利用钻机把带有特殊喷嘴的注浆管钻进至土层的预定位置后，用高压脉冲泵，将水泥浆液通过钻杆下端的喷射装置，以高速高压射流喷入土体，冲击切削土层，使喷射流射程内的土体遭受破坏，同时，钻杆边转动边提升，使土体与水泥浆充分搅拌混合，凝聚固结后即在地基中形成一定强度的水泥土混合体，从而使地基得到加固。

根据使用机具设备不同，高压喷射注浆法分为单管法、二重管法和三重管法。

(1)单管法是用一根单管喷射高压水泥浆液作为喷射流，由于高压浆液射流在土中衰减快，破碎土的有效射程短，成桩直径一般为 0.3~0.8 m。

(2)二重管法是用同轴双通道二重注浆管同时喷射高压浆液和压缩空气，形成复合喷射流，成桩直径 1 m 左右。

(3)三重管法是用同轴三重注浆管同时喷射高压水流、压缩空气和水泥浆液。

根据注浆形式分为：旋转喷射注浆(旋喷法)、定向喷射注浆(定喷法)、在某一角度范围内摆动喷射注浆(摆喷法)。

根据加固体形状可分为立柱、壁状和块状等。

高压喷射注浆具有以下特点：

1)提高地基土的抗剪强度，改善土的变形性质；

2)利用小直径钻孔旋喷形成比孔径大 8~10 倍的大直径固结体；可通过调节喷嘴的旋喷速度、提升速度、喷射压力及旋转角度形成各种形状桩体；可制成垂直桩、斜桩或连续墙，并获得需要的强度；

3)可用于已有建筑物地基加固而不扰动附近土体，施工噪声低、振动小；

4)用于各种软弱土层，可控制加固范围；

5)设备轻便，机械化程度高，能在狭窄场地施工；

6)施工简便，操作容易，速度快，效率高，用途广，成本低。

旋喷法适用于淤泥、淤泥质土、流塑、软塑或可塑黏性土、粉土、砂土、黄土、素填土和碎石土等地基。当土中含有较多的大粒径块石、大量植物根茎或有机质时，以及地下水流速过大和已涌水的工程，应根据现场试验确定其适用性。还可用于既有建筑和新建建筑的地基处理、深基坑侧壁挡土或挡水、基坑底部防止管涌与隆起、坝的防渗加固等。

10.6 注浆法

注浆加固适用于砂土、粉土、黏性土和人工填土等地基加固。根据加固目的可分别选用水泥浆液、硅化浆液、碱液等固化剂。

注浆加固应保证加固地基在平面和深度连成一体，满足土体渗透性、地基土的强度和变形的设计要求。在地基处理中，注浆加固宜与其他地基处理方法联合使用，当采用单一注浆加固方法处理地基时要充分论证其可靠性。

水泥为主剂的注浆加固质量检验应符合下列规定：

(1)注浆检验时间应在注浆结束28 d后进行。可选用标准贯入、轻型动力触探或静力触探对加固地层均匀性进行检测。

(2)应在加固土的全部深度范围内每隔1 m取样进行室内试验,测定其压缩性、强度或渗透性。

(3)注浆检验点可为注浆孔数的2%～5%。当检验点合格率小于或等于80%,或虽大于80%但检验点的平均值达不到强度或防渗的设计要求时,应对不合格的注浆区实施重复注浆。

硅化注浆加固质量检验应符合下列规定:

(1)硅酸钠溶液灌注完毕,应在7～10 d后,对加固的地基土进行检验。

(2)必要时,还应在加固土的全部深度内,每隔1 m取土样进行室内试验,测定其压缩性和湿陷性。

碱液加固质量检验应符合下列规定:

(1)碱液加固施工应作好施工记录,检查碱液浓度及每孔注入量是否符合设计要求。

(2)可通过开挖或钻孔取样,对加固土体进行无侧限抗压强度试验和水稳性试验。取样部位应在加固土体中部,试块数不少于3个,28 d龄期的无侧限抗压强度平均值不得低于设计值的90%。将试块浸泡在自来水中,无崩解。当需要查明加固土体的外形和整体性时,可对有代表性加固土体进行开挖,量测其有效加固半径和加固深度。

10.7 地基加固与基础托换

托换法是指解决对既有建筑物的地基需要处理、基础需要加固或改建、增层和纠偏;或解决对既有建筑物基础下需要修建地下工程,其中,包括地下铁道要穿越既有建筑物;或解决因邻近需要建造新建工程而影响到既有建筑物的安全等问题的技术总称。

托换法按桩型、施工工艺可分为树根桩法、静压桩法等。

10.7.1 树根桩法

树根桩是一种小直径钻孔灌注桩,其直径通常为100～250 mm,有时也有采用300 mm。先利用钻机钻孔,满足设计要求后,放入钢筋或钢筋笼,同时放入注浆管,用压力注入水泥浆或水泥砂浆而成桩,也可放入钢筋笼后再灌入碎石,然后注入水泥浆或水泥砂浆而成桩。小直径钻孔灌注桩也称为微型桩。小直径钻孔灌注桩可以竖向、斜向设置,网状布置如树根状,故称为树根桩。

树根桩技术的特点是:机具简单,施工场地小;施工时振动和噪声小,施工方便;施工时因桩孔很小,故对墙身和地基土产生的次应力很小,所以,托换加固时对墙身不存在危险;也不扰动地基土和干扰建筑物的正常工作情况。树根桩适用于碎石土、砂土、粉土、黏性土、湿陷性黄土和岩石等各类地基土;树根桩不仅可承受竖向荷载,还可承受水平向荷载。

树根桩一般为摩擦桩,与地基土体共同承担荷载,可视为刚性桩复合地基。对于网状树根桩,可视为修筑在土体中的三维结构,设计时以桩和土间的相互作用为基础,由桩和土组成复合土体共同作用,将桩与土体围起来的部分视为一个整体结构,其受力犹如一个重力式挡土结构一样。

树根桩与桩间土共同承担荷载,树根桩的承载力发挥还取决于建筑物所能容许承受的最大沉降值。容许的最大沉降值越大,树根桩承载力发挥度越高;反之,树根桩承载力发挥度越低。承担同样的荷载,当树根桩承载力发挥度低时,则要求设置较多的树根桩数。

10.7.2 静压桩法

静压桩是采用静压方式进行沉桩托换。包括顶承静压桩、预试桩、自承静压桩和锚杆静压桩等内容。

顶承静压桩是利用建筑物上部结构自重作为支承反力,采用普通千斤顶,将钢筋混凝土桩分节压入土中。

预试桩方法与顶承静压桩类似,区别是桩管内混凝土结硬后才开始进行预试(即预压)工作。

自承静压桩是利用静压桩机械加配重作反力,通过千斤顶的油压系统,将预制桩分节压入土中,桩身接头可采用硫磺砂浆连接。

锚杆静压桩是利用锚杆承受反力进行压桩。先在原有基础上凿出压桩孔及锚杆孔并埋设锚杆,设置压桩架和千斤顶,将桩逐节压入原有基础的压桩孔中,当达到要求的设计深度时,再将桩与基础连接在一起,从而达到提高基础承载力和控制沉降的目的。

10.8 组合型地基处理

组合型地基处理是指采用两种或两种以上类型的地基处理方法进行地基处理,可达到比单一工法节省造价,缩短工期,提高地基承载力,减少复合地基的变形或消除地基液化、地基土湿陷性的目的。

组合型地基主要包括以下几种组合方式。

1. 长短桩 CFG 桩组合

根据建筑物对地基承载力的要求,在采用短桩满足不了建筑物对地基的变形要求时,如采用长桩,可能浅部地基土存在湿陷性或成桩费用偏高,且地基土浅部存在有好的桩端持力层,可以充分发挥短桩优势提高复合地基承载力,长短桩是控制压缩层变形的组合方法。

2. 夯扩挤密水泥土桩与 CFG 桩组合

采用短桩处理填土,消除其湿陷性,提高桩间土承载力,长桩采用中心压灌 CFG,控制压缩层地基变形。

3. 砂石桩与 CFG 桩组合

采用砂石桩挤密桩间土,消除地基土液化,考虑砂石桩的渗水性强,加速了地基土的固结,采用 CFG 桩不仅增加了对碎石桩的侧限约束,减少散体桩顶部的压胀变形,而且提高了复合地基的承载力,减少了复合地基的变形。

4. 夯扩挤密渣土桩加灌注 CFG 桩

充分利用现场的材料灰渣土和天然级配的砂石,做夯扩挤密渣土桩,挤密桩间土(回填土），消除回填土的湿陷性，提高桩间土承载力，减少复合地基的沉降，灌注 CFG 桩下部 4 m 采用夯扩素混凝土，上部 4～5 m 采用人工灌注 CFG 成桩。

5. 石灰桩与深层搅拌桩

采用石灰桩对桩间土挤密，提高浅部桩间土的承载力和压缩模量，减少复合地基的变形；采用深层搅拌桩处理软土层，提高复合地基承载力。

6. 塑料排水板加强夯

采用塑料排水板排除饱和黏土、淤泥土中的孔隙水，为强夯时土体排水增加了垂直的排水通道。采用强夯加固地基土，在夯击动能作用下，土体中的孔隙水压力增加，孔隙水沿塑料排水板（或砂井）排出，防止了强夯振动产生液化。

7. 静动联合排水固结加固软土

在堆载预压排水固结时，辅以从小能量到大能量的强夯，使地基土层的超孔隙水压力在强夯作用下，沿地基土中的竖向排水通道快速排出，从而达到地基加固的目的。

组合型地基处理方法的选用应根据建筑物对地基承载力、变形的要求、地基土质情况、周边环境及桩体材料等综合情况确定。

知识归纳

改良地基土的工程特性的目的包括：
(1)提高地基的抗剪切强度；
(2)降低地基的压缩性；
(3)改善地基的透水特性；
(4)改善地基的动力特性；
(5)改善特殊土的不良地基特性。

在选择地基处理方案时，应考虑上部结构、基础和地基的共同作用，并经过技术经济比较，选用处理地基或加强上部结构和处理地基相结合的方案。

换填垫层法适用于淤泥、淤泥质土、湿陷性黄土、素填土、杂填土地基及暗沟、暗塘等浅层处理。

排水固结预压法主要适用于处理淤泥、淤泥质土及其他饱和软黏土。预压地基按处理工艺可分为堆载预压、真空预压、真空和堆载联合预压等。

压实地基指大面积填土经处理后的地基。夯实地基是指采用强夯法或强夯置换法处理的地基。挤密地基是指利用沉管、冲击、夯扩、振冲、振动沉管等方法在土中挤压、振动成孔，使桩孔周围土体得到挤密、振密，并向桩孔内分层填料形成的地基。

复合地基由地基土和增强体共同承担荷载。对于地基土为欠固结土、湿陷性黄土、可液化土等特殊土，必须选用适当的增强提和施工工艺，消除欠固结性、湿陷性、液化性等，才能形成复合地基。

组合型地基处理是指采用两种或两种以上类型的地基处理方法进行地基处理。

思考与练习

一、问答题

1. 试述地基处理的目的和准备工作。
2. 如何确定换填法垫层厚度和宽度?
3. 压实地基有哪些处理方法及适用范围?
4. 强夯法的特点及夯锤的要求是什么?
5. 简述水泥粉煤灰碎石桩的受力特性。

二、计算题

水泥粉煤灰碎石桩复合地基,桩直径 $d=0.8$ m,土层厚度为 15 m,按正方形布置,桩距为 2.2 m,已知 $q=30$ kPa,$q_p=1\,600$ kPa,$f_{sk}=150$ kPa,取 $\lambda=0.90$,$\beta=0.90$,试求单桩竖向承载力特征值和水泥粉煤灰碎石桩地基承载力特征值。

第 11 章 区域性地基

本章要点

1. 掌握湿陷性黄土地基的特性及其评价；
2. 掌握膨胀土地基的特性与评价；
3. 掌握红黏土地基和山区地基的特点；
4. 熟悉对各种特殊土地基采取的工程措施。

11.1 湿陷性黄土地基

11.1.1 湿陷性黄土的基本性质及影响因素

1. 概述

湿陷性黄土是指非饱和的结构不稳定的黄土，具有与一般黏性土有不同的特性，主要是具有大孔隙和湿陷性；在自然界，用肉眼可见土中有大孔隙；在一定压力下受水浸湿，土结构迅速破坏，并发生明显附加沉陷。

湿陷性黄土的成分和结构上的特点是：以石英和长石组成的粉状土为主，矿物亲水性较弱，粒度细而均一，连接虽然强但易溶于水，未经很好固结，结构疏松多孔。所以，黄土具有明显的遇水连接减弱、结构趋于紧密的倾向。湿陷性黄土分为自重湿陷性黄土和非自重湿陷性黄土。

湿陷性黄土的工程特性有：

(1) 含水量低，一般 $w=7\%\sim20\%$。

(2) 孔隙比大，一般 $e>1.0$。

(3) 天然密度小，压实程度差，孔隙较大，孔隙率高。一般 $\rho=1.40\sim1.70\ \text{g/cm}^3$。

(4) 强度较高。尽管孔隙率较高，但仍具有中等抗压缩能力，抗剪强度高。最新堆积黄土(Q_4)土质松软，强度低，压缩性高。

(5) 塑性较弱。一般 $w_L=26\%\sim32\%$，$w_p=16\%\sim20\%$，$I_p=7\sim13$，属粉土和粉质黏土。

(6) 透水性较强。由于大孔和垂直节理发育，故透水性比粒度成分相类似的一般黏性土要强得多，为中等透水性。

湿陷性黄土在我国分布较广，面积约为 480 000 km²。按工程地质特征和湿陷性强弱程度，可将我国湿陷性黄土分为七个分区：①陇西地区；②陇东陕北地区；③关中地区；④山西地区；⑤河南地区；⑥冀鲁地区；⑦西部边缘地区。

我国《湿陷性黄土地区建筑规范》(GB 50025—2004)，给出了我国湿陷性黄土工程地质分区略图。

2. 湿陷发生的原因

(1) 外因。由于修建水库、渠道蓄水渗漏，特别是建筑物本身的上、下水道漏水以及大量降雨渗入地下，引起黄土的湿陷。

(2) 内因。黄土中含有多种可溶盐，如碳酸钠、碳酸镁、硫酸钠和氯化钠等物质，受水浸湿后被溶解，土中的胶结力大大减弱，使土粒容易发生位移而变形。同时，黄土受水浸湿，使固体土粒周围的薄膜水增厚，楔入颗粒之间，在压密过程中起润滑作用。这就是黄土湿陷的内在原因。

天然含水量和天然孔隙比是影响黄土湿陷性的主要物理性质指标。当其他条件相同时，黄土的天然孔隙比越大，湿陷性越强；反之亦然。黄土的湿陷性随其天然含水量的增加而减小；当含水量相同时，黄土的湿陷性将随浸湿程度的增加而增大。

在给定天然孔隙比和天然含水量的情况下，黄土的湿陷性将随压力的增加而增大，但当压力增加到某种程度后，湿陷性却又随着压力的增加而减小。

3. 影响黄土湿陷性的因素

黄土中胶结物含量大，黏粒含量多，则黄土结构致密、湿陷性弱；反之，结构疏松、强度低、湿陷性强。此外，对于黄土中的盐类，如以难溶的碳酸钙为主，则湿陷性弱；而以其他碳酸盐、硫酸盐和氯化物等易溶盐为主，则湿陷性强。

黄土的湿陷性与孔隙比和含水量大小有关。天然孔隙比 e 越大、天然含水量 ω 越小，湿陷性越强。饱和度 $S_r \geqslant 80\%$ 的黄土，称为饱和黄土，其湿陷性已退化。在天然含水量相同时，黄土的湿陷变形随湿度的增加而增大。

黄土的湿陷性还与外加压力有关，外加压力大，湿陷性越大。

11.1.2 黄土湿陷性评价

正确评价黄土地基的湿陷性具有很重要的工程意义，它主要包括三个方面的内容：①查明黄土在一定压力下浸水后是否具有湿陷性；②判别场地的湿陷类型，属于自重湿陷性还是非自重湿陷性黄土；③判定湿陷黄土地基的湿陷等级，即强弱程度。

1. 湿陷性判定

湿陷性的有无和强弱按某一给定压力作用下土体浸水后的湿陷系数 δ_s 值来衡量。湿陷系数由室内压缩试验确定。在压缩试验仪中将原状试样逐级加压到规定的压力 P，待压缩稳定后测得试样高度 h_p；再加水浸湿，测得下沉稳定后的高度 h_p'，则湿陷性系数按下式计算：

$$\delta_s = \frac{h_p - h_p'}{h_0} \tag{11-1}$$

式中 h_0——土样的原始高度(mm)；

h_p——土样在无侧向膨胀条件下，在规定试验压力 P 的作用下压缩稳定后的高度(mm)；

h_p'——在压力作用下的土样进行浸水达到湿陷稳定后的土样高度(mm)。

湿陷系数 δ_s 为单位厚度土层浸水后在规定压力下产生的湿陷量，它定量地表示了土样所代表黄土层的湿陷程度，所以，规范规定，在一定压力作用下，$\delta_s \geqslant 0.015$ 时定为湿陷性黄土，否则，定为非湿陷性黄土。

2. 湿陷类型划分

自重湿陷性黄土场地在没有外荷载作用时，仅在上覆土的自重作用下，浸水后就会发生剧烈湿陷，导致建筑物开裂、沉陷等，甚至一些自重较轻的建筑也不可避免；而在非自重湿陷性黄土场地则极少发生这种情况；因此，要对不同建筑场地的湿陷类型进行明确划分。

划分建筑场地的湿陷类型按实测自重湿陷量或室内压缩试验计算的自重湿陷量判定。

实测自重湿陷量是根据现场试坑浸水试验确定。这个方法比较符合实际情况，但常受现场条件或工期限制而不易做到，宜在高层建筑及重要建筑中采用。

计算自重湿陷量计算公式如下：

$$\Delta_{zs} = \beta_0 \sum_{i=1}^{n} \delta_{zsi} h_i \tag{11-2}$$

式中　δ_{zsi}——第 i 层土的自重湿陷系数；

　　　h_i——第 i 层土的厚度（mm）；

　　　β_0——因地区土质而异的修正系数，陇西地区可取 1.5，陇东—陕北—晋西地区可取 1.2，关中地区可取 0.9，其他地区可取 0.5。

当实测自重湿陷量或计算自重湿陷量小于或等于 70 mm 时，为非自重湿陷性黄土场地；大于 70 mm 时，为自重湿陷性黄土场地。

3. 湿陷等级划分

湿陷性黄土地基受水浸湿饱和，总湿陷量 Δ_s 的计算值计算公式如下：

$$\Delta_s = \sum_{i=1}^{n} \beta \delta_{si} h_i \tag{11-3}$$

式中　δ_{si}——第 i 层土的湿陷系数；

　　　h_i——第 i 层土的厚度（mm）；

　　　β——考虑地基的侧向挤出和浸水概率等因素的修正系数，基底下 5 m 深度内，取 1.5；基底下 5～10 m 深度内，取 1.0；基底下 10 m 以下至非湿陷性黄土层顶面，在自重湿陷性黄土场地，可取工程所在地区的 β_0 值。

总湿陷量的计算值仅表示湿陷性黄土地基在规定的压力作用下，经充分浸水后可能发生的湿陷量，它只能概略地反映出地基湿陷的严重程度，并非是建筑物地基的实际湿陷量。在地基勘察时，按总湿陷量的计算值和自重湿陷量的计算值来划分湿陷性黄土地基的湿陷等级，具体参见表 11-1，供建筑物设计时根据湿陷等级考虑相应的措施，湿陷等级越高，设计措施要求也越高。

表 11-1　湿陷性黄土地基的湿陷等级

湿陷类型　Δ_{zs}/mm　　Δ_s/mm	非自重湿陷性场地 $\Delta_{zs} \leqslant 70$	自重湿陷性场地 $70 < \Delta_{zs} \leqslant 350$	自重湿陷性场地 $\Delta_{zs} > 350$
$\Delta_s \leqslant 300$	Ⅰ（轻微）	Ⅱ（中等）	—
$300 < \Delta_s \leqslant 700$	Ⅱ（中等）	*Ⅱ（中等）或Ⅲ（严重）	Ⅲ（严重）

续表

湿陷类型 Δ_{zs}/mm Δ_s/mm	非自重湿陷性场地 $\Delta_{zs} \leqslant 70$	自重湿陷性场地	
		$70 < \Delta_{zs} \leqslant 350$	$\Delta_{zs} > 350$
$\Delta_s > 700$	Ⅱ(中等)	Ⅲ(严重)	Ⅳ(很严重)

* 当湿陷量的计算值大于600 mm、自重湿陷量的计算值大于300 mm时,可判为Ⅲ级,其他情况可判为Ⅱ级。

4. 湿陷起始压力 P_{sh}

使黄土产生湿陷的临界压力称为湿陷起始压力 P_{sh},不同的黄土其 P_{sh} 不同。若土的 P_{sh} 小于上覆土层的饱和自重时,则该土层在上覆土层自重压力的作用下湿水即发生湿陷,称为自重湿陷性黄土;若土的 P_{sh} 大于上覆土层的饱和自重时,则该土层在上覆土层自重压力的作用下不发生湿陷,称为非自重湿陷性黄土。

在黄土地区修建结构物,应首先考虑选用非湿陷性黄土地基。如基础位于湿陷性黄土上,则应尽量利用非自重湿陷性黄土地基,因为这种地基的处理与自重湿陷性黄土地基相比,要求较低。

11.1.3 湿陷性黄土地基的工程措施

在湿陷性黄土地区进行建设,地基应满足承载力、湿陷变形、压缩变形和稳定性的要求。针对黄土地基湿陷性这个特点和工程要求,采取以地基处理为主的综合措施,以防止地基湿陷,保证建筑物安全和正常使用,具体措施如下。

1. 防水措施

防水措施的目的是消除黄土发生湿陷变形的外在条件。基本防水措施要求在建筑布置、地面排水、场地排水、散水等方面,防止雨水或生产生活用水渗入浸湿地基。严格防水措施要求对重要建筑物场地和高级别湿陷地基,在检漏防水措施基础上,对防水地面、排水沟、检漏管沟和井等设施提高设计标准。

2. 结构措施

在建筑物设计中,应从地基、基础和上部结构相互作用的概念出发,采取适当的措施,如建筑平面布置力求简单,加强建筑上部结构整体刚度,预留沉降净空等来减小建筑物不均匀沉降或使结构物适应地基的湿陷变形。

3. 地基处理措施

地基处理措施的目的在于破坏湿陷黄土的大孔结构,以便全部或部分消除地基的湿陷性。《湿陷性黄土地区建筑规范》(GB 50025—2004)根据建筑物的重要性、地基受水浸湿可能性的大小及在使用上对不均匀沉降限制的严格程度,将建筑物分为甲、乙、丙、丁四类。对甲类建筑物,要求消除地基的全部湿陷量或穿透全部湿陷土层;对乙、丙类建筑物,则要求消除地基的部分湿陷量;丁类属次要建筑物,地基可不做处理。常用的处理方法有土(灰土)垫层、土(灰土)桩挤密、重锤夯实、强夯、预浸水、化学加固(主要是硅化和碱液加固)等,也可采用将桩端进入非湿陷性土层的桩基础。

11.2 膨胀土地基

11.2.1 膨胀土的基本性质及影响因素

1. 膨胀土的基本性质

膨胀土是一种吸水膨胀、失水收缩、胀缩变形显著的黏性土。一般强度较高，压缩性低，多呈坚硬或硬塑状态，常被误认是一种良好地地基。

(1)膨胀土的分布。膨胀土的矿物成分主要为蒙脱石、伊利石。一般根据其黏土矿物的主要含量分为以蒙脱石为主和以伊利石为主两大类。以蒙脱石为主的主要分布在我国的广西、云南、河南、河北等的某些地区；以伊利石为主的主要分布在我国的安徽、山东、湖北、四川等的某些地区。

(2)膨胀土的工程特性。膨胀土的工程地质特征如下：

1)物理力学指标。膨胀土其天然含水量通常为20%~30%，接近塑限，孔隙比一般为0.6~1.0，饱和度一般均大于85%，塑性指数为17~35，液性指数小。

2)膨胀土的胀缩特性。膨胀土的膨胀是指在一定条件下其体积，因不断吸水而增大的过程，是膨胀土中黏土矿物与水相互作用的结果。反映膨胀土的膨胀性能指标有自由膨胀率和不同压力下的膨胀率。

膨胀土的收缩特性是由于在大气环境或其他因素造成土中水分减少，在土体中引起土体收缩的现象。收缩变形可用收缩系数表示。收缩系数大，其收缩变形就大。

膨胀土的膨胀与收缩是一个互为可逆的过程。吸水膨胀，失水收缩；再吸水，再膨胀；再失水，再收缩。这种互为可逆性是膨胀土的一个主要属性，膨胀与收缩的可逆变化幅度用胀缩总率来表示。

3)膨胀土的危害。一般黏性土都具有胀缩性，但其胀缩量不大，对工程的影响不大。而膨胀土的膨胀—收缩—再膨胀的往复变形特性非常显著。建造在膨胀土地基上的建筑物，随季节气候变化会反复不断地产生不均匀的抬升和下沉，而使建筑物破坏。破坏规律如下：

①建筑物的开裂破坏具有地区性成群出现的特点，建筑物裂缝随气候变化不停地张开和闭合，而且以低层轻型、砖混结构损坏最严重。因为，这类房屋整体性较差、重量轻，且基础埋置浅，地基土易受外界环境变化的影响而产生胀缩变形。

②房屋在垂直和水平方向都受弯和受扭，故在房屋转角处首先开裂，墙上出现对称或不对称的八字形、X形裂缝。外纵墙基础产生水平裂缝和位移，室内地坪和楼板发生纵向隆起开裂。

③膨胀土边坡不稳定，地基会产生水平方向和垂直方向的变形，坡地上的建筑物损坏要比平地上更为严重。

另外，膨胀土的胀缩特性除使房屋发生开裂、倾斜外，还会使公路路基发生破坏，堤岸、路堑产生滑坡，涵洞、桥梁等刚性结构物产生不均匀沉降，导致开裂等。

2. 影响膨胀土胀缩变形的主要原因

(1)内在因素。

1)矿物及化学成分。膨胀土主要由蒙脱石、伊利石等矿物成分组成,亲水性强,胀缩变形大。蒙脱石矿物亲水性强,具有既易吸水又易失水的强烈活动性。伊利石亲水性比蒙脱石低,但也有较高的活动性。膨胀土化学成分以氧化硅、氧化铝和氧化铁为主,氧化硅含量越大,胀缩量越大。

2)黏粒含量。黏土的颗粒细小,比表面积大,因而具有很大的表面能,对水分子和水中阳离子的吸附能力强。因此,黏粒含量越多,胀缩性越强。

3)土的天然孔隙比。土的胀缩表现在土体积的变化。对含有一定矿物成分的黏土来说,当其在同样的天然含水量条件下浸水时,土的孔隙比越小,膨胀性越大,收缩性越小;反之,土的孔隙比越大,膨胀性越小,收缩性越大。因此,在一定条件下,土的天然孔隙比是影响胀缩变形的一个重要因素。

4)含水量。土中原有的含水量与膨胀所需的含水量相差越大,遇水后土的膨胀越大,而失水后土的收缩越小。

5)土的结构。土的结构强度越大,土体限制胀缩变形的能力就越大。当土的结构受到破坏后,土的胀缩性随之增强。

(2)外在因素。主要指水对膨胀土的作用,包括以下几个方面:

1)气候条件。包括降雨量、蒸发量、气温、相对湿度、地温等。雨季土中水分增加,土体膨胀;旱季水分减少,土体收缩。

2)地形地貌。对同类膨胀土地基,地势低处的胀缩变形比高处的小,这是由于高地的临空面大,地基土中水分蒸发条件好,含水量变化幅度大,胀缩变形也较剧烈。

3)周围阔叶树的影响。在炎热和干旱地区,当无地表水或地下水补给时,由于阔叶树树根吸水,会加剧地基土的干缩变形,使在树木近旁的房屋产生裂缝。

4)日照程度。对建筑物来说,日照的时间和强度也是不可忽略的因素。调查表明,房屋向阳面开裂较多,背阴面开裂较少。

11.2.2 膨胀土的胀缩性指标和地基评价

1. 膨胀土的胀缩性指标

(1)自由膨胀率 δ_{ef}。指研磨成粉末的干燥土样,浸泡于水中,经充分吸水膨胀后所增加的体积与原干体积的百分比。按下式计算:

$$\delta_{ef} = \frac{V_w - V_0}{V_0} \times 100\% \tag{11-4}$$

式中 V_0——试样原有的体积(mL);

V_w——膨胀稳定后测得试样的体积(mL)。

自由膨胀率是一个重要的指标,可用来初步判别是否为膨胀土。一般来说,自由膨胀率大的土,其膨胀性也较强。

(2)不同压力下的膨胀率 δ_{ep}。指在不同压力作用下,处于侧限条件下的原状土样在浸水膨胀稳定后,试样增加的高度与原高度之比。按下式计算:

$$\delta_{ep} = \frac{h_w - h_0}{h_0} \times 100\% \tag{11-5}$$

式中 h_w——压力 p_i 作用下,侧限条件下土样浸水膨胀稳定后的高度(mm);

h_0——试验开始时土样的原始高度(mm)。

膨胀率反映了在不同压力作用下膨胀土膨胀后孔隙比的变化。膨胀率和压力之间是反向变化的关系，压力越小，膨胀率越大。

(3)线缩率 δ_s。指土的垂直收缩变形与原始高度之百分比。按下式计算：

$$\delta_s = \frac{h_0 h}{h_0} \times 100\% \tag{11-6}$$

式中　h——试验中某时刻测得的土样高度(mm)；

　　　h_0——试验开始时土样的原始高度(mm)。

(4)收缩系数 λ_s。原状土样在直线收缩阶段内，含水量每减少1%时，所对应的竖向线缩率的改变值。按下式计算：

$$\lambda = \frac{\Delta \delta_s}{\Delta w} \tag{11-7}$$

式中　Δw——收缩过程中，直线变化阶段内，两点含水量之差(%)；

　　　$\Delta \delta_s$——两点含水量之差对应的竖向线缩率之差值(%)。

2. 膨胀土地基的评价

(1)膨胀土的判别。膨胀土的判别是膨胀土地基勘察、设计的首要问题。凡具有下列工程地质特征的场地，且自由膨胀率 $\delta_{ef} \geqslant 40\%$ 的土判定为膨胀土：

1)裂隙发育，常有光滑面和擦痕，有的裂隙中充填着灰白、灰绿色黏土。在自然条件下呈坚硬或硬塑状态；

2)多出露于二级或二级以上阶地、山前和盆地边缘丘陵地带，地形平缓，无明显自然陡坎；

3)常见浅层塑性滑坡、地裂，新开挖坑(槽)壁易发生坍塌等；

4)建筑物裂缝随气候变化而张开和闭合。

(2)膨胀土的膨胀潜势。通过上述方法判别膨胀土后，还要进一步确定膨胀土的胀缩强弱程度，不同胀缩性能的膨胀土对建筑物的危害程度有明显的差别。自由膨胀率能较好地反映土中的黏性矿物成分、颗粒组成、化学成分和交换阳离子性质的基本特征。自由膨胀率较小的膨胀土，膨胀潜势较弱，建筑物破坏轻微；自由膨胀率高的土，具有较强的膨胀潜势，则较多的建筑物将遭到严重破坏。按自由膨胀率的大小划分膨胀潜势的强弱，以判别膨胀土的胀缩性高低，见表11-2。

表11-2　膨胀土的膨胀潜势分类

自由膨胀率	膨胀潜势
$40\% \leqslant \delta_{ef} < 65\%$	弱
$65\% \leqslant \delta_{ef} < 90\%$	中
$\delta_{ef} \geqslant 90\%$	强

(3)膨胀土地基的胀缩等级。以50 kPa压力下测定的土的膨胀率，计算地基分级变形量，作为划分胀缩等级的标准，表11-3给出了膨胀土地基的胀、缩等级。

表11-3　膨胀土地基的胀、缩等级

地基分级变形量 s_c/mm	级别	破坏程度
$15 \leqslant s_c < 35$	Ⅰ	轻微

续表

地基分级变形量 s_c/mm	级别	破坏程度
$35 \leqslant s_c < 70$	Ⅱ	中等
$s_c \geqslant 70$	Ⅲ	严重

表中地基分级变形量 s_c 按下列三种情况分别计算：

1)当离地表 1 m 处地基土的天然含水量等于或接近最小值时，或地面有覆盖且无蒸发可能时，以及建筑物在使用期间，经常有水浸湿的地基，可按膨胀变形量计算：

$$s_e = \psi_e \sum_{i=1}^{n} \delta_{epi} \cdot h_i \tag{11-8}$$

式中　s_e——地基土的膨胀变形量(mm)；

　　　ψ_e——计算膨胀变形量的经验系数，宜根据当地经验确定，若无可依据经验时，三层及三层以下建筑物可采用 0.6；

　　　δ_{epi}——基础底面下第 i 层土在该层土的平均自重压力与平均附加压力之和作用下的膨胀率，由室内试验确定；

　　　h_i——第 i 层土的计算厚度(mm)；

　　　n——自基础底面至计算深度内所划分的土层数，计算深度应根据大气影响深度确定；有浸水可能时可按浸水影响深度确定。

2)当离地表 1 m 处地基土的天然含水量大于 1.2 倍塑限含水量时或直接受高温作用的地基，可按收缩变形量计算：

$$s_s = \psi_s \sum_{i=1}^{n} \lambda_{si} \Delta w_i \cdot h_i \tag{11-9}$$

式中　s_s——地基土的收缩变形量(mm)；

　　　ψ_s——算收缩变形量的经验系数，宜根据当地经验确定，若无可依据经验时，三层及三层以下建筑物可采用 0.8；

　　　λ_{si}——第 i 层土的收缩系数，应由室内试验确定；

　　　Δw_i——地基土收缩过程中，第 i 层土可能发生的含水量变化的平均值(以小数表示)；

　　　n——自基础底面至计算深度内所划分的土层数，计算深度应根据大气影响深度确定；有热源影响时应按热源影响深度确定。

3)其他情况下可按胀缩变形量计算：

$$s = \psi \sum_{i=1}^{n} (\delta_{epi} + \lambda_{si} \Delta w_i) h_i \tag{11-10}$$

式中　s——地基土的胀缩变形量(mm)；

　　　ψ——计算胀缩变形量的经验系数，可取 0.7。

11.2.3　膨胀土地基的工程措施

在膨胀土地基上修建建筑物，应采取积极的预防措施，这些工程措施包括以下几个方面。

1. 建筑场地的选择

根据工程地质和水文地质条件，建筑物应尽量避开布置在不良地质条件地段。最好选择胀缩性较小和土质较均匀的地区布置建筑物，这可根据工程地质报告和现场调查来确定。建筑场地要设计好地表排水，建筑物周围宜布置种植草皮等，室内和室外 3 m 以下地下管道要防止渗漏，总图设计还要做好护坡保湿设计。

2. 建筑措施

建筑物的体型应力求简单，尽量避免凹凸、转角。不宜过长，必要时可增设沉降缝。尽量少用低层民用建筑（如 1、2 层），做宽散水，并增加覆盖面。室内地坪宜采用混凝土预制块，不做砂、碎石或炉碴垫层。

3. 结构措施

在膨胀地基上，应尽量避免使用对地基变形敏感的结构类型。设计时应考虑地基的胀缩变形对轻型结构建筑物的损坏作用。为了加强建筑物的整体刚度，可适当设置钢筋混凝土圈梁或钢筋砖腰箍。可采取增加基础附加荷载等措施以减少土的胀缩变形。另外，还要辅以防水处理。建筑物的角端和内外墙的连接处，必要时可增设水平钢筋。

4. 地基处理

基础埋置深度的选择应考虑膨胀土的胀缩性、膨胀土层埋藏深度和厚度以及大气影响深度等因素。地基处理可采用如下方式：①增大基础埋深，可用于季节分明的湿润区和亚湿润区；②采用桩基，可用于大气影响深度较深，基础埋置深度大的情形；③换土，用于较强或强膨胀性土层出露较浅的场地；④做砂包基础，宽散水；⑤地基帷幕，保湿，暗沟，预浸水，灌浆法和电渗法等。

11.3 红黏土地基

红黏土是指在炎热湿润气候条件下的石灰岩、白云岩等碳酸盐系的出露区经长期的成土化学风化作用（又称红土作用），形成的高塑性黏土物质，其液限一般大于 50%，通常为红色，故称为红黏土。红黏土一般堆积于洼地和山麓坡地，上硬下软，具有明显的胀缩性，有时还呈紫红色、棕红色、黄褐色等。红黏土的颗粒经水流再次搬运到低洼处堆积成新的土层，其颜色较未搬运者浅，常含粗颗粒，但仍保持红黏土的基本特征，这种液限大于 45% 的坡、洪积黏土称为次生红黏土。在相同物理指标时，次生红黏土的力学性能低于红黏土。

红黏土及次生红黏土广泛分布在我国的云贵高原、四川东部、广西、粤北及鄂西、湘西等地区的低山、丘陵地带顶部和山间盆地、洼地、缓坡及坡脚地段。

11.3.1 红黏土的基本性质

红黏土的一般工程特点：

(1)高分散性，大孔隙比。天然孔隙比一般为 1.4~1.7，最高达 2.0，具有大孔性。

(2)天然含水量高，一般为 40%~60%，有的高达 90%。

(3)高塑性。液限一般为 60%~80%，有的高达 110%；塑限一般为 40%~60%，有的高达 90%；塑性指数一般为 20~50。由于塑限很高，所以，尽管天然含水量高，一般仍处于坚硬或硬塑状态，液性指数一般小于 0.25。但是其饱和度一般在 90% 以上，因此，甚至坚硬红黏土也处于饱水状态。

从土的性质来说，红黏土是较好的建筑物地基，但也存在以下问题：

(1)湿胀干缩大。由于红黏土分布区潮湿多雨，其起始含水量远高于其缩限，在自然条件下失水，具有明显的收缩性和裂隙发育等特征。

(2)厚度分布不均匀。红黏土常为岩溶地区的覆盖层，因受基岩起伏的影响，其厚度不大，但变化较大。黔、桂、滇等地古溶蚀地面上堆积的红黏土层，由于基岩起伏变化及风化深度的不同，造成其厚度变化极不均匀，常见为 5~8 m，最薄为 0.5 m，最厚为 20 m。在水平方向常见咫尺之隔，厚度相差达 10 m 之巨。土层中常有石芽、溶洞或土洞分布其间，给地基勘察、设计工作造成困难。

(3)沿深度含水量增加，土质由硬变软。红黏土沿深度自上而下含水量增加，土质由硬至软，接近下卧基岩处，呈软塑或流塑状态，其强度低，压缩性较大。

(4)红黏土地区的岩溶现象一般较为发育。由于地表水和地下水的运动引起的冲蚀和侵蚀作用，红黏土层常有土洞存在，影响场地的稳定性。

11.3.2 红黏土地基的工程措施

因为各地区的地质条件有一定的差异，使得同一地区、同一成因和埋藏条件下的红黏土的地基承载力也有所不同。因此，在确定红黏土地基承载力时，应充分考虑地质条件、埋藏条件(如随埋深变化的湿度)和上部结构等情况。

为了有效地利用红黏土作为天然地基，针对其强度具有随深度递减的特征，在无冻胀影响地区、无特殊地质地貌条件和无特殊使用要求的情况下，基础宜尽量浅埋，把坚硬或硬塑状态的土层作为地基的持力层，既可充分利用表层红黏土的承载能力，又可节约基础材料，便于施工。此时，基础浅埋也不致由于地基土受大气变化影响而产生附加变形和强度问题。

红黏土一般强度高，压缩性低，对于一般建筑物，地基承载力往往由地基强度控制，而不考虑地基变形。但是，由于地形和基岩面起伏造成同一建筑地基上各部分红黏土厚度和性质很不均匀，从而产生过大的差异沉降，是天然地基上建筑物产生裂缝的主要原因。在这种情况下，按变形计算地基对于合理利用地基强度，正确反映上部结构及使用要求具有特别重要的意义，特别对五层以上的建筑物及重要建筑物应按变形计算地基。同时，还应根据地基、基础与上部结构共同作用原理，适当加强上部结构刚度，提高建筑物对不均匀沉降的适应能力。

11.4 山区地基

山区(包括丘陵地带)在我国分布很广，其气候多变，地形、地貌复杂，工程地质条件和水文地质条件也很复杂，因此，在山区进行工程建设，选择适宜的建筑场地尤为重要。

山区地基由于工程地质条件复杂，与平原地基相比，具有如下特点：

(1)存在较多的不良地质现象。山区经常遇到的不良地质现象，如滑坡、崩塌、断层、岩溶、土洞以及泥石流等，对建筑物构成直接的或潜在的威胁，给地基处理带来困难，若处理不当就有可能带来严重损害。勘察工作必须查明其分布范围，通过综合治理后方可进行建设。

(2)在建筑物地基压缩层内,岩土的性质不同,地基变形不均匀。山区除岩石外,还可遇见各种成因类型的土层,如山顶的残积层、山麓的坡积层、山谷沟口的洪积和冲积层,在西南山区局部还存在第四纪冰川形成的冰渍层,这些岩土的力学性质往往差别很大,软硬不均,分布厚度也不均匀,构成山区不均匀岩土地基。

(3)水文地质条件特殊。南方地区一般雨水丰富,如果建设时破坏天然排水系统,则应考虑暴雨形成的洪水的排泄问题。北方地区由于天然植被较差、雨水集中、在山麓地带汇水面积大,如果风化物质丰富,应注意暴雨携带泥砂形成泥石流的防治问题。山区地下水常处于不稳定状态,受大气降水影响较大,设计施工时均应考虑。

(4)地形起伏大。山区地形高差一般较大,场地高低不平,往往沟谷纵横,陡坡很多。整平场地时挖高、填低很难避免,土石方工程量大,对填方及边坡的处理造成困难。位于斜坡及斜坡周边的建筑,应防止地基失稳,确保建筑物免遭损坏。

因此,山区(包括丘陵地带)地基的设计,应考虑下列因素:
1)建设场区内,在自然条件下,有无滑坡现象,有无断层破碎带;
2)施工过程中,因挖方、填方、堆载和卸载等对山坡稳定性的影响;
3)建筑地基的不均匀性;
4)岩溶、土洞的发育程度;
5)出现崩塌、泥石流等不良地质现象的可能性;
6)地面水、地下水对建筑地基和建设场区的影响。

山区各种不良地质现象,对工程建设危害性大。以往在建设中由于对不良地质现象缺乏认识,工程建成后,有的被迫迁移,有的长期治理,给国家造成巨大损失。例如,某硫酸厂,建在一个滑坡体上,后因山体滑动,建筑物严重毁坏。

总之,在山区建设中,必须对建设场区的工程地质条件和水文地质条件做出评价,对有直接危害或潜在威胁的滑坡、泥石流、崩塌以及岩溶、土洞强烈发育地段,不得选为建设场地。如必须使用这类场地时,应采取可靠的防治措施。位于斜坡边缘的地基,应进行稳定性验算,当地基稳定条件不能满足设计要求时,可将建筑物平面向坡后移动或采取其他加固措施,确保建筑物和斜坡的安全。

11.4.1 土岩组合地基

在建筑物地基的主要受力范围内,如存在下列情况之一时,属于土岩组合地基:
(1)下卧基岩表面坡度较大(>10%)的地基;
(2)石芽密布并有局部出露的地基;
(3)大块孤石或个别石芽出露的地基。

土岩组合地基在山区建设中较多,其主要特征是地基在水平方向和竖直方向均有不均匀性。针对土岩地基的不同情况,应结合上部结构的特点采取相应的措施。

1. 下卧基岩表面坡度较大的地基

下卧基岩表面坡度较大的地基在山区较为普遍,设计时除要考虑由于上覆土层厚薄不均使建筑物产生的不均匀沉降外,还要考虑地基的稳定性,即上覆土层有无沿倾斜的基岩面产生滑动的趋势。

建筑物不均匀沉降的大小除与荷载的大小、分布情况和建筑结构形式等因素有关外,还取决于三个因素，即岩层表面的倾斜方向和程度、上覆土层的力学性能及岩层的风化程度和压缩性等，通常以前两种因素为主。当下卧基岩单向倾斜时，建筑物的主要危险是倾斜。评价这类地基主要是根据下卧基岩的埋藏条件和建筑物的性质。建在这类地基上的建筑物基础产生不均匀沉降时，裂隙多出现在基岩出露或埋藏较浅的部位。建筑物位于冲沟部位时，下卧基岩往往相向倾斜，成八字形，若岩层表面的倾斜平缓，而上覆土层的性质较好时，对中小型建筑物，可只采取某些结构措施适当加强上部结构的刚度，而不必处理地基。若下卧基岩的表面向两边倾斜时，地基的变形条件对建筑物最为不利，往往在双斜面交界部位出现裂缝，最简单的处理办法就是在这些部位用沉降缝隔开。

2. 石芽密布并有局部出露的地基

石芽密布并有局部出露的地基是岩溶现象的反映（图 11-1）。它的基本特点是基岩表面凹凸不平，基岩起伏较大，石芽之间多被红黏土所充填，在贵州、广西、云南等地最多。一般勘探方法不易查清基岩面的起伏变化。如贵州某厂，在勘察时将钻孔间距加密为每 6 m 一孔，仍没有查清地基的全貌。因此，只能根据基坑开挖后的地基实际情况确定基础的埋置深度。

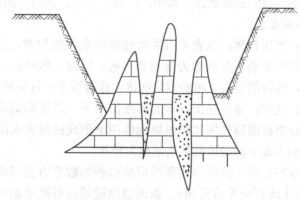

图 11-1　石芽密布地基

这类地基的变形问题，目前尚无理论计算公式。实践表明，由于充填在石芽间的红黏土压缩性较低、承载力较高，且由于石芽限制了岩间土的侧向膨胀，变形量总是小于同类土在无侧限压缩时的变形量。调查表明，建筑在这种地基上的大量中小型建筑物，虽然没有进行地基处理，但至今使用正常。

根据上述情况，规范规定：对于石芽密布并有出露，当石芽间距小于 2 m，其间为硬塑或坚硬状态的红黏土时，对于房屋为六层和六层以下的砌体承重结构、三层和三层以下的框架结构或具有 15 t 和 15 t 以下吊车的单层排架结构，其基底压力小于 200 kPa，可不作地基处理。如不能满足上述要求时，可利用稳定可靠的石芽作支墩式基础，也可在石芽出露部位作褥垫。当石芽间有较厚的软弱土层时，可用碎石、土夹石等进行置换。

3. 大块孤石或个别石芽出露的地基

大块孤石或个别石芽出露的地基变形条件对建筑物最不利，如不妥善处理，极易造成建筑物开裂。对于这种地基，规范规定：当土层的承载力特征值大于 150 kPa、房屋为单层排架结构或一、二层砌体承重结构时，宜在基础与岩石接触的部位采用褥垫进行处理。对于多层砌体承重结构，应根据土质情况，结合规范的其他相关规定综合处理。

基岩局部存在石芽，可将露出石尖凿至基底下 300～500 mm，填以褥垫；若岩石露头宽度超过基础宽度时，垫层宽度每边应超出基础 200 mm；如局部露头，可凿去部分石芽，使其平整；石芽较密，中间为坚实原土可不处理；如为软土可挖去，用碎石或土碎石混合物回填夯实；基础落在土层上，仅局部下卧层有石芽，可不处理；石芽密布均匀的，可在其上设梁、板以支承上部结构；石芽间填充物松软、埋藏深度不大于 3 m，可用跨盖的方法处理。

11.4.2 岩溶

1. 岩溶的形成和特征

岩溶（又名喀斯特）是可溶性岩层如石灰岩、泥灰岩、大理岩、石膏、岩盐层等，受水的化学和机械作用而形成的裂缝、溶沟、溶槽和溶洞以及由于洞顶塌落而使地表产生陷穴等一系列现象和作用的总称。

我国岩溶地区分布很广，广西、贵州、云南、四川、湖南、广东、浙江、江苏、山东、山西等省均有规模大小不等的岩溶地区，其中，广西、贵州、云南、四川分布较广。

(1) 岩溶主要的地表形态：

1) 溶沟、溶槽、石芽和石林：地表水沿可溶性岩层表面的裂隙，进行溶蚀、冲蚀，使岩层表面形成大小不同的沟槽，分别称为溶沟和溶槽；溶沟、溶槽进一步发展后，沟槽间的石脊遭受切割破坏，残留的顶尖下粗的锥状柱体，称为石芽；石芽林称为石林。

2) 漏斗、落水洞、竖井：漏斗是指在水的腐蚀作用下，岩层塌陷成碗碟状或倒锥状的地貌形态；落水洞则是指在溶蚀作用和机械腐蚀作用下形成的地表水能流向地下暗河或溶洞的通道；非地表水流入地下的通道的洞穴则称为竖井。

3) 溶蚀洼地、坡立谷：由于溶蚀作用而形成的面积为数平方公里的盆状洼地，称为溶蚀洼地；面积较大（数十或百余平方公里）、四周边缘陡峭而谷底平坦的封闭洼地，则称为坡立谷。

(2) 岩溶主要的地下形态：

1) 溶蚀裂缝：水在岩层裂缝中流动，被溶蚀作用扩大的裂缝。

2) 溶洞、暗河、石钟乳、石笋：地下水在流动过程中，对岩石以溶蚀作用为主，间有冲蚀、侵蚀和塌陷作用而形成的地下洞穴，称为溶洞。溶洞的大小相差悬殊，形态千变万化，洞内一般有含 $CaCO_3$ 的水从洞顶滴下来形成石钟乳和石笋，石钟乳和石笋连接起来成为石柱；在溶洞中经常有流量较大的水流形成地下河，称为暗河。

根据上述特征，识别建筑场地是否是岩溶地区。如确定为岩溶地区，还必须进一步掌握岩溶发育、分布情况，合理地选择建筑场地、布置建筑物，防治岩溶可能造成的危害。

2. 岩溶地基的稳定性评价

岩溶地基的稳定性评价，可分为建筑场地的稳定性评价和建筑地基的稳定性评价两部分。

(1) 建筑场地的稳定性评价。选址和初勘阶段进行的地区性评价，着重从岩溶发育规律、分布情况及其稳定程度等方面对场地的岩土工程条件进行评价。即着重研究建筑场地形成岩溶的岩性和水的运动规律，并结合地貌、地质构造、岩溶发育过程以及岩溶形态的分布等进行综合分析，在较大的拟建范围内，按岩溶发育程度在平面上划出对建筑物稳定

性影响不同的地段,用来作为选择建筑场地、总图布置的依据。其中,下述地段属于建筑不利的地段:

1)有浅层、处于极限平衡状态的洞体或溶洞群,洞径大、顶板破碎且可见变形迹象,洞底有新近塌落物等。

2)地表水沿土中裂隙下渗或地下水自然升降变化使上覆土层被冲蚀,形成成片或成带土洞塌陷。

3)有规模较大的浅隐伏岩溶,如漏斗、洼地、槽谷中充填软弱土或地面出现明显变形现象。

4)在有覆盖土地段内,降水工程的降落漏斗最低动水位高于基岩层面的范围。

5)岩溶通道排泄不畅或上涌导致暂时淹没。

(2)建筑地基的稳定性评价。在详勘阶段,针对具体建筑物下及其附近对稳定性有影响的个体岩溶形态进行评价,根据评价结论确定是否需要进行工程处理。目前,岩溶地基的评价方法有定性评价和洞顶板稳定性验算两种。

1)定性评价。定性评价着重分析岩溶形态及各项地质条件,并考虑建筑物荷载的影响来判断地基稳定性。对于溶洞,应了解洞体大小、形状、顶板的厚度、底部的坡度和围岩体的结构及强度,结构面的多少及其分布与空间组合,研究洞内充填情况以及水的活动情况等因素,再结合洞体的埋深、上覆土的厚度、建筑物的基础形式、荷载条件等进行综合分析。

对存在岩溶洞穴的地基可按下列原则进行稳定性评价:

对二级建筑物,当地基属于下列条件之一时,可不考虑岩溶稳定性的不利影响。

①基础底面土层厚度大于3倍独立基础宽度或6倍条形基础宽度,且不具备形成土洞或其他地面变形的条件。

②基础底面与洞体顶板间岩土厚度虽小于上条所列基础宽度的倍数,但符合下列条件之一:

a. 洞穴或岩溶漏斗被密实的沉积物填满,其承载力超过 150 kPa,且无被水冲蚀的可能;

b. 洞体为微风化岩石,顶板岩石厚度大于或等于洞跨;

c. 洞体较小,基础底面积大于洞的平面尺寸,并有足够的支承长度;

d. 宽、长小于 1.0 m 的竖向溶蚀裂缝、落水洞、漏斗近旁地段。

当满足不了上述条件时,可根据洞体大小、顶板形状、岩体结构及强度、洞内堆填及岩溶水活动等因素进行洞体稳定性分析。当判断顶板为不稳定,但洞内被密实堆填物充填且无水流活动时,可认为堆填物受力,根据其力学指标按不均匀地基评价。在有建筑经验地区,可按类比法进行稳定性评价。

基础近旁有裂隙及临空面时,应验算基底岩体向临空面倾覆或沿裂隙面滑移的可能性。

2)洞顶板稳定性验算。在有可能取得溶洞计算参数时,可将洞体顶板视为结构自承重体系进行结构力学分析,根据顶板形态、成拱条件及裂隙分布,将其作为梁板或拱壳进行受力计算。当有条件取得有代表性的参数时,也可进行有限元分析。

3. 岩溶地基的处理

在岩溶地区,如果基础底面以下的土层厚度大于地基沉降计算深度且不具备形成土洞的条件时,或基础位于微风化的硬质岩表面,对于宽度小于 1 m 的竖向溶石裂隙和落水洞近旁地段,可以不考虑岩溶对地基稳定性的影响。如果在不稳定的岩溶地区进行建筑,应结合岩溶的发育情况、工程要求、施工条件、经济与安全的原则，考虑采取如下处理措施：

(1) 对个体溶洞与溶石裂隙，可采用调整柱距、用钢筋混凝土梁板或桁架跨越的办法。当采用梁板和桁架跨越时，应查明支撑端岩体的结构强度及其稳定性。

(2) 对浅层洞体，若顶板不稳定可进行清、爆、挖、填处理，清除覆土，爆开顶板挖去软土，用块石、碎石、黏土或毛石混凝土等分层填实。若岩洞的顶板已被破坏，又有沉积物填充，当沉积物为软土时，除了采用前述挖、填处理外，还可根据溶洞和软土具体条件采用石砌筑、灌注桩、换土或沉井等办法处理。

(3) 溶洞大，顶板具有一定厚度，当稳定条件较差时，若能进入洞内，为了增加顶板岩体的稳定性，可用石砌筑、拱或用钢筋混凝土柱支撑，以增加顶板岩体的稳定性。采用此方法，应着重查明洞底的稳定性。

(4) 地基岩体内的裂隙，可采用灌注水泥浆、沥青或黏土水泥浆等方法处理。

(5) 地下水宜疏不宜堵，在建筑物地基内，宜用管道疏导。对建筑物附近排泄地表水的漏斗、落水洞以及建筑范围内的岩溶泉（包括季节性泉），应注意清理、疏导，防止水流堵塞，避免场地或地基被水淹没。

11.4.3 土洞

1. 土洞的形成

土洞是岩溶地区上覆土层被地表水冲蚀或地下水侵蚀所形成的洞穴。这种洞穴进一步发展，其顶部土体会塌陷成土坑和碟形洼地。土洞顶部土体的这种塌陷称为地表塌陷。

土洞及其在地表引起的塌陷都属于岩溶现象，对建筑物的稳定性影响很大，在不同程度上威胁着建筑物的安全和正常使用。主要原因是土洞埋藏浅、分布密、发育快、顶板强度低。

土洞的形成和发展与地区的地貌、土层、地质构造、水的活动、岩溶发育、地表排水等多种条件有关，其中，以黏土、岩溶的发育和水的活动为最主要的条件。

土质不同，土洞的发育程度也不同。一般土洞多位于黏性土中，砂土及碎石土中比较少见。对于黏性土，由于土粒成分、土的黏聚力和透水性不同，土洞的形成情况也不一样。土粒细、黏性强、胶结好、透水性差的土层难以形成土洞；反之，土粒粗、黏性弱、透水性好、遇水易湿化崩解的土层就容易形成土洞。在溶沟、溶槽地带，经常有软黏土分布，其抵抗水冲蚀的能力弱，且处于地下水流首先作用的场所，往往是土洞发育的有利地带。

土洞的形成与岩溶的关系很密切。凡具备土洞发育条件的岩溶地区，一般都有土洞发育，因而土洞常分布在溶沟及溶槽两侧、石芽侧壁和落水洞上口等位置的土层中。

水的活动对土洞形成的影响，包括地表水和地下水两个方面。地表水下渗，土体内部被冲蚀掏空而逐渐形成土洞；地下水升降频繁或人工降低地下水位时，水对松软的土产生侵蚀作用，在岩土交界面处也会形成土洞，而土洞逐渐扩大就会引起地表塌陷。

2. 土洞和地表塌陷的处理

在建筑物地基范围内有土洞和地表塌陷时，必须认真进行处理，常用的措施如下：

(1) 处理地表水和地下水。在建筑场地范围内做好地表水的截流、防渗、堵漏等工作，杜绝地表水渗入土层。这种措施对由地表水形成的土洞和地表塌陷，可以起到治本的效果。对形成土洞和塌陷的地表水，当地质条件许可时，可采用截流、改造的办法，防止土洞和地表塌陷的发展。

(2)挖填处理。这种措施常用于浅层土洞。对地表水形成的土洞的塌陷,应先挖除软土,后用块石、片石或毛石混凝土等回填。对地下水形成的土洞和塌陷,除挖除软土抛填块石外,还应做反滤层,面层用黏土夯实。

(3)灌砂处理。适用埋藏深、洞径大的土洞。施工时,在洞体范围内的顶板上钻两个或更多的钻孔,其中直径较小的孔(50 mm)排气,直径较大的孔(大于 100 mm)灌砂。灌砂的同时冲水,直到小孔冒砂为止。如果洞内有水,灌砂困难,可用 C15 的细石混凝土进行压力灌注或灌注水泥、砾石也可。

(4)垫层处理。在基础底面下夯填黏性土,夹碎石作垫层,以提高基底标高,减小土洞顶板的附加压力,这样,以碎石为骨架可降低垫层的沉降量,并增加垫层的强度,碎石之间有黏性土充填,可避免地表水下渗。

(5)梁板跨越。当土洞发育剧烈,可用梁、板跨越土洞,以支承上部建筑物。采用这种方案时,应注意洞旁土体的承载力和稳定性。

(6)采用桩基或沉井。对重要建筑物,当土洞较深时,可采用桩基或沉井穿过覆盖土层,将建筑物荷载传至稳定的岩层上。

以上对土洞的各种处理措施,一般须综合采用。

11.5 冻土地基

11.5.1 冻土的特征及分布

冻土是指在温度等于或低于零摄氏度,并含有固态冰的各种土壤。按其冻结时间长短,冻土可分为瞬时冻土、季节性冻土和多年冻土三类。

瞬时冻土是指冻结时间小于一个月,一般为数天或几个小时(夜间冻结),冻结深度从几毫米至几十毫米的冻土。

季节性冻土是指冻结时间等于或大于一个月,冻结深度从几十毫米至 $1\sim 2$ m 的冻土。它是每年冬季发生的周期性冻土。

多年冻土是指冻结时间连续三年或三年以上的冻土。

多年冻土在我国主要分布在青藏高原和东北大小兴安岭,在东部和西部地区一些高山顶部也有分布。多年冻土占我国总面积的 20% 以上,占世界多年冻土总面积的 10%。

11.5.2 地基土冻胀性分类及冻土地基对建筑物的危害

1. 地基土冻胀性分类

季节性冻土的冻胀性与融陷性是相互关联的,常以冻胀性加以描述。《建筑地基基础设计规范》(GB 50007—2011)根据土的类别、天然含水量大小和地下水位相对深度,将地基土划分为不冻胀、弱冻胀、冻胀和强冻胀四类。

2. 冻土地基对建筑物的危害

季节性冻土的周期性冻结、融化,对地基的稳定性、上部结构物变形的影响较大。在冻结条件下,基础埋深若超过冻结深度,则冻胀力只作用在基础的侧面,称为切向冻胀力。

当基础埋深比冻结深度小时,除基础侧面有切向冻胀力外,在基底上还作用着法向冻胀力。

地基冻融对结构物产生的破坏现象有:

(1)因基础产生不均匀上抬,致使结构物开裂或倾斜。

(2)桥墩、电塔等结构物逐年上拔。

(3)路基土冻融后,在车辆的多次碾压下,路面变软,出现弹簧现象,甚至于路面开裂,翻冒泥浆。

11.5.3 冻土地基的工程措施

一般的工程措施如下:

(1)选择建筑物持力层时,尽可能选择在不冻胀或弱冻胀土层上。

(2)要保证建筑物基础有相应的最小埋置深度,以消除基底的冻胀力。

(3)选用抗冻性的基础断面,即利用冻胀反力的自锚作用,将基础断面改变,以便增强基础的抗冻胀能力。

(4)当冻结深度与地基的冻胀性都较大时,还应采取减小或消除切向冻胀力的措施,如在基础侧面挖除冻胀土,回填中、粗砂等不冻胀土。

知识归纳

湿陷性黄土在天然状态下,其强度高,压缩性较低。在一定压力作用下受水浸湿,其结构迅速破坏而发生显著附加沉陷,导致建筑物破坏。湿陷系数、湿陷起始压力是表征湿陷性黄土湿陷变形特征的两个主要指标。湿陷性黄土地基的湿陷等级分为轻微、中等、严重、很严重四级。湿陷性黄土地基的设计和工程措施分为地基处理、防水措施和结构措施。

膨胀土一般指土中黏粒成分主要由强亲水性矿物组成,具有吸水膨胀、失水收缩的特性,具有较大反复胀缩变形的高塑性黏土。膨胀土的胀缩性由自由膨胀率、膨胀率、线缩率和收缩系数等胀缩性指标反映。膨胀土地基的工程措施包括设计措施和施工措施。

红黏土地基指在炎热湿润气候条件下的石灰岩、白云岩等碳酸盐系的出露区,经长期的成土化学风化作用下形成的高塑性黏土物质,其液限一般大于50%,且通常呈红色。红黏土裂隙发育,作为建筑物的地基,在施工时和建筑物建成以后应做好防水排水措施,以免水分渗入地基中。

与平原地基相比,山区地基具有如下特点:存在较多的不良地质现象;岩土性质复杂;水文地质条件特殊;地形高差起伏较大。山区地基主要包括土岩组合地基、岩石地基、岩溶和土洞。对山区地基如不妥善处理,会引起建筑物不均匀沉降,使建筑物开裂、倾斜甚至破坏。在山区不良地质现象特别发育地段,一般不容许选作建筑场地,如因特殊需要必须使用这类场地时,应采取可靠的防治措施。

冻土是指在温度等于或低于0℃,并含有固态冰的各种土壤。按其冻结时间长短,冻土可分为瞬时冻土、季节性冻土和多年冻土三类。地基冻融对结构物产生的破坏主要包括:因基础产生不均匀的上抬,致使结构物开裂或倾斜;桥墩、电塔等结构物逐年上拔;路基土冻融后,在车辆的多次碾压下,路面变软,出现弹簧现象,甚至于路面开裂、翻冒泥浆,应采取必要的工程措施加以治理。

思考与练习

1. 什么是湿陷性黄土？试述湿陷性黄土的工程特征。
2. 如何判别黄土地基的湿陷性？怎样区分自重和非自重湿陷性场地？如何划分湿陷性黄土地基的等级？
3. 对湿陷性黄土地基而言，在防水和结构方面可采取哪些措施？可用哪些地基处理方法？
4. 试述膨胀土的特征。影响膨胀土胀缩变形的主要因素是什么？
5. 自由膨胀率、膨胀率和收缩系数的物理意义是什么？如何划分胀缩等级？
6. 红黏土地基设计时应考虑哪些措施？
7. 山区地基的特点是什么？在土岩组合地基设计时要注意哪些问题？
8. 简述冻土地基的工程处理措施。

参考文献

[1] 中华人民共和国国家标准．GB 50007—2011 建筑地基基础设计规范[S]．北京：中国建筑工业出版社，2011．

[2] 中华人民共和国国家标准．GB 50021—2001 岩土工程勘察规范[2009年版][S]．北京：中国建筑工业出版社，2009．

[3] 中华人民共和国国家标准．GB 50202—2013 建筑地基基础工程施工质量验收规范[S]．北京：中国计划出版社，2013．

[4] 中华人民共和国国家标准．GB/T 50123—1999 土工试验方法标准[2007版][S]．北京：中国计划出版社，1999．

[5] 中华人民共和国国家标准．GB 50010—2010 混凝土结构设计规范[S]．北京：中国建筑工业出版社，2010．

[6] 中华人民共和国国家标准．GB 50330—2013 建筑边坡工程技术规范[S]．北京：中国建筑工业出版社，2013．

[7] 中华人民共和国行业标准．JGJ 79—2012 建筑地基处理技术规范[S]．北京：中国建筑工业出版社，2012．

[8] 中华人民共和国行业标准．JGJ 94—2008 建筑桩基技术规范[S]．北京：中国建筑工业出版社，2008．

[9] 陈书申，陈晓平．土力学与地基基础[M]．4版．武汉：武汉理工大学出版社，2012．

[10] 陈希哲．土力学地基基础[M]．3版．北京：清华大学出版社，1997．

[11] 张克恭，刘松玉．土力学[M]．北京：中国建筑工业出版社，2001．

[12] 张浩华，崔秀琴．土力学与地基基础[M]．武汉：华中科技大学出版社，2010．

[13] 刘国华．地基与基础[M]．北京：化学工业出版社，2010．

[14] 徐云博．土力学与地基基础[M]．2版．北京：中国水利水电出版社，2012．

[15] 赵明华．土力学与基础工程[M]．2版．武汉：武汉理工大学出版社，2003．

[16] 高金川，杜广印．岩土工程勘察与评价[M]．武汉：中国地质大学出版社，2003．

[17] 王杰．土力学与基础工程[M]．北京：中国建筑工业出版社，2003．

[18] 董建国，沈锡英，钟才根．土力学与地基基础[M]．上海：同济大学出版社，2005．

[19] 刘晓立．土力学与地基基础[M]．3版．北京：科学出版社，2005．

[20] 刘起霞，邹剑峰．土力学与地基基础[M]．北京：中国水利水电出版社，2006．

[21] 顾晓鲁，钱鸿缙，刘惠珊，等．地基与基础[M]．3版．北京：中国建筑工业出版社，2003．

[22] 王钊．基础工程原理[M]．武汉：武汉大学出版社，2001．

[23] 赵明华，李刚，曹喜仁，等．土力学地基与基础疑难释义[M]．2版．北京：中国建筑工业出版社，2003．